"十二五"普通高等教育本科国家级规划教材

数据库原理及其应用教程

（第四版）

主　编　黄德才
副主编　陆亿红

科学出版社
北　京

内 容 简 介

本书详细介绍数据库原理、方法及其应用开发技术。全书共8章,分别介绍关系数据库标准语言——SQL,数据模型,数据库系统的模式结构,关系模型与关系代数运算,关系模式的规范化设计理论,数据库的安全与保护,RAID技术,数据库设计的步骤和数据库实施,数据库应用系统的体系结构,Microsoft SQL Server 2014的安全管理、完整性策略、恢复技术、并发控制方法、触发器和存储过程,以及在.NET 4.0平台上用C#语言开发的数据库应用系统实例等内容。书中还介绍了数据库技术的新发展,如面向对象数据库技术、分布式数据库、XML数据库、大数据管理与NoSQL、数据仓库与数据挖掘技术等。

本书既可作为普通高校计算机学院各专业以及有关专业"数据库原理及其应用"课程的教材,也可作为成人教育和自学考试同名课程的教材和参考书,还可供信息技术领域的科技人员参考。

图书在版编目(CIP)数据

数据库原理及其应用教程/黄德才主编.—4版.—北京:科学出版社,2018.3
"十二五"普通高等教育本科国家级规划教材
ISBN 978-7-03-055179-5

Ⅰ.①数… Ⅱ.①黄… Ⅲ.①关系数据库系统-高等学校-教学参考资料 Ⅳ.①TP311.132.3

中国版本图书馆CIP数据核字(2017)第269980号

责任编辑:于海云 / 责任校对:郭瑞芝
责任印制:赵 博 / 封面设计:迷底书装

科学出版社出版
北京东黄城根北街16号
邮政编码:100717
http://www.sciencep.com

三河市骏杰印刷有限公司印刷
科学出版社发行 各地新华书店经销

*

2002年8月第 一 版 开本:787×1092 1/16
2018年3月第 四 版 印张:21
2025年1月第27次印刷 字数:510 000

定价:65.00元

(如有印装质量问题,我社负责调换)

第四版前言

《数据库原理及其应用教程》(第三版)出版 6 年来,已被全国数十所高校选作“数据库原理及其应用”课程或同类课程的教材,并首批入选“十二五”普通高等教育本科国家级规划教材。同时,广大读者对本书的持续改进也提出了许多宝贵意见和建议,谨在此向大家表示衷心的感谢。

《数据库原理及其应用教程》第四版除继续保持第三版的特色以外,主要针对计算机工程教育和数据库技术发展的两个迫切问题进行全面的修订。

1) 工程教育与国际化问题。2016 年 6 月 2 日,我国正式加入了《华盛顿协议》,被认为是中国高等教育取得的具有里程碑意义的历史性突破。它标志着我国工程教育从早期的应用型人才培养,卓越工程师教育,正式进入国际等效、国际互认的标准化工程教育阶段。《华盛顿协议》不是笼统地强调培养学生的应用能力,而是通过《工程教育专业认证标准》来规范本科工程教育的基本定位,即培养学生解决复杂工程问题的能力。

2) 数据库新技术教学问题。最近几年,数据库技术的发展日新月异,不仅体现在各大数据库厂商 DBMS 产品新版推出的速度越来越快,功能越来越丰富,更体现在大数据管理的需求,催生了统称为 NoSQL 的一系列非关系型数据库管理系统。因此,本书不仅要融入大数据管理、NoSQL 和 NewSQL 等最新数据库技术知识,还必须建立新的实验平台,包括更新 DBMS 实验环境以及应用系统的开发工具等。

本书把一个具有复杂工程特性的教务信息管理系统作为贯穿全书的统一实例,并将其分解为数据库原理及其应用的教学知识点,对第三版第 1~8 章的教学内容进行全面补充和一致性修改,并将课内实验教学提升到 SQL Server 2014 平台。第 7 章的数据库应用系统实例也升级到.NET 4.0 平台上用 C#语言重新开发实现,并在第 8 章补充了大数据管理以及大数据管理系统,如 NoSQL、NewSQL 等数据库新知识。

此外,本书还有配套的《数据库原理及其应用教程——学习指导、例题分析、习题解答与标准试题库》(第二版)学习指导书。读者若将其与本书配合使用,不仅可以帮助读者全面巩固所学知识,还有助于读者提高知识的灵活应用能力。

本书由黄德才任主编,陆亿红任副主编。黄德才负责制定全书修订计划,并完成第 2~4章和第 8 章的修订工作。陆亿红完成第 1 章、第 5~7 章的修订工作。本书的编写得到浙江工业大学计算机科学与技术学院数据库教学团队的同事和科学出版社的大力支持,我们的研究生魏方圆、黄睿智和胡赢双等还参与了第 1 章实例在 SQL Server 2014 环境下的验证,完成第 7 章数据库应用系统实例开发与测试工作,在此一并表示衷心的感谢!本书有些章节还参考了所列国内外文献中的部分内容,谨此向各位作者致以衷心的感谢和深深的敬意!

限于编者水平，加之数据库技术发展迅速，不足之处在所难免，殷切希望广大师生和读者批评指正。作者的电子邮箱地址是：hdc@ zjut. edu. cn。

本书配有丰富的数字化教学资源：

（1）数据库操作视频，可通过扫描书中二维码获取。

（2）新版 PPT 课件以及教程中的 SQL 例题，数据库应用系统的源程序、安装程序和开发指南等，请访问 http://www. sciencereading. cn，选择“网上书店”，检索图书名称，在图书详情页“资源下载”栏目中获取本书配套资源库。

黄德才

2017 年 4 月于杭州

《数据库原理及其应用教程（第四版）》购买链接

《数据库原理及其应用教程——学习指导、例题分析、习题解答与标准试题库（第二版）》购买链接

第一版前言

目　录

第 1 章　关系数据库标准语言——SQL

数据库技术是计算机数据管理的最新技术，是计算机科学的重要分支。当计算机的主要应用领域从科学计算转变到数据及事务处理时，数据库技术应运而生并成为计算机科学的重要领域。今天，数据库技术不仅在企业管理信息系统（MIS）、计算机集成制造系统（CIMS）、办公信息系统（OIS）、地理信息系统（GIS）、Internet 技术等许多方面得到广泛应用，而且越来越多的新应用领域都采用数据库来存储和处理它们的信息资源。对于一个国家来说，数据库的建设规模、数据库信息量的大小和使用频度、数据库的安全性和可靠性已成为衡量一个国家信息化程度的重要标志。因此，“数据库原理及其应用”课程成为计算机科学与技术、软件工程、信息管理等专业的重要专业课程之一。

SQL 是 Structured Query Language 的缩写，其读音为[ˈsiːkwəl]或直接读字母“S-Q-L”，中文翻译为“结构化查询语言”。它是关系数据库中使用的标准数据查询语言，被 IBM 公司最早使用在其开发的数据库系统中，并于 1987 年得到国际标准化组织的支持成为国际标准。目前，SQL 已被广泛地应用在各种商品化关系数据库管理系统（RDBMS）之中，且是在相当一段时间内无法被取代的重要数据查询语言。可以毫不夸张地说，如果不能掌握和熟练使用 SQL，就很难成为数据库方面的顶级高手。

1.1　SQL 概述

1.1.1　SQL 的发展

SQL 由 Boyce 和 Chamberlin 于 1974 年提出。在 1975~1979 年，IBM 公司 San Jose Research Laboratory 研制了著名的关系数据库管理实验系统 System R 并实现了这种语言。SQL 功能丰富，语言简洁，所以备受用户及计算机工业界欢迎，被众多计算机公司和软件公司所采用。经各公司的不断修改、扩充和完善，SQL 最终发展成为关系数据库的标准语言。

1986 年 10 月美国国家标准局（American National Standard Institute，ANSI）的数据库委员会 X3H2 批准了 SQL 作为关系数据库语言的美国标准，同年公布了 SQL 标准文本（简称 SQL—86）。国际标准化组织（International Organization for Standardization，ISO）1987 年也通过了 ANSI 的 SQL—86 标准，使其成为国际标准。

自 SQL 成为国际标准语言以后，各个数据库厂家纷纷推出支持标准 SQL 的数据库管理系统或接口软件，使不同数据库系统之间的相互操作有了共同的基础，使数据库技术得到革命性的发展。此外，SQL 的影响力已远远超出了数据库领域本身，对数据库以外的领域也产生了很大影响，有不少软件产品将 SQL 的数据查询功能与图形功能、软件工程工具、软件开发工具和人工智能程序结合起来。因此，SQL 已成为数据库领域中使用最为广泛的主流语言之一。

自 1987 年开始，ISO 与 ANSI 积极合作并不断地修改和完善 SQL 标准，于 1989 年公布了 SQL—89 标准,1992 年公布了 SQL—92 标准,也称 SQL2;1999 年公布了标准 SQL—99,也称 SQL3,且各大数据库厂商纷纷宣布在自己的新版本中支持这个标准;2003 年 ISO 在以前所有标准的基础上增加了一些新的功能,形成了标准 SQL—2003。该版本对 SQL3 存在的一些问题进行了改进,还支持 XML,支持 Window 函数和 Merge 语句等;2006 年又发布了 SQL—2006,继续增强 XML 方面的特性;2008 年又发布了 SQL—2008,2008 标准进一步制定了 SQL 与 XML 联合使用的相关规范,包括 XML 数据在 SQL 数据库中的导入和存储,XML 和传统的 SQL 数据结合使用的方式等内容。2011 年发布了 SQL—2011,它的主要新特性是改进了对时态数据库的支持,增强了时态数据的定义和操作功能。

因此,所有这些标准并不仅仅是对 SQL 本身的完善,而是随着 IT 的发展和社会各个领域实际应用的需求,对基于 SQL 的整个数据库管理系统应该支持的功能进行适时的补充和完善。例如,随着面向对象技术发展和多媒体数据应用的需求,SQL 标准增加了基本对象支持、增强对象支持和多媒体支持等功能;为了实现不同应用程序系统之间交换数据和应用程序跨平台性,SQL 标准增加了对 XML 和 Java 的支持;为了帮助企业高层分析决策,增加了数据仓库和联机分析处理(OLAP)的支持功能等。目前,世界上几乎所有著名的数据库管理系统,如 SQL Server、Oracle、Sybase 和 DB2 等,都支持并实现了 SQL ,而且还有自己独特的改进和扩展。读者若想了解更多 SQL 标准的相关知识,可阅读本书后的参考文献。

1.1.2 SQL 的特点

SQL 之所以能够为用户和业界所接受,并成为国际标准,是因为它是一种综合的、功能极强同时又简便易学的语言。SQL 集数据查询(data query)、数据操纵(data manipulation)、数据定义(data definition)和数据控制(data control)功能于一体,主要特点包括:

1) 综合统一。数据库系统的主要功能是通过数据库支持的数据语言来实现的,SQL 的综合统一性体现在语言风格统一和操作过程统一两方面。

① 语言风格统一。SQL 将数据定义语言(DDL)、数据操纵语言(DML)、数据控制语言(DCL)的功能集于一体,语言风格统一,可以独立完成数据库生命周期中的全部活动,包括定义关系模式、插入数据、建立数据库、查询、更新、维护、数据库重构、数据库安全性控制等一系列操作要求,这就为数据库应用系统的开发提供了良好的环境。用户在数据库系统投入运行后,还可根据需要随时地、逐步地修改模式,且并不影响数据库的运行,从而使系统具有良好的可扩展性。

② 操作过程统一。在关系模型中实体和实体间的联系均用关系表示,这种单一的数据结构使数据的查找、插入、删除、修改等每一种操作都只需一种操作符,从而克服了非关系系统由于信息表示方式的多样性带来的操作复杂性。例如,在 DBTG 中,需要两种插入操作符:STORE 用来把记录存入数据库,CONNECT 用来把记录插入系值以建立数据之间的联系。

而非关系模型(层次模型、网状模型)的语言一般都分为模式数据定义语言(schema data definition language,模式 DDL)、外模式数据定义语言(subschema data definition language,外模式 DDL)、与数据存储有关的描述语言(data storage description language,DSDL)及数据操纵语言(data manipulation language,DML),分别用于定义模式、外模式、内模式和

进行数据的存取与处理。当用户数据库投入运行后,如果需要修改模式,必须停止现有数据库的运行、转储数据、修改模式并编译后再重装数据库,十分不便。

2) 高度非过程化。SQL进行数据操作,只需提出"做什么",而无须指明"怎么做",因此无须了解具体的存取路径,因为存取路径的选择以及SQL语句的操作过程由系统自动完成。这不仅大大减轻了用户负担,而且有利于提高数据独立性。非关系数据模型的数据操纵语言是面向过程的语言。用户为完成某项请求,必须自行指定详细的存取路径。

3) 面向集合的操作方式。SQL采用集合操作方式,用户只需一条SELECT命令即可获得所有满足条件的元组集合。SQL不仅操作对象、查找结果可以是元组的集合,一次插入、删除、更新操作的对象也可以是元组的集合。非关系数据模型采用的是面向记录的操作方式,操作对象是一条记录。例如,查询所有平均成绩在60分及以上的学生姓名,用户必须编写一大段处理程序,指明存取路径和循环控制方法等,才能一条一条地把满足条件的学生记录查找出来。

4) 一种语法,两种使用方式。SQL既是自含式语言,又是嵌入式语言。作为自含式语言,它能够独立地用于联机交互操作使用方式,用户可以在终端键盘上直接输入SQL命令对数据库进行操作;作为嵌入式语言,SQL语句能够嵌入到高级语言(如C、C++、PowerBuilder、Visual Basic、Delphi、ASP)的程序中,供程序员设计程序时使用。而在两种不同的使用方式下,SQL的语法结构基本上是一致的。这种以统一的语法结构提供两种不同使用方式的做法,为应用程序的开发提供了极大的灵活性与方便性。

5) 语言简洁,易学易用。SQL功能极强,设计巧妙,语言十分简洁,完成核心功能只用了9个动词(表1-1)。SQL接近英语句子,因此容易学习和使用。

表1-1 SQL的动词

SQL功能	动词	SQL功能	动词
数据查询	SELECT	数据操纵	INSERT,UPDATE,DELETE
数据定义	CREATE,DROP,ALTER	数据控制	GRANT,REVOKE

6) 支持三级模式结构。三级模式结构是一种使数据库管理系统能对数据库中数据进行有效组织和管理的技术,有关概念将在2.4节中详细介绍。标准SQL自然也支持这种三级模式结构。

1.1.3 基本概念

1) 基本表。基本表也称为关系或表,是数据库中独立存在的表。例如,当表1-2所示的Students表存放在数据库中时就是一个基本表,它是由CREATE TABLE命令(1.2节介绍)创建的。为了提高对基本表的查询速度,可以对一个基本表建立若干索引,这些索引都依附于该基本表且存放在数据库文件中。

2) 属性和属性名。基本表中的每一列称为一个属性,它规定每列数据的性质;每列第一行的字符串,如Sno、Sname等称为列名或属性名,有时也简称属性。

3) 表结构和元组。基本表属性名的集合称为表结构。表1-2中的(Sno,Sname,Ssex,Birthday, Dno)就是基本表Students的表结构;基本表中除表结构以外的每一行称为一个元组或数据行。例如,表 1 - 2 中的(S04,李伟,男,1996-12-22,D03)就是基本表 Students 的一个元组。显然,一个基本表由表结构和许多元组构成。

表 1 - 2　基本表 Students

Sno	Sname	Ssex	Birthday	Dno
S01	王建平	男	1995 -10 -12	D01
S02	刘华	女	1997 -08 -21	D01
S03	范林军	女	1998 -02 -11	D02
S04	李伟	男	1996 -12 -22	D03
S05	黄河	男	1999 -10 -31	D03
S06	长江	男	1994 -04 -08	D03

属性名　表结构　属性值　元组

4) 属性值。基本表中每个元组的一个数据称为一个属性值,如"S03""范林军"分别是属性 Sno、Sname 对应的一个属性值。显然,一个属性可以取很多个值。

5) 视图。视图是从一个或几个基本表导出的表,由 CREATE VIEW 命令(1.5 节介绍)创建。视图中只存放视图的定义及其关联的基本表名等信息而不存放视图对应的数据行,这些数据仍然存放在导出视图的基本表中,因此视图又称为虚拟表。但 SQL 在查询视图时与基本表完全相同,且用户可以在视图上再定义视图。

6) 存储文件。存储文件也称数据库文件,它由若干个基本表、视图、相关索引和存储过程等数据库对象组成。存储文件的物理结构是任意的,对用户是透明的。

为了突出基本概念和基本功能,下面在介绍 SQL 的命令功能和格式时,略去了一些语法细节。由于各种 DBMS 产品在实现标准 SQL 时一般都进行了某种扩充,不同的 DBMS 产品会稍有差别。读者在具体使用某个 DBMS 产品时,应当参阅销售商提供的有关手册。本书的例子都是在 Microsoft SQL Server 2014 企业版上运行完成的。

1.2　SQL 的数据定义

SQL 的数据定义功能包括定义表、定义视图和定义索引,如表 1 - 3 所示。由于视图是虚拟表,索引依附于基本表,因此 SQL 一般不提供修改视图定义和修改索引定义的操作。如果用户想修改视图定义或索引定义,只需先将其删除然后重新定义即可。本节介绍基本表和索引的定义,视图的定义将在 1.5 节专门讨论。

表 1 - 3　SQL 的数据定义语句

操作对象	操作方式		
	创建	删除	修改
表	CREATE TABLE	DROP TABLE	ALTER TABLE
视图	CREATE VIEW	DROP VIEW	
索引	CREATE INDEX	DROP INDEX	

1.2.1　数据库的建立与删除

假设读者已经在计算机上安装好了 Microsoft SQL Server 2014 企业版,则可以利用 SQL Server 2014 的 SQL Server Management Studio(SSMS)建立一个名为 student_Mis 的数据库。

SSMS 是一个集成化的数据库操作环境工具。几乎所有的操作都可以在该工具中完成,如创建数据库、新建查询、制作数据库后备份副本、服务器配置、数据复制等。图 1-1 所示为 SSMS 的一个典型窗口,该窗口可以在 Windows 中通过依次执行"开始"-"程序"-"Microsoft SQL Server 2014"-"SQL Server Management Studio"命令来打开。

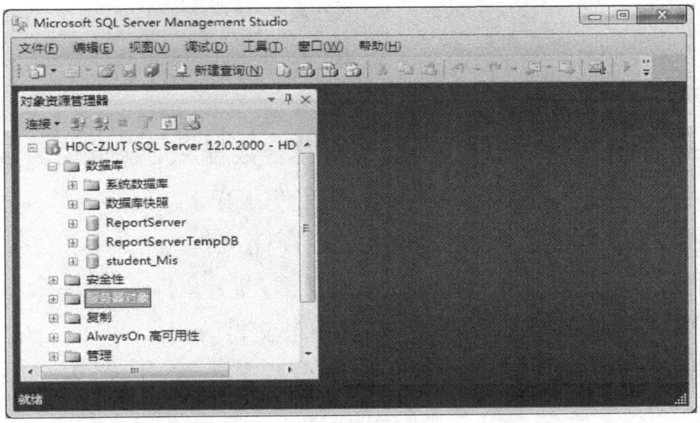

图 1-1　SQL Server 的 SSMS 窗口

在图 1-1 中,可以看到 SSMS 窗口被分成三个区,即菜单区、对象浏览区和任务板区。

1)菜单区位于该工具窗口的顶端,主要包括 SSMS 工具的各种菜单命令,如"文件""编辑""视图""工具""窗口""社区""帮助"以及工具栏等,通过选择菜单区中的命令或工具栏中对应的工具,用户可以执行数据库的许多操作命令。

2)对象浏览区位于该窗口的左下方,它在形状和操作方面都类似于资源管理器。对象浏览区主要包括 SQL Server 系统中的各种对象和服务,如数据库、管理、复制、安全等,通过选择该对象浏览区中的对象或服务就可以完成对数据库的操作任务、数据库的安全性管理任务、数据转换服务功能等。

3)任务板区位于该窗口的右下方,单击"新建查询"工具后,查询语句输入区就会在该区显示。用户可以在此区域通过 SQL 语句创建数据表并对数据表进行操作。

SQL Server 几乎全部的操作都可以在这三个区域中执行。SSMS 将 SQL Server 2014 的企业管理器和查询分析器功能集于一体,使得用户操作更加方便。

下面介绍如何利用 CREATE DATABASE 命令在 SSMS 工具的新建查询中创建数据库,该命令的语法格式如下:

```
CREATE DATABASE database_name        /* 指定创建的数据库的名称 */
[ON  [PRIMARY ]                      /* 用于定义数据库的数据文件 */
    < filespec > [ ,…n ]             /* 描述数据库文件的属性 */
```

```
    [ , < filegroup > [ , …n ] ]          /* 描述数据库文件组的属性 */
]
[ LOG ON < filespec > [ , …n ]            /* 描述日志文件的属性 */
]
```

其中< filespec >的描述格式如下：

```
< filespec > ::=
( [NAME = logical_file_name, ]
  FILENAME = 'os_file_name'
  [ , SIZE = size ]
  [ , MAXSIZE = {max_size | UNLIMITED } ]
  [ , FILEGROWTH = growth_increment ] ) [ ,…n ]
]
```

CREATE DATABASE 命令的参数如下：

database_name：欲创建的数据库名称，要求符合数据库对象的命名规则。

ON：用于指定存储数据库数据部分的磁盘文件清单。

n：占位符，表示可以创建的数据库指定多个存储文件。

PRIMARY：指定包括数据的逻辑起点和系统表的主文件。每一个 Database 只能有一个 Primary（主）文件。若缺省，即为列出的第一个文件。

LOG ON：指定存储事务日志的磁盘文件清单。若不指定，则用整个数据文件大小的25%创建事务日志。

logical_file_name：指定 SQL Server 在执行 Transact-SQL 语句时引用的逻辑文件名。

FILENAME：用于指定操作系统下的数据库存储文件名字，扩展名为 MDF。

os_file_name：描述操作系统下的数据库存储文件存放的磁盘、目录和具体名字等的一个字符串。

SIZE：用于指定数据库存储空间的最初大小。

MAXSIZE：用于指定数据库能使用的最大存储空间。若指定 UNLIMITED，数据库可在磁盘驱动器所能允许的范围下不断增大。

FILEGROWTH：用于指定数据库增长的数量。默认值是256KB，最小值是64KB，任何增量的规格都近似到64KB。设置为“0”则不增长。

例如，使用 CREATE DATABASE 命令在新建查询中创建 student_Mis 数据库（图 1-2），该数据库将在后面几节中使用。

```
USE master
GO
CREATE DATABASE student_Mis
ON
( NAME =student_Data,
    FILENAME = 'c:\program files\microsoft sql server\student_Mis_data.mdf',
    SIZE = 10,
    MAXSIZE = 50,
    FILEGROWTH = 5 )
```

```
LOG ON
( NAME = 'student_Log',
    FILENAME = 'c:\program files\microsoft sql server\student_Mis_log.ldf',
    SIZE = 5MB,
    MAXSIZE = 25MB,
    FILEGROWTH = 5MB )
GO
```

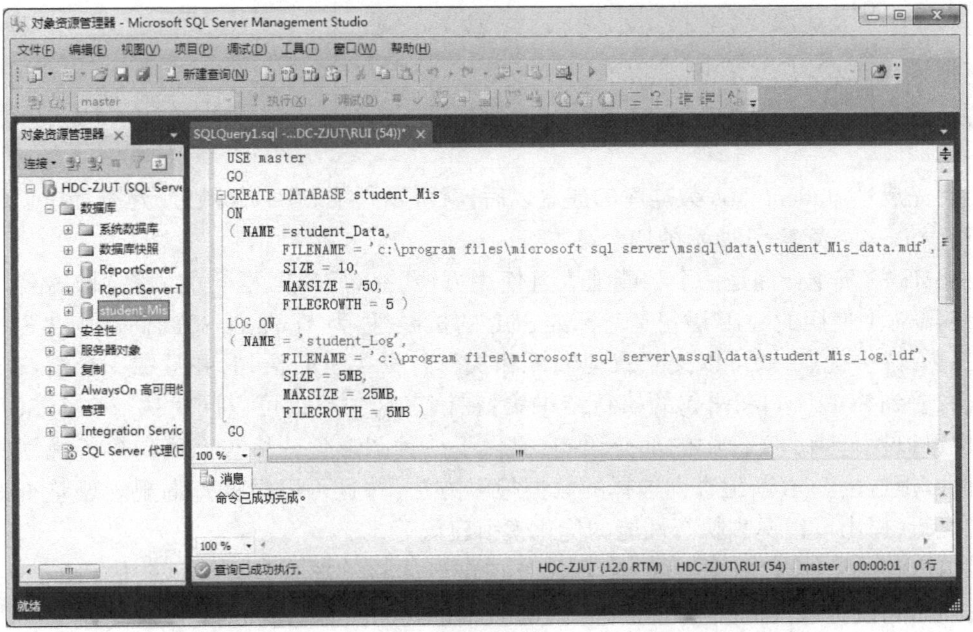

图 1-2　用 CREATE DATABASE 命令创建 student_Mis 数据库

以上命令成功执行后，就在 SQL Server 2014 中建立了一个名为 student_Mis 的数据库（可在 SSMS 环境左边的对象浏览区中查看），其存储文件在磁盘上的存放位置（文件夹）是 C:\Program Files\Microsoft SQL Server\，存储文件的名称为 student_Mis_data.MDF。该命令同时还在以上文件夹中创建了一个文件名为 student_Mis_log.LDF 的日志文件，两个文件都可以用 Windows 操作系统的资源管理器在相应文件夹中找到。

如果要删除这个数据库，只要在 SSMS 对象浏览区右击 student_Mis 对象，在弹出的快捷菜单中选择“删除”命令，并在随后的窗口中单击“确定”按钮即可删除这个数据库。当然，这同时也删除了磁盘上对应的存储文件和日志文件。

1.2.2　基本表的定义、删除与修改

为了后面举例说明方便，这里定义学生选课数据库的四个基本表，其具体数据由表 1-2、表 1-4～表 1-6 给出。本章后面介绍的所有例子都基于这四个基本表（关系）。

表 1 – 4　关系 Courses

Cno	Cname	Pre_Cno	Credits
C01	英语		4
C02	数据结构	C05	2
C03	数据库	C02	2
C04	DB_设计	C03	3
C05	C++		3
C06	网络原理	C07	3
C07	操作系统	C05	3

表 1 – 5　关系 Reports

Sno	Cno	Grade
S01	C01	92
S01	C03	84
S02	C01	90
S02	C02	94
S02	C03	82
S03	C01	72
S03	C02	90
S04	C03	75

表 1 – 6　关系 Depts

Dno	Dname
D01	自动化
D02	计算机
D03	数学
D04	通信
D05	电子

当完成了 student_Mis 数据库的建立以后，就可以利用 SQL 命令在新建查询中创建表 1 – 2、表 1 – 4 ~ 表 1 – 6 所示的四个基本表。

SSMS 的新建查询是一个功能强大且使用方便的执行 SQL 语句的工具（微软公司在 SQL Server 中使用的 SQL 语句是对标准 SQL 的扩展，称为 Transact-SQL，简写为 T-SQL）。该工具有许多优点，如可以交互式地输入和执行各种 T-SQL 语句，并且在一个窗口中可以同时看到 SQL 语句和语句的执行结果集；在该工具中不仅可以同时执行多个 SQL 语句，也可以执行脚本文件中的部分语句；提供了一种图形化分析查询语句执行规划的方法，可以报告由 SQL 新建查询选择的数据检索方法，并且可以根据查询规划调整查询语句的执行，提出可以提高执行性能的优化索引建议等。

单击 SSMS 中的“新建查询”工具即可在窗口的右下部打开查询语句区（图 1 – 3）。在查询语句区可以人机交互式地输入 SQL 查询语句，并显示查询语句的执行结果。打开之后，菜单栏会增加“查询”菜单，工具栏也会增加相应的工具以供执行查询语句使用。

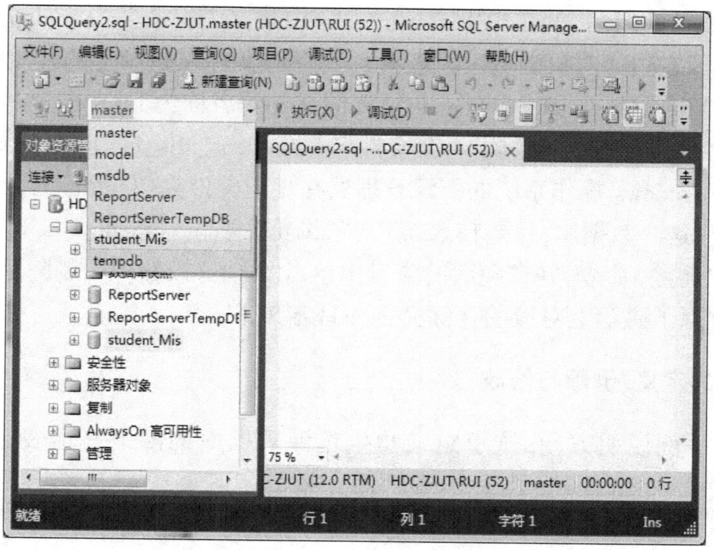

图 1 – 3　在查询分析器中选择 student_Mis 数据库

下面介绍如何利用“新建查询”工具在数据库 student_Mis 中创建基本表,并向其中增加元组的方法。

1. 定义基本表

数据库文件建立以后最重要的一步就是定义一些基本表。SQL 使用 CREATE TABLE 语句定义基本表的结构,其一般格式如下:

```
CREATE TABLE <表名> (<列名> <数据类型> [列级完整性约束条件]
                     [, <列名> <数据类型> [列级完整性约束条件]]
                     [ … ]
                     [, <表级完整性约束条件>])
```

其中,方括号内的项目是可选项,<表名>是所要定义的基本表的名字。建表的同时通常还可以定义与该表有关的完整性约束条件,这些完整性约束条件被存入 DBMS 的数据字典中,当用户操作表中数据时由 DBMS 自动检查该操作是否违背这些完整性约束条件。如果完整性约束条件涉及该表的多个属性列,则必须定义在表级上,否则既可以定义在列级也可以定义在表级。

例 1.1　首先建立表 1 - 6 所示的系别编号对照表 Depts,其中 Dno 为系别编号,Dname 为系别名称。然后再建立表 1 - 2 所示的学生基本信息表 Students,每个属性名的意义是 Sno 为学号、Sname 为姓名、Ssex 为性别、Birthday 为出生日期、Dno 为所在系别编号。这里规定 Sno 为主键,Sname 取值不能为空值。

(1) 建立 Depts 的 SQL 命令

```
CREATE TABLE  Depts
(Dno CHAR(5) PRIMARY KEY,                /*Dno 主键,自然不能为空值*/
 Dname CHAR(20) NOT NULL)                /*Dname 不能为空值*/
```

(2) 建立 Students 的 SQL 命令

```
CREATE TABLE Students
 (Sno       CHAR(5) PRIMARY KEY,         /* Sno 主键,自然不能为空值*/
  Sname    CHAR(20) NOT NULL,            /*Sname 不能为空值*/
  Ssex      CHAR(2),
  Birthday     DATE,
  Dno       CHAR(5),
 CONSTRAINT FK_Dno FOREIGN KEY(Dno) REFERENCES Depts
                                         /*定义外键约束*/)
```

用以上 SQL 命令在数据库 student_Mis 中定义基本表 Depts 的操作步骤如下(与 Students 类似):

1) 选择数据库 student_Mis。单击“新建查询”工具后,它默认的数据库名称是 master 数据库,所以必须在工具栏的下拉列表框中把数据库名 master 换成用户建立的数据库 student_Mis(图 1 - 3)。

2) 在 student_Mis 创建表。选定 student_Mis 数据库以后,就可以在查询语句区输入建表的 SQL。例如,在图 1 - 4 中输入例 1.1(1)的 SQL 语句后,选择“查询”菜单中的“执行”命令,就在数据库 student_Mis 中创建了一个名为 Depts 的基本表。

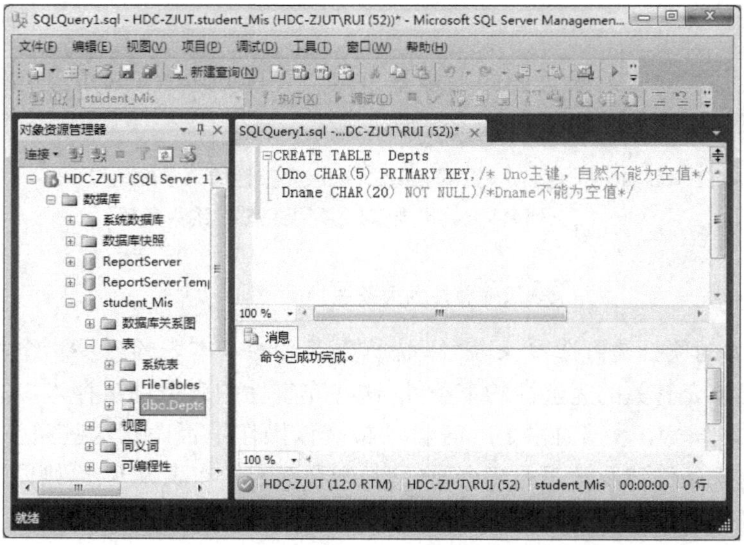

图 1 - 4　在 student_Mis 中成功创建基本表 Depts

显然,以上 SQL 命令创建的两个基本表中还没有任何元组。只要在查询语句区输入 SQL 查询语句“SELECT　*　FROM Students”并执行,就可得到图 1 - 5 所示的结果,表明基本表 Students 中的确没有元组。

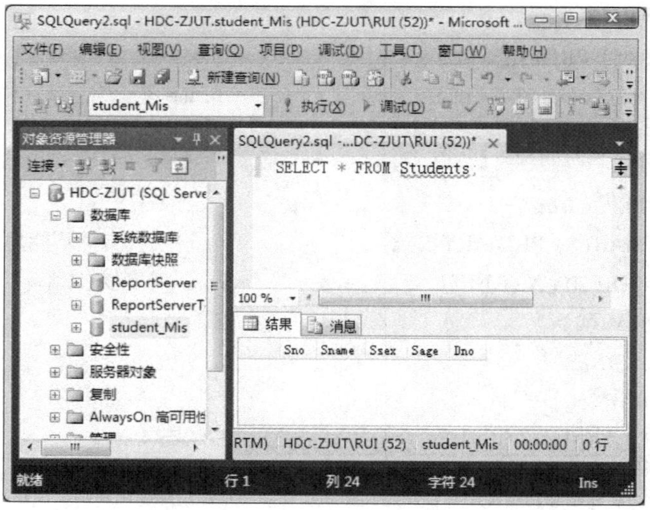

图 1 - 5　基本表 Students 中没有元组

类似地,请读者在查询语句区中使用 CREATE TABLE 命令创建表 1 - 4 和表 1 - 5 所示的 Courses、Reports 两个基本表,并为后面学习使用查询语句做好准备。注意其中属性名的意义分别是:Cno 为课程号, Cname 为课程名, Pre_Cno 为先修课程号, Credits 为学分,Grade 为考试成绩,Dno 为系别编号,Dname 为系别名称,且相应的 SQL 命令如下。

（1）建立 Courses 的 SQL 命令

```
CREATE TABLE Courses
    (Cno CHAR(6) PRIMARY KEY,
     Cname CHAR(20),
     Pre_Cno CHAR(6),
     Credits INT )
```

（2）建立 Reports 的 SQL 命令

```
CREATE TABLE Reports
   (Sno CHAR(5),
    Cno CHAR(6),
    Grade INT CHECK(Grade>=0 AND Grade<=100),
    PRIMARY KEY(Sno,Cno),
    CONSTRAINT Student_Report FOREIGN KEY(Sno) REFERENCES Students,
    CONSTRAINT Report_Course FOREIGN KEY(Cno) REFERENCES Courses)
```

从以上例子可以发现，SQL 在定义基本表的各个属性时，要求指明其数据类型和长度。不同的数据库系统支持的数据类型不完全相同，以下是 Microsoft SQL Server 支持的主要数据类型。

TINYINT：整数类型，其值按 1 字节存储。

SMALLINT：整数类型，其值按 2 字节存储。

INTEGER 或 INT：整数类型，其值按 4 字节存储。

DECIMAL(p,s)：精确小数位数的实数类型，p 和 s 分别指定数据的数字长度和小数点后的位数。

REAL：实数类型，其值按 4 字节存储。

FLOAT：实数类型，其值的存储字节数不确定。

NCHAR(n)：长度为 n 的字符类型，其值占用 $2n$ 字节存储。

NVARCHAR(n)：最大长度为 n 的变长字符串，所占空间与实际字符数有关。

DATETIME：日期时间类型，默认格式为 MM-DD-YYYY HH：MM：AM/PM。

TIMESTAMP：系统自动记录的日期时间类型，其值按 8 字节存储。

细心的读者可能会发现，例 1.1 中对 Sname 等属性的约束用到了 NULL（空值）这个保留字，这表明标准 SQL 支持空值的概念。所谓空值，是指当前“不知道”的值，它既不是 0 也不是空字符，通常用 NULL 表示。例如，商店中某种商品到货后暂时没有定价，则该商品的销售价格暂时为空，待定价后再改为实际值。例 1.1 中对 Sname 的约束为 NOT NULL，即学生的姓名必须是确定的，绝不能为空值。

空值在运算中会带来结果的不确定性，不同的数据库管理系统通常有不同的规定。例如，在算术表达式中，当有一个运算分量为空值时，其表达式的值为空值。

2. 向表中添加元组

CREATE TABLE 命令只是创建了基本表的结构，用户还必须使用 INSERT 命令向表

中添加元组，其语句格式为

```
INSERT
INTO <表名> [(<属性列 1>[,<属性列 2>…])]
VALUES(<常量 1>[,<常量 2>]…)
```

该命令的功能是将一个新元组添加到指定的表中；其中新元组属性列 1 的值取常量 1，属性列 2 的值取常量 2，…。INTO 子句中没有出现的属性列，其新元组在这些列上将取空值。但若在 CREATE 定义表的时候对某些属性列使用了 NOT NULL 约束，则新元组在该属性列上就不能取空值，否则会出错。

如果 INTO 子句中没有指明任何列名，则新插入的元组必须在每个属性列上均有值。

例 1.2　将表 1－6 所示的系别数据和表 1－2 所示的学生数据分别添加到 Depts 和 Students 两个基本表中。

1）将一个系别元组（D01，自动化）插入基本表 Depts 中的 SQL 命令如下：

```
INSERT
INTO Depts
VALUES ('D01','自动化')
```

在查询语句区输入以上命令并执行，就可向 Depts 表成功增加这个元组（图 1－6）。读者可以使用同样的方法把表 1－6 中其余 4 个元组增加到基本表 Depts 中。

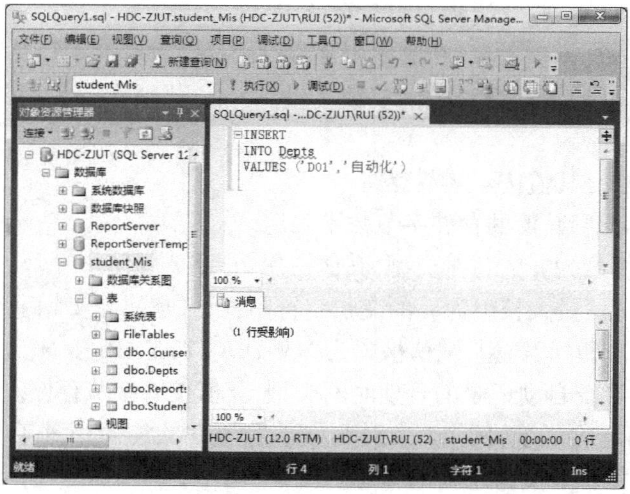

图 1－6　向基本表 Depts 中成功增加一个元组

2）将一个学生元组（S01，王建平，男，1995－10－12，D01）添加到基本表 Students 中的 SQL 命令如下：

```
INSERT
INTO    Students
VALUES ('S01','王建平','男',1995-10-12,'D01')
```

同样，读者可以在查询语句区输入以上命令并执行，即可完成向 Students 表添加一个元组的任务。建议读者用 INSERT 命令将表 1－2、表 1－4 和表 1－5 中的所有元组添加到对应的基本表中。

本章后面直到 1.6 节介绍的所有 SQL 命令都是在查询语句区输入并执行完成的，同时 SQL Server 也返回命令的执行情况信息。因此，以后只介绍有关对数据库进行操作的命令，不再用 SSMS 的执行窗口图片来展示命令的执行情况，读者可以自行完成上机实验的过程。

3. 修改基本表

随着应用环境和应用需求的变化，有时需要修改已经建立的基本表，SQL 用 ALTER TABLE 语句修改基本表，其一般格式为

```
ALTER TABLE <表名>
[ADD <新列名> <数据类型> [完整性约束]]
[DROP CONSTRAINT [完整性约束名]]
[ALTER COLUMN <列名> <数据类型>]
```

其中，<表名>是要修改的基本表表名；ADD 子句用于增加新列和新的完整性约束条件；DROP CONSTRAINT 子句用于删除完整性约束条件；ALTER COLUMN 子句用于修改原有的列定义，包括修改列名和数据类型。

例 1.3　为了不影响例 1.1 和例 1.2 所建立的 4 张基本表中数据在本节中的使用，这里单独创建一个基本表 Students1，其命令格式如下：

```
CREATE TABLE Students1
(Sno1      CHAR(5),
 Sname1    CHAR(20) NOT NULL,
 Ssex1     CHAR(2),
 Birthday1    DATE,
 Dno1      CHAR(5),
 CONSTRAINT un_Sname1 UNIQUE (Sname1))
```

基本表 Students1 建立成功后，可向基本表 Students1 中增加"入学时间"属性列，其属性名为 Sentrancedate1，数据类型为 DATETIME 型。完成增加这个属性列的命令如下：

```
ALTER TABLE Students1 ADD Sentrancedate1 DATETIME
```

不论基本表中原来是否已有元组，新增加的属性列值一律为空值。

例 1.4　将基本表 Students1 中 Birthday1(生日)的数据类型改为 DATETIME 型，其命令为

```
ALTER TABLE Students1 ALTER COLUMN Birthday1 DATETIME
```

修改原有的列定义有可能会破坏已有数据。

例 1.5　删除 Sname1(姓名)必须取唯一值的约束。

```
ALTER TABLE Students1 DROP CONSTRAINT un_ Sname1
```

标准 SQL 没有提供删除属性列的语句，用户只能间接实现这一功能，即先把表中要保留的列及其内容复制到一个新表中，然后删除原表，再将新表重命名为原表名。但 SQL

Server 2008 增加了删除属性的命令。例如,删除属性列 Birthday1 的命令为

```
ALTER TABLE Students1 DROP COLUMN Birthday1
```

4. 删除基本表

当某个基本表不再需要时,可以使用 DROP TABLE 语句删除它。其一般格式为

```
DROP TABLE <表名>
```

例 1.6　删除 Students1 表。

```
DROP TABLE Students1
```

基本表一旦删除,表中的数据以及相应建立的索引和视图都将自动被删除掉。因此执行删除基本表的操作一定要格外小心。

1.2.3　建立与删除索引

建立索引是加快查询速度的有效手段。用户可以根据应用环境的需要,在基本表上建立一个或多个索引,以提供多种物理存取路径,加快查找速度。一般来说,建立与删除索引由数据库管理员(DBA)或表的属主(owner,即创建该表的人)负责完成。DBMS 在存取数据时会自动选择合适的索引作为存取路径,用户不能也不必使用索引。

1. 建立索引

在 SQL 中,建立索引使用 CREATE INDEX 命令,其语句格式为

```
CREATE [UNIQUE] [CLUSTERED] INDEX<索引名>
ON <表名> (<列名> [<排序方式>] [,<列名>[<排序方式>]]…)
```

其中,<表名>是要为其窗口创建索引的基本表的名字。索引可以建立在该表的一列或多列上,各列名之间用逗号分隔。每个<列名>后面还可以用<排序方式>来指定索引值按照 ASC(升序)或 DESC(降序)的方式排序,默认值为 ASC。

UNIQUE 表示为基本表或视图创建唯一索引,即不允许两行具有相同的索引键值。特别注意,数据库引擎不允许为已包含重复值的列创建唯一索引。因此,必须先删除重复的值,然后才能为一列或多列创建唯一索引。唯一索引中使用的列应该设置为 NOT NULL,因为在创建唯一索引时,会将多个 NULL 值视为重复值。

CLUSTERED 表示要建立的索引是聚集索引,即在创建索引时,键值的逻辑顺序就是基本表中对应行的物理顺序。一个基本表或视图只允许同时有一个聚集索引。

具有唯一聚集索引的视图称为索引视图。为一个视图创建唯一聚集索引会在物理上具体化该视图。必须先为视图创建唯一聚集索引,然后才能为该视图定义其他索引。

如果在创建某个基本表时已经定义了主键,则该表就已经建立了主键列的聚集索引,即基本表的主键就是该表的聚集索引。因此不能再为该表创建聚集索引。

为了方便,我们将没有指定 CLUSTERED 选项的索引称为非聚集索引。其特点是,索引键值的排序独立于基本表数据的物理排序;没有指定 CLUSTERED 和 UNIQUE 选项的索引称为普通索引。

例 1.7　为学生选课数据库新建 1 个基本表 Students1，其属性与基本表 Students 完全一样，但不要将属性 Sno 定义为主键(Primary Key)。试对其分别建立如下索引。

1）按属性 Sno(学号)建聚集索引；

2）对属性 Sname(姓名)按降序建唯一索引，即非聚集的唯一索引；

3）按属性 Sage(年龄)升序和 Dno(系别号)降序建普通索引。

以上索引需求对应的 SQL 语句为

1）CREATE CLUSTERED INDEX Stu_Sno ON Students1(Sno)

2）CREATE UNIQUE INDEX Stu_Sname ON Students1(Sname DESC)

3）CREATE INDEX Stu_Sage　ON Students1 (Sage ASC, Dno DESC)

例 1.8　为学生选课数据库新建 1 个基本表 Reports1，其属性与基本表 Reports 完全一样，但不要将属性(Sno,Cno)定义为主键。试按照 Reports1 的属性(Sno,Cno)建立聚集索引。

以上索引需求对应的 SQL 语句为

```
CREATE CLUSTERED INDEX Stu_Sno_Cno ON Reports1(Sno, Cno)
```

从例 1.7 和例 1.8 可以发现，如果在创建基本表时忘了为该表定义主键，则可以通过创建聚集索引的方式为其增加主键，而无须通过重新创建基本表来定义其主键。

值得特别注意的是，基本表建立聚集索引后，更新索引列上的数据时，往往导致基本表中元组的物理顺序变更和移动，其时间开销较大，因此，对于经常更新的列不宜建立聚集索引。

2. 删除索引

索引一经建立，就由系统使用和维护它，不需用户干预。建立索引是为了减少查询操作的时间，但如果数据增加删改频繁，系统会花费许多时间来维护索引。这时，可以删除一些不必要的索引。

在 SQL 中，删除索引使用 DROP INDEX 语句，其一般格式为

```
DROP　INDEX <表名.索引名>
```

例 1.9　删除基本表 Students1 上的 Stu_Sage 索引。

```
DROP INDEX Students1.Stu_Sage
```

删除索引命令将从数据库中删去索引对象 Stu_Sage 以及该对象包括的所有索引信息。

1.3　SQL 的数据查询

数据查询是数据库的核心操作。SQL 提供了 SELECT 语句进行数据库的查询，该语句具有灵活的使用方式和丰富的功能。其一般格式为

```
SELECT [ALL|DISTINCT] <目标列表达式> [,<目标列表达式>]
FROM <表名或视图名> [,<表名或视图名>]…
[WHERE <条件表达式>]
[GROUP BY <列名 1> [HAVING<条件表达式>]]
[ORDER BY <列名 2> [ASC|DESC]]
```

整个 SELECT 语句的含义是：根据 WHERE 子句的设定条件，从 FROM 子句指定的基

本表或视图中找出满足条件的元组，再按目标列表达式规定的属性列选出元组中的对应属性值形成结果表。如果有 GROUP 子句，则将结果按<列名 1>的值进行分组，该属性列值相等的元组为一个组。如果 GROUP 子句带 HAVING 短语，则只输出满足指定条件的组。如果有 ORDER 子句，则结果表还要按<列名 2>的值升序或降序方式排序。

SELECT 语句能表达所有的关系代数表达式。下面以学生课程数据库为例说明 SELECT 语句的用法。

1.3.1　简单的选择与投影查询

简单的选择与投影查询是指仅涉及一个基本表或一个视图的查询。

1. 无条件查询

例 1.10　查询全体学生的详细记录。这是一个无条件的选择查询，其命令为

```
SELECT  *                    /* 这里的“*”等价于所有的列 */
FROM Students
```

其结果为表 1-2 中的全部数据。

例 1.11　查询全体学生的姓名(Sname)、学号(Sno)、所在系号(Dno)。这是一个无条件的投影查询，其命令为

```
SELECT Sname, Sno, Dno
FROM Students
```

此例表明，查询结果输出列的顺序可以按照用户要求改变而不必与基本表中的顺序一样。

例 1.12　查询全体学生的姓名(Sname)、出生年份及学号(Sno)。由于 SELECT 子句的<目标列表达式>不仅可以是表中的属性列，也可以是表达式，故可以查询经过计算的值。其命令为

```
SELECT  Sno, Sname, YEAR(Birthday)
FROM  Students
```

此例中的“YEAR(Birthday)”不是列名，而是一个 SQL Server 函数，YEAR(Birthday)、MONTH(Birthday)、DAY(Birthday)分别是获得日期属性里面的年、月、日数值的函数。本例的输出结果为

Sno	Sname	无列名
S01	王建平	1995
S02	刘华	1997
S03	范林军	1998
S04	李伟	1999
S05	黄河	1996
S06	长江	1994

其实，<目标列表达式>不仅可以是函数，还可以是字符串常量、算术表达式等。

注意到例 1.12 的输出结果，其中的计算列“YEAR(Birthday)”在结果中显示“无列

名”。当然,我们可以利用 SQL 为其增加一个列标题。

例 1.13　查询全体学生的姓名、出生年份和学号,要求用小写字母表示学号中的字母。其命令为

```
SELECT Sname,'Birth:' Title,YEAR(Birthday) Birth Year, LOWER(Sno) Lsno
FROM Students
```

输出的结果为

Sname	Title	Bith Year	Lsno
王建平	Birth:	1995	s01
刘华	Birth:	1997	s02
范林军	Birth:	1998	s03
李伟	Birth:	1999	s04
黄河	Birth:	1996	s05
长江	Birth:	1994	s06

在例 1.13 中,通过指定别名来改变查询结果的列标题,这对于含算术表达式、常量、函数名的目标列表达式尤为有用。

例 1.14　查询选修了课程的学生学号。其命令为

```
SELECT DISTINCT Sno
FROM Reports
```

执行上面的 SELECT 语句后,输出结果为

Sno
S01
S02
S03
S04

这里使用 DISTINCT 短语的目的是消去查询结果表中相同的元组。

2. 条件查询

条件查询就是使用 WHERE 子句为查询增加条件。WHERE 子句的条件表达式是一个逻辑表达式,它由常量、变量、函数、属性名和各种运算符组成。SQL 所涉及的运算符如表 1 - 7 所示。

说明:集函数若使用列名,还可以使用 DISTINCT 短语,表示相同的列值不参与计算。

(1) 比较条件

例 1.15　查询系别编号 D03 的全体学生的学号(Sno)和姓名 (Sname)。其命令为

```
SELECT Sno, Sname
FROM Students
WHERE Dno='D03'
```

表 1－7　SQL 所涉及的运算符和函数

名称	运算符	注释
比较运算	=, <, >, >= , <= , ! =, <= , ! >, ! <	等于,小于,大于…
谓词	BETWEEN AND, NOT BETWEEN AND	介于两者之间,介于两者之外
	IN,NOT IN	在其中,不在其中
	LIKE,NOT LIKE	匹配,不匹配
	IS NULL,IS NOT NULL	是空值,不是空值
逻辑运算	NOT, AND, OR	非,与,或
集函数	COUNT(*), COUNT(列名), SUM(列名) AVG(列名), MAX(列名), MIN(列名)	统计元组个数,统计列值个数,列值汇总,求列值平均,求列值最大,求列值最小

例 1.16　查询所有年龄在 18~22 岁(包括 18 岁和 22 岁)的学生姓名(Sname)及其各自的年龄(Sage)。其命令为

```
SELECT  Sname,DATENAME(yyyy,GETDATE())-YEAR(Birthday) Sage
FROM  Students
WHERE DATENAME(yyyy,GETDATE())-YEAR(Birthday)>= 18 AND
DATENAME(yyyy,GETDATE()) -YEAR(Birthday) <= 22
```

GETDATE()是获取系统当前日期的函数,DATENAME(yyyy,GETDATE())、DATENAME(mm,GETDATE())、DATENAME(dd,GETDATE())分别是获得当前提起的年、月、日数值的函数。

(2) 谓词条件

例 1.17　查询年龄在 18~22 岁(包括 18 岁和 22 岁)的学生姓名(Sname)及年龄(Sage)。其命令为

```
SELECT  Sname,DATENAME(yyyy,GETDATE())-YEAR(Birthday) Sage
FROM  Students
WHERE DATENAME(yyyy,GETDATE())-YEAR(Birthday) BETWEEN 18 AND 22
```

例 1.18　查询年龄不在 18~22 岁的学生姓名(Sname)及年龄(Sage)。其命令为

```
SELECT  Sname,DATENAME(yyyy,GETDATE())-YEAR(Birthday) Sage
FROM  Students
WHERE DATENAME(yyyy,GETDATE())-YEAR(Birthday) NOT  BETWEEN 18 AND 22
```

例 1.19　查询系别编号为 D01、D02 和 D03 学生的学号(Sno)、姓名(Sname)和性别(Ssex)。其命令为

```
SELECT  Sno,Sname,Ssex
FROM  Students
WHERE Dno IN ('D01', 'D02', 'D03')
```

等价于:

```
SELECT Sno,Sname,Ssex
```

```
FROM Students
WHERE Dno='D01' OR Dno='D02' OR Dno='D03'
```

例 1.20　查询系别编号既不是 D01、D02，也不是 D03 的学生的姓名(Sname)和性别(Ssex)。其命令为

```
SELECT  Sname,Ssex
FROM  Students
WHERE  Dno  NOT  IN ('D01', 'D02', 'D03')
```

在 WHERE 子句中除了使用以上谓词外，还可以用 LIKE 或 NOT LIKE 谓词来进行字符串的匹配。其一般语法格式为

```
[NOT] LIKE '<匹配串>' [ESCAPE'<换码字符>']
```

其含义是查找指定的属性列值与<匹配串>相匹配的元组。<匹配串>可以是一个完整的字符串，也可以含有通配符 %和_，其意义如下：

%（百分号）：代表任意长度(长度可以为 0)的字符串。例如，a%b 表示以 a 开头，以 b 结尾的任意长度的字符串，如 acb、abcdb、ab 等都满足该匹配串。

_（下划线）：代表任意单个字符。例如，a_b 表示以 a 开头，以 b 结尾的长度为 3 的任意字符串，如 acb、adb 等都满足该匹配串。

例 1.21　查询所有姓刘的学生的姓名(Sname)、学号(Sno)和性别(Ssex)。其命令为

```
SELECT Sname,Sno, Ssex
FROM Students
WHERE Sname LIKE '刘%'
```

例 1.22　查询姓“刘”且全名不多于 3 个汉字的学生的姓名(Sname)和出生日期(Birthday)。其命令为

```
SELECT Sname,Birthday
FROM Students
WHERE Sname LIKE '刘____'
```

注意：在英文系统中下划线“_”代表一个英文字符，但在支持汉字的数据库系统中，下划线“_”也代表一个汉字，所以匹配串“刘”的后面只需要跟两个“_”(下划线)。

例 1.23　查询所有不姓刘的学生姓名(Sname)和出生日期(Birthday)。其命令为

```
SELECT Sname, Birthday
FROM Students
WHERE Sname NOT LIKE '刘%
```

如果用户要查询的字符串本身就含有%或_，这时必须使用 ESCAPE'<换码字符>' 短语对通配符进行转义。

例 1.24　查询课程名为“DB_设计”的课程号(Cno)和学分(Credits)。其命令为

```
SELECT Cno,Credits
```

```
FROM Courses
WHERE Cname LIKE 'DB\_设计' ESCAPE '\'
```

ESCAPE'\' 短语表示\为换码字符，这样匹配串中紧跟在\后面的字符“_”不再具有通配符的含义，转义为普通的“_”字符。

例 1.25 查询以“DB_”开头，且倒数第 2 个汉字字符为“设”的课程的详细情况。其命令为

```
SELECT *
FROM Courses
WHERE Cname LIKE 'DB\_%设__' ESCAPE'\'
```

这里的匹配串为“DB_%设__”。第 1 个“_”前面有换码字符“\”，所以它被转义为普通的“_”字符。由于“%”和“设”字后面的下划线“_”的前面均没有换码字符“\”，所以它们仍作为通配符。

下面再介绍两个使用谓词 IS NULL 和 IS NOT NULL 涉及空值的查询例子。

例 1.26 假设某些学生选修课程后没有参加考试，所以有选课记录，但没有考试成绩。试查询缺少成绩的学生的学号(Sno)和相应的课程号(Cno)。其命令为

```
SELECT Sno,Cno
FROM Reports
WHERE Grade IS NULL
```

注意：这里的“IS”不能用等号“=”代替，否则得不到正确的查询结果。

例 1.27 查询所有有成绩的学生学号(Sno)和课程号(Cno)。其命令为

```
SELECT Sno,Cno
FROM Reports
WHERE Grade IS NOT NULL
```

3. 查询结果排序

例 1.28 查询选修了 C03 号课程的学生的学号(Sno)和成绩(Grade)，并按成绩降序排列。其命令为

```
SELECT Sno,Grade
FROM Reports
WHERE Cno='C03'
ORDER BY Grade DESC
```

对于空值，若按升序排，含空值的元组将最先显示。若按降序排，空值的元组将最后显示。

例 1.29 查询全体学生情况，查询结果按所在系的系别编号(Dno)升序排列，同一系中的学生按年龄降序排列。其命令为

```
SELECT *
FROM Students
```

```
ORDER BY Dno,DATENAME(yyyy,GETDATE())-YEAR (Birthday) DESC
```

4. 集函数的使用

例 1.30　查询学生总人数。其命令为

```
SELECT COUNT( * )
FROM Students
```

例 1.31　查询选修了课程的学生人数。其命令为

```
SELECT COUNT(DISTINCT Sno)
FROM Reports
```

对表 1－5 的数据,结果为 4。学生每选修一门课,在 Reports 中都有一条相应的记录。一个学生要选修多门课程,为避免重复计算学生人数,必须在 COUNT 函数中用 DISTINCT 短语。

例 1.32　计算选修 C01 号课程的学生平均成绩。其命令为

```
SELECT AVG(Grade)
FROM Reports
WHERE Cno='C01'
```

注意:成绩为空值的学生不参与计算。

例 1.33　查询选修 C01 号课程的学生最高分数。其命令为

```
SELECT MAX(Grade)
FROM Reports
WHERE Cno='C01'
```

5. 查询结果分组

GROUP BY 子句将查询结果表按某一列或多列值分组,值相等的为一组。

对查询结果分组的目的是细化集函数的作用对象。如果未对查询结果分组,集函数将作用于整个查询结果,如例 1.30～例 1.33。分组后集函数将作用于每一个组,使每一组都有一个函数值。

例 1.34　求各个课程号(Cno)及相应的选课人数。其命令为

```
SELECT Cno, COUNT(Sno) CntSno
FROM Reports
GROUP BY Cno
```

该语句对查询结果按 Cno 的值分组,所有具有相同 Cno 值的元组为一组,然后对每一组作用集函数 COUNT 计算,以求得该组的学生人数。查询结果为如下形式:

Cno	CntSno
C01	3
C02	2
C03	3

如果分组后还要求按一定的条件对这些组进行筛选，最终只输出满足指定条件的组，则可以使用 HAVING 短语指定筛选条件。

例 1.35　查询选修了 3 门或 3 门以上课程的学生学号(Sno)。其命令为

```
SELECT Sno
FROM Reports
GROUP BY Sno
HAVING COUNT(Cno)>= 3
```

GROUP BY 子句先按 Sno 进行分组，再用集函数 COUNT 对每一组计数。HAVING 短语指定选择组的条件，只有满足条件(COUNT(Cno)>= 3，表示选修课程数不少于 3 门)的组才会被选出来。

WHERE 子句与 HAVING 短语的区别在于作用对象不同。WHERE 子句作用于基本表或视图，而 HAVING 短语作用于组。

1.3.2　连接查询

前面的查询都是针对一个表进行的，本节介绍同时涉及两个或两个以上表的连接查询。这种查询是关系数据库中最主要的查询，包括等值连接、自然连接、非等值连接查询、自身连接查询、外连接查询和复合条件查询等。

1. 不同表之间的连接查询

不同表之间的连接查询，主要是 FROM 子句要指明两个或多个基本表的名称，WHERE 子句中的连接条件涉及两个或多个基本表的属性列名，涉及两个表的连接条件格式通常为

[<表名 1>.]<列名 1> <比较运算符> [<表名 2>.]<列名 2>

当连接运算符为“=”时，称为等值连接，其他为非等值连接。连接条件中列名对应属性的类型必须是可比的，但不必是相同的。此外，连接条件还可以使用下面的形式：

[<表名 1>.]<列名 1>BETWEEN [<表名 2>.]<列名 2>AND[<表名 2>.]<列名 3>

通俗地讲，DBMS 执行连接操作的过程是：首先在表名 1 所指的表 1 中找到第 1 个元组，然后从头开始扫描表名 2 所指的表 2，逐一查找满足连接条件的元组，找到后就将表 1 中的第 1 个元组与该元组拼接起来，形成结果表中的一个元组。表 2 全部查找完后，再找表 1 中第 2 个元组，然后再从头开始扫描表 2，逐一查找满足连接条件的元组，找到后就将表 1 中的第 2 个元组与该元组拼接起来，形成结果表中的一个元组。重复上述操作，直到表 1 中的全部元组都处理完毕。

例 1.36　查询每个学生及其选修课程的情况。

本查询实际上是涉及 Students 与 Reports 两个表的连接操作。这两个表之间的联系是通过公共属性 Sno 实现的，因此其操作命令为

```
SELECT Students. * , Reports. *
FROM Students,Reports
WHERE Students.Sno = Reports.Sno
```

该查询的执行结果为

Sno	Sname	Ssex	Birthday	Dno	Sno	Cno	Grade
S01	王建平	男	1995-10-12	D01	S01	C01	92
S01	王建平	男	1995-10-12	D01	S01	C03	84
S02	刘华	女	1997-08-21	D01	S02	C01	90
S02	刘华	女	1997-08-21	D01	S02	C02	94
S02	刘华	女	1997-08-21	D01	S02	C03	82
S03	范林军	女	1998-02-11	D02	S03	C01	72
S03	范林军	女	1998-02-11	D02	S03	C02	90
S04	李伟	男	1996-12-22	D03	S04	C03	75

若在以上等值连接中把目标列中重复的属性列去掉,则为自然连接,其命令为

```
SELECT Students.Sno, Sname, Ssex, Birthday, Dno, Cno, Grade
FROM Students,Reports
WHERE Students.Sno= Reports.Sno
```

在上面的命令中,由于 Sname、Ssex 和 Grade 等属性列在 Students 与 Reports 表中是唯一的,引用时可去掉表名前缀。而 Sno 在两个表中都有,因此引用时必须加上表名前缀。

例 1.37　查询每个学生的学号(Sno)、姓名(Sname)、选修的课程名(Cname)、成绩(Grade)及系别名称(Dname)。

本查询涉及四个表的连接操作,完成该查询的 SQL 语句如下:

```
SELECT   Students.Sno,Sname,Cname,Grade,Dname
FROM   Students,Reports,Courses,Depts
WHERE Students.Sno = Reports.Sno AND Reports.Cno = Courses.Cno
       AND Students.Dno=Depts.Dno
```

执行该查询后结果表为

Sno	Sname	Cname	Grade	Dname
S01	王建平	英语	92	自动化
S01	王建平	数据库	84	自动化
S02	刘华	英语	90	自动化
S02	刘华	数据结构	94	自动化
S02	刘华	数据库	82	自动化
S03	范林军	英语	72	计算机
S03	范林军	数据结构	90	计算机
S04	李伟	数据库	75	数学

2. 自身连接

连接操作不仅可以在两个表之间进行,同一个表也可以与自己进行连接,称为表的自身连接。

例 1.38　查询每一门课的间接先修课(即先修课的先修课)。

在 Courses 表关系中，只有每门课的直接先修课信息，而没有先修课的先修课。要得到这个信息，必须先对一门课找到其先修课，再按此先修课的课程号，查找它的先修课程。这就需要将 Courses 表与其自身连接。为方便连接运算，这里为 Courses 表取两个别名，分别为 A、B，则完成该查询的 SQL 语句为

```
SELECT A.Cno,A.Cname,B.Pre_Cno
FROM Courses A, Courses B
WHERE A.Pre_Cno =B.Cno
```

其查询结果为

Cno	Cname	Pre_Cno
C02	数据结构	NULL
C03	数据库	C05
C04	DB_设计	C02
C06	网络原理	C05
C07	操作系统	NULL

结果表中有 NULL 的行表示该课程有先修课，但没有间接先修课。

3. 外连接

在通常的连接操作中，只有满足连接条件的元组才能作为结果输出，如例 1.37 的结果表中就没有 S05 和 S06 两个学生的信息，因为他们没有选课，在 Reports 表中没有相应的元组。若想以 Students 表为主体列出每个学生的基本情况及其选课情况，且没有选课的学生也希望输出其基本信息，这时就需要使用外连接（outer join）。外连接分为左连接和右连接两种类型。标准 SQL 规定的外连接的表示方法为，在连接条件的左(右)边加上符号 *（有的数据库系统中用+），就分别表示右(左)连接。

例 1.39 把例 1.37 中的等值连接改为左连接。其标准 SQL 的左连接命令为

```
SELECT Students.Sno,Sname,Ssex,Birthday,Dno,Cno,Grade
FROM Students,Reports
WHERE Students.Sno= Reports.Sno( * )
```

其执行结果为

Sno	Sname	Ssex	Birthday	Dno	Cno	Grade
S01	王建平	男	1995-10-12	D01	C01	92
S01	王建平	男	1995-10-12	D01	C03	84
S02	刘华	女	1997-08-21	D01	C01	90
S02	刘华	女	1997-08-21	D01	C02	94
S02	刘华	女	1997-08-21	D01	C03	82
S03	范林军	女	1998-02-11	D02	C01	72
S03	范林军	女	1998-02-11	D02	C02	90
S04	李伟	男	1996-12-22	D03	C03	75
S05	黄河	男	1999-10-31	D03	NULL	NULL
S06	长江	男	1994-04-08	D03	NULL	NULL

外连接就好像是为符号 * 所在一端的表(Reports)增加一个“万能”的行,这个行全部由空值组成。它可以与另一边的表(Students)中所有不满足连接条件的元组进行连接。因此在连接结果中,S05 和 S06 两行中来自 Reports 表的属性值全部是空值。

商品化 DBMS 一般都支持标准 SQL 的外连接操作,但具体的 SQL 命令却有差别。例如,例 1.39 中给出的左连接 SQL 命令,在 SQL Server 2014 中就无法运行。该左连接操作在 SQL Server 2014 中的命令格式为

```
SELECT Students.Sno, Sname, Ssex, Dno, Cno, Grade
FROM Students
LEFT JOIN Reports ON
Students.Sno= Reports.Sno
```

以上左连接操作也可以用如下的右连接操作代替,其结果完全一样。

```
SELECT Students.Sno, Sname, Ssex, Dno, Cno, Grade
FROM Reports
RIGHT JOIN Students ON
Reports.Sno=Students.Sno
```

1.3.3　嵌套查询

在 SQL 中,一个 SELECT-FROM-WHERE 语句称为一个查询块。将一个查询块嵌套在另一个查询块的 WHERE 子句或 HAVING 短语的条件中的查询称为嵌套查询。

1. 带谓词 IN 的嵌套查询

例 1.40　查询选修了编号为 C02 的课程的学生姓名(Sname)和所在系别编号(Dno)。

```
SELECT Sname,Dno
FROM Students
WHERE Sno IN
        (SELECT Sno
         FROM Reports
         WHERE Cno='C02')
```

本例中的“SELECT Sno FROM Reports WHERE Cno='C02'”称为子查询,“SELECT Sname, Dno FROM Students WHERE Sno IN (…)”称为外层查询或父查询。SQL 允许多层嵌套查询。需要特别指出的是,子查询的 SELECT 语句中不能使用 ORDER BY 子句。

嵌套查询一般的求解方法是由里向外处理,即先执行子查询,后执行父查询。子查询的结果用于建立父查询的查找条件。

嵌套查询可以使用多个简单查询构成复杂的查询,从而增强 SQL 的查询能力。以层层嵌套的方式来构造程序正是 SQL 中“结构化”的含义所在。

例 1.41　查询与“李伟”在同一个系学习的学生学号(Sno)、姓名(Sname)和系别编号(Dno)。

该查询可构造嵌套查询实现,其 SQL 语句为

```
SELECT Sno,Sname,Dno
FROM Students
WHERE Dno IN
        (SELECT Dno
          FROM Students
          WHERE Sname='李伟')
```

DBMS 求解该查询时,先执行子查询,找出“李伟”所在的系别编号(Dno),然后查询在该系学习的学生学号和姓名。

本例中的查询也可以用自身连接来完成,其 SQL 语句为

```
SELECT A.Sno, A.Sname, A.Dno
FROM Students A, Students B
WHERE A.Dno=B.Dno AND B.Sname='李伟'
```

由以上例子可见,实现同一个查询可以有多种方法,当然不同的方法其执行效率可能会有差别,甚至会差别很大。SQL 语句查询效率问题将在 3.5 节专门讨论。

例 1.42　查询选修了课程名为“数据结构”的学生学号(Sno)和姓名(Sname)。

本查询涉及学号、姓名和课程名(Cname)三个属性。学号和姓名存放在 Students 表中,课程名则存放在 Courses 表中,但 Students 与 Courses 两个表之间没有公共属性,必须通过 Reports 表建立它们之间的联系,所以本查询实际上涉及三个关系的连接操作。

```
SELECT Sno,Sname                              /*③最后在 Students 关系中 */
FROM Students                                 /* 取出 Sno 和 Sname */
WHERE Sno IN
        (SELECT Sno                           /*② 然后在 Reports 关系中找出 */
          FROM Reports                        /*选修了 C02 号课程的学生学号*/
          WHERE Cno IN
             (SELECT Cno                      /*① 首先在 Courses 关系中 */
               FROM Courses                   /*找出“数据结构”的课程号,*/
               WHERE Cname = '数据结构'))     /*结果为 C02 号 */
```

结果为

Sno	Sname
S02	刘华
S03	范林军

本查询同样可以用连接查询实现:

```
SELECT S.Sno,Sname
FROM Students S,Reports R,Courses C
WHERE S.Sno=R.Sno AND R.Cno=C.Cno AND C.Cname='数据结构'
```

例 1.40~例 1.42 的各个子查询都只执行一次,其结果用于父查询。子查询的查询条

件不依赖于父查询，这类子查询称为不相关子查询。不相关子查询是最简单的一类子查询。

2. 带有比较运算符的嵌套查询

带有比较运算符的子查询是指父查询与子查询之间用比较运算符进行连接。当用户能确切知道内层查询返回的是单值时，可以用>，<，=，>= ，<= ，!=或<>等比较运算符。

例 1.43　将例 1.41 改为带有比较运算符的嵌套查询。由于一个学生只可能在一个系学习，因此子查询的结果是一个值，因此可以用"="代替 IN，其 SQL 语句为

```
SELECT Sno, Sname,Dno
FROM Students
WHERE Dno =
      (SELECT Dno
       FROM Students
       WHERE Sname='李伟')
```

3. 带谓词 ANY 或 ALL 的嵌套查询

子查询返回单值时可以用比较运算符，而使用谓词 ANY 或 ALL 时则必须同时使用比较运算符。谓词 ANY 或 ALL 与比较运算符联合使用的含义如表 1－8 所示。

表 1－8　谓词 ANY 或 ALL 的含义

谓词	注释	谓词	注释
>ANY	大于子查询结果中的某个值	<= ANY	小于等于子查询结果中的某个值
>ALL	大于子查询结果中的所有值	<= ALL	小于等于子查询结果中的所有值
<ANY	小于子查询结果中的某个值	=ANY	等于子查询结果中的某个值
<ALL	小于子查询结果中的所有值	=ALL	等于子查询结果中的所有值
>= ANY	大于等于子查询结果中的某个值	<>ANY	不等于子查询结果中的某个值
>= ALL	大于等于子查询结果中的所有值	<>ALL	不等于子查询结果中的任何一个值

例 1.44　查询系别编号不是 D01 系的学生，且其年龄不超过 D01 系的所有学生年龄的学生学号（Sno）、姓名（Sname）、性别（Ssex）、出生日期（Birthday）和系别编号（Dno）。其查询命令为

```
SELECT   Sno,Sname,Ssex,Birthday,Dno
FROM   Students
WHERE Dno<>'D01'
AND YEAR (Birthday)<= ALL (SELECT   YEAR (Birthday)
                     FROM   Students
                     WHERE   Dno= 'D01')
```

查询结果为

Sno	Sname	Ssex	Birthday	Dno
S03	范林军	女	1998-02-11	D02
S05	黄河	男	1999-10-31	D03

DBMS 执行此查询时,首先处理子查询,找出系别为 D01 中所有学生的出生年份,构成一个集合{1995, 1997}。然后处理父查询,找所有系别编号不是 D01 且出生年份晚于 1995 年和 1997 年的学生。

本查询也可以用集函数来实现。其 SQL 语句为

```
SELECT   Sno,Sname,Ssex,Birthday,Dno
FROM   Students
WHERE Dno<>'D01'
AND YEAR (Birthday)<= (SELECT MIN(YEAR(Birthday))
                  FROM   Students
                  WHERE   Dno='D01')
```

一般来说,用集函数实现子查询通常比直接用 ANY 或 ALL 查询效率要高。表 1-9 给出了谓词 ANY 或 ALL 与集函数、谓词 IN 在条件表达上的等价对应关系。

表 1-9　谓词 ANY、ALL 与集函数、谓词 IN 的等价对应关系

谓词 ANY 或 ALL	集函数或谓词 IN	谓词 ANY 或 ALL	集函数或谓词 IN
>ANY	>MIN	<= ANY	<= MAX
>ALL	>MAX	<= ALL	<= MIN
<ANY	<MAX	=ANY	IN
<ALL	<MIN	=ALL	没有等价的集函数
>= ANY	>= MIN	<>ANY	没有等价的集函数
>= ALL	>= MAX	<>ALL	NOT IN

4. 带谓词 EXISTS 的嵌套查询

带谓词 EXISTS 的子查询不返回任何数据,只产生逻辑值真(True)或逻辑值假(False)。

例 1.45　查询所有选修了编号为 C01 课程的学生姓名(Sname)和所在系别编号(Dno)。

本查询的 SQL 语句是

```
SELECT Sname,Dno
FROM Students
WHERE EXISTS
      (SELECT  *
        FROM Reports
```

```
WHERE Sno=Students.Sno AND Cno='C01')
```

由 EXISTS 引出的子查询,其目标属性列表达式一般用“ * ”表示,因为带 EXISTS 的子查询只返回逻辑值“真”或“假”,不需要给出具体的列名。若内层子查询结果非空,则外层的 WHERE 子句条件为真(True),否则为假(False)。

这个查询语句的处理过程是:首先取外层查询(Students)表中的第 1 个元组,根据它与内层子查询相关的属性值(Sno 值)处理内层子查询,若 WHERE 子句返回值为真(True),则取此元组放入结果表;然后再取(Students)表的下一个元组;重复这一过程,直至外层(Students)表全部检查完。

这类查询称为相关子查询(correlated subquery),其特点是,子查询的查询条件依赖于外层父查询的某个属性值(本例中依赖于 Students 的 Sno 值)。

与 EXISTS 谓词相对应的是 NOT EXISTS 谓词。使用存在量词 NOT EXISTS 后,若内层子查询结果为空,则外层的 WHERE 子句返回真值,否则返回假值。

一些带 EXISTS 或 NOT EXISTS 谓词的子查询不能被其他形式的子查询等价替换,但所有带 IN 谓词、比较运算符、ANY 和 ALL 谓词的子查询都能用带 EXISTS 谓词的子查询等价替换。

例 1.46　将例 1.41 改为带谓词 EXISTS 的查询,其 SQL 语句为

```
SELECT Sno, Sname, Dno
FROM Students A
WHERE EXISTS
        (SELECT *
          FROM Students B
          WHERE B.Dno=A.Dno AND B.Sname='李伟')
```

由于带 EXISTS 量词的相关子查询只关心内层查询是否有返回值,并不需要查具体值,因此其效率并不一定低于不相关子查询,有时是高效的方法。

SQL 没有全称量词∀,但可以用命题逻辑的等价公式把带有全称量词的谓词转换为等价的带存在量词的谓词:$(\forall x)P = \neg(\exists x)(\neg P)$

例 1.47　查询选修了所有课程的学生姓名(Sname)和所在系别编号(Dno)。

由于没有全称量词,可将题目的意思转换成等价的用存在量词的形式:查询这样的学生,没有一门课程是他不选修的。

首先为 Reports 增加('S01','C02',90)、('S01','C04',88)、('S01','C05',68)、('S01','C06',85)和('S01','C07',95)这 5 个元组,则完成查询的 SQL 语句为

```
SELECT Sname,Dno
FROM Students
WHERE NOT EXISTS
      (SELECT *
        FROM Courses
        WHERE NOT EXISTS
              (SELECT *
                FROM Reports
```

```
        WHERE Sno=Students.Sno
        AND Cno=Courses.Cno))
```

其实,此例也可以不使用存在量词,而直接应用简单的嵌套查询来实现。

```
SELECT Sname, Dno
FROM Students
WHERE Sno
   IN ( SELECT   Sno
        FROM Reports
        GROUP BY Sno
        HAVING   COUNT( * )=( SELECT   COUNT( * ) FROM Courses))
```

1.3.4 集合查询

SELECT 语句的查询结果是元组的集合,所以多个 SELECT 语句的结果可进行传统的集合操作,标准 SQL 提供了并操作运算 UNION。

例 1.48 查询系别编号为 D02 的学生或年龄不大于 20 岁的学生信息。

```
SELECT *
FROM Students
WHERE Dno='D02'
UNION
SELECT *
FROM Students
WHERE DATENAME (yyyy,GETDATE ())-YEAR (Birthday)<= 20
```

本查询实际上是求系别编号为 D02 的所有学生或年龄不大于 20 岁的学生的并集。使用 UNION 将多个查询结果合并起来时,系统会自动去掉重复的元组。

注意:参加 UNION 操作的各结果表的列数必须相同且对应属性的数据类型也必须相同。

标准 SQL 中没有直接提供集合交操作和集合差操作,但可以用其他方法来实现。

例 1.49 查询系别编号为 D03 的学生且年龄不大于 20 岁的学生的交集,这实际上就是查询系别编号为 D03 中年龄不大于 20 岁的学生。

```
SELECT *
FROM Students
WHERE Dno='D03' AND DATENAME (yyyy,GETDATE ())-YEAR (Birthday)<= 20
```

例 1.50 查询系别编号为 D03 的学生与年龄不大于 20 岁的学生的差集。

本查询的等价说法是,查询系别编号为 D03 的学生中年龄大于 20 岁的学生。

```
SELECT *
FROM Students
WHERE Dno='D03' AND DATENAME (yyyy,GETDATE ())-YEAR (Birthday)>20
```

1.4　SQL 的数据更新

SQL 的数据更新包括插入(INSERT)数据、修改(UPDATE)数据和删除(DELETE)数据这三条语句。

1.4.1　插入数据

1.2.1 节介绍了向表中添加一个元组的 INSERT 命令的格式和使用方法,下面介绍将一个子查询结果集插入表中的 INSERT 命令。其语句的格式为

```
INSERT
INTO <表名>[(<属性列 1>[,<属性列 2>…])]
SELECT 子查询语句
```

例 1.51　设数据库中已有一个关系 History_Student,其关系模式与 Students 完全一样,试将关系 Students 中的所有元组插入关系 History_Student 中,其 SQL 命令为

```
INSERT
INTO History_Student
SELECT *
FROM Students
```

这个命令在学籍管理系统中十分有用。Students 一般保存在校学生信息,当学生毕业后就可将其转到历史表 History_Student 中,这样既提高系统运行效率,又保证历史数据不丢失。

1.4.2　修改数据

修改(UPDATE)操作语句的一般格式为

```
UPDATE <表名>
SET <列名 1>= <表达式 1>[,<列名 2>= <表达式 2>…]
[WHERE <条件>]
```

其功能是修改指定表中满足 WHERE 子句条件的元组。其中 SET 子句<表达式 *i*>的值用于取代<列名 *i*>相应的属性列的值。如果省略 WHERE 子句,则表示要修改表中的所有元组。

例 1.52　将学号为 S03 的学生的课程号为 C01 的课程成绩改为 80 分,即要修改满足条件的一个元组的属性值。

```
UPDATE    Reports
SET Grade=80
WHERE    Sno='S03' AND Cno='C01';
```

例 1.53　将所有学生的课程号为 C01 的课程成绩增加 5 分,要修改多个元组的值。

```
UPDATE    Reports
```

```
SET   Grade =5+ Grade
WHERE Cno='C01';
```

例 1.54 将系别编号为 D01 的所有学生的成绩置零。

由于学生系别编号的信息在 Students 表中,而学习成绩在 Reports 表中,因此,可以将 SELECT 子查询作为 WHERE 子句的条件表达式。故该更新要求的 SQL 命令为

```
UPDATE Reports
SET Grade=0
WHERE 'D01'=
        (SELECT Dno
         FROM Students
         WHERE Students.Sno=Reports.Sno)
```

1.4.3 删除数据

删除(DELETE)语句的一般格式为

```
DELETE
FROM <表名>
[WHERE<条件>]
```

DELETE 语句的功能是从指定表中删除满足 WHERE 子句条件的所有元组。如果省略 WHERE 子句,表示删除表中全部元组,但表的模式定义仍在数据字典中。也就是说,DELETE 语句使表成为空表。

例 1.55 删除学号为 S04 的学生选修的课号为 C02 的记录。

```
DELETE
FROM Reports
WHERE Sno='S04' AND Cno='C02'
```

例 1.56 删除所有学生的选课记录。

```
DELETE
FROM Reports
```

这条 DELETE 语句将删除 Reports 的所有元组,使 Reports 成为空表。

例 1.57 删除系别编号为 D03 的所有学生的选课记录。

```
DELETE
FROM Reports
WHERE 'D03'=
        (SELECT Dno
         FROM Students
         WHERE Students.Sno=Reports.Sno)
```

值得注意的是,由于增删改操作每次只能对一个表进行,如果不注意基本表之间的参

照完整性(其详细定义见 3.1 节)和操作顺序,就会因此产生操作失败甚至数据库的不一致问题。例如,编号为 S01 的学生信息因退学需要从表 Students 中删除,如果他在表 Reports 中的选课信息没有同时删除,就引起数据库的数据不一致问题。因此,有关参照表的相关元组必须一起删除。

当删除主表中的元组(如编号为 S01 的学生)时,通常使用以下的两种策略:

1) 系统自动地删除参照表(如 Reports)中相应(编号为 S01 学生的选课)的元组。

2) 系统检查参照表中是否存在相应的元组,如果存在,则操作失败。

由于例 1.1 中创建 Students、Courses、Reports 和 Depts 表时定义了参照完整性约束,则当向参照表中插入元组,如向 Reports 中插入元组('S07','C01',85)时,系统将自动地检查被参照表(Students 和 Courses)中是否存在相应的元组(学号为 S07 的记录,课程号为 C01 的记录),如果都存在则操作成功,否则操作失败。

关于参照完整性的具体实现策略,现在的商品化数据库产品都提供了不同的实现方法,有的还提供了选择性策略。

1.5　SQL 的视图

视图是关系数据库系统提供给用户以多种角度观察数据库中数据的一种重要方法。从 1.1.2 节可知,视图是从一个或几个基本表(或视图)导出的一个虚拟表。视图一经定义,就可以和基本表一样被查询、被删除,也可以在若干视图之上再定义新的视图,当然,用视图完成数据的更新(增加、删除、修改)操作有一定的限制。其规则主要有以下三条:

1) 如果一个视图是从多个表使用连接操作导出的,那么不允许对这个视图执行更新操作。

2) 如果在导出视图的过程中,使用了分组和集函数,也不允许对这个视图执行更新操作。

3) 如果一个视图是从单个基本表使用选择和投影操作导出,且视图的属性集包含了基本表的一个候选键,这种视图称为"行列子集视图",那么允许对这个视图执行更新操作。

1.5.1　定义视图

1. 建立视图

SQL 用 CREATE VIEW 命令建立视图,其一般格式为

```
CREATE VIEW <视图名> [(<列名>[,<列名>]…)]
AS <SELECT 子查询语句>
[WITH CHECK OPTION]
```

其中,< SELECT 子查询语句>可以是任意复杂的 SELECT 语句,但通常不允许含有 ORDER BY 子句和 DISTINCT 短语;WITH CHECK OPTION 表示用视图进行 UPDATE,INSERT 和 DELETE 操作时要保证更新、插入或删除的元组满足视图定义中的谓词条件(即子查询中的条件表达式)。

组成视图的属性列名要么全部省略要么全部指定。如果视图定义中省略了属性列名,则隐含该视图由子查询中 SELECT 子句的目标列组成。但在下列三种情况下必须明确指定组成视图的所有列名:

1) 某个目标列不是单纯的属性名,而是集函数或列表达式。

2) 多表连接导出的视图中有几个同名列作为该视图的属性列名。

3) 需要在视图中为某个列启用新的更合适的名字。

例 1.58 建立系别编号为 D03 学生的视图,并要求进行修改和插入操作时仍需保证该视图只有系别编号为 D03 的学生,视图的属性名为 Sno, Sname, Birthday, Dno。

```
CREATE VIEW C_Student
        AS
        SELECT Sno,Sname,Birthday,Dno
        FROM Students
        WHERE Dno='D03'
        WITH CHECK OPTION
```

由于在定义 C_Student 视图时加上了 WITH CHECK OPTION 子句,以后对该视图进行插入、修改和删除操作时,DBMS 会自动检查或加上 Dno='D03' 的条件。

例 1.59 建立学生的学号(Sno)、姓名(Sname)、选修课程名(Cname)及成绩(Grade)的视图。

本视图由三个基本表的连接操作导出,其 SQL 语句为

```
CREATE VIEW Student_CR
        AS
        SELECT Students.Sno,Sname,Cname,Grade
        FROM Students,Reports,Courses
        WHERE Students.Sno=Reports.Sno AND Reports.Cno=Courses.Cno
```

DBMS 执行 CREATE VIEW 语句的结果只是把视图的定义存入数据字典,并不执行其中的 SELECT 语句。只是在对视图查询时,才按视图的定义从基本表中将数据查出。

例 1.60 定义一个反映学生出生年份的视图。

```
CREATE VIEW Student_birth(Sno,Sname,Sbirth)
        AS SELECT Sno,Sname,DATENAME (yyyy, GETDATE ())-YEAR (Birthday)
        FROM Students
```

这里的视图 Student_birth 是一个带表达式的视图,其中的属性列 Sbirth(出生年份)是通过计算得到的,称它为虚拟列。

2. 删除视图

删除视图(DROP VIEW)的语句格式为

```
DROP VIEW <视图名>
```

视图删除后视图的定义将从数据字典中删除。但是由该视图导出的其他视图定义仍在数据字典中,不过该视图已失效。用户使用时就会出错,要用 DROP VIEW 语句将它们

一一删除。

例 1.61　删除视图 Student_CR。

```
DROP VIEW Student_CR
```

执行此语句后，Student_CR 视图的定义将从数据字典中删除。

1.5.2　查询视图

视图定义后，用户就可以像查询基本表一样使用视图。

例 1.62　在系别编号为 D03 的学生视图 C_Student 中找出年龄（Sage）小于 20 岁的学生姓名（Sname）和年龄（Sage）。

```
SELECT Sname,DATENAME (yyyy,GETDATE ())-YEAR (Birthday) Sage
FROM C_Student
WHERE DATENAME (yyyy,GETDATE ())-YEAR (Birthday)<20
```

DBMS 执行对视图的查询时，首先检查欲查询的表、视图等是否存在。如果存在，则从数据字典中取出视图的定义，把定义中的子查询和用户的查询语句结合起来，转换成等价的对基本表的查询，然后再执行这个修正了的查询。这一转换过程称为视图消解（view resolution）。

本例转换后的查询语句为

```
SELECT Sname,DATENAME (yyyy,GETDATE ())-YEAR (Birthday) Sage
FROM Students
WHERE Dno='D03'AND DATENAME (yyyy,GETDATE ())-YEAR (Birthday)<20
```

例 1.63　在 Student_CR 视图中查询成绩在 85 分以上的学生学号（Sno）、姓名（Sname）和课程名称（Cname）。

```
SELECT Sno,Sname,Cname
FROM Student_CR
WHERE Grade>85
```

1.5.3　更新视图

所谓更新视图，是指通过视图来插入（INSERT）、删除（DELETE）和修改（UPDATE）数据。由于视图是不实际存储数据的虚表，因此对视图的更新，最终要转换为对基本表的更新。

例 1.64　将系别编号为 D03 的学生视图 C_Student 中学号为 S05 的学生姓名改为“黄海”。

```
UPDATE C_Student
SET Sname='黄海'
WHERE Sno='S05'
```

DBMS 自动转换为对基本表的更新语句为

```
UPDATE Students
```

```
SET Sname = ' 黄海 '
WHERE Sno = 'S05' AND Dno = 'D03'
```

例 1.65　向系别编号为 D03 的学生视图 C_Student 中插入一个新的学生记录，其中学号为 S09，姓名为“王海”，出生日期为 1998-05-16。

```
INSERT
INTO C_Student
VALUES ('S09',' 王海 ','1998-05-16','D03')
```

由于在定义 C_Student 时应用了“WITH CHECK OPTION”短语，其作用是限制 Dno 的值必须是 D03 时才允许由视图 C_Student 插入，若换成其他任何字符，DBMS 都拒绝执行插入操作。若定义 C_Student 时不用“WITH CHECK OPTION”这个短语，则以上 VALUES 短语中改为('S09',' 王海 ','1998-05-16','D02')仍然可以完成插入操作，但用 SELECT * FROM C_Student 命令则看不到刚插入的元组，读者可思考一下这其中的原因。

例 1.66　删除系别编号为 D03 的学生视图 C_Student 中学号为 S09 的记录。

```
DELETE
FROM C_Student
WHERE Sno = 'S09'
```

在关系数据库中，并不是所有视图都可用于更新操作，因为有些视图的更新操作不能唯一有意义地转换成对相应基本表的更新操作。如果视图满足如下两个条件，则可以用于完成数据的更新(增加、删除、修改)操作。

1）视图从单个基本表使用选择和投影操作导出。

2）该视图的属性集包含了基本表的一个候选键。

1.6　SQL 的数据控制

SQL 的数据控制功能包括事务管理功能和数据保护功能，即数据库的恢复、并发控制、数据库的安全性和完整性控制等。这里主要讨论 SQL 的安全性控制功能——SQL如何控制用户对数据的存取权限问题，其他概念和技术将在第 5 章进行详细讨论。

一个用户对某类数据具有什么样的操作权限是个政策问题而不是技术问题。数据库管理系统的功能是保证这些决策的正确执行。为此 DBMS 提供了以下功能：

1）由 DBA 创建允许访问数据库的用户(登录名)。

2）由 DBA 为每个登录名赋予恰当的角色和成员身份，并指定可以连接的数据库。

3）由 DBA 把可访问的数据对象和操作权限授予指定用户，这个过程称为授权。可用 SQL 的 GRANT 命令来完成。若要撤销某个用户的权限，可用 REVOKE 命令实现。

4）DBMS 把授权或撤销权限的结果存入数据字典。

5）当用户提出操作请求时，DBMS 进行授权情况检查，以决定是否执行用户的操作请求。

1.6.1　创建用户

数据库管理员(database administrator,DBA)拥有数据库的全部操作权限,系统中的其他用户均是由 DBA 创建的。在单机实验环境下,以 Windows 身份登录的用户就是 DBA。在创建登录用户之前,DBA 必须先设置 SQL Server 的身份验证模式为“SQL Server 和 Windows 身份验证模式”。

1. 修改 SQL Server 的身份验证模式

利用 SSMS 工具设置 SQL Server 身份验证模式的步骤如下:

1) 打开 SSMS,右击对象资源管理器中的数据库服务器名称(图 1-7),在出现的快捷菜单中选择“属性”命令,就会弹出图 1-8 所示的“服务器属性”窗口。

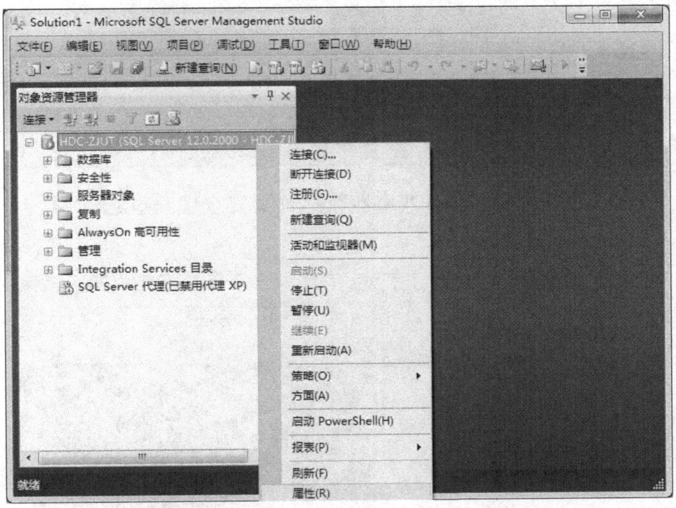

图 1-7　在数据库服务器的快捷菜单中选择“属性”命令

2) 在图 1-8 所示的选择页中单击“安全性”对象,并在窗口右边的“服务器身份验证”选项组中选择“SQL Server 和 Windows 身份验证模式(S)”单选按钮后,单击“确定”按钮即可完成配置。

2. 创建登录

当完成 SQL Server 的身份验证模式设置以后,即可按照以下步骤创建新的数据库登录用户。授予每一个登录名不同的权限,就成为一个或多个数据库的用户。

1) 打开 SSMS,右击对象资源管理器中的“安全性”对象,出现快捷菜单,依次执行“新建”-“登录”命令(图 1-9),出现“登录名-新建”窗口(图 1-10)。

2) 在图 1-10 所示的选择页中选择 “常规”标签,并在右边窗口中输入登录名和密码。在这个例子中创建了登录名 User1,密码为 user1111。另外,取消选中“用户在下次登录时必须更改密码(U)”复选框,并将默认数据库设置为 student_Mis,其他设置均采用默认值。

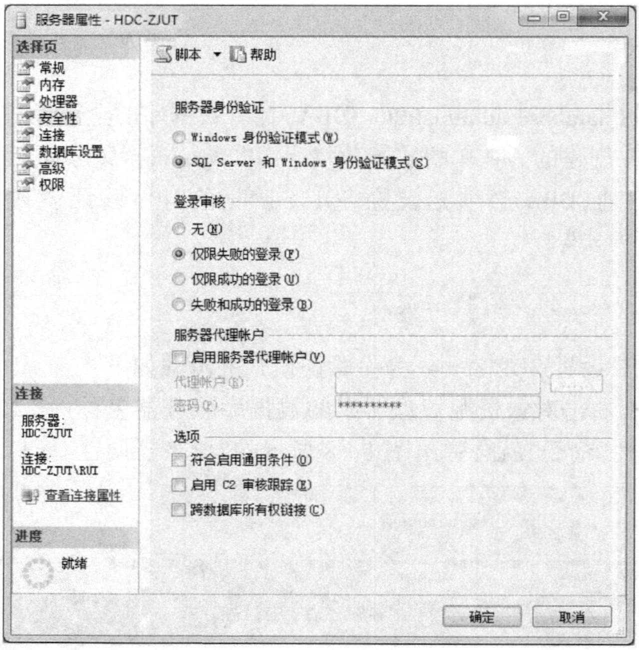

图 1 - 8　“服务器属性”窗口的“安全性”选项卡

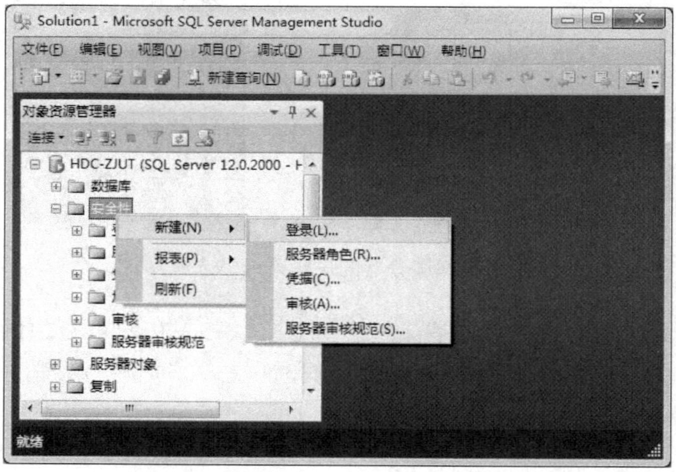

图 1 - 9　选择“登录”命令

3）在图 1 - 10 所示的选择页中单击“用户映射”标签，在出现的如图 1 - 11 所示的“登录名-新建”窗口右边，选中数据库 student_Mis 前面的复选框，并单击“确定”按钮，完成新建用户 User1 的工作，而且可以在 SSMS 的对象资源管理器区域看到刚刚新建的登录名 User1（图 1 - 12）。

按照前面的方法，还可以创建 User2、User3、User4、User5、User6 或者 Huangdc、hdc 等用户。

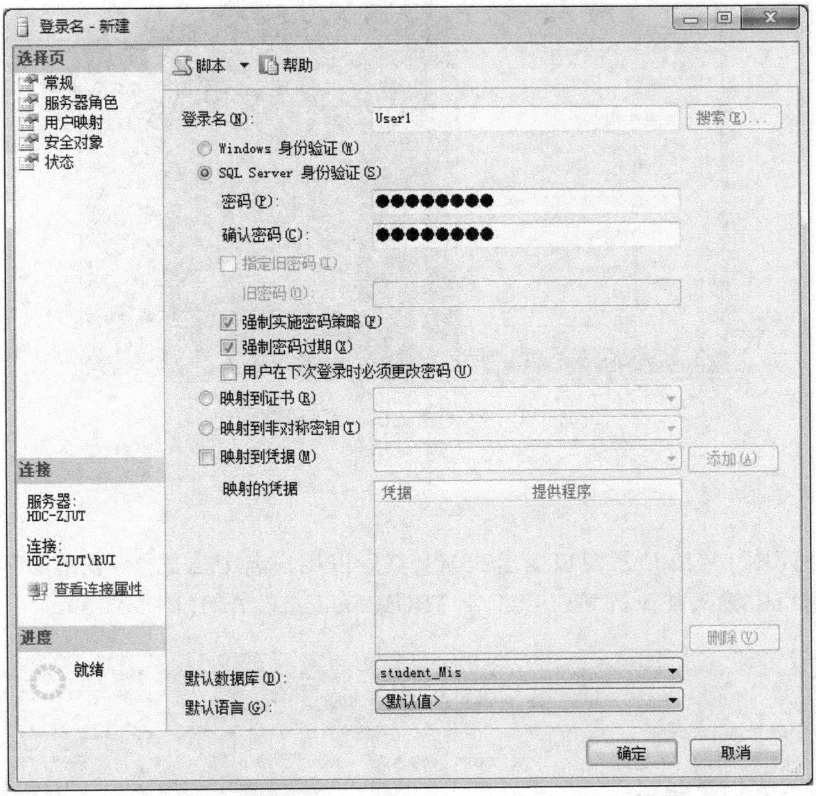

图 1－10　“登录名-新建”窗口的“常规”选项卡

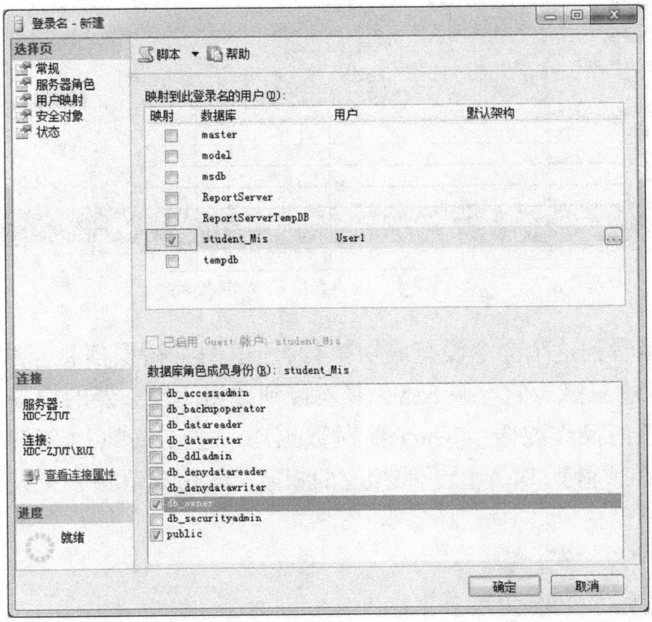

图 1－11　“登录名-新建”窗口的“用户映射”选项卡

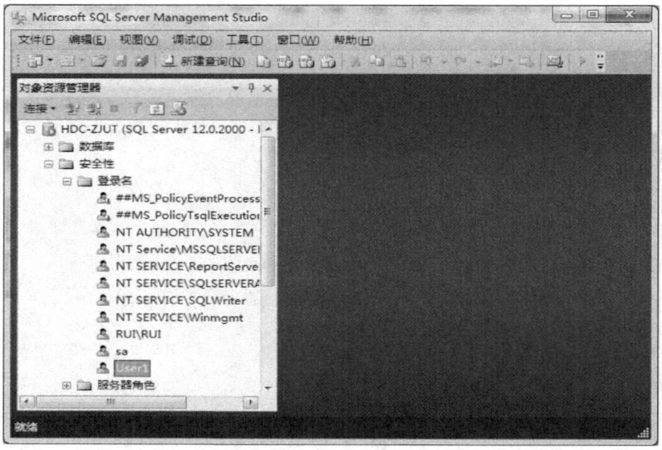

图 1 - 12　登录用户 User1 已成功创建

3. 访问实验

首先关闭图 1 - 12 所示窗口退出 SSMS,然后以用户名 User1 的身份登录到 SSMS,在新建查询窗口中输入并执行"SELECT * FROM Students"语句(图 1 - 13)。

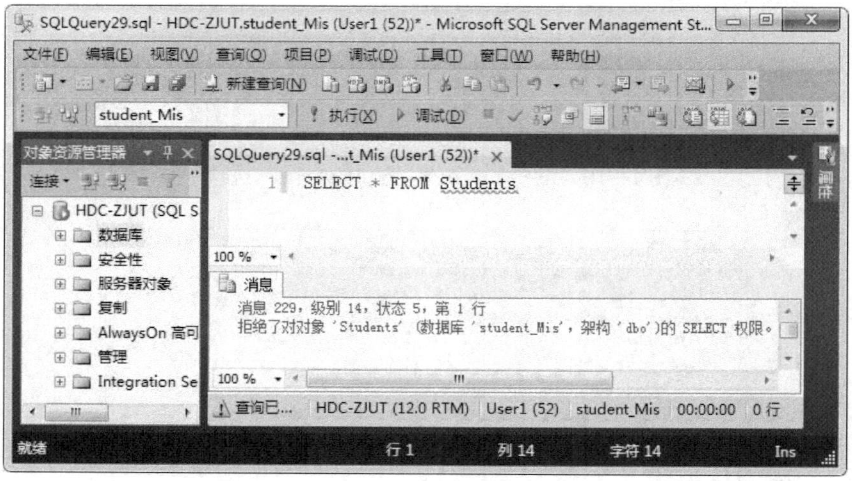

图 1 - 13　User1 执行查询操作

从图 1 - 13 中看到这个命令没有成功执行,还返回了错误信息。这是因为前面创建用户 User1 的过程中只赋予它登录 SSMS 并连接到数据库服务器的权限,并没有赋予它对数据库中对象的任何操作权限。User1 要对数据库中基本表执行 SELECT、INSERT、UPDATE 等操作,还必须得到 DBA 授予的相应的权限。1. 6. 2 节将介绍使用 SQL 语句向用户授权的方法。

1. 6. 2　授权

SQL 用 GRANT 语句向用户授予操作权限,GRANT 语句的一般格式为

```
GRANT <权限>[,<权限>]…
[ON<对象类型><对象名>]
TO <用户>[,<用户>]…
[WITH GRANT OPTION]
```

其语义为:将对指定操作对象的指定操作权限授予指定的用户。

对不同类型的操作对象有不同的操作权限,常见的操作权限如表 1－10 所示。

表 1－10　不同对象类型允许的操作权限

对象	对象类型	操作权限
属性列与视图	TABLE	SELECT,INSERT,UPDATE,DELETE,ALL PRIVILEGES
基本表	TABLE	SELECT,INSERT,UPDATE,DELETE,ALTER,INDEX,ALL PRIVILEGES
数据库	DATABASE	CREATETAB

对属性列和视图的操作权限有:查询(SELECT)、插入(INSERT)、修改(UPDATE)、删除(DELETE)以及这四种权限的总和(ALL PRIVILEGES)。

对基本表的操作权限有:查询(SELECT)、插入(INSERT)、修改(UPDATE)、删除(DELETE)、修改表(ALTER)和建立索引(INDEX)以及这六种权限的总和(ALL PRIVILEGES)。

对数据库可以有建立表(CREATETAB)的权限,该权限属于 DBA,可由 DBA 授予普通用户,普通用户拥有此权限后可以建立基本表,并成为该表的属主(owner)。基本表的属主拥有对该表的一切操作权限。

接受权限的用户可以是 DBA 创建的一个或多个具体用户,如 User1、User2、User3 等,也可以是 public、db_datareader、db_datawriter 等数据库角色。

如果指定了 WITH GRANT OPTION 子句,则获得某种权限的用户还可以把这种权限再授予其他的用户,否则该用户只能使用所获得的权限,而不能将该权限传播给其他用户。在下面的例子中,假设 DBA 已通过 SSMS 在数据库上创建了 User1、User2、User3、User4、User5、User6 等用户。

例 1.67　把对 Students 表的全部操作权限授予用户 User1 和 User2 的标准 SQL 命令为

```
GRANT ALL PRIVILEGES
ON TABLE Students
TO User1,User2
```

注意:Microsoft SQL Server 的授权命令格式为

```
GRANT ALL PRIVILEGES
ON Students
TO User1,User2
```

即 SQL Server 在支持标准 SQL 时有一定修改,命令中没有“TABLE”保留字。下面的例子也不使用 TABLE,而直接用 SQL Server 中的命令。

例 1.68　把对基本表 Reports 的查询权限授予所有用户。

```
GRANT SELECT
ON Reports
TO PUBLIC
```

例 1.69　把查询 Students 表和修改学生姓名(Sname)的权限授予用户 User3。

```
GRANT UPDATE(Sname),SELECT
ON Students
TO User3
```

这实际上是授予 User3 用户对基本表 Students 的 SELECT 权限和对属性列 Sname 的 UPDATE 权限。授予关于属性列的权限时必须明确指出相应属性列名。

例 1.70　把对表 Reports 的 INSERT 权限授予 User4 用户,并允许他将此权限授予其他用户。

```
GRANT INSERT
ON Reports
TO User4
WITH GRANT OPTION
```

执行此 SQL 语句后,User4 不仅拥有了对表 Reports 的 INSERT 权限,还可以传播此权限,即由 User4 用户使用上述 GRANT 命令给其他用户授权。例如,User4 可以将此权限授予 User5:

```
GRANT INSERT
ON Reports
TO User5
```

因为 User4 未给 User5 传播授权的权限,所以 User5 不能再传播此权限。

例 1.71　DBA 把在数据库 student_Mis 中建立表的权限授予用户 User6。

```
GRANT CREATETAB
ON DATABASE student_Mis
TO User6
```

在 SSMS 对象资源管理器中选择被授权创建基本表的数据库的名称后,在"新建查询"窗口中输入以上代码,便完成了在所选数据库中创建数据表的授权。

从上面的例子可以看到,GRANT 语句可以一次向一个用户授权,也可以一次向多个用户授权,但是与 SQL Server 2000 不同的是,SQL Server 2008 不可以一次授予多个同类对象的权限,更不能一次完成对基本表、视图和属性列这些不同对象的授权。

1.6.3　收回权限

向用户授予的权限可以由 DBA 或其授权者用 REVOKE 语句收回,REVOKE 语句的一般格式为

```
REVOKE<权限>[,<权限>]…
[ON<对象类型><对象名>]
FROM<用户>[,<用户>]…
```

例 1.72　把用户 User3 修改学生姓名(Sname)的权限收回。

```
REVOKE UPDATE(Sname)
ON Students
FROM User3
```

例 1.73　收回所有用户对基本表 Reports 的查询权限。

```
REVOKE SELECT
ON Reports
FROM PUBLIC
```

例 1.74　把用户 User4 对 Reports 表的 INSERT 权限收回。

```
REVOKE INSERT
ON Reports
FROM User4 CASCADE
```

在本例中,由于 User4 将对 Reports 表的 INSERT 权限授予了 User5,执行例 1.74 的 REVOKE 语句后,DBMS 在收回 User4 对 Reports 表的 INSERT 权限的同时,还会自动收回 User5 的相应权限,即收回权限的操作会级联。但如果 User5 从其他用户处获得对 Reports 表的 INSERT 权限,则他仍具有此权限,系统只收回直接或间接从 User4 处获得的权限。

可见,SQL 提供了非常灵活的授权机制。DBA 拥有对数据库中所有对象的所有权限,并可以根据应用的需要将不同的权限授予不同的用户。

1.7　嵌入式 SQL

前面介绍的 SQL 作为独立语言在终端交互方式下使用,每条语句都是独立执行的,是非过程化的,这样使用的 SQL 称为交互式 SQL(interactive SQL,ISQL),也称自含式 SQL。但许多实际应用都是过程化的,需要根据不同的条件来完成不同的任务。此外,实际应用不仅需要读取数据,而且要对读出的数据进行处理。因此,单独使用 SQL 很难满足实际应用的需要,主要体现在以下两点:

1) SQL 不能表达所有查询要求,特别是具有过程化特征的查询结果处理需求,需借助其他软件解决。

2) SQL 不能完成非声明性动作,如打印查询结果,或将查询结果送到图形用户界面中等。

为了解决这一问题,SQL 提供了另一种使用方式,即将 SQL 嵌入到某种高级语言(C、C++、PowerBuilder、Visual Basic、Delphi、C#)中使用,利用高级语言的过程性结构来弥补 SQL 实现复杂应用方面的不足。在这种方式下使用的 SQL 称为嵌入式 SQL(embed SQL),而嵌入式 SQL 的高级语言,如 C、C++、PowerBuilder、C#等,称为主语言或宿主语言。

本节将对嵌入式 SQL 及其初步应用给予简单介绍。

1.7.1　嵌入式 SQL 的标志

DBMS 对主语言中的嵌入式 SQL 可以接受两种方法处理：一种是预处理的方法；另一种是修改和扩充主语言编译程序使之能处理 SQL 的方法。目前采用较多的是前一种方法，即由 DBMS 供应商提供的预编译器，也称预处理程序（如 SQL Server 的预处理程序 nsqlprep.exe）对源程序进行扫描，识别出 SQL 语句，并把它转换成主语言对 DB-Library API 函数的调用语句（主语言编译程序能识别的源代码），最后由主语言的编译程序将整个源程序编译成目标代码，如图 1－14 所示。

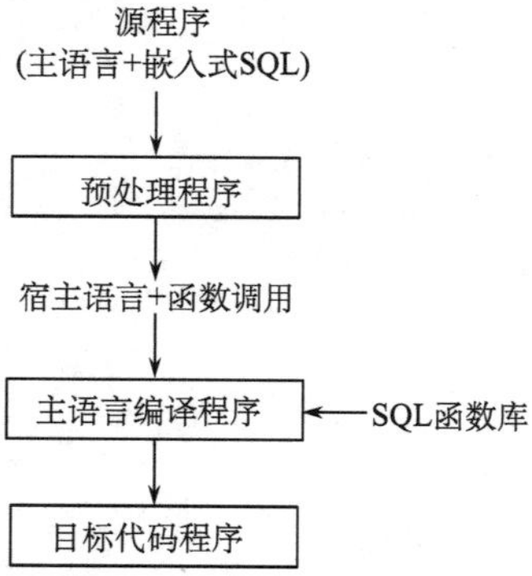

图 1－14　预处理的实现过程

但要在主语言中正常使用嵌入式 SQL，至少需要解决如下几个关键问题：

1）主语言编译器如何识别和接受 SQL，并将其编译成可执行代码。其解决方法是，在嵌入式 SQL 语句前后添加区分标志，使预处理程序能够识别，并将其转换成主语言对函数库的调用。

2）主语言和 DBMS 之间如何传递数据和信息。其解决方法是，设置通信区和主变量。

3）SQL 查询结果通常是元组的集合，而主语言的变量一般为标量，如何将这些元组逐个交给主语言处理。其解决方法是，建立游标和设置主变量。

以上已经说明，解决第 1）个问题的方法是在嵌入的 SQL 语句前后添加区分标志，但值得注意的是，嵌入式 SQL 语句的区分标志一般随主语言的不同而不同。例如，有的主语言要求在嵌入式 SQL 语句前面增加前缀 EXEC SQL，在后面增加 END-EXEC 结束标志来作为区分标志；而有的主语言则仅通过增加结束标志来区分；有些主语言甚至把 SQL 作为其语言的一部分，这时在使用上同交互式 SQL 就基本没有什么区别了。

例 1.75　几种常用高级语言中使用嵌入式 SQL 的格式和删除关系 Students 的例子。

1）在 PL/1 和 C 语言中使用 SQL 时以 EXEC SQL 开始，以分号“；”结束，其格式为

```
EXEC SQL <SQL 语句>;
```

删除关系 Students 的命令为

```
EXEC SQL DROP TABLE Students;
```

2）在 COBOL 中则以 EXEC SQL 开始，以 END-EXEC 结束，其格式为

```
EXEC SQL <SQL 语句> END-EXEC
```

删除关系 Students 的命令为

```
EXEC SQL DROP TABLE Students END-EXEC
```

3）在 PowerBuilder 中使用嵌入式 SQL 语句前无须加 EXEC SQL，只需用分号作为语句结束标记，即删除关系 Students 的命令为

DROP TABLE Students;

4）在 Visual FoxPro 中使用 SQL 时，语句前无须加 EXEC，结束标记是回车键(Enter)，而分号"；"是 SQL 的续行符，而不是结束符，即删除关系 Students 的命令为

DROP TABLE Students

嵌入式 SQL 语句根据其作用的不同，可以分为可执行语句和说明性质语句两类。可执行语句又分为数据定义、数据控制、数据操纵三种。

在宿主语言编写的程序（简称宿主程序或源程序）中，任何允许出现高级语言语句的地方，都可以写可执行的 SQL 语句，任何允许出现说明性高级语言语句的地方，都可以写说明性 SQL 语句。

在后面几节中将介绍解决 2）、3）问题的方法，并通过一些例子来说明 SQL 嵌入在其他高级语言中的用法。

1.7.2 嵌入式 SQL 语句与主语言之间的通信

主语言和嵌入式 SQL 语句之间通信的关键，就是要解决主语言与 DBMS 之间数据和信息的传递问题，这就是 1.7.1 节提到的第 2）个问题。

将 SQL 嵌入到主语言中混合编程，SQL 语句负责操纵数据库，高级语言语句负责控制程序流程和处理数据。这时程序中会含有两种不同计算模型的语句：一种是描述性的面向集合的操作语句 SQL；一种是过程性的高级语言语句。因此，计算机系统将其分为源程序工作单元（执行营业程序，定义主变量）和数据库工作单元（执行嵌入式 SQL 命令，返回结果，如图 1－15 所示），并通过设置 SQL 通信区（SQL communication area，SQLCA）和定义主变量（host variable）使它们之间互相通信并协调工作。在此基础上，再通过游标（cursor）技术可以实现将嵌入式 SQL 语句查询的元组集合逐个返回给主语言处理，从而解决第 3）个问题。

图 1－15　两个工作单元协调工作

1. SQL 通信区

SQLCA 是一个数据结构，是由主语言系统定义的全局变量，专门存放执行嵌入式 SQL 语句有关的状态信息。嵌入式 SQL 语句与 SQLCA 联系起来的方法随主语言的不同而稍有变化，且 SQLCA 中参数个数也稍有变化。例如，在 C 语言程序中 SQLCA 有 24 个参数，并用 EXEC SQL INCLUDE 命令将其与嵌入式 SQL 语句联系起来；而在 PowerBuilder（PB）语言中 SQLCA 只有 15 个属性，且用 USING SQLCA 将其与嵌入式 SQL 语句联系起来。嵌入式 SQL 语句执行后，DBMS 就把应用程序需要的若干信息，主要包括运行环境和描述系统当前工作状态的各种数据，如登录数据库服务器所需的数据库名称、用户名和密码，以及嵌入式 SQL 语句执行是否成功、错误代码和错误信息等信息，全部送到 SQL 通信区 SQLCA 中。主语言的应用程序可从 SQLCA 中取出这些状态信息，据此决定接下来要执行的程序流程。

SQLCA 中有一个存放每次 SQL 语句执行情况（成功与否）的变量 SQLCode。应用程序每执行完一条 SQL 语句之后都应该测试一下 SQLCode 的值，以了解该 SQL 语句执行情

况并进行相应处理。如果 SQLCode 等于预定义的常量 SUCCESS（PB 规定为 0），则表示 SQL 语句成功，否则在 SQLCode 中存放表示错误的代码。

例如，在 PB 中执行嵌入式 SQL 命令，SQLCA.SQLCode 的值为 0 表示执行成功，且至少影响一行，其行数信息存放在 SQLCA.SQLNRows 中。如果 SQLCA.SQLCode 为 100，则表示成功但没有数据返回，如果为 -1 则表示出错，且错误代码和错误信息分别存放在 SQLCA.SQLDBCode 和 SQLCA.SQLErrText 中。

2. 主变量

嵌入式 SQL 语句中可以使用主语言声明的程序变量来输入或输出数据。SQL 语句中使用的主语言程序定义的变量称为主变量。

主变量根据其作用的不同，分为输入主变量和输出主变量。输入主变量由应用程序对其赋值，SQL 语句引用；输出主变量由 SQL 语句对其赋值或设置状态信息，返回给应用程序。一个主变量有可能既是输入主变量又是输出主变量。利用输入主变量，可以指定向数据库中插入的数据，可以将数据库中的数据修改为指定值，可以指定 WHERE 子句或 HAVING 子句中的条件。利用输出主变量，还可以得到 SQL 语句的执行结果数据和状态信息。

一个主变量可以附带一个任选的指示变量（indicator variable）。指示变量是一个整型变量，用来"指示"所指主变量的值或条件。指示变量可以指示输入主变量是否为空值，可以检测输出主变量是否为空值，值是否被截断等。

主变量和指示变量的声明方法随着主语言的不同而有所变化。声明了主变量之后，可以在 SQL 语句中任何一个能够使用表达式的地方使用主变量，为了与数据库对象名（表名、视图名、列名等）区别，SQL 语句中的主变量名前必须添加冒号"："作为标志。同样，SQL 语句中的指示变量前也必须加冒号，并且要紧跟在所指主变量之后。而在 SQL 语句之外的主语言程序的其他地方，主变量和指示变量均可以直接引用，不必加冒号。

由此可知，数据库和主语言程序之间的数据传递是通过共享变量——主变量来实现的。这些主变量首先由主语言程序声明，随后 SQL 语句就可以引用这些主变量。因此主变量就是 SQL 和宿主语言之间的接口。

3. 游标

SQL 与主语言具有不同的数据处理方式。SQL 是面向集合的，一条 SQL 语句原则上可以产生或处理多条记录，而主语言则是面向记录的，一组主变量一次只能存放一条记录。所以仅使用主变量并不能完全满足 SQL 语句向应用程序输出数据的要求，为此嵌入式 SQL 引入了游标的概念，用游标来协调这两种不同的处理方式。游标是系统为用户开设的一个数据缓冲区，存放 SQL 语句的结果数据集，每个游标区都有一个名字。用户可以通过游标逐一读取数据记录，然后赋值给主变量，再交给主语言程序进行进一步处理。在 1.7.3 节的例 1.80 中将给出 PB 定义和使用游标的具体过程。

1.7.3 PowerBuilder 中的嵌入式 SQL 语句

在 PowerBuilder 中使用 SQL 语句，同标准 SQL 语句区别很小，只是结束时一定要加分号“;”,且一条SQL语句分几行没有限制。PowerScript支持在脚本中使用标准的嵌入式SQL和动态SQL语句。PowerScript还支持在SQL语句中使用DBMS的语句、函数和保留字,如在SELECT语句中可以使用DBMS的内置函数。

1. 检索单行数据的SELECT语句

检索单行数据的SELECT语句格式为

```
SELECT FieldsList
  INTO VarList
  FROM TableName
  WHERE Criteria
  [USING TransactionObject];
```

其中,FieldsList为字段名列表;VarList为接收数据的主变量名列表;TableName代表被检索的表名;Criteria是检索条件;TransactionObject为不使用默认事务对象时指定的事务对象名,默认事务对象为SQLCA。这个SQL语句一般称为不使用游标的SQL语句,其查询结果必须是单个元组,即单条记录。

下面通过例子予以说明,本节及其后面各节例子所涉及数据都是1.2.1节给出的四个关系。

例1.76 查询学号为S01的学生选修课程号为C01课程的考试成绩。

实现以上查询需求的PB程序及其嵌入式语句为

```
String Xno,Kno       //PowerBuilder声明两个字符串变量,分别存放学号和课程号
Int Cgrage           // PowerBuilder声明一个整型变量,用于存放学习成绩
SELECT Sno,Cno,Grade          //本行开始的4行为一条完整的嵌入式SQL语句
   INTO:Xno,:Kno,:Cgrage   //SQL中引用PowerBuilder的主变量前要加冒号
   FROM Reports
   WHERE Sno='S01' AND Cno='C01';   //PowerBuilder使用SQL时以分号结束
```

以上程序段将SELECT取得的一条记录赋值给主变量Xno、Kno和Cgrage。

2. INSERT语句

INSERT语句在数据库中插入一条记录。其语法格式为

```
INSERT INTO TableName (FieldName[, … ])
        VALUES (ValueOfField[, … ])
        [USING TransactionObject];
```

其中,TableName指INSERT语句将要插入数据的表名;在括号中的FieldName是字段名;一般是一个例表;ValueOfField是对应字段所赋的值;TransactionObject为不使用默认事务对象时指定的事务对象名。

例1.77 向Reports表中添加一条记录('S12','C05',87)。

实现以上查询需求的PB程序及其嵌入式语句为

```
INSERT INTO Reports(Sno,Cno,Grade)
```

```
        VALUES ('S12','C05',87);
```

或者

```
String Xno,Kno  //PowerBuilder 声明两个字符串变量,分别存放学号和课程号
Int Cgrage      // PowerBuilder 声明一个整型变量,用于存放学习成绩
Xno='S12'       //将欲插入的值赋给主变量 Xno, Kno 和 Cgrage
Kno='C05'
Cgrage=87
INSERT INTO Reports(Sno,Cno,Grade)   //将主变量 Xno, Kno 和 Cgrage 的值插入表中
        VALUES (:Xno, :Kno, :Cgrage);
```

3. UPDATE 语句

UPDATE 修改满足条件的元组的属性值,其语法格式为

```
UPDATE TableName
  SET FieldName1 = Value1 [,SET FieldName2 = Value2, …]
  WHERE Criteria
  [USING TransactionObject];
```

其中,TableName 指 UPDATE 语句将要更新数据的表名;FieldName1 是字段名;Value1 是该字段更新后的值。这个 UPDATE 语句称为非 CURRENT 形式的 UPDATE 语句,而在游标中(例 1.80)使用的则称为 CURRENT 形式的 UPDATE 语句。

例 1.78 将 Reports 表中所有成绩低于 90 的学生加 5 分。

实现以上查询需求的 PB 程序及其嵌入式语句为

```
UPDATE Reports SET Grade=Grade+5 WHERE Grade<90;
```

4. DELETE 语句

DELETE 删除指定表中符合条件的记录。其语法格式为

```
DELETE FROM TableName
    WHERE Criteria
    [USING TransactionObject];
```

TableName 为将要删除数据的表名,Criteria 指明删除的条件。这个 DELETE 语句称为非 CURRENT 形式的 DELETE 语句,而在游标中(例 1.80)使用的则称为 CURRENT 形式的 DELETE 语句。

例 1.79 删除 Reports 表中所有选 C03 课程的学生信息。

实现以上查询需求的 PB 程序及其嵌入式语句为

```
DELETE FROM Reports WHERE Cno='C03';
```

5. 游标的使用

刚才介绍的嵌入式 SELECT 语句,其查询结果必须是一条记录,而一般情况下,SELECT 语句查询结果都是多条记录,但高级语言一次又只能处理一条记录,因此,嵌入

式SQL提供了游标机制,先将多条记录存放在游标中,然后一次一条地传送给宿主程序处理,从而把对集合的操作转换为对单个记录的处理。游标的典型使用过程为:

1) 用DECLARE声明游标。

2) 用OPEN语句打开游标。

3) 用FETCH语句读取一条记录。

4) 处理读出的记录数据。

5) 判断游标中数据是否读取完毕,若未完则重复执行第3)~5)步,否则执行第6)步。

6) 用CLOSE语句关闭游标。

下面分别说明以上六步中涉及的语句及其含义。

(1) DECLARE语句

DECLARE语句是一条SELECT语句定义,其一般形式为

```
DECLARE CursorName CURSOR FOR SelectStatement;
```

其中,CursorName是声明的游标名,由程序员命名,SelectStatement是一条完整的SELECT语句,它可以是简单查询语句,也可以是复杂的连接查询或嵌套查询。

定义游标的DECLARE语句仅仅是一条说明性语句,这时DBMS并不执行其后的SELECT语句,只有使用OPEN命令后才执行。

(2) OPEN语句

OPEN语句的作用是打开前面定义的游标,其一般形式为

```
OPEN CursorName;
```

打开游标实际上是执行游标中相应的SELECT语句,并把查询结果数据从数据库服务器端读取到客户端的缓冲区中。这时的游标处于活动状态,指针指向结果数据集中的第1条记录。

(3) FETCH语句

FETCH语句读取缓冲区中的当前记录数据,并把数据存入指定的主变量中,同时将游标的指针向前推进一条记录。FETCH语句的一般形式为

```
FETCH CursorName INTO HostVariableList;
```

其中,CursorName是OPNE打开的游标名;HostVariableList是主变量列表,它必须与SELECT语句中选择的字段一一对应。

FETCH语句通常用在一个循环结构中,通过循环执行FETCH语句逐条取出结果数据集中的记录进行处理。

(4) CLOSE语句

CLOSE语句关闭OPEN语句打开的游标:将游标数据存入数据库,并释放结果数据集占用的缓冲区及其他资源。其语句的一般形式为

```
CLOSE CursorName;
```

游标被关闭后,就与原来的结果数据集没有联系了。

为进一步方便用户处理数据,现在许多关系数据库管理系统对FETCH语句作了扩

充,允许向任意方向以任意步长移动游标指针,而不仅仅是把游标指针向前推进一行。

例 1.80　查询关系 Reports 中的 Grade 信息,如果 Grade 的值小于 85,则将其在原来基础上增加 5,否则将该记录删除。这个更新操作可以通过使用游标的以下程序实现。

```
Int Cgrade                         //声明一个整型变量,作为 SQL 的主变量
DECLARE Report_Cur CURSOR FOR//声明游标 Report_Cur
    SELECT Grade                   //并将查询结果数据集相联系
    FROM Reports;
OPEN Report_Cur;                   //打开游标 Report_Cur
FETCH Report_Cur INTO:Cgrade;      //读取游标的第一条记录,并存入主变量
DO WHILE SQLCA.SQLCode = 0         //循环结构开始,若读取成功则进入循环
   IF  Cgrade<85 THEN              //若读出的该记录成绩(Cgrade)低于 85 分
       UPDATE Reports              //则该记录的成绩(Grade)增加 5 分
       SET Grade = Grade+5
       WHERE CURRENT OF Report_Cur;  //这是 CURRENT 型 UPDATE 语句
   ELSE                              //否则删除该记录
       DELETE FROM Reports WHERE CURRENT OF Report_Cur;
   END IF
   FETCH Report_Cur INTO:Cgrade;   //读取游标的下一条记录
  LOOP                             //循环结构结束符
  CLOSE Report_Cur;                //关闭游标 Report_Cur
```

1.7.4　在 C#中使用 SQL 语句

在 C#中使用嵌入式 SQL 语句与在 PowerBuilder 中的使用方法不同,在 Microsoft Visual Studio 2010.NET 框架下的 C#通常使用 ADO.NET 来调用嵌入式 SQL 语句。ADO.NET 中最重要的概念之一是 DataSet。DataSet 是数据的一种内存驻留表示形式,无论它包含的数据来自什么数据源,都为开发人员提供完全一致的关系编程模型。DataSet 是一种不依赖于数据库的独立数据集合,在断开数据库链路或者关闭数据库的情况下依然可用。如果读者在 ASP 里面使用过非连接记录集合(connectionless recorder),则 DataSet 就是这种技术的最彻底的替代品。

ADO.NET 访问数据库的步骤如下:

1) 创建一个数据库链路 SqlConnection。

2) 创建一个数据库访问命令 SqlCommand。

3) 执行嵌入式 SQL 语句。

4) 如果执行的是查询语句,则把记录集合暂存到 DataSet。

5) 对 DataSet 中的数据进行各种需要的操作。

6) 关闭数据库链路。

为了举例简单,将以下每个例子都需要的 1)、2) 和 4) 步的总共 7 行语句定义如下,在后面的例子中将不再给出,其中"……"位置是每个例子中 SQL 语句的插入位置。

其中,server 表示服务器,"."表示当地服务器,DataSet 表示数据库,uid 表示连接的用户名,pwd 表示密码。

```
String strDataBase=" server=. ; database=student; uid=sa; pwd=123456;";
SqlConnection conn= new SqlConnection(strDataBase);      //创建数据库连接链路
conn.Open();                                             //打开数据库连接链路
SqlCommand sqlcom = new SqlCommand();                    //创建数据库 SQL 命令执行对象
sqlcom.Connection = conn;                                //设置 sqlcom 的数据库连接属性
……                     //例 1.81 或例 1.82 或例 1.83 或例 1.84 中程序的插入位置
conn.Close();          //关闭数据库链路
```

1. 检索单行数据的 SELECT 语句

例 1.81　查询学号为 S01 的学生选修课程号 C01 课程的考试成绩。

实现以上查询需求的 C#程序及其嵌入式语句如下：

```
sql="SELECT * FROM Reports WHERE Sno='S01' AND Cno='C01'";
sqlcom.CommandText = sql;          //设置命令的文本
SqlDataAdpter da=new SqlDataAdapter(sqlcom);
DataSet ds = new DataSet();
DataSet ds= da.Fill(ds);           //将数据填充到 DataSet
```

2. INSERT 语句

例 1.82　向 Reports 表中添加一条记录('S12','C05',87)。

实现以上查询需求的 C#程序及其嵌入式语句如下：

```
String sql= " INSERT INTO Reports (Sno, Cno, Grade) VALUES ('S12','C05',87)"
sqlcom.CommandText = sql;     //设置命令的文本
sqlcom.ExecuteNonQuery();     //执行 SQL 语句
```

3. UPDATE 语句

例 1.83　将 Reports 表中所有成绩低于 90 的学生加 5 分。

实现以上查询需求的 C#程序及其嵌入式语句如下：

```
String sql= "UPDATE Reports SET Grade=Grade+5 WHERE Grade<90 "
sqlcom.CommandText = sql;      //设置命令的文本
sqlcom.ExecuteNonQuery();      //执行 SQL 语句
```

4. DELETE 语句

例 1.84　删除 Reports 表中所有选 C03 课程的学生信息。

实现以上查询需求的 C#程序及其嵌入式语句如下：

```
String sql= "DELETE FROM Reports WHERE Cno='C03' "
sqlcom.CommandText = sql;     //设置命令的文本
sqlcom.ExecuteNonQuery();     //执行 SQL 语句
```

习　　题

1.1　试述 SQL 的特点。

1.2　试述 SQL 的定义功能。

1.3　用 SQL 语句建立如下的 4 个表。

1）供应商表:S(Sno(供应商代码),Sname(供应商名),Status(供应状态),City(供应商所在城市))。

2）零件表:P(Pno(零件代码),Pname(零件名),Color(颜色),Weight(重量))。

3）工程项目表:J(Jno(工程项目代码),Jname(工程项目名),City(工程项目所在的城市))。

4）零件供应情况表:SPJ(Sno(供应商代码),Pno(零件代码),Jno(工程项目代码),Qty(供应数量))。

1.4　针对习题 1.3 中建立的 4 个表,试用 SQL 完成以下查询。

1）找出供应工程 J1 零件的供应商号。

2）找出供应工程 J1 零件 P1 的供应商号。

3）找出供应工程 J1 红色零件的供应商号。

4）找出没有使用杭州供应商生产的绿色零件的工程号。

5）找出与供应商 S1 在同一城市的供应商所提供的所有零件。

6）找出供应红色的 P1 零件且其供应量大于 200 的供应商号。

1.5　针对习题 1.3 中建立的 4 个表,试用 SQL 完成以下各项操作。

1）找出所有供应商的姓名和所在城市。

2）找出所有零件的名称、颜色、重量。

3）找出使用供应商 S2 所供应零件的工程号。

4）找出工程项目 J3 使用的各种零件的名称及其数量。

5）找出杭州厂商供应的所有零件号码。

6）找出使用杭州产的零件的工程名称。

7）找出没有供应天津产的零件的工程号。

8）把全部红色零件的颜色改成蓝色。

9）由供应商 S4 供给 J3 零件 P5 改为由 S3 供应,请进行必要的修改。

10）从供应商关系中删除 S3 的记录,并从供应情况关系中删除相应的记录。

11）请将(S2,J6,P4,300)插入供应情况关系中。

1.6　什么是基本表？什么是视图？两者的区别和联系是什么？

1.7　试述视图的优点。

1.8　所有的视图是否都可以更新？为什么？

1.9　哪类视图是可以更新的,哪类视图是不可更新的？各举一例。

1.10　试述某个你熟悉的实际系统中对视图更新的规定。

1.11　针对习题 1.3 中建立的 4 个表,请为“一建”工程项目建立一个供应情况的视图,包括供应商代码(Sno)、零件代码(Pno)、供应商名称(Sname)、供应数量(Qty)。针对该视图完成下列查询:

1）找出“一建”工程项目使用的各种零件代码及其数量。

2）找出供应商 S2 的供应情况。

3）找出供应零件 P2 且供应数量大于 100 的供应商名。

1.12　针对习题 1.3 中建立的 4 个表,用 SQL 完成以下各项操作:

1）把对表 S 的 INSERT 权限授予用户 Zhang Yong,并允许他再将此权限授予其他用户。

2）把查询 SPJ 表和修改 Qty 属性的权限授予用户 Li Ming。

1.13　嵌入式 SQL 是如何解决数据库工作单元与源程序工作单元之间通信的？

1.14　嵌入式 SQL 中是如何协调 SQL 的集合处理方式和主语言的单记录处理方式的？

1.15　试述空值的概念,空值在运算中会带来什么问题？

第 2 章　数据管理与数据库

通过第 1 章的学习,我们在掌握了 SQL 命令及其在 Microsoft SQL Server 2014 数据库管理系统中应用的同时,对标准 SQL 的诞生和发展以及关系数据库中的一些基本概念,如基本表、属性、元组等都有了很好的理解。但是,对于一个数据库技术的专业人员来说,仅仅掌握“怎样做”的应用技术是不够的,更重要的是需要理解和掌握“为什么这样做”的理论和方法。

本章作为“为什么这样做”理论和方法的组成部分,将以计算机数据管理技术的发展过程为主线来介绍数据库、数据库系统及其相关的基本概念,特别是数据模型和数据库系统的模式结构等重要概念,其目的是使读者从宏观上了解数据库技术的总体发展概貌,并为后面章节的学习奠定良好的知识基础。

2.1　数据库的常用术语

在系统地介绍数据库原理及相关知识之前,先介绍一些数据库中最常用的术语和基本概念。

2.1.1　数据与信息

1. *数据、数据处理与数据管理*

提起数据,大多数人想到的是能够进行加、减、乘、除运算以及各种统计计算的数值,如 12.38、36.99 等。其实数值只是一种最简单的数据,是一种传统和狭义的数据。从广义上讲,数据(data)是对现实世界的抽象表示,是描述客观事物特征或性质的某种符号。描述事物的符号可以是数字,也可以是文字、图形、图像、声音、语言等多种形式,它们都可以经过数字化处理后存入计算机。因此,从计算机数据管理的角度,可更一般地把数据定义为:凡是能够经过数字化处理存入计算机的符号都称为数据。

在日常生活中,人们直接用自然语言,如汉语、英语等表示数据。在计算机中,为了方便存储和处理这些数据,通常将描述事物特征的若干数据项组成一个数据记录(record)。数据项是数据的基本单元,即最小单位,它是某类客观事物的某个特征或性质的数据抽象,其最小性的判定一般要根据实际问题需要来确定。每个数据项都有一个名字(称为数据项名)和可能的取值范围(称为数据项值域,简称域)。

例 2.1　在第 1 章介绍的学生选课数据库中,如果最感兴趣的是学生的姓名、性别、出生日期、出生地、所在系别、入学日期等数据,那么先把它们组成

学生(姓名、性别、出生日期、出生地、所在系别、入学日期)

并将其称为记录型(record type),也称为记录的逻辑结构。它是对学生特征的一个抽象描述。这里“学生”称为记录名,其中的姓名、性别、出生日期等又称为字段(field)。

当记录型中每个字段取确定的值时,例如:

（李明，男，1972-08-21，南京，计算机系，1990-09-01）

就成为一个记录，这个学生记录也是数据。

对于上面这条学生记录，了解其含义的人会得到如下信息：李明是个大学生，男，1972 年 8 月 21 日出生，出生地南京，1990 年 9 月 1 日进入计算机系学习。对于不了解其语义的人则无法准确理解其中的含义。可见，数据的组织形式还不能完全表达其内容，需要经过数据的语义解释。数据的语义就是数据的含义，数据的解释是指对数据含义的说明。因此，数据与其语义是不可分割的，即数据和关于数据的解释（记录型）是不可分割的。

细心的读者可能已经发现，对例 2. 1 中规定的记录集合，如果用 SQL Server 关系数据库管理系统来进行组织管理，则记录型与基本表的结构对应，记录与元组对应，记录的集合与基本表对应，而记录名与基本表表名对应。

数据处理（data processing）是对各种已有数据进行各种数学运算和统计加工的过程。

人们重视数据的主要原因是希望能够通过对数据的处理来有效地使用数据，数据处理是使用数据的中心问题。由于数据本身的复杂性和文件类型的多样性，如果仅仅将数据或数据文件进行简单的堆积，将难以进行快速高效的处理。因此，人们在实际应用中逐步认识到对数据的有效处理离不开对数据的有效组织和管理。

数据管理（data management）是对数据进行收集、整理、组织、编码、存储、检索和传输等一系列操作的总称，它是数据处理的前提和中心问题。因此，也可以将数据处理看作数据管理的一个组成部分。

2. 信息与数据的关系

自 20 世纪 40 年代信息论和控制论被提出以来，科学界一直在对信息的定义进行积极的探索，不同领域的专家从不同的角度都作了不同的解释。据 1986 年统计，公开发表的有关信息的定义有 85 种，估计现在已有百余种，但尚无一个令大家都接受的定义。多数学者认为，信息是对客观世界中各种事物的变化和特征的反映，是客观事物之间相互作用和联系的表征，是客观事物经过感知或认识后的再现。下面介绍一个在计算机数据管理及其应用的有关课程中常用的信息定义。

信息（information）是现实世界各种客观事物之间相互联系、相互作用的运动状态和特征的抽象描述，是数据处理的结果，且仍以数据的形式表示出来，即数据是信息的载体，信息是数据的处理结果，是数据的内涵。因此，信息与数据的关系可以简单地表示为

信息＝数据+数据处理

这就是说，数据是输入，是处理所需的原料。信息则是输出，是处理得到的结果。因此，数据处理的真正含义是为产生信息而处理数据。

具体地说，信息与数据有如下的区别和联系：

1）数据是描述客观事物特征或性质的某种符号。

2）数据是载荷信息的物理符号，或称为载体。

3）数据能表示信息，但并非任何数据都是信息。

4）信息是数据处理的结果，是人们能够理解的、有决策价值的数据。

2.1.2　数据独立性

数据独立性(data independency)是数据库领域中一个常用术语,它指数据库中的数据与用户的应用程序之间是相互独立的,包括数据的物理独立性和数据的逻辑独立性两种。

1) 数据的物理独立性是指用户的应用程序与存储在磁盘上数据库中的数据是相互独立的,即当数据的物理存储位置或物理结构发生改变时,用户的应用程序不用改变。也就是说,数据在磁盘上数据库中怎样存储是数据库管理系统(DBMS)负责管理的,应用程序不需要了解,应用程序要处理的只是数据的逻辑结构,这样当数据的物理存储改变时,应用程序也不用改变。

2) 数据的逻辑独立性是指用户的应用程序与数据库的全局逻辑结构是相互独立的,即当数据的全局逻辑结构改变时,用户的应用程序不用改变。

例2.2　设在数据库中有一个存储学生学习成绩的记录型(学号,课程名,成绩),若将其修改为(学号,课程名,成绩,使用教材),则原先关于成绩记录型(学号,课程名,成绩)的有关应用程序不需作任何修改仍可使用。

2.1.3　数据库系统

数据库与数据库管理系统、数据库系统是三个既有联系又有区别的重要基本概念。

1) 数据库。通俗地讲,数据库就是存放数据的“仓库”,只不过这个仓库是放在计算机的存储设备上的,而且数据是按一定的格式存放的。按数据库理论的定义,数据库(database,DB)是长期存储在计算机内的、有组织的、可共享的数据集合。数据库中的数据按一定的数据模型组织、描述和储存,具有最小的冗余度、较高的数据独立性和易扩展性,并可为各种用户共享。数据库本身不是孤立存在的,它是数据库系统的组成部分。

随着计算机、网络和通信等信息技术的高速发展,电子商务、企业和政府事务电子化等得到迅速普及,并由此产生出大量的数据,人们把这些数据保存在数据库中,其目的是方便而充分地利用这些宝贵的数据资源,并将其加工处理,抽取有用的决策信息,为社会经济发展服务。

2) 数据库管理系统。数据库管理系统(database management system,DBMS)是位于用户与操作系统(OS)之间的一层数据管理软件(图2-1),负责对数据库进行统一的管理和控制,并为用户和应用程序提供访问数据库的方法。例如,为用户提供数据定义、数据操纵、数据库控制、数据库的建立和维护功能等。DBMS是数据库系统的核心组成部分,其详细内容将在2.5节介绍。

3) 数据库系统。数据库系统(database system,DBS)是计算机系统、DB、DBMS、应用软件、数据库管理员和用户的集合。所以,数据库系统一般由硬件、软件(包括开发工具)、数据库集合、数据库管理员构成。2.6节将介绍数据库系统各个部分的作用。应当指出的是,数据库的建立、使用和维护等工作仅依靠DBMS还远远不够,还需要专门的人员来完成,这些人员称为数据库管理员。

在许多不会引起混淆的情况下,人们又常常把数据库系统简称为数据库。

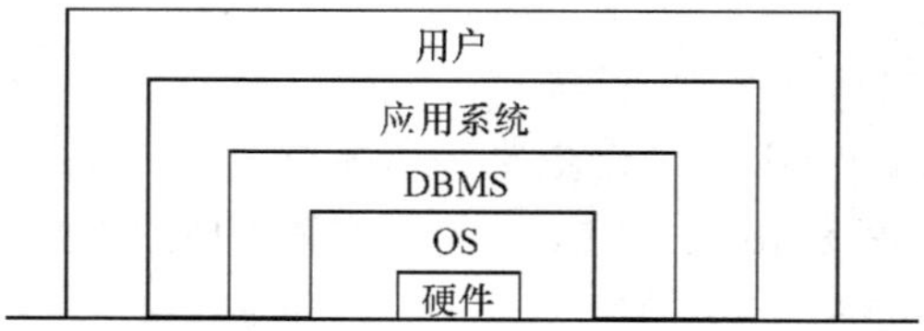

图 2-1　DBMS 在数据库系统中的地位

2.2　计算机数据管理技术的产生和发展

通过 2.1 节的学习可以知道,计算机数据管理就是利用计算机对数据进行收集、整理、组织、编码、存储、检索和传输等一系列操作的总称,它是计算机数据处理的前提和中心问题。

自 1946 年第一台电子计算机问世以来,随着计算机硬件技术和软件技术的发展,计算机的应用领域已从单纯的科学计算逐步渗透到数据管理领域。现在,用于数据管理的计算机数量已远远超过用于科学计算的计算机。在应用需求的推动和计算机硬件、软件发展的基础上,计算机数据管理技术不断更替和完善,主要经历了如下三个阶段:

1) 人工管理阶段(20 世纪 50 年代中期以前)。

2) 文件系统阶段(从 20 世纪 50 年代后期到 60 年代中期)。

3) 数据库系统阶段(从 20 世纪 60 年代后期至今)。

2.2.1　人工管理阶段

在这一阶段中,计算机的主要应用领域是科学计算。从硬件上看,计算机内存空间小,计算速度低;外存只有磁带、卡片和纸带,没有像磁盘这样快速直接存取的存储设备。从软件上看,计算机没有操作系统,更没有数据管理软件,且数据处理是以批处理方式进行的。

人工管理阶段具有如下特点:

1) 数据不保存。由于当时计算机主要用于科学计算,侧重于提高计算的速度和精度,相对而言数据量较少,一般不需要将数据长期保存。此外,限于内存和外存的空间与速度,其数据也不便于长期保存。因此,只是在计算某一课题时将数据输入计算机,计算任务完成后,程序空间和数据空间都一起被释放。不仅对用户数据如此处理,对系统软件涉及的数据有时也是这样。

2) 人工(程序员)管理数据。由于当时没有相应的软件系统负责数据的管理工作,应用程序中涉及的数据需要由程序员自己管理(人工管理),即程序员在程序中不仅要编写规定数据逻辑结构的程序代码,而且要编写涉及数据物理结构的代码,包括数据存储结构、数据在计算机中存储的确切地址、存取方法和输入方式等代码。

3) 数据不共享。数据共享(data sharing)是指多个用户、多种语言、多个应用程序相互覆盖地使用一些共同的数据集合。在人工管理阶段，由于只有程序的概念，没有文件的概念，数据是在程序中定义的，一组数据只能对应一个程序。因此，数据是面向程序的。当多个应用程序涉及某些相同的数据时，由于必须在各自的程序中定义，无法或很难互相利用、互相参照，导致程序与程序之间的相同数据无法共享。

4）数据不具有独立性。由于数据的逻辑结构和物理结构均在程序编码中定义，如果因为某种原因，需要改变数据的逻辑结构或物理结构，必须对应用程序代码进行相应的修改，即数据与程序之间不具有独立性，这不仅加重了程序员的负担，且使用起来也很不方便、费时费力。

在人工管理阶段，应用程序与数据之间的一一对应关系如图 2－2 所示，表示程序员（人工）的应用程序不仅要考虑程序流程、数据的逻辑定义等，还必须考虑数据在存储设备上的存储方式和存储地址，程序运行结束后程序空间和数据空间都一起被释放。

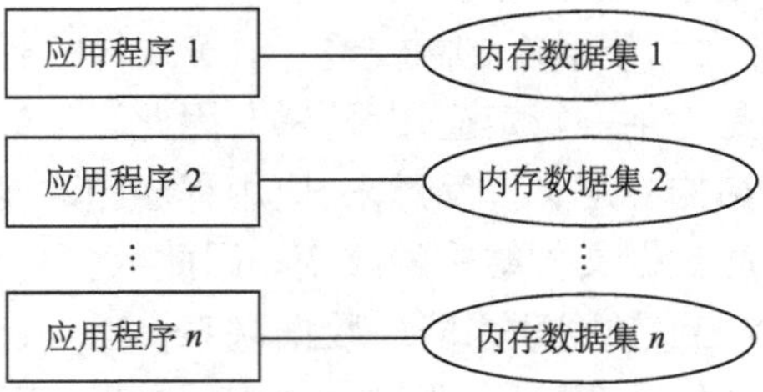

图 2－2　人工管理阶段应用程序与数据之间的对应关系

2.2.2　文件系统阶段

在这一阶段中，计算机不仅用于科学计算，而且开始大量地用于数据处理。从硬件上看，计算机内存空间增大，计算速度得到很大的提高，外存有了磁盘、磁鼓等快速的直接存取存储设备；从软件上看，计算机配备了操作系统，且操作系统中已经有了专门的数据管理软件——文件系统。从数据处理方式上看，不仅有批处理，而且能够联机实时处理。

文件系统阶段有如下特点：

1）数据可以长期保存。由于计算机大量用于数据处理，数据需要长期保存以便反复使用。把一批数据以一个文件的形式保存在磁盘等外存储器上，为数据的长期保存和反复使用（查询、修改、插入和删除等）提供了保证。

2）文件的多样化和结构化。有了直接存取设备，也就出现了顺序文件、索引文件、随机文件等多种文件组织形式。数据文件的存取基本上以记录为单位组织，而记录则是由一些字段按特定的结构组成的，每个记录的长度是相等的，如 2.1.1 节介绍的学生记录。因此，文件是记录的集合，文件系统实现了记录内的结构性，但各个数据文件之间在整体上是无结构的。

3）文件系统管理数据。操作系统提供的文件管理系统是应用程序与数据文件的专门接口。程序和数据文件之间的存取操作由文件系统根据“按文件名访问，按记录进行存取”的管理技术自动完成。数据的逻辑结构与物理结构有了区别，且文件的逻辑结构到物理结构的转换由文件系统来自动完成，而不必由程序员设计考虑，从而使得程序和数据分开，使数据不再属于某个特定的程序，数据与程序之间有了一定的独立性。这样，程序员可以集中精力于数据的逻辑结构，而不必或者很少考虑其物理结构。数据在物理结构上的改变，通常不会反映在程序上，从而可以大大地节省维护程序的工作量。

文件系统的上述特点比人工管理阶段有了很大的改进，但仍存在如下缺点：

1) 数据冗余度大。数据冗余(data redundancy)是指同一组数据在多个文件中同时出现所引起的数据重复现象。在文件系统中,一个文件基本上对应于一个应用程序,即文件系统中文件仍由应用程序来定义。当不同的应用程序具有部分相同的数据时,通常也必须建立各自的数据文件,而不能共享相同的数据。例如,在人事文件中包含了企业所有雇员的信息,而销售文件中又包含了属于销售人员的雇员信息。此外由于相同的数据在不同的文件中重复存储,并由各自的程序管理,容易造成数据的不一致性,给数据的修改和维护带来困难。

2) 数据独立性较差。由于文件的逻辑结构是在应用程序中定义的,文件系统中的文件是为某一特定应用服务的,因此一旦数据的逻辑结构改变,必须修改应用程序中关于文件结构的定义。反过来,应用程序的改变,如应用程序改用不同的高级语言编写等,也将引起数据文件结构的改变。因此数据与程序之间独立性较差。

3) 数据联系弱。数据联系(data relationship)是指不同文件中的数据之间的联系。在文件系统阶段,不同文件中的数据相互之间独立,缺乏相互关联的方法,因此数据联系弱。虽然文件之间的某些数据存在着紧密的逻辑联系,但是由于实现的复杂性,很少在文件管理系统中提供这些数据之间的联系方法,因此各个数据文件之间是孤立的,不能反映现实世界中客观事物之间的内在联系。

在文件系统阶段,程序与数据文件之间的关系如图 2-3 所示。其中虚线表示应用程序与数据文件的对应关系是通过文件管理系统实现的。

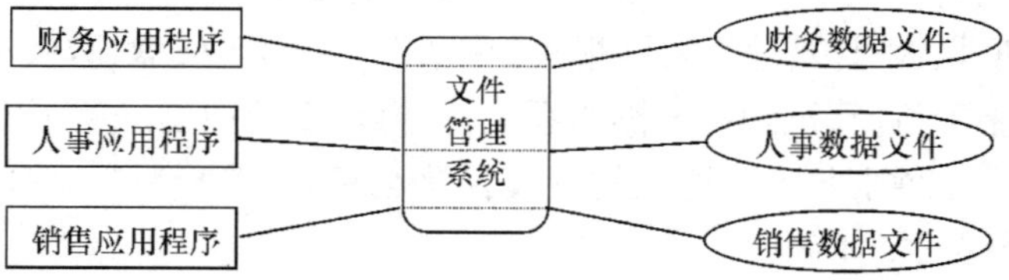

图 2-3　文件系统阶段应用程序与数据文件的对应关系

2.2.3　数据库系统阶段

在数据库系统阶段,计算机应用范围越来越广泛,用于数据管理的规模越来越大,数据量急剧增长,人们对数据共享的要求越来越强烈。从硬件上看,随着大规模集成电路的发展,计算机硬件价格大大下降,计算速度更快且逐渐出现大容量的磁盘、光盘等直接存取设备。从软件上看,虽然操作系统开始成熟,程序设计语言功能也更加强大,但随着硬件价格的下降,软件价格却不断上升,编制和维护系统软件及应用程序所需的成本相对增加。此外,在数据处理方式上也有联机实时处理的更大需求,并开始提出和考虑分布式处理方法。在这样的背景下,以文件系统作为数据管理的方法已经不能满足实际应用的需要,为了满足多用户、多应用共享数据的需求,就产生了数据库技术,并出现了对数据进行统一管理的专门软件系统——数据库管理系统。

与文件系统相比,数据库系统有如下特点:

1. 数据的整体结构化

在文件系统中虽然实现了记录内的结构性，但在整体上数据却是无结构的，即它仅关心记录内部数据项之间的联系，而在不同文件中的记录之间没有联系。在数据库系统中，数据模型不仅描述数据本身的特征，而且要描述数据之间的联系，且这种联系通过存取路径(指针)来实现整体数据的结构化。通过存取路径表示自然的数据联系，从而实现整体数据的结构化，是数据库系统与传统的文件系统之间的本质差别。数据库系统使数据不再面向特定的某个或某些应用，而是面向整个应用系统，因此大大降低了数据冗余度，实现了数据的共享。

此外，在数据库系统中不仅数据是结构化的，且存取数据的方式也很灵活，可以存取数据库中的某一个数据项、一组数据项、一个记录或一组记录。而在文件系统中，数据的最小存取单位是记录，粒度不能细到数据项。

例 2.3　在一个学校的学生选课管理系统中，假设一个学生可以选择多门课，一门课可以被多个学生选修，则选课信息可以用三个记录型：学生记录、课程记录和成绩记录来表示(图 2－4)。

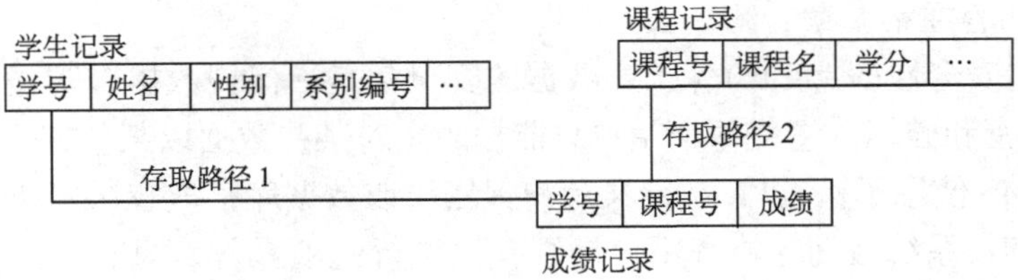

图 2－4　学生选课管理系统中的数据联系

为了查询学号为 S02 的学生“刘华的英语学习成绩和学分”，如果使用文件系统实现学生选课管理，则由于学生记录、课程记录、成绩记录分别存放在三个文件中且文件之间的记录没有联系，程序员必须编写一个程序，分别从三个文件中找出所需数据。如果采用关系数据库系统进行学生选课管理，由于学生记录与成绩记录可以通过公共字段“学号”(存取路径 1)联系，课程记录与成绩记录可以通过公共字段“课程名”(存取路径 2)联系，数据库系统通过存取路径可以自动建立学生记录、课程记录和成绩记录之间的联系。这样，在关系数据库系统中只需一条命令即可查询“刘华的英语学习成绩和学分”。

2. 数据独立性高

数据库系统性使得数据的定义从程序中分离出去，加上数据的存取也由 DBMS 负责，从而简化了应用程序的编制，大大减少了应用程序的开发、维护和修改费用，提高了数据与程序之间的独立性。

数据库系统中的数据独立性是由 DBMS 的二级映像功能来保证的，将在 2.4 节专门讨论。

3. 数据的共享性高，冗余度低，易扩充

数据库系统从整体角度看待和描述数据，数据不再面向某个应用而是面向整个系统，

因此数据可以被多个用户、多个应用共享使用。数据共享可以大大减少数据冗余，节约存储空间。数据共享还能够避免数据之间的不一致性。

所谓数据的不一致性，是指同一数据的不同副本（即同一数据在不同文件中）其值不一样。采用人工管理或文件系统管理时，由于数据被重复存储，当不同的应用程序使用和修改不同的副本时就很容易造成数据不一致。例如，销售科某个职工的家庭地址在销售人员管理文件中被修改，却没有在人事管理文件中得到反映就会产生不一致性。而在数据库中通过数据共享，减少了由于数据冗余造成的不一致现象。

由于数据面向整个系统，且是有结构的数据，不仅可以被多个应用共享使用，而且容易增加新的应用，这就使得数据库系统弹性大，易于扩充，可以适应各种用户的要求。用户可以存取整体数据的各种子集以用于不同的应用系统，当应用需求改变或增加时，只要重新选取不同的子集或加上一部分数据便可以满足新的需求。

4. 提供了完整的控制功能

数据库的共享是并发（concurrency）的共享，即多个用户可以同时存取数据库中的数据甚至可以同时存取数据库中的同一个数据项。为此，DBMS 提供以下几方面的数据控制功能（详细内容在第 5 章介绍）：

1）数据的安全性（security）保护。数据的安全性是指保护数据以防止不合法的使用造成数据的泄密和破坏。它使每个用户只能按规定对某些数据以某些方式进行使用和处理。例如，DBMS 使用了检查口令、定义用户保密级或数据库存取权限等机制。当用户对数据进行操作时，系统自动地检查用户是否有权执行此项操作。只有通过安全检查的用户才能执行所允许的操作。

2）数据的完整性（integrity）。数据的完整性指数据的正确性和一致性（相容性）。完整性检查将数据控制在有效的范围内，或保证数据之间满足一定的关系。例如，月份只能是 1~12 的正整数，学生不能无性别，每个学生的学号是唯一的。在一般情况下，一个学生不能在两个以上的学院注册学习等。

3）并发控制（concurrent control）。当多个用户的并发事务同时存取、修改数据库时，可能会发生相互干扰而得到错误的结果或使得数据库的完整性遭到破坏，因此 DBMS 提供了对多用户的并发操作加以控制和协调的功能。

4）数据库恢复（recovery）。计算机系统的硬件故障、软件故障、操作员的失误以及故意的破坏都会影响数据库中数据的正确性，甚至造成数据库部分或全部数据的丢失。因此，DBMS 提供了将数据库从错误状态恢复到某一已知的正确状态（也称为完整状态或一致状态）的功能，这就是数据库的恢复功能。

数据库管理阶段应用程序与数据之间的对应关系如图 2－5 所示。

综上所述，数据库是长期存储在计算机外存设备上的、有组织的综合性数据集合，它可以供各种用户共享。DBMS 是一个数据管理软件系统，在数据库建立、运用和维护时对数据库进行统一控制，以保证数据的完整性、安全性，并在多个用户同时使用数据库时进行并发控制，在发生故障后对系统进行恢复。应用程序是针对某个应用而开发的程序，它完成用户对数据的操作，且这种操作是通过 DBMS 来具体实现的。

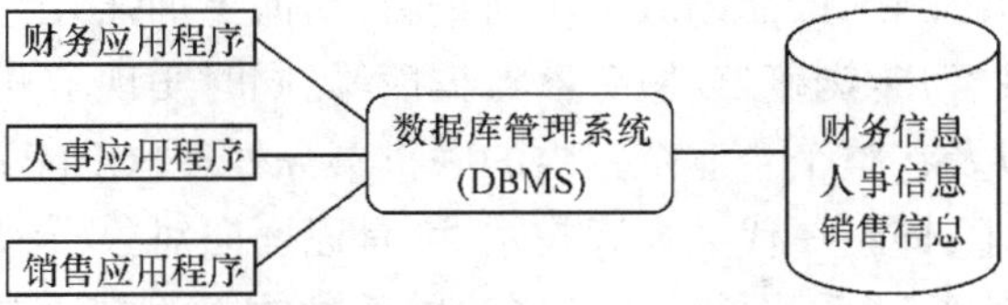

图 2-5　数据库系统阶段应用程序和数据的对应关系

2.2.4　数据库技术的发展

虽然现在难以考证“数据库”一词最早源于何处，但公认 Bachman 是数据库领域的早期开拓者之一。早在 1962 年，他就设计了 IDS(integrated data store)系统，从此数据库技术得到迅速发展，而数据库技术的发展始终是以数据模型的发展为主线的。因此，按照数据模型的进展情况，数据库技术的发展可划分为三代。

第一代数据库技术，即层次数据库和网状数据库技术。这一代的数据库管理系统主要支持层次和网状数据模型，其主要特点是支持三级模式结构；用存取路径(指针)来表示数据之间的联系；数据定义语言(data definition language，DDL)和数据操纵语言(data manipulation language，DML)相对独立；数据库语言采用过程性(导航式)语言。第一代的 DBMS 发展过程大致如下：

1) 1964 年，美国通用电气公司的 Bachman 等开发成功世界上第一个 DBMS——IDS 系统，奠定了网状数据库管理系统的基础。IDS 对数据库的早期研究工作影响很大。为此，Bachman 于 1973 年获得了 ACM 颁发的图灵奖。

2) 1969 年，美国 IBM 公司研制成功世界上第一个商品化 DBMS 产品——IMS(information management system)，这是一个层次数据库管理系统。

3) 1969~1970 年，美国 CODASYL(conference on data system language)协商会下属的 DBTG(database task group)对数据库方法进行了系统的研讨，提出了 DBTG 报告，建立了以网状数据模型为基础的数据库管理系统概念。

第二代数据库技术，即关系数据库技术。这一代的数据库管理系统主要支持关系数据模型，这种模型有严格的数学理论基础，概念简单、清晰，易于用户理解和使用。因此，关系模型一经提出，便迅速发展，其数据库管理系统成为实用性最强的产品。关系数据库管理系统的主要特点是：概念单一化，数据及其数据间的联系都用关系来表示；以关系代数为理论基础，数据独立性强；数据库语言采用说明性语言，大大简化了用户的编程难度。关系数据库管理系统(relational DBMS，RDBMS)的发展经历如下：

1) 1970 年，美国 IBM 公司 San Jose 研究实验室的研究员 Codd 提出了关系数据模型，开创了关系数据库管理系统的研究，奠定了关系数据模型的理论基础。Codd 因此在 1981 年获得了 ACM 颁发的图灵奖。

2) 1974 年，美国 IBM 公司 San Jose 研究实验室研制成功 System R，并在 IBM System/370 机器上运行，这是世界上最早的、功能强大的关系数据库管理系统。以后又陆续推出了 SQL/DS 和 DB2 等商品化数据库管理系统。

3) 1980 年以后，RDBMS 的产品迅速推出，如 Oracle、Informix、Sybase、dBase、FoxBASE、FoxPro 等。

4) 1990 年以后,RDBMS 产品的版本不断更新,功能更加强大,支持分布式数据库、客户/服务器数据库以及客户/浏览器/服务器数据库等,同时实现了开放式网络环境下异质数据库的互联操作,以及在整个企业范围内的联机事务处理(OLTP)应用支持。

第三代数据库技术,即新一代数据库技术,它是以面向对象模型为主要特征的数据库技术。这一代的数据库管理系统是基于扩展的关系数据模型或面向对象数据模型的,是尚未完全成熟的一代数据库技术,其主要特点是支持包括数据、对象和知识的管理;在保持和继承第二代数据库技术基础上引入新技术,如面向对象技术等,对其他系统开放,有良好的可移植性、可扩充性和可互操作性。

第三代数据库管理系统的代表性的例子包括 Object Design 公司 1989 年推出的 Object Store,Ontologic 公司于 1989 年推出的 ONTOS,Altair 公司 1991 年推出的 O2,以及 Db4Objects 公司推出的 Db4o 等,它们都严格支持面向对象的数据模型。与此同时,面对新的应用领域的挑战,许多商品化的关系数据库管理系统也对支持的数据模型进行了扩充,发展成了对象关系数据库系统(ORDBMS),如 Oracle、DB2 等,详细介绍请阅读第 8 章的 8.2.3 节。

2.2.5 数据库技术的主要研究领域

数据库作为一门学科,它的研究范围十分广泛。从宏观上看,大致可分为三个主要领域:

1) 数据库管理系统软件的研制。由于 DBMS 是数据库系统的基础,它提供了对数据库中的数据进行存储、检索和管理的功能。因此,研制可靠性好、效率高、功能全的 DBMS 始终是数据库技术的重要研究领域。此外,研制以 DBMS 为核心的一组相互关联的软件系统或工具软件也是当前数据库软件产品的发展方向。这些在 DBMS 基础之上运行的软件系统包括:数据通信(data communication, DC)软件、报表书写系统(report writer system)、表格系统(form system)和图形系统(graphics system)等。

由于数据库应用领域的不断扩大,数据库已不仅仅广泛地应用于管理中,而且大量地应用到工程设计中。这样就需要对图形、图像和声音等多媒体数据进行管理,而且涉及的数据与传统的管理领域中的数据在格式上有很大区别,如声音和图像,一般被认为是非结构化的数据,处理的要求也不相同,因此研究数据库在这些新领域的应用是一个新的课题。计算机速度的快速提高,内存和外存空间的增大,为面向对象数据库系统、可扩展的(或可剪裁的)数据库系统、多媒体数据库管理系统等的研究提供了技术支持。

2) 数据库应用系统设计与开发。在 DBMS 的支持下,按照用户的需求为某一部门或组织设计和开发一个功能强、效率高、使用方便、结构优良的数据库及其配套的应用程序系统,是数据库应用系统设计与开发的主要内容。数据库应用系统设计的主要研究课题有数据库设计方法、自动化设计工具和设计理论的研究,数据模型和数据建模的研究,计算机辅助数据库设计方法及其软件系统的研究,数据库设计规范和标准的研究等。

3) 数据库理论。数据库的理论研究主要集中在关系数据库的理论研究方面,近些年也开始了面向对象数据库、分布式数据库、多媒体数据库等的理论研究,包括数据模型、规范化理论、并发控制理论等。随着人工智能的发展,人工智能技术与数据库技术的结合势在必行。演绎数据库和知识库系统的研制已成为新的研究方向,特别是数据库的知识发现(knowledge discovery in database,KDD)方法问题,已成为数据库理论研究中的新热点。从数据库中发现的知识,比一般的数据处理结果更有利于支持推理和决策。从数据库向知识库过渡,将是一个不可避免的发展趋势。

2.3 数据模型

提起模型,人们并不陌生。例如,建筑模型、汽车模型和飞机模型等,都是人们熟悉的常见模型。这些模型属于实物模型,它们通常是客观事物的外观特征或功能特征的模拟与刻画。此外,还可以用抽象模型来刻画客观事物的某些特征,如数学模型 $S=\pi R^2$ 就是一种抽象模型,它抽象地表示了圆的面积与圆的半径之间的数量关系特征。一般地说,模型是现实世界某些特征的模拟和抽象。数据模型(data model)也是一种抽象模型。它是客观事物某些特征的数据抽象和模拟。由于计算机只能存储和处理数据而不能直接存储和处理现实世界中的客观事物,也就无法直接用计算机来管理一个企业的设备、产品和职工等。因此,必须先把企业的设备、产品和职工等客观事物的某些特征抽象成计算机能够存储和处理的数据,才能用计算机对其进行管理。那么,用什么数据格式来抽象表示客观事物的数据特征呢?那就是数据模型。在数据库中普遍采用数据模型这个工具来抽象表示和处理客观事物的数据特征与信息。因此,数据模型是数据库系统的灵魂。了解数据模型的基本概念是学习数据库理论和技术的基础。

2.3.1　数据模型的构成

一般来讲,数据模型是对现实世界客观事物的数据抽象描述,这种抽象描述能确切地反映事物、事物的特征和事物之间的联系,形成一组严格定义的概念的集合。这些概念精确地描述了数据模型的静态特性、动态特性和完整性约束条件。因此数据模型一般由数据结构、数据操作和完整性约束三部分构成,通常称为数据模型的三要素。

1) 数据结构。数据结构的概念与信息一样,至今没有一个公认的定义,通常认为,数据结构是对计算机的数据组织方式和数据之间联系进行框架性描述的集合,是对数据库静态特性的描述。例如,前面介绍的学生记录型,学生(姓名、性别、出生日期、出生地、所在系别、入学日期)就是一种数据结构。数据文件中的数据就是按照这个数据结构进行组织的。更一般地说,学生记录型其实是对学生这个对象类(object class)的抽象描述,因此,可以说数据结构是对所研究的对象类的抽象描述。这些对象一般可分为两类:一类是与数据类型、内容、性质有关的对象,如网状模型中的数据项、记录,关系模型中的域、属性、关系等;另一类是与数据之间联系有关的对象,如关系模型中的外键(foreign key)。数据结构是刻画一个数据模型的最关键要素。因此在数据库系统中,人们通常按照其数据结构的类型来命名数据模型。例如,层次结构、网状结构和关系结构的数据模型分别命名为层次模型、网状模型和关系模型。

2) 数据操作。数据操作是数据库中各种对象类的实例(或取值)所允许执行的操作的集合,包括操作方法及有关的操作规则等,是对数据库动态特性的描述。在数据库中,数据操作主要有数据检索和更新(包括插入、删除、修改)两大类。数据模型定义了这些操作的语义、操作符号、操作规则(如优先级)以及实现操作的语言。

3）完整性约束。完整性约束是关于数据状态和状态变化的一组完整性约束条件（规则）的集合。完整性规则是给定的数据模型中数据及其联系所具有的制约和依存规则，用以限定数据库中数据的状态以及状态的变化，以保证数据的正确性、有效性和一致性。一个数据模型通常都规定了本数据模型必须遵守的基本和通用的完整性约束条件。例如，在关系模型中，任何关系必须满足实体完整性和参照完整性两个条件（第 1 章中已接触和使用，并将在第 3 章中详细介绍）。此外，一个数据模型还应该提供定义完整性约束条件的机制（用户自定义完整性），以反映具体应用所涉及的数据必须遵守的特定的约束条件。例如，某大学的数据库中规定，学生选修某门课程合格所得学分不能为负数，每个学生一学期内成绩不及格的课程门数不得超过 3 门等。

2.3.2　数据模型的分类

信息化是人们用数据描述现实世界的过程。为了把现实世界的事物及其相互联系，如学校的教师、学生、教室、图书馆、教材等，抽象组织成某个具体 DBMS 支持的数据模型来表示，人们通常首先将现实世界的事物及其联系抽象成信息世界的数据模型，再将信息世界的数据模型转化为机器世界的数据模型。在这个抽象的过程中，数据经过了三个世界：现实世界、信息世界和机器世界。

（1）现实世界（real world）

现实世界是存在于人们头脑之外的世界，就是人们赖以生存的生活环境。现实世界中人和事物及其相互联系，如学校的教师、同学、教室或者成绩表等就处于这个世界之中，它们是具体事物和各种概念的总和，是数据和信息的源泉。

（2）信息世界（information world）

信息世界是现实世界在人们头脑中的反映。现实世界中的事物反映到人的头脑中来，人的大脑对这些事物有一个认识抽象和加工整理的过程。例如，当介绍某个同学时，首先介绍的是这个同学的主要特征数据或信息，姓名（张华）、性别（男）、身高（1.75m）、衣着颜色（蓝色），还可以包括所在学院（计算机学院）、学习的专业（计算机科学与技术）等。这些数据和信息都是在人们大脑中经过抽象、分类、选择和判断等一系列思维活动后得出的关于这个同学的一个整体概念，这个概念不仅反映该同学本身，而且反映了该同学和其他同学的联系与区别。也就是说，这里已经把现实世界的事物及其联系转换成信息世界的概念模型表示。

（3）机器世界（machine world）

顾名思义，机器世界就是计算机内的数据表现形态。机器世界的处理对象是数据。因此，当把现实世界中的事物及其相互联系转换成信息世界的概念模型表示以后，还需要进一步将其转换成计算机能够识别和处理的数据模型表示，并经过加工、编码才能进入机器世界，即计算机。

通常，一个好的数据模型除了应该具备 2.3.1 节提出的三个要素以外，还应该满足以下三方面的性能要求：一是能比较真实地模拟或抽象表示现实世界；二是容易为人所理解；三是便于在计算机上实现。如果能够找到完全满足这三个要求的数据模型，那么数据库设计和实现就会简单得多。因为只要将现实世界抽象成这样的数据模型，然后在计算机中的 DBMS 上实现即可。遗憾的是目前还没有找到这样的数据模型。因此，当前在数据库系统研究和设计开发中常常采取多步抽象的方法，针对不同的抽象层次和应用目的，分别采用不同的数据模型。

根据不同的抽象层次，数据模型有以下三类：

1）概念数据模型（conceptual data model），是对现实世界中各种事物及其联系特征的数据抽象，即将现实世界转换为信息世界。它与具体的 DBMS 无关且用户容易理解，是数据库设计员与用户之间进行交流的语言。

数据模型是数据库系统的灵魂。各种机器上实现的 DBMS 软件都是基于某种数据模型的，如目前最流行的关系数据模型。由于 DBMS 所支持的数据模型常常有诸多规定和限制，一般非计算机专业人员不容易理解。对某个企业的数据库，如果数据库设计员一开始就用 DBMS 所支持的数据模型来设计，就难以得到企业员工的理解和参与，也就容易导致数据库系统开发的失败，因为数据库设计员通常对企业的实际情况不够了解，如果没有企业员工参与，所设计的数据库一般难以真实地反映企业实际。因此，概念数据模型主要用来描述现实世界的概念化结构，它使数据库设计员在设计的初始阶段，摆脱计算机系统及 DBMS 的具体技术问题，集中精力分析数据和数据之间的联系，并能与企业员工进行充分交流，从而使其设计能真实地反映企业的客观实际。概念数据模型经转换变成 DBMS 支持的逻辑数据模型后，就能在 DBMS 中实现。最常用的一种概念数据模型是实体-联系（E-R）模型，简称 E-R 模型（在 2.3.3 节中介绍）。

2）结构数据模型（structural data model），又称逻辑数据模型（logical data model）。它是用户从数据库中所看到的数据模型，是具体的 DBMS 所支持的数据模型，如网状数据模型、层次数据模型、关系数据模型和面向对象数据模型等。它们都分别是结构数据模型的一种。结构数据模型既要面向用户，也要面向系统，一般由概念数据模型转换得到。一般的 DBMS 支持一种结构数据模型，特殊的 DBMS 可以支持多种结构数据模型。

3）物理数据模型（physical data model），这是描述数据在存储介质上组织结构的数据模型，它不但与具体的 DBMS 有关，而且与操作系统和硬件有关，是物理层次的数据模型。每一种结构数据模型在实现时都有其对应的物理数据模型。为了保证数据的独立性和可移植性，DBMS 自动完成大部分物理数据模型的实现工作，而设计者只设计索引、聚集等特殊结构。

图 2-6 显示了以上三类数据模型在数据库设计和实施过程中的地位与顺序。首先，数据库设计员根据用户的实际情况，将现实世界的数据特征抽象为概念数据模型，当确认该模型真实地描述了企业实际之后，数据库设计员将概念数据模型转化为 DBMS 支持的某一种结构数据模型，并利用 DBMS 提供的数据定义语言将其书写为程序源码（称为模式），DBMS 将其转换为数据库目标模式，并在 OS 支持下自动将其转换为物理数据模型，并按物理数据模型规定的格式将其存放在外存储介质上，形成数据库文件。

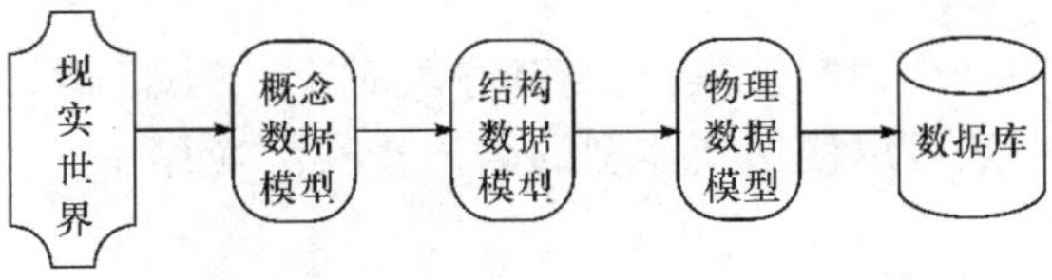

图 2-6　三类数据模型在数据库设计过程中的地位和关系

2.3.3　实体-联系(E-R)模型

由图 2 - 6 可以看出,概念数据模型是数据库设计员在数据库设计过程中对现实世界特征的第一层次的数据抽象,也是数据库设计员和用户之间进行交流的语言,因此概念数据模型一方面应该具有较强的语义表达能力,能够方便、直接地表达应用中的各种语义知识,另一方面它还应该简单、清晰、易于用户理解。Chen 于 1976 年提出的实体-联系方法(entity-relationship approach),简称 E-R 方法或 E-R 模型,就具备这些性质,因而是一种概念数据模型。虽然概念数据模型的表示方法很多,但其中 E-R 模型却是最为常用和最为著名的。E-R 模型用 E-R 图来抽象表示现实世界的特征,是一种语义表达能力强且易于理解的概念数据模型。

1. E-R 模型中的基本概念

(1) 实体(entity)

客观存在并可相互区别的事物都称为实体。实体可以是具体的人、事、物,也可以是抽象的概念或联系。例如,李伟、王涛、计算机系、离散数学、教材、教学楼等都是实体。实体不能严格地精确定义,就像几何学中的“点”和“线”等概念一样。理解这个概念的关键之处是一个实体能和别的实体相区别。实体的可区分性非常类似于面向对象模型中的对象具有可标识的特点,因此,也有人将 E-R 模型归结为一种简化的面向对象数据模型。

(2) 属性(attribute)

实体通常具有若干特征,每个特征称为实体的一个属性。属性是相对实体而言的,是实体所具有的特征,它与记录型或基本表结构中的属性对应。例如,每个学生实体都具有学号、姓名、性别、出生日期、系别编号等属性(学号、姓名等称为属性名),每个属性赋予确定的值,如(S04,李伟,男,1996-12-22,D03)就用数据抽象地表示了一个确定的学生实体,即一个记录对应一个实体或基本表中的一个元组。

属性可以分为基本属性和复合属性两类。基本属性是不可再分的属性,如性别和年龄就是基本属性。复合属性是可以再分解成其他属性的属性,如学生的入学日期就可以根据实际需要再分解成年、月、日三个属性。

(3) 实体型(entity type)

具有相同属性的一类实体必然具有共同的特征和性质。因此,用实体类名(简称实体名)及其属性名集合来抽象和刻画同类实体,称为实体型。例如,学生(学号,姓名,性别,出生日期,系别编号)就是一个实体型,它与记录型和基本表结构对应。这里的“学生”是实体名。在数据库设计中,实体名、属性名均可由设计人员根据实际需要自由命名。例如,“学生”这个实体名就可以用 Student 或 xuesheng 等来命名。

(4) 实体集(entity set)

若干同型实体的集合称为实体集,它与基本表对应。例如,信息学院的学生就是一个实体集。实体集的名一般可以使用实体型的名。在实际应用中,一个实体型通常可以抽象地看作一个实体集。

(5) 关键字(key)

能唯一地标识实体集中每个实体的属性集合称为关键字(码)。例如,学号可以作为一个学校的学生实体集的关键字；若同一个年级没有重名现象发生，在同一个学校里，姓名与年级也可以作为该校学生实体集的关键字。

（6）域（domain）

属性的取值范围称为域。例如，学号的域为6位整数构成的字符串集合，性别的域为集合{男，女}。

（7）联系（relationship）

在现实世界中，事物内部以及事物之间是有联系的，这些联系在E-R模型中反映为实体之间的联系。实体之间的联系分为实体集内部的联系和实体集之间的联系两类。实体集内部的联系是指其内部实体之间的联系。实体集之间的联系是指一个实体集的实体与另一个实体集的实体之间的关联。两个实体集之间的联系可以分为三种：

1）一对一联系（1∶1）。如果对于实体集A中的每一个实体，实体集B中至多有一个（也可以没有）实体与之联系，反之亦然，则称实体集A与实体集B具有一对一联系，记为1∶1。

例2.4　在一个学校里，所有的（正）班长为一个实体集A，所有的班级为一个实体集B。一个班级只有一个班长，而一个班长只负责一个班级的工作，则班长实体集A与班级实体集B之间具有一对一联系。这里的“负责”是两个实体集联系的方式，也称联系名。

2）一对多联系（1∶n）。如果对于实体集A中的每一个实体，实体集B中有n个实体（$n \geqslant 0$）与之联系，反之，对于实体集B中的每一个实体，实体集A中至多有一个实体与之联系，则称实体集A与实体集B具有一对多联系，记为1∶n。

例2.5　在一个学校里，所有的班主任为一个实体集A，所有的学生为实体集B。一个班主任负责管理若干名学生，而每个学生只有一个班主任，则班主任实体集A与学生实体集B之间具有一对多联系。同样，这里的“管理”也是两个实体集联系的联系名。

3）多对多联系（m∶n）。如果对于实体集A中的每一个实体，实体集B中有n个实体（$n \geqslant 0$）与之联系，反之，对于实体集B中的每一个实体，实体集A中也有m个实体（$m \geqslant 0$）与之联系，则称实体集A与实体集B具有多对多联系，记为m∶n。

例2.6　在一个学校里，所有的学生为实体集A，所有的课程为一个实体集B。一个学生可以同时选修多门课程，而一门课程同时有若干个学生选修，则学生实体集A与课程实体集B之间具有多对多联系。这里的“选修”是两个实体集联系的联系名。

实际上，一对一联系是一对多联系的特例，而一对多联系又是多对多联系的特例。

如图2-7所示，它按E-R模型给出了两个实体集之间的以上三类联系的一般结构和实例，其中矩形表示实体集，框内写明实体集名，菱形表示联系，框内写明联系名。

实体集内部的联系也有1∶1，1∶n和m∶n三种联系。

例2.7　1）我国所有的公民为实体集A，则每个公民都是A的一个实体。一个男性公民至多与一个女性公民存在法定婚姻关系，一个女性公民至多与一个男性公民存在法定婚姻关系。所以，公民这个实体集A中的实体之间具有一对一联系。这里的“法定婚姻关系”是实体集A内部的联系名。

2）在一个学校里，所有的学生为一个实体集A，班长也是学生，所以是A的一个实

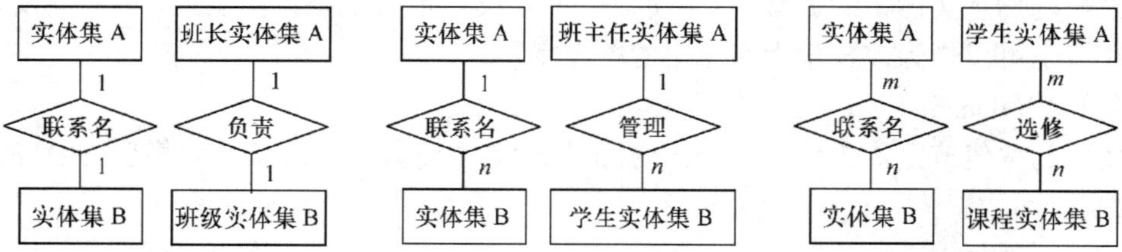

(a) 1:1 联系　　(b) 1:n 联系　　(c) m:n 联系

图 2－7　两个实体集之间的三种联系

体。一个班长可以管理若干学生(一个班的学生),而一个学生只由一个班长领导,则学生实体集 A 中的实体之间具有一对多联系。这里的“管理”是实体集 A 内部的联系名。

3) 在一个企业里,所有的零件是一个实体集 A。A 中若干个实体(如螺栓、螺帽等无结构零件)经装配所得的零件(称为有结构零件)也是 A 的实体。反过来,A 的一个实体(有结构的零件)可由 A 的多个实体(零件)装配而成,则零件实体集 A 中的实体之间具有多对多联系。这里的“装配”是实体集 A 内部的联系名。

以上三种联系如图 2－8 所示。

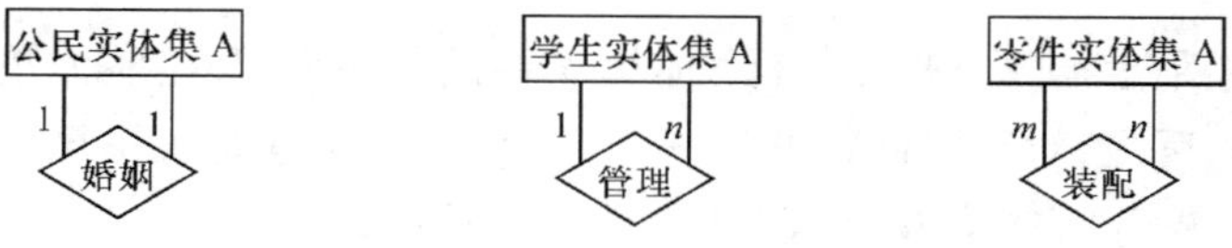

(a) 1:1 联系　　(b) 1:n 联系　　(c) m:n 联系

图 2－8　实体集内部实体之间的三种联系

此外,两个以上的实体集之间也存在着一对一、一对多、多对多联系。下面再介绍两个例子,说明三个实体集之间的一对多、多对多联系。

例 2.8　1) 对于课程、教师与参考书这三个实体集,如果若干个教师可同时讲授一门课程,每一个教师只讲授一门课程且讲课时可使用若干本参考书,而每一本参考书只供一门课程使用,则教师与课程、参考书之间的联系是一对多的,可记为 $m:1:n$ 联系。这里的“讲授/使用”是三个实体集联系的联系名,如图 2－9(a)所示。

2) 有三个实体型:出版社、教材、大学,一个出版社可以出版多种教材供给多个大学,而每个大学可以使用多个出版社供应的教材,每种教材可由不同出版社供给,由此可知出版社、教材和大学三者之间是多对多的联系,可记为 $m:n:p$ 联系。如

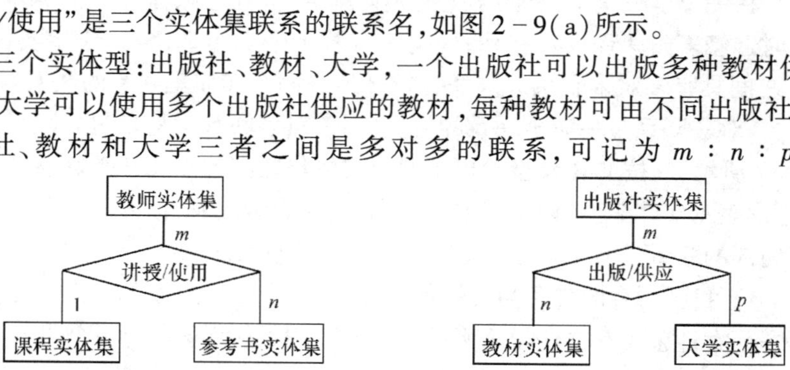

(a) 1:m:n 联系　　(b) m:n:p 联系

图 2－9　三个实体型之间的联系示例

图2－9(b)所示。

实体之间的联系除了前面介绍的1∶1,1∶n,m∶n以外,还有一种is-a联系,它是实体之间的层次联系。这种联系本质上是1∶1,1∶n联系的一种特殊情形,但在面向对象数据模型中使用is-a联系更能表示对象(实体)之间的继承关系。

例2.9　实体集A的实体也是实体集合B的实体,A中实体有某些特殊的特征,需要自己的特殊属性来描述,这些属性对在B中但不在A中的实体无意义。也就是说,A是B的特殊类别。其表示方法如图2－10(a)所示。在用E-R模型描述概念模型式时,如A和B存在is-a联系,则A的每个实体a正好和B的一个实体b相联系,而B的一个实体最多和A的一个实体相联系,因此,从这个意义上说它们是1对1的联系。而在现实世界中,a和b实际上是同一事物。A能继承B的属性并可增加别的属性来特别说明A,A的关键字实际是B的属性,也是B的关键字。例如,学生实体集合与班长实体集合之间存在着is-a联系,即班长是(is-a)学生。例如,张三是班长,当将张三作为班长来处理有关他的数据时(如查询他所管理的学生),处理A(班长实体集合)的一个实体a;当将张三作为一个学生来处理有关他的数据时(如求平均成绩),处理B(学生实体集合)的一个实体b。对a和b都有的属性,其值是相同的,实际数据库中只需存储一份。

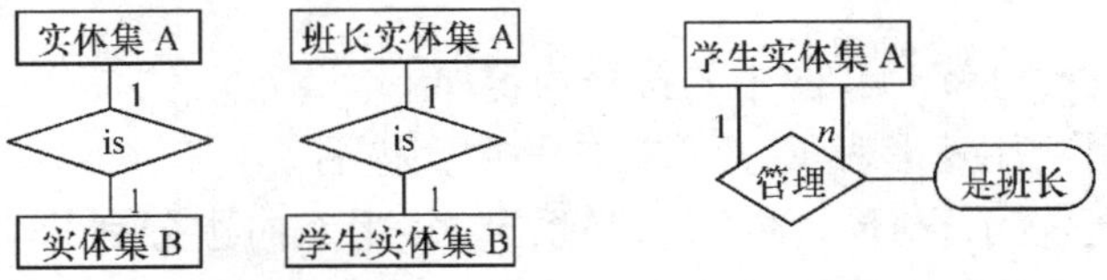

(a) 两个实体集的is-a联系　　(b) 实体集内部的is-a联系

图2－10　is-a联系的两种情况

值得注意的是,上面的实体集合A和实体集合B也可以指同一个实体集合,此时表示同一实体集合的实体间的联系,A中特殊实体需要增加的属性作为联系的属性即可,如图2－10(b)所示。

2. E-R图要点

概念数据模型是现实世界特征的第一层次的数据抽象,它应该能够方便、准确地表示出现实世界中的常用概念,且易于用户理解。E-R方法(模型)就是一种最常用,也是最著名的概念数据模型。

E-R模型提供了表示实体型(集)、属性和联系的方法,前面已经介绍过实体、实体型、实体集和联系的概念与表示方法,这里再集中介绍一下这些概念的区别以及E-R图的要点。关于如何认识和分析现实世界,并从中抽取实体型和实体集之间的联系,以及建立E-R模型的方法将在第6章介绍。

实体是客观存在并可相互区别的一个事物,如405教室、李华、浙江工业大学等。实体集则是由若干同类型实体所构成的集合,如浙江工业大学的所有教室就构成一个教室实体集,405教室中的所有学生就构成一个学生实体集。而实体型则是对某个实体集中实体共同特征和性质的抽象描述,如 405 教室的学生实体集中每个学生都有学号、姓名、性别、年龄、系、入学时间等特征。因此,这个实体集的实体型可描述为:学生(学号,姓名,性别,年龄,系,入学时间)。在实际应用中,一个实体型通常可以抽象地看作一个实体集,也可以看作一个实体。同样,一个实体集有时也可以看作一个实体。因此,在以后各个章节中经常不严格区分地使用实体、实体集和实体型这三个概念,读者可以从上下文之间理解其含义。例如,在图 2-11 所示的 E-R 图中,左边的课程及课程号、课程名和学分等构成一个实体型,右边的学生及学号、姓名、性别和出生日期等构成另一个实体型。由于它们要通过"选修"进行联系,而实体型与实体型之间是无法联系的,因此,它们实际上表示的是两个实体集,而在实际应用中有时也把它们称为实体。

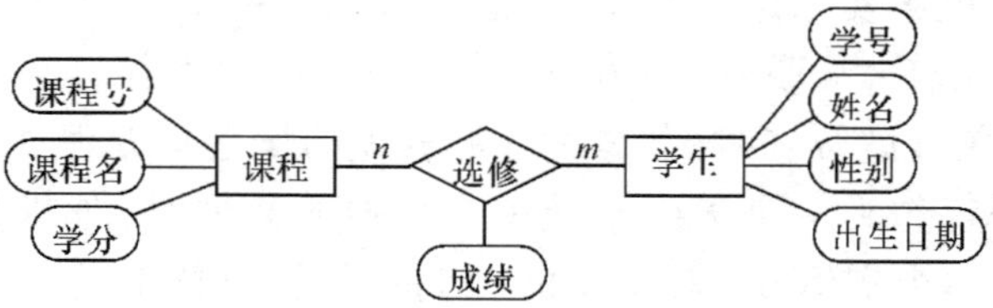

图 2-11　一个简单的 E-R 图

根据前面的分析,可将 E-R 图中的符号约定如下:

1）实体(集、型):用矩形表示,矩形框内写明实体名。

2）联系:用菱形表示,菱形框内写明联系名,并用无向边分别与有关的实体连接起来,同时在无向边的旁边标上联系的类型($1:1$, $1:n$ 或 $m:n$)。如果一个联系具有属性,则这些属性也要用无向边与该联系连接起来。

3）属性:用椭圆形表示,并用无向边将其与相应的实体连接起来。

例 2.10　图 2-11 给出了学生实体集与课程实体集及其联系的 E-R 图。其中学生实体具有学号、姓名、性别和出生日期等属性,课程实体有课程号、课程名和学分等属性。这里的联系"选修"具有"成绩"属性。

E-R 模型是概念模型的一种,是抽象描述现实世界的有力工具。用 E-R 图表示的概念模型独立于具体的 DBMS 所支持的数据模型,比结构数据模型更一般、更接近现实世界。

下面通过一个简化的学生选课系统例子来介绍 E-R 图的两种画法。

例 2.11　设有教师、学生、班级、课程和参考书五个实体集,描述学生选课、教师讲课等实体及其联系的 E-R 模型如图 2-12 和图 2-13 所示。

图 2-12 是将实体属性,实体与实体之间的联系全部画在一张图上,构成一个完整的 E-R 图(可称为集成法),这种画法适合规模不太大的问题。图 2-13 是先画实体及其属性图,然后画实体联系图(可称为分离法),它其实是将图 2-12 分解成(a)、(b)两步来表示,适合规模较大的问题。

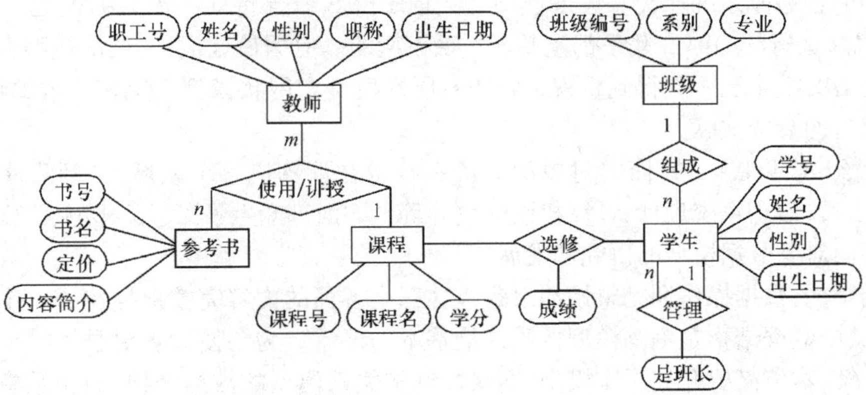

图 2－12　E-R 图实例(集成法)

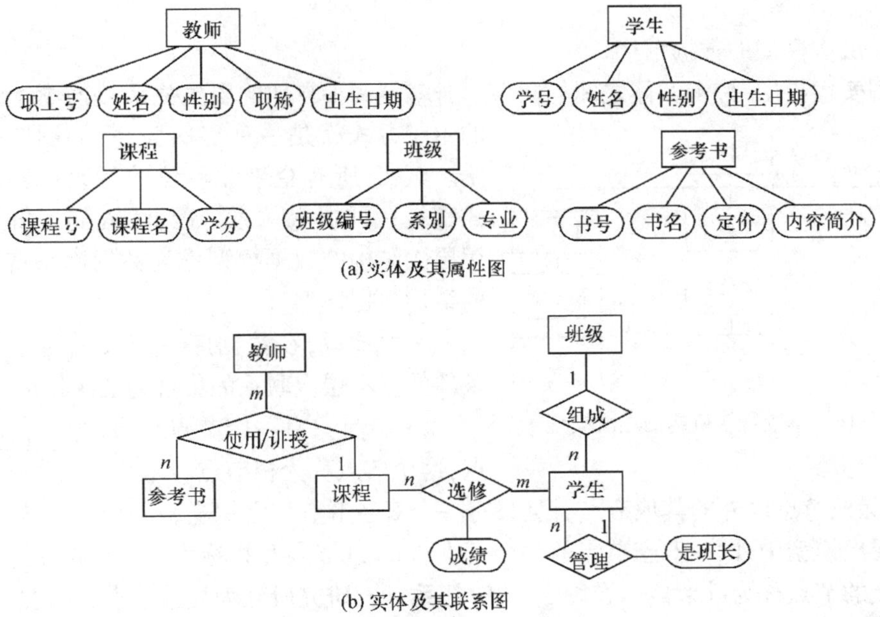

图 2－13　E-R 图实例(分离法)

2.3.4　常用的结构数据模型

目前,数据库领域中主要的结构数据模型有四种,它们是:

1) 层次模型(hierarchical model)。

2) 网状模型(network model)。

3) 关系模型(relational model)。

4) 面向对象模型(object-oriented model)。

其中,层次模型和网状模型统称为非关系模型,它们的数据结构可以和图论中的一个有向图相对应,比较直观,其数据库系统在 20 世纪 70～80 年代初非常流行,在数据库系统产品中占据了主导地位,由于非关系模型在理论上不完备,实现效率较低,现在已经被关系模型的数据库系统取代。关系模型是当前 DBMS 所支持的主流数据模型。20 世纪 90 年代以来运行的 DBMS 几乎都是基于关系模型的。但据最近报道,层次模型在研究面向对象的 DBMS 中已重新得到重视。希望对层次模型和网状模型有更多了解的读者,可阅读本书后的参考文献。

20 世纪 80 年代以来,面向对象的方法和技术在计算机各个领域,包括程序设计语言、软件工程、信息系统设计、计算机硬件设计等各方面都产生了深远的影响,也促进了数据库中面向对象数据模型的研究和发展。

数据结构、数据操作和完整性约束条件这三个方面的内容完整地描述了一个结构数据模型,其中数据结构是刻画模型性质的最基本的要素。为了使读者对数据模型有一个总体的了解,本节简要介绍层次模型、网状模型和关系模型的数据结构,而关系模型的详细内容在第 3 章中介绍,面向对象数据模型在第 8 章中介绍。

1. *层次模型*

(1) 层次模型的数据结构

在现实世界中,许多实体之间的联系本身就是一种自然的层次关系,如学校行政机构的组织方式就是一种层次关系,如图 2 - 14 所示。其实,所有企事业单位的行政机构组织方式都是一种层次关系。因此,人们一开始就采用层次结构的数据模型作为数据库系统所支持的结构数据模型。

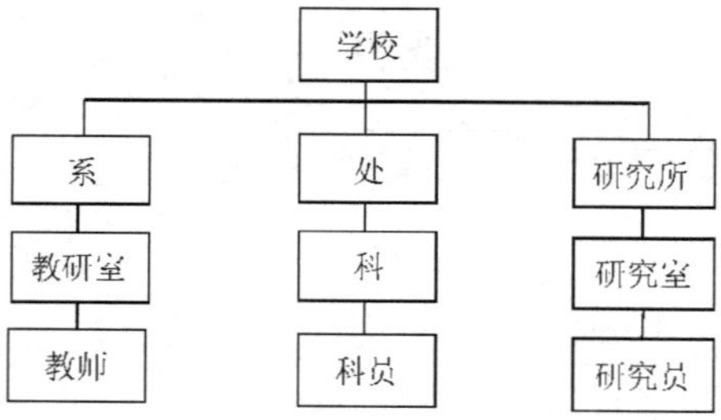

图 2 - 14　学校行政机构的层次模型

一般地说,在数据库中定义满足下面两个条件的基本层次联系的集合为层次模型。

1) 有且只有一个节点没有双亲(parent)节点,这个节点称为根节点。

2) 除根节点以外的其他节点有且只有一个双亲节点与之相连。

在层次模型中,同一双亲节点的各个子女(child)节点互相称为兄弟(sibling)。没有子女节点的节点称为叶节点。在图 2 - 14 中,系、处、研究所互为兄弟节点,它们的双亲节点是学校。教师、科员、研究员都是叶节点,也是子女节点,它们的双亲节点分别是教研室、科、研究室。

在层次模型中,每个节点表示一个实体型(集),也称为记录型(集),实体之间的联系用节点之间的连线(有向边)表示,这种联系是双亲节点与子女节点之间的一对多联系。因此,层次数据模型表达实体间的一对一、一对多是直观、方便和清楚的。对于实体之间的多对多联系,一般通过联系的分解与合成来实现,即首先用冗余节点法或虚拟节点法把 $m:n$ 联系分解为若干个 $1:n$ 的联系并用层次模型来表示,应用中将多个 $1:n$ 联系再合成起来表示 $m:n$ 联系。

层次模型实际存储的数据通过存取路径(指针)体现它们之间的这种联系,即任何一个给定的记录值只有按其存取路径查看时,才能显出它的全部意义,没有一个子女记录值能够脱离双亲记录值而独立存在。

有关层次模型中多对多联系的分解方法、数据操纵、完整性约束和存储结构等问题,请参看本书后的参考文献。

层次模型是数据库系统中最早出现的数据模型,层次数据库系统采用层次模型作为数据的组织方式。层次数据库系统的典型代表是 IBM 公司 1968 年推出的 IMS(information management system)数据库管理系统,这是世界上第一个大型的商用数据库管理系统,曾经得到广泛的使用。

(2) 层次模型的优点

1) 层次数据模型本身比较简单,只需很少几条命令就能操纵数据库,使用较方便。

2) 对于实体间联系固定且预先定义好的应用系统,采用层次模型来实现,其性能优于关系模型,不低于网状模型。

3) 层次数据模型提供了良好的完整性支持。

4) 对具有一对多的层次关系的部门描述非常自然、直观,容易理解,这也是层次数据模型的突出优点。

(3) 层次模型的缺点

一是只能表示 $1:n$ 联系,虽然有多种辅助手段实现 $m:n$ 联系,但表示方法很笨拙和复杂,用户不易掌握;二是由于树型结构层次顺序的严格和复杂,数据的查询和更新操作也很复杂,导致应用程序编写困难。

2. 网状模型

(1) 网状模型的数据结构

在现实世界中事物之间的联系更多的是非层次关系的,用层次模型表示非树型结构是很不直接的,网状模型则可以克服这一缺点。

在数据库理论中,把满足以下两个条件的基本层次联系的集合称为网状模型:

1) 允许一个以上的节点无双亲。

2) 一个节点可以有两个或两个以上的双亲。

与层次模型一样,网状模型中也是每个节点表示一个记录集(型),每个记录集可包含若干个字段,节点间的连线表示记录集中实体之间的联系。图 2-15 都是网状模型的例子。其中(a)是一个简单例子,其实体之间的联系全部为 $1:n$ 联系。

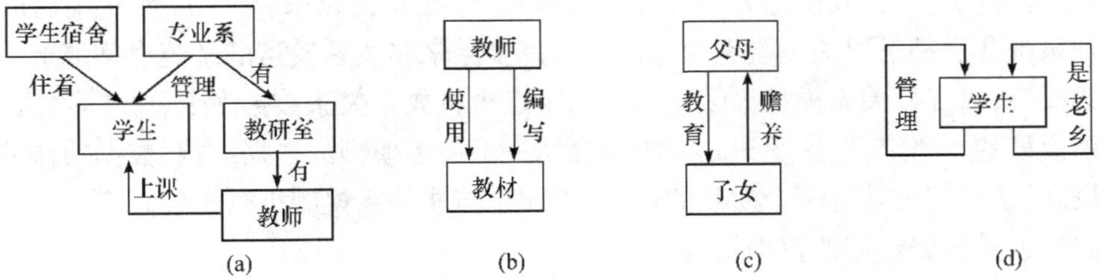

图 2-15　网状模型的例子

网状模型和层次模型的主要区别在于以下三点:

1) 网状数据模型是一种比层次模型更具普遍性的数据模型,允许多个节点没有双亲节点,如图 2-15(a)所示,学生宿舍和专业系两个节点没有双亲节点。

2) 层次模型中从子女节点到双亲节点的联系是唯一的,而在网状模型中可以不唯一。因此，严格地讲，在网状模型中没有双亲节点和子女节点概念，所有节点地位相同。在图2－15(a)中，按层次模型的观点，学生宿舍、专业系和教师都是学生的双亲节点，但在网状模型中，可以说学生宿舍、专业系和教师这些实体都与学生实体有联系，其联系名标志在箭线的旁边，且联系方式为从箭尾指向箭头。如图2－15(a)、(b)所示的学生宿舍住着学生，教师使用教材等。

3）网状模型中允许有复合联系，而层次模型则不允许。复合联系是指两个实体之间有两种或两种以上的联系，也包括实体集自身到自身的两种或多种联系。例如，教师与教材之间就有两种联系：教师使用教材，教师编写教材（图2－15(b)）。学生与学生之间也有两种联系：学生管理学生，学生与学生是老乡（图2－15(d)）。从以上实例可知，网状数据模型可以更直接地描述现实世界，层次模型实际上是网状模型的一个特例。

关于网状数据模型的存储结构、数据操纵与完整性约束等问题，请阅读本书后的参考文献。

网状数据库管理系统采用网状数据模型作为数据的组织方式。像Cullinet Software公司的IDMS、Honeywell公司的IDS/2、HP公司的IMAGE等都是一些比较成功的基于网状数据模型的数据库管理系统，并在20世纪70~80年代得到广泛应用。

（2）网状数据模型的优点

1）能够更为直接地描述现实世界，如一个节点可以有多个双亲。

2）具有良好的性能，存取效率较高。

（3）网状数据模型的缺点

1）结构比较复杂，而且随着应用环境的扩大，数据库的结构就变得越来越复杂，不利于用户最终掌握。

2）其DDL、DML复杂，用户不容易使用。

3）由于记录之间联系是通过存取路径实现的，应用程序在访问数据时必须选择适当的存取路径，因此，用户必须了解系统结构的细节，加重了编写应用程序的负担。

3. 关系模型

虽然关系模型不是数据库管理系统最早支持的数据模型，但关系模型是现在最重要的一种数据模型。自20世纪80年代以来，特别是90年代以来，软件厂商新推出的数据库管理系统几乎都是以关系模型为基础的。许多原来非关系模型的系统也都加上了关系模型的接口，以支持关系模型。因此本书的重点也将放在关系数据库上，第3章将详细介绍关系模型的严格定义，这里只是简单地介绍一下关系模型的数据结构、数据操作涉及的一些概念，使我们对其有一个初步的认识，以便于与非关系模型进行比较。

（1）关系数据模型的数据结构

关系模型与以往的模型不同，它是建立在严格的数学理论的基础上的。从用户实际使用的角度看，关系模型的逻辑结构是一张二维表（table，第1章中称为基本表），它由行和列组成。下面再以学生登记表（表2－1）为例，介绍关系模型中的一些术语。

1）属性（attribute）：二维表中的一列即为一个属性，给每一个属性命名一个名称即属性名。如表2－1有7列，对应7个属性，其属性名分别为学号、姓名、性别、出生日期、出生地、所在系、入学日期。它们与E-R模型中实体型的属性相同。

2）关系模式(relational schema)：对应一个二维表的表头，基本表的结构。如表 2-1 所示这张学生登记表(空表格)，就是一个关系模式。关系模式是对一类实体特征的结构性描述，一般表示为：关系名(属性 1，属性 2，…，属性 k)。如表2-1所示的关系模式可描述为：学生(学号，姓名，性别，出生日期，出生地，所在系，入学日期)。它对应 E-R 模型中的实体型，是相对稳定的。“学生”是学生登记表的简称，对应实体型名称，由设计人员命名。

表 2-1　学生登记表(空表格)

学号	姓名	性别	出生日期	出生地	所在系	入学日期

3）关系(relation)：对应通常所说的一张二维表，即第 1 章介绍的基本表。如表 2-2 所示的学生登记表(已填写登记)，它与 E-R 模型中的实体集对应。

表 2-2　学生登记表(已填写登记)

学号	姓名	性别	出生日期	出生地	所在系	入学日期
S01	王建平	男	1995-10-12	杭州	自动化	2013-09-01
S02	刘华	女	1997-08-21	温州	自动化	2014-09-01
S03	范林军	女	1998-02-11	台州	计算机	2014-09-01
S04	李伟	男	1996-12-22	苏州	数学	2014-09-01
S05	黄河	男	1999-10-31	北京	数学	2014-09-01
S06	长江	男	1994-04-08	上海	数学	2013-09-01

4）元组(tuple)：二维表中除表头以外的任一非空行即为一个元组。表 2-2 中的第二行(S02，刘华，女，1997-08-21，温州，自动化，2014-09-01)为一个元组，是关系模式的一次取值或赋值结果。元组与 E-R 模型中的实体对应，与文件系统的记录对应。由此可知，关系是元组的集合。

5）候选键(candidate key)：二维表中的某些属性的集合，它可以唯一确定一个元组，表 2-2 中的属性集{学号}就是这个关系的候选键。虽然可能出现两个叫刘华的学生，但根据学号可以唯一确定一个学生，即所指的是哪一个刘华。候选键与 E-R 模型中的关键字对应。一个关系可以有若干个候选键，通常选择一个作为主键(primary key)。

6）域(domain)：属性的取值范围，如性别的域是(男，女)，所在系的域是一个学校所有系名的集合。属性的域与 E-R 模型中属性的域相同。

7）分量(attribute value)：元组中的一个属性值，如元组(S02，刘华，女，1997-08-12，温州，自动化，2014-09-01)中的“S02”和“刘华”等都是分量。

表 2-3 给出了文件系统、E-R 模型和关系模型中常用术语的对照关系。

(2) 关系数据模型的操作

关系数据模型的操作包括更新操作和查询操作两大类(详见 3.1 节~3.2 节)，其特点是集合操作，即操作的对象和操作的结果都用关系表示，而不是像非关系模型中是对单

表 2－3　常用术语的对照关系

	文件系统	E-R 模型	关系模型
1	记录型	实体型	关系模式
2	数据文件	实体集	关系(基本表)
3	记录	实体	元组
4	字段	属性	属性
5	关键字段	关键字	候选键
6	主关键字段	主关键字	主键

记录进行操作。因为在关系模型中,不仅实体集可用关系来表示,而且实体集之间的联系也可以用关系——实体集之间的公共属性构成的关系来表示,从而利于实现关系模型的集合操作。

例 2.12　学生、课程两个实体集及学生与课程之间的多对多联系“选修”在关系模型中可以表示如下:

学生(学号,姓名,性别,出生日期,出生地,所在系,入学日期)
课程(课程号,课程名,学分)
选修(学号,课程号,成绩)

例如,要查询哪些学生选修了“英语”课程,只要用一条 RDBMS 提供的命令告诉系统查询目标,即可获得查询结果(仅以表 2－2、表 2－4、表 2－5 中已有数据作为操作对象),如表 2－6 所示,而具体的查询实现过程由 RDBMS 自动完成。

表 2－4　课程表

课程号	课程名	学分
C01	英语	4
C02	数据结构	2
C03	数据库	2
…	…	…

表 2－5　选修表

学号	课程号	成绩
S01	C01	92
S01	C03	84
S02	C01	90
…	…	…

表 2－6　查询结果表

学号	姓名	课程号	课程名
S01	王建平	C01	英语
S02	刘华	C01	英语

正因为如此,RDBMS 使用户看来,无论原始数据、中间数据、操作结果数据都具有同一种数据结构——二维表(关系)。此外,关系模型中存取路径对用户是透明的,用户只需指出“干什么”(what to do)或“找什么”(what to find),而不必详细说明“怎么干”或“怎么找”(how to find)。这极大地提高了数据的独立性,有利于程序的自动生成,提高数据库应用软件的生产率。这也是关系数据库得到迅速发展的原因之一。

(3) 关系数据模型的存储结构

在关系数据模型中,实体及实体间的联系都用关系(二维表)来表示。在数据库的物理组织中，通常数据库作为一个操作系统的文件存储，关系也以文件形式存储在数据库文件中，其文件结构由 DBMS 系统自己设计和管理。

（4）关系数据模型的优点

1）关系模型与非关系模型不同，它是建立在严格的数学理论的基础上的。

2）关系模型的概念单一。无论实体还是实体之间的联系都用关系表示。对数据的检索结果也用关系表示。所以其数据结构简单、清晰，用户易懂易用。

3）关系模型的存取路径对用户透明，从而具有更高的数据独立性、更好的安全保密性，也简化了程序员的工作和数据库开发建立的工作。

4）关系模型中的数据操作是集合操作，即操作的对象是由若干元组组成的数据库中的关系，而不是像非关系模型中是对单记录进行操作。

所以，关系数据模型诞生以后发展迅速，并深受用户的喜爱。

（5）关系数据模型的缺点

由于存取路径对用户透明，查询效率往往不如非关系数据模型。因此为了提高性能，必须对用户的查询请求进行优化（详见 3.5 节），这也增加了开发数据库管理系统的难度。

2.4　数据库系统的模式结构

为了使数据库系统能够为用户提供高效的查询功能，数据库管理系统中使用了复杂的数据结构来存储数据。但由于多数数据库系统的用户并不是数据库方面的专业人员，也没有受过计算机方面的专业训练，数据库管理系统的开发者通过三个层次的数据模式抽象，为用户屏蔽了数据库内部数据模式的复杂性。因此，在数据库系统中，用户看到的数据模式与计算机数据库中存放的数据模式是两回事，但两者之间是有联系的，这种联系是通过 DBMS 三级模式（外模式、模式和内模式）结构中的两级映像功能实现的（在 2.4.2 节介绍）。尽管在实际工作中所遇到的数据库管理系统商品软件多种多样，支持不同的数据模型，建立在不同的计算机操作系统之上，数据的存储介质和存储结构也不尽相同，但现在的大型商品化数据库管理系统都具有三级模式结构的共同特征。因此，理解和掌握 DBMS 的模式结构是学好数据库原理和开发应用系统的重要基础。

2.4.1　数据库系统模式的概念

在学习关系数据模型时，知道了关系模式与元组的关系。关系模式是对同类实体特征的结构化数据描述，它是一个相对稳定的结构框架。而元组却是关系模式的一次具体赋值，是动态变化的。例如，学生（学号，姓名，性别，出生日期，出生地，所在系，入学日期）是一个关系模式，而（S02，刘华，女，1997-08-12，温州，自动化，2014-09-01）则是模式的一个赋值，也称为实例。因此，关系模式与元组的关系是“型”与“值”的关系。在数据库系统中，模式（schema）是数据库中全体数据的特征及其联系的结构化描述，它仅仅涉及型的描述，不涉及具体的值。模式的一个具体值称为模式的一个实例（instance）。同一个模式可以有很多实例。模式是相对稳定的，而实例是相对变动的，因为数据库中的数据是在不断更新的。模式反映的是数据的结构及其联系，而实例反映的是数据库某一时刻的状态。

2.4.2　数据库的三级模式

三级模式是指 DBMS 将数据库中的数据抽象成外模式、(逻辑)模式和内模式三级模式来进行组织与管理如图 2-16(其中,虚线矩形中的内容都集成在 DBMS 中)所示,它是 DBMS 对数据库中数据进行有效组织和管理的方法。这种抽象主要有三个目的:一是减少数据冗余,实现数据共享,故而把所有用户的数据进行综合,抽象成一个统一的数据库模式;二是提高存取效率,改善性能,把全局的数据按照物理组织的最优形式存放;三是提高数据的逻辑独立性和物理独立性。

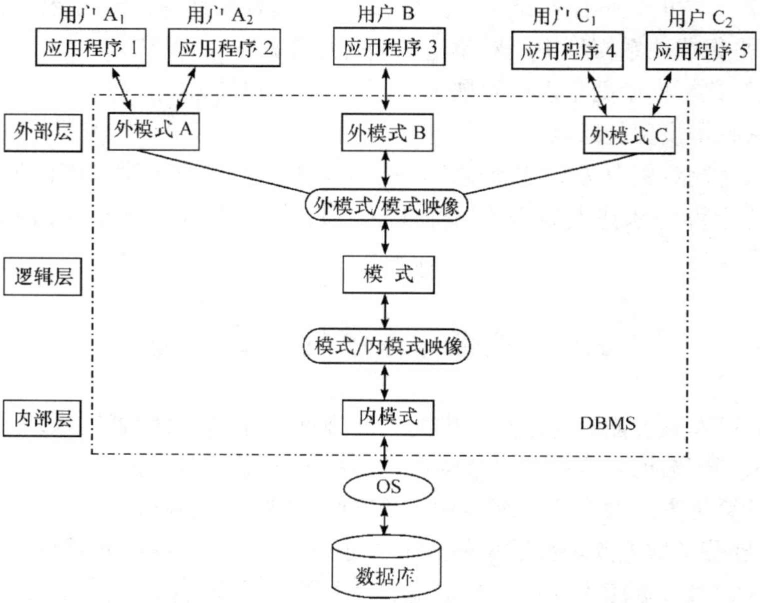

图 2-16　数据库系统的三级模式结构

1. 模式

模式也称结构模式或逻辑模式,是对数据库中全体数据的整体逻辑结构和特征的描述,它与结构(逻辑)数据模型对应。DBMS 提供模式定义语言(schema DDL,模式 DDL)来严格地定义模式。RDBMS 中的模式是由关系模式转换而来的。例如,欲在 RDBMS 下建立某个大学的数据库,为此,先用关系模型的数据结构——关系模式来描述这个大学的所有实体、实体属性及其联系等,然后将关系模式用 RDBMS 提供的模式 DDL 写出相应的程序(源码),这个程序(源码)就是数据库的模式。模式的物理实现可以通过在 DBMS 中运行 DDL 程序完成。所以,模式是 DBMS 中定义的一个用于装入数据的框架。

定义模式时不仅要定义数据的逻辑结构,如 RDBMS 中的关系模式、属性名、各个属性的域,即数据记录由哪些数据项构成,数据项的名字、类型、取值范围等,而且要定义数据之间的联系,定义与数据有关的安全性、完整性要求。在 SQL Server 中的有关例子详见例 1.1 和 7.2 节、7.3 节中的有关内容。

2. 外模式

外模式(external schema)又称子模式(subschema)或用户模式,是数据库用户(包括应用程序员和最终用户)能够看见和使用的局部数据的逻辑结构与特征的描述,一般是模式的子集,它是由外模式 DDL 书写的源码。外模式是与某一具体应用有关的数据的逻辑结构和特征的描述。

不同的用户由于其需求不同,看待数据的方式可以不同,对数据的保密要求可以不同,使用的程序设计语言也可以不同。因此,不同用户的外模式的描述方式是不同的。即使对于模式相同的数据,在外模式中也可以对结构、类型、长度和保密级别等进行限制,从而产生不同的外模式,以满足不同的用户需要。

外模式 DDL 在嵌入形式下和用户选用的程序设计语言具有相容的语法格式。详细内容请阅读 1.7 节。

3. 内模式

内模式(internal schema)又称存储模式(storage schema),是数据库物理结构和存储方式的描述,是数据在数据库内部的表示方式。例如,记录的存储方式是顺序存储、按照 B 树结构存储还是按 Hash 方法存储;索引按照什么方式组织;数据是否压缩存储,是否加密;数据的存储记录结构有何规定等。内模式与物理数据模型对应。一个数据库只有一个内模式。

DBMS 提供内模式定义语言(内模式 DDL)来严格地定义内模式。当前,许多 DBMS 产品基本上可以自动完成内模式的大部分定义工作,几乎不需要用户介入。也就是说,当用户使用模式 DDL 定义模式的同时,通常 DBMS 也就自动完成了相应的内模式的定义工作。

2.4.3　数据库的二级映像功能与数据独立性

数据库管理系统的三级模式是对数据库中数据的三个抽象级别,它把数据的具体组织留给 DBMS 管理,使用户能逻辑地处理数据,而不必关心数据在计算机中的具体表示方式与存储方式。为了能够在数据库内部实现这三个抽象层次的联系和转换,数据库管理系统在这三级模式之间提供了两层映像:

1) 外模式/模式映像。

2) 模式/内模式映像。

正是这两层映像保证了数据库系统中的数据能够具有较高的逻辑独立性和物理独立性。

1. 外模式/模式映像

外模式/模式映像存在于外模式与模式之间,用于定义外模式与模式之间的对应关系。外模式/模式映像是在外模式中描述定义的。当模式发生改变时(如增加新的关系、新的属性,改变属性的数据类型等),经 DBA 对外模式/模式映像进行相应改变,就可以使外模式保持不变。由于应用程序是依据数据的外模式编写的,这样使得模式改变时应用程序也不必修改,就保证了数据与程序之间的逻辑独立性,简称数据的逻辑独立性。

2. 模式/内模式映像

模式/内模式映像存在于模式与内模式之间，用于定义内模式与模式之间的对应关系，即数据库全局逻辑结构与存储结构之间的对应关系。数据库中只有一个模式，也只有一个内模式，所以模式/内模式映像是唯一的。这个映像是在内模式中描述定义的。当数据库的存储结构发生变化时，如选用了另一种存储结构或者改变了数据的存储位置等，经DBA对模式/内模式映像进行相应改变，就可以使模式保持不变，从而应用程序也不必改变。这就保证了数据与程序之间的物理独立性，简称数据的物理独立性。

在数据库的三级模式结构中，数据库的模式即全局逻辑结构是数据库的中心与关键，它独立于数据库的其他层次。因此设计数据库的结构时应首先确定数据库的模式。

数据库的内模式依赖于它的全局逻辑结构（模式），但独立于数据库的外模式，也独立于具体的存储设备。它是将全局逻辑结构中所定义的数据结构及其联系按照一定的物理存储策略进行组织，以达到较好的时间与空间效率。

数据库的外模式面向具体的应用程序，它定义在模式之上，但独立于存储模式和存储设备。当应用需求发生较大变化，相应外模式不能满足其用户要求时，该外模式就要相应改动，所以设计外模式时应充分考虑到应用的扩充性。

特定的应用程序是在外模式描述的数据结构上编制的，它依赖于特定的外模式，与数据库的模式和存储结构独立。不同的应用程序有时可以共用同一个外模式。数据库的二级映像保证了数据库外模式的稳定性，从而保证了应用程序的稳定性，除非应用需求自身发生变化，否则应用程序一般不需要修改。

由于标准SQL支持关系数据库的三级模式结构，如图2-17所示，其中外模式对应于视图（view），模式对应于基本表，内模式对应于存储文件。因此，现今的商品化数据库管理系统，如SQL Server 2014等都支持这种三级模式结构。

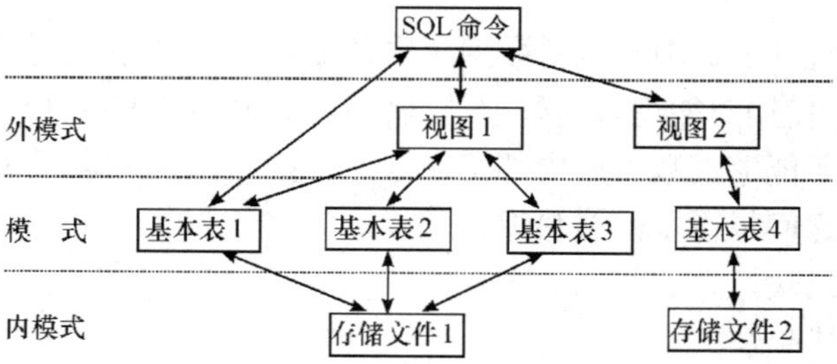

图2-17　SQL支持三级模式结构

下面通过一个简单示例说明用户对数据库的操作，DBMS是如何通过三级模式及其映像来实现的。

例2.13　假设一个应用程序A，要求从数据库中取出一条记录，则程序利用数据操纵语言向DBMS提出请求。DBMS接收命令后（图2-16），系统内部将发生一系列事件。

1）应用程序A向DBMS发出读一个记录的操作命令（一条DML语句，在SQL Server中为SELECT命令），且命令中包含操作对象和操作条件。当计算机执行该DML语句时，立即启动DBMS，并把读记录的命令传给DBMS。

2）DBMS 调用应用程序 A 对应的外模式，检查存取权限，决定是否执行 A 的操作命令。

3）当确定 A 的命令合法之后，DBMS 调用模式，并根据模式与外模式的映射关系，确定应读入哪些模式记录。

4）DBMS 根据模式与内模式的映射，调出内模式得到组织物理记录的结构和存取信息。

5）DBMS 向 OS 申请读入所需物理记录。

6）OS 执行读命令，从存储介质中将指定记录读入系统缓冲区，并在操作之后向 DBMS 作出应答。

7）DBMS 参照模式和外模式的映射，将读入系统缓冲区的数据转换为应用程序所需要的记录形式。

8）DBMS 把用户记录从系统缓冲区送到应用程序 A 的用户工作区。

9）DBMS 将读记录操作成功与否的信息作为一种状态送给应用程序 A。

10）此后，应用程序 A 便根据返回的状态信息进行相应的处理。

以上各步骤，是一次读操作的动作分解，其他操作类似于读操作。值得注意的是用户的任何操作都是在用户工作区中进行的。例如，修改，首先应把要修改的记录读到用户工作区，用户程序在用户工作区中对其进行修改后，向 DBMS 发出写记录命令，当然这些操作都是系统自动完成的，不需要用户介入。

2.5　DBMS 的功能

从 2.1.3 节已经知道，DBMS 是数据库系统的核心。DBMS 是负责数据库的建立、使用和维护的软件。DBMS 建立在操作系统之上，实施对数据库的统一管理和控制。用户使用的各种数据库命令以及应用程序的执行，最终都必须通过 DBMS。另外，DBMS 还承担着数据库的安全保护工作，它按照 DBA 所规定的要求，保证数据库的完整性和安全性。

DBMS 的主要功能包括以下几个主要方面：

1）数据库的定义功能。DBMS 通过提供 DDL 来对外模式、模式和内模式加以描述，如 SQL Server 中的数据定义命令 CREATE TABLE、CREATE INDEX 等。然后由模式翻译程序把用 DDL 书写的各种模式的程序源码翻译成相应的内部表示，形成相应的目标模式，分别称为目标外模式、目标模式和目标内模式，如图 2－18 所示。这些目标模式是对数据库的描述，而不是数据本身。(目标)模式只刻画了数据库的型或框架，而不包括数据库的数据内容。这些目标模式被保存在数据库的数据字典之中，作为 DBMS 存取和管

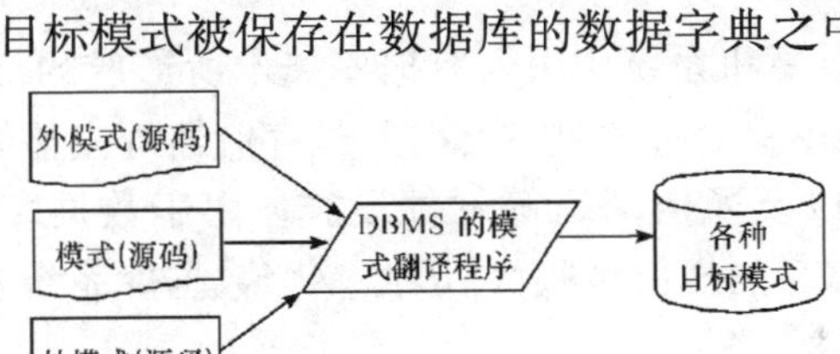

图 2－18　各种模式源码被翻译成相应目标模式的过程

理数据的基本依据。

2）数据操纵功能。DBMS 提供 DML 实现对数据库中数据的一些基本操作，如检索、插入、修改、删除和排序等，如 SQL Server 中的数据操纵命令 SELECT、INSERT、UPDATE 等。DML 有两类（详见 1.7 节）：一类是嵌入主语言的，如嵌入 C++或 PowerBuilder 等高级语言（称为宿主语言）中。这类 DML 本身不能单独使用，故称为宿主型的 DML 或嵌入式 DML。另一类是非嵌入式语言（包括交互式命令语言和结构化语言），它的语法简单，可以独立使用，由单独的解释或编译系统来执行，所以一般称为自主型或自含型的 DML。命令语言是行结构语言，单条执行。结构化语言是命令语言的扩充或发展，增加了程序结构描述或过程控制功能，如循环、分支等功能。命令语言一般逐条解释执行。结构化语言可以解释执行，也可以编译执行。现在 DBMS 一般均提供命令语言的交互式环境和结构化语言环境两种运行方式，供用户选择。

3）数据库控制语言功能。数据库运行期间的控制管理是 DBMS 的核心部分，包括并发控制、存取控制（如安全性检查、完整性约束条件的检查、数据库内部索引和数据字典的自动维护、缓冲区大小的设置等）。DBMS 提供的数据控制语言（data control language，DCL）使所有的数据库操作都在统一的管理下协同工作，以确保事务处理的正常运行，保证数据库的正确性、安全性、有效性和多用户对数据的并发使用以及发生故障后的系统恢复等（详见第 5 章和 7.2 节）。

在前面所说的数据字典（data dictionary，DD）中存放着数据库的结构信息描述（包括各种目标模式信息），如用户建立的表和索引、系统建立的表和索引以及用于恢复数据库的信息等，因此它本身也是一个数据库。当增加表、删除表或修改表的内容时，DBMS 会自动更新数据字典。当用户通过应用程序检索数据时，DBMS 动态地将数据字典与用户的程序操作连起来，以保证系统正确地运行。

4）数据库的建立和维护功能。数据库的建立和维护包括初始数据的装入、数据库的转储或后备功能、数据库恢复功能、数据库的重组织功能以及性能分析等功能。这些功能一般都由相应的实用程序来完成。

2.6 数据库系统的组成

在 2.1.3 节曾简单介绍过，数据库系统一般由如下几个部分组成：硬件、软件（包括开发工具）、数据库、数据库管理员和用户。下面进一步介绍这几个部分的内容和作用。

1. 硬件

由于数据库系统是计算机系统中引入数据库技术所形成的，因此它需要一个性能良好的硬件环境支撑，包括中央处理器、内存储器、外存储器等完整的计算机硬件系统，在网络环境中还包括服务器以及通信网络等硬件设施。由于数据库的数据量都很大，加之 DBMS 丰富的功能使得自身的规模也很大，因此整个数据库系统对硬件资源提出了较高的要求，这些要求主要包括：

1）要有足够大的内存，存放操作系统、DBMS 的核心模块、数据缓冲区和应用程序。

2）有足够大的磁盘等直接存取设备存放数据库，有足够的磁带（或移动硬盘）作数据备份。

3) 要求系统有较高的通道能力,以提高数据传送率。

2. 软件

软件主要包括支持 DBMS 运行所必需的操作系统(含网络操作系统)和 DBMS 本身两大部分。此外,为了便于开发应用系统,还要配备各种高级语言(主语言)及其编译系统或以 DBMS 为核心的应用开发支撑软件以及为特定应用环境开发的数据库应用系统。

为了开发各种应用系统,需要各种属于第三代语言范畴的主语言,如 COBOL、PL/I、C 语言、Java 等,此外还包括应用开发支撑软件,它们一般属于第四代语言的范畴,如报表生成器、表格系统和图形系统等,能为开发人员和最终用户提供高效率、多功能交互式应用程序设计环境。当前比较流行的数据库应用系统开发工具(4GL)有 Delphi、PowerBuilder、Visual Basic 和 Oracle Forms 等。

3. 相关人员

相关人员主要指在数据库设计、开发、管理和使用过程中所涉及的相关人员,如数据库分析与设计人员、数据库管理员、应用系统开发人员和最终用户等。

1) 用户(user)主要指使用数据库系统的有关人员。根据用户与数据库系统交互方式的不同,可以将其分成两种类型。

① 最终用户(end users),他们是数据库系统的使用者,但通常不是计算机专业人员。他们关心的是现实世界中的事物、事物的属性及其相互联系,一般通过使用事先编写好的应用程序与系统进行交互。这种应用程序给用户提供了直观、更接近现实的数据表示,尽量使用户使用起来方便。典型的访问接口就是基于图形的表格界面,操作时只需通过键盘在表格中输入相应的文字或数据,甚至单击即可完成所需操作。例如,某大学中文系的同学可以通过学校的教学管理数据库系统软件,在互联网上完成选修课程的申请,查询某门课程的考试成绩或者学分等。

② 有经验的用户(sophisticated users),即具备一定计算机和数据库专业知识的人员,包括数据库分析与设计人员、应用程序员等。他们有时直接通过数据库查询语言(如 SQL)来表达和完成他们的查询需求。例如,数据库应用系统的开发人员和数据库管理员都经常为调试应用程序或研究数据库中数据,而以这种方式使用和访问数据库。

2) 数据库管理员(DBA)。在数据库建立之初和数据库系统成功建立以后,都需要有专门的管理机构来集中监督和管理数据库系统。DBA 则是这个机构的一个(组)人员,负责全面管理和控制数据库系统。具体职责包括:

① 设计数据库模式。数据库中究竟要存放哪些数据,DBA 必须参与决策,即参加数据库设计的全过程,并与用户、数据库设计人员、应用程序员密切合作,共同协商,完成数据库的模式结构设计。

② 定义存储结构和存取策略。DBA 要综合各种用户的应用要求,与数据库设计人员一道,共同决定数据的存储结构和存取策略以期有效地利用存储空间和提高存取效率。

③ 管理数据访问权限。不同的用户对数据库中的数据对象应该有不同的存取权限,DBA 要根据每个用户在系统中承担的工作范围和性质,授予对数据库相应的存取权限、

数据保密级别和完整性约束条件等,以保证数据库的安全性和完整性。

④ 保证数据库的正常运行。DBA 还有一个重要职责就是监视数据库系统的运行情况,及时处理运行过程中出现的问题。例如,系统发生各种故障时,数据库会因此遭到不同程度的破坏,DBA 必须在最短时间内将数据库恢复到正确状态,并尽可能不影响或少影响计算机系统其他部分的正常运行。为此,DBA 要定义和实施适当的数据库备份与数据库恢复策略,如周期性地转储数据、维护日志文件等。有关这方面的详细内容将在第 5 章讨论。

⑤ 重组和重构数据库。DBA 还负责在系统运行期间监视系统的空间利用率、处理效率等性能指标,对运行情况进行记录、统计分析,依靠工作实践经验并根据实际应用环境,以期不断改进数据库设计。不少数据库产品都提供了对数据库运行状况进行监视和分析的实用程序,DBA 可以使用这些实用程序完成这项工作。

在数据运行过程中,由于大量数据不断插入、删除、修改,时间一长就会影响系统的性能。因此,DBA 要定期对数据库进行重组织,以提高系统的性能。

当用户的需求增加和改变时,DBA 还要对数据库进行较大的改造,包括修改部分设计,这就是数据库的重构造。

3) 数据库设计人员(DB designer)。数据库设计人员是数据库系统的分析与设计者,通常也称为系统分析员(analyst),他们通常是数据库方面的专家,负责应用系统的需求分析和规范说明。虽然他们也关心现实世界,但更关心如何将现实世界进行正确的数据抽象,以便输入计算机并对其进行有效的管理。因此,数据库设计人员主要负责数据库的需求调查、分析和规范说明,且与用户及 DBA 合作,确定系统的硬件软件选型和配置,并建立用户的概念模型,完成数据库各级模式的概要设计和数据库设计。作为需求分析的结果,数据库设计人员必须用恰当的数据模型,以文档的形式对需求进行结构化描述。数据库需求分析的方法将在第 6 章中介绍。

4) 应用程序员。应用程序员负责设计和编写具体的应用系统的程序模块,并进行调试和安装。他们通过 DBA 为建立的外模式和相应的高级程序设计语言来编写程序,使最终用户可以使用这些应用程序,方便地完成数据的输入、修改、查询、统计和分析等操作,并输出各种报表。

习　题

2.1　简述如下概念:

1) 数据、数据管理、信息、数据库、数据库管理系统、数据库系统。

2) 数据模型、概念数据模型、层次数据模型、网状数据模型、关系数据模型。

3) 实体、实体型、实体集、属性、关键字、域。

4) 联系、1∶1 联系、1∶n 联系、m∶n 联系。

5) 模式、外模式、内模式、外模式/模式映像、模式/内模式映像、数据的逻辑独立性、数据的物理独立性。

2.2　试述数据和信息的联系与区别。

2.3　试述数据库系统的特点。

2.4　试述文件系统与数据库系统的区别和联系。

2.5　试述数据库、数据库管理系统与数据库系统的关系。

2.6 数据库管理系统的主要功能有哪些?

2.7 试述数据模型的概念、数据模型的三个要素。

2.8 试述概念模型的作用。

2.9 试举出具有一对一、一对多和多对多联系的实例并用 E-R 图表示。

2.10 某超市公司下属有若干个连锁商店,每个商店经营若干种商品,每个商店有若干职工,但每个职工只能在一个商店工作。设实体类型“商店”的属性有:商店编号,店名,店址,店经理。实体类型“商品”的属性有:商品编号,商品名,单价,产地。实体类型“职工”的属性有:职工编号,职工名,性别,工资。试画出反映商店、商品、职工实体及其联系类型的 E-R 图,要求在联系中应反映出职工参加某个商店工作的起止时间,商店销售商品的月销售量。

2.11 学校中有若干系,每个系有若干班级和教研室,每个教研室有若干教员,其中有的教授和副教授每人各带若干研究生,每个班有若干学生,每个学生选修若干课程,每门课可由若干学生选修,请用 E-R 图画出此学校的概念模型。

2.12 简述数据独立性与数据联系这两个概念的区别。

2.13 建立和使用数据库系统应该具备哪些软、硬件条件?

2.14 简述关系数据库系统的优点。

2.15 DBA 应具备什么素质? DBA 的职责有哪些?

第 3 章　关系数据库模型

通过第 2 章的学习，可以知道数据模型是数据库管理系统的核心，任何一个数据库管理系统都必须建立在某种数据模型之上。在常用的四种结构数据模型中，由于层次模型和网状模型在理论上不够完备，实现效率较低，所以基于这两种模型的数据库管理系统已被基于关系模型的数据库管理系统所取代。虽然面向对象模型有许多新的特点，但短期内无法取代关系模型的作用。关系数据模型仍然是当今 DBMS 所支持的主流数据模型，其根本原因是关系模型以严格的数学理论为基础。因此，本章专门介绍关系模型的有关概念以及关系代数、关系演算等内容，然后介绍三种具体的关系数据语言和关系数据库管理系统的查询优化问题。

3.1　关系模型的基本概念

2.3.1 节中介绍过，数据模型一般由数据结构、数据操作和完整性约束三部分构成。因此，关系模型也不例外，它同样由这三部分组成。2.3.4 节曾结合一张学生登记表介绍了关系数据模型涉及的相关概念，本节将从关系代数的角度来进一步对这些概念进行较详细的讨论。

3.1.1　关系模型概述

1. *数据结构——关系*

关系模型的数据结构就是关系，其结构非常单一。在关系模型中，现实世界的实体以及实体间的各种联系均用关系来表示。在用户看来，一个关系就是一张二维表，如表 2-2~表 2-4 和表 3-1 等，且这种简单的数据结构能够表达丰富的语义。关系的数学定义将在 3.1.2 节中介绍。

表 3-1　选课结果关系 Scourses

Sno	Sname	Dname	Cname	Tname
S01	王建平	自动化	英语	张征
S02	刘华	自动化	数据结构	杜刚
S03	范林军	计算机	数据	赵新民
S04	李伟	数学	数据库	张征

2. *关系操作*

在 2.3.4 节中介绍过关系操作包括更新操作和查询操作两大类，其特点是集合操作方式，即操作的对象和结果都是集合，这种操作方式称为一次一集合（set-at-a-time）的方式。相应地,非关系数据模型的数据操作方式则为一次一记录(record-at-a-time)的方式。

关系模型给出了关系操作能力的定义,但不对 RDBMS 语言给出具体的语法要求。

关系模型中常用的关系操作包括选择(select)、投影(project)、连接(join)、除(division)、并(union)、交(intersection)、差(difference)等查询(query)操作和增加(insert)、删除(delete)、修改(update)等更新操作两大部分,而查询的表达能力是关系操作中最主要的部分。

早期的关系操作能力通常用代数方式或逻辑方式来表示,分别称为关系代数和关系演算。关系代数是用关系的运算来表达查询要求的。关系演算是用谓词来表达查询要求的。关系演算又可按照谓词变元的基本对象是元组变量还是域变量而分为元组关系演算和域关系演算。关系代数、元组关系演算和域关系演算三种语言在表达能力上是完全等价的。

关系代数、元组关系演算和域关系演算均是抽象的关系查询语言,简称关系数据语言。这些抽象的语言与具体的 RDBMS 中实现的实际语言并不完全一样。但它们能够用作评价实际系统中查询语言能力的标准或基础。实际的数据语言除了提供关系代数或关系演算的功能外,还提供了许多附加功能,如聚集函数、关系赋值、算术运算等。

关系数据语言是一种高度非过程化的语言,用户不必请求 DBA 为其建立特殊的存取路径,因为存取路径的选择由 DBMS 的优化机制来完成。此外,用户不必求助于循环结构就可以完成数据操作。

除了基于关系代数和关系演算的关系数据语言外,还有一种介于关系代数和关系演算之间的关系数据语言 SQL。SQL 不仅具有丰富的查询功能,而且具有数据定义和数据控制功能,是集数据查询、数据定义、数据操纵语言和数据控制语言于一体的关系数据语言,它充分体现了关系数据语言的特点和优点,已成为关系数据库的标准语言。

由以上介绍可知,关系数据语言可以分为三类:

- 关系数据语言
  - 关系代数语言　　例如,ISBL
  - 关系演算语言
    - 元组关系演算语言　　例如,ALPHA,QUEL
    - 域关系演算语言　　例如,QBE
  - 具有关系代数和关系演算双重特点的语言　　例如,SQL

这些关系数据语言的共同特点是,语言具有完备的表达能力,是非过程化的集合操作语言,功能强大且能够嵌入高级语言中使用。

3. 完整性约束

关系模型提供了丰富的完整性控制机制,允许定义如下三类完整性约束:实体完整性、参照完整性和用户定义的完整性。其中实体完整性和参照完整性是关系模型必须满足的完整性约束条件,应该由关系数据库管理系统(RDBMS)自动支持。用户定义的完整性是应用领域需要遵循的约束条件,体现了具体应用中的语义约束。

下面利用关系代数来分别介绍关系模型这三个方面的内容。

3.1.2 关系数据结构

1. 关系的定义

关系是集合论中的一个概念,也是关系模型的数据结构,下面先定义笛卡儿积。

定义 3.1 给定一组集合 $D_1,D_2,\cdots,D_n$,且这些集合可以是相同的。定义 $D_1,D_2,\cdots,D_n$ 的笛卡儿积(Cartesian product)为:$D_1\times D_2\times\cdots\times D_n=\{(d_1,d_2,\cdots,d_n)\mid d_i\in D_i,i=1,2,\cdots,n\}$,其中的每一个元素$(d_1,d_2,\cdots,d_n)$叫作一个 n 元组(n-tuple),元组中第 i 个值 d_i 叫作第 i 个分量。

例 3.1 设 $D_1=\{1,2,3\}$,$D_2=\{a,b\}$,$D_3=\{\beta,\gamma\}$,则 $D_1\times D_2\times D_3=\{(1,a,\beta),(2,a,\beta),(3,a,\beta),(1,b,\beta),(2,b,\beta),(3,b,\beta),(1,a,\gamma),(2,a,\gamma),(3,a,\gamma),(1,b,\gamma),(2,b,\gamma),(3,b,\gamma)\}$,可用图 3-1 表示。

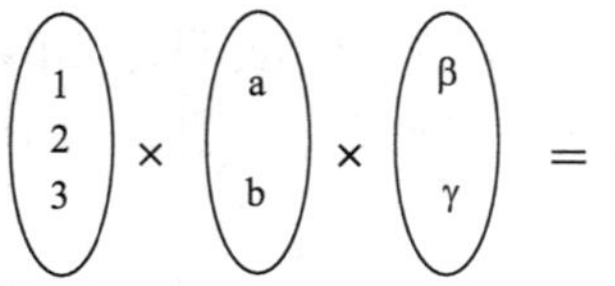

D_1	D_2	D_3
1	a	β
2	a	β
3	a	β
1	b	β
2	b	β
3	b	β
1	a	γ
2	a	γ
3	a	γ
1	b	γ
2	b	γ
3	b	γ

图 3-1 笛卡儿积是二维表

从图 3-1 可知,笛卡儿积实际上是一个二维表,表中的一行为一个元组,每行的第 1 个值取自集合 D_1,第 2 个值取自集合 D_2,第 3 个值取自集合 D_3。表中所有元组的集合为 D_1、D_2 和 D_3 的笛卡儿积 $D_1\times D_2\times D_3$。

定义 3.2 笛卡儿积 $D_1\times D_2\times\cdots\times D_n$ 的任一个子集称为 $D_1,D_2,\cdots,D_n$ 上的一个关系。集合 $D_1,D_2,\cdots,D_n$ 是关系中元组的取值范围,称为关系的域(domain),n 称为关系的度(degree)。

度为 n 的关系称为 n 元关系,如 $n=1$ 的关系称为一元关系,$n=2$ 的关系称为二元关系。

从例 3.1 可知,关系也是一个二维表,表中的每一行对应一个元组,每一列对应一个域。每一列有一个列名,它可以用域名表示,但由于不同列对应的域可以相同,因此需要不同的命名。关系中的列称为关系的属性,列名称为属性名。

例 3.2 表 3-1 是学生选课结果关系 Scourses,这是一个 5 元关系,关系中的属性包括:Sno(学号),Sname(学生名),Dname(系名),Cname(课程名),Tname(任课教师)。

如果令:

D_0 = Sno = {S01, S02, S03, S04}

D_1 = Sname = {王建平，刘华，范林军，李伟}

D_2 = Dname = {自动化,计算机,数学}

D_3 = Cname = {英语，数据结构，数据库}

D_4 = Tname = {张征，杜刚，赵新民}

则选课结果关系 Scourses 是笛卡儿积 $D_0 \times D_1 \times D_2 \times D_3 \times D_4$ 的一个子集。该笛卡儿积共有 $4 \times 4 \times 3 \times 3 \times 3 = 432$ 个元组,但这些元组实际上并非都具有实际意义,如{S04，王建平，自动化，数据结构，张征}是笛卡儿积中的一个元组,但它是一个无实际意义的元组。通常只有笛卡儿积的子集,才能反映现实世界,才有实际意义。

在表 3-1 中,如果把 Sname、Tname 都看作人名的集合 P,即 P = {王建平，刘华，范林军，李伟，张征，杜刚，赵新民},则学生选课结果关系是笛卡儿积 $D_0 \times P \times D_2 \times D_3 \times P$ 的子集,属性名 Sname、Tname 的值都取自域 P。

在关系数据库中,关系有如下的性质:

1）每一列中的值是同类型的数据,都来自同一个域。

2）不同的列可以有相同的域,每一列称为一个属性,用属性名标志。

3）元组中的每个分量是不可分的数据项。

4）关系中的各个元组是不同的,即不允许有重复的元组。

5）元组的次序是无关紧要的。

2. 候选键与主键

候选键与主键是关系中的一个重要概念,在 2.3.4 节已经简单地介绍过,这里从关系代数的角度通过例子详细地给予说明,更严格的形式化定义将在第 4 章给出。关系数据库要求关系中的每一个元组具有唯一性,即关系中没有相同的元组。因此,对于关系中的某一个属性或属性组,若它的值能唯一地标识出一个元组,则称这个属性或属性组为候选键。

在一个关系中可能有多个候选键,则选择其中的一个作为主键,也称为关键字。在一个关系中只能有一个主键。

例 3.3　设有一个学生关系 Students,它包括的属性有:Sno(学号),Sname(姓名),Ssex(性别),Birthday(出生日期),Dno(系编号),假设关系 Students 中没有同姓名学生,则 Sno 和 Sname 都分别是关系 Students 的候选键,可选取 Sno 作为主键。

在表 3-1 的关系中,属性组{Sname，Cname}或{Sno，Cname}都可以标识出学生选课结果关系 Scourses 中的一个元组。所以它们都是关系 Scourses 中的候选键,可以选择其中的{Sno，Cname}作为主键。由两个或两个以上属性组成的候选键称为联合键(concatenated key)。在某些关系中,关系的全部属性构成该关系的唯一候选键,这样的关系称为全键关系(all-key relation)。

在某个关系 R 中可能有这样一组属性 A,它不是关系 R 的主键,但它是另一个关系 S 的主键,则属性组 A 称为关系 R 的外键(foreign key)。例如,在关系 Students 中,由于 Sno 是主键,因此在选课结果关系 Scourses 中,Sno 就是外键。可见,外键给出了在不同关系间建立联系的一种方法。

3. 关系模式

2.3.4 节利用学生登记表（表 2-1）简单介绍过关系模式的概念。关系模式是对一类实体特征的结构性描述，也是对关系的结构性描述，该描述一般包括关系名、属性名、属性域的类型和长度，属性之间固有的依赖联系等。但关系模式一般简记为R(U)或 R(A_1, A_2, …, A_n)，其中 R 是关系名，A_1, A_2, …, A_n 是关系的属性，U = {A_1, A_2, …, A_n}为关系 R 的属性集。如例 3.2 中的选课结果关系 Scourses，其关系模式可表示为 Scourses (Sno, Sname, Dname, Cname, Tname)。

关系模式和关系是密切相关但又有所区别的两个概念，关系模式描述的是关系的静态结构信息，是对一个关系的“型”的描述，关系模式一经定义是相对固定的，除非需要对它重新定义。关系是现实世界中客观事物集合在某一时刻的状态，是随时间而变化的，但这种变化必定在关系模式的约束范围内。因此，人们把关系称为关系模式的外延，它是任一时刻出现在关系中的元组集合，例如，表 3-1 所示的学生选课结果关系 Scourses，它随着选课学生数目的增减而变化，若学生范林军又选修了一门计算机原理课程，则关系 Scourses 中就增加了一个元组（S03，范林军，计算机，数据库，赵新民），从本质上讲，增加了一个元组的关系已经不是原先的关系了。关系变化的约束体现在选课学生必须是该校注册的学生，所选课程必须是该校教师正在开设的课程等各个方面。

在实际应用中，人们常常将关系模式和关系都称为关系，一般可根据上下文联系区分文中所述究竟是关系或是关系模式。

关系操作的代数运算表示将在 3.2 节中专门介绍，下面先介绍完整性规则。

3.1.3 完整性规则

在数据库系统中，为了维护数据库中数据的一致性，使其准确地描述现实世界，数据之间必须遵循一定的约束规则，关系模型允许定义三类完整性约束规则：实体完整性、参照完整性和用户定义的完整性。

(1) 实体完整性（entity integrity）规则

实体完整性是指对关系中的每一个元组，其主键属性对应的各个分量不能为空值。

空值是当前“不知道”的值，它既不是 0 也不是空字符，通常用 NULL 表示，已在例 1.1 中介绍过。

在关系数据库中，元组是对实体特性的描述，它表示了现实世界中的某个实体，而现实世界中的各个实体之间是可以相互区别的，它们具有某种唯一性标志。主键能够唯一标识一个元组，从而也标识了它所描述的实体。如果一个元组的主键值为空，或主键的部分属性值为空，该元组将不可标识，也就不能表示任何实体，因而是无意义的，这在关系数据库中是不允许的。

(2) 参照完整性（reference integrity）规则

设属性组 A 是关系 R 的外键且 A 与关系 S 的主键对应，则对于 R 中的每一个元组在属性 A 上的值必须为：空值（对应于 A 中每个属性值都为空值）或者等于 S 中某一元组的主键值。

所谓参照，就是某个关系 R 通过与另一关系 S 具有相同的属性而建立的联系。设关系模式 Students（Sno，Sname，Ssex，Birthday，Dno）和关系模式 Depts（Dno，Dname）所对应的关系分别是 Students、Depts，则 Students 中的每一行表示该校的一个学生（图 3－2）。由于 Dno 是 Depts 中的主键，则 Dno 在关系 Students 中是外键。故关系 Students 中 Dno 的取值是 Depts 关系中 Dno 的取值之一时，表示该学生已经被安排到具体的学院；当关系 Students 中的 Dno 取空值时，可解释为该生还没有被安排到具体学院。此外，Students 中的 Dno 不能取别的值，否则是毫无意义的。

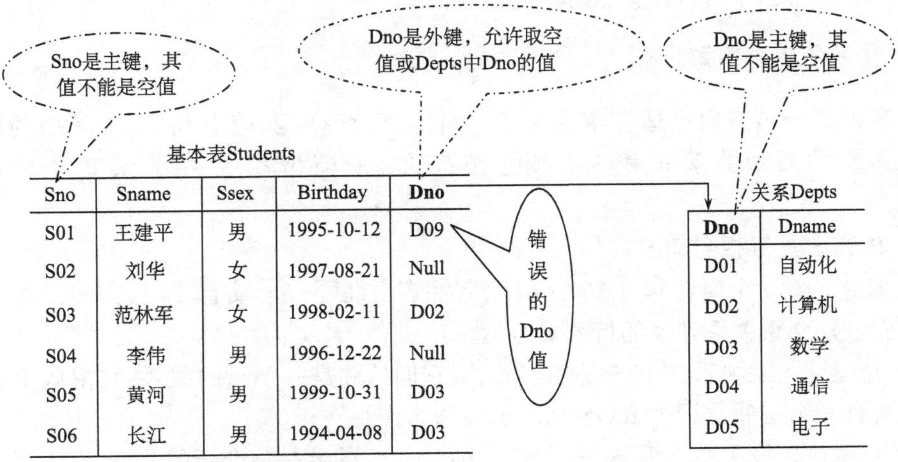

Sno	Sname	Ssex	Birthday	**Dno**
S01	王建平	男	1995-10-12	D09
S02	刘华	女	1997-08-21	Null
S03	范林军	女	1998-02-11	D02
S04	李伟	男	1996-12-22	Null
S05	黄河	男	1999-10-31	D03
S06	长江	男	1994-04-08	D03

Dno	Dname
D01	自动化
D02	计算机
D03	数学
D04	通信
D05	电子

图 3－2　实体完整性与参照完整性规则

参照完整性规则给出了关系之间建立联系的约束规则。

实体完整性和参照完整性是关系模型必须满足的完整性约束条件，它由关系数据库管理系统自动支持。

（3）用户定义的完整性（user-defined integrity）规则

这是针对某一具体数据的约束条件，由应用环境决定。用户定义的完整性具体应用涉及数据必须满足的语义要求。现在的商品化 RDBMS 都提供了定义和检查这类完整性约束的机制，不再由应用程序承担这项工作。例如，可以在标准 SQL 的 CREATE 命令中增加一条规则“CHECK（Grade>= 0 and Grade<= 100）”，把学生每门课程输入的学习成绩 Grade 限制在 0～100 分。

3.2　关系代数

关系数据库的数据操作分为查询和更新两大类。查询语句用于各种检索操作；更新语句用于插入、删除和修改等操作。

关系数据语言根据其理论（查询的表达方式）的不同可分为两大类：

1）关系代数。它用关系的运算来表达查询要求和条件。关系代数把关系作为集合，对它施加各种集合运算和特殊的关系运算。

2）关系演算。用谓词表示查询的要求和条件。关系演算又可按谓词变元的不同，分为元组关系演算和域关系演算。

关系代数和关系演算是抽象的查询语言，它们与具体的关系数据语言并不完全一样，但它们是这些高级数据语言的基础。本节先介绍关系代数,3.3 节再介绍关系演算,然后简单介绍三个实际的关系数据语言。

关系代数是一种抽象的查询语言,是关系数据操作语言的传统表达方式,它是用关系的运算来表达查询要求的,关系代数的运算对象是关系,运算结果也为关系。

关系代数的运算可分为两类:

1) 传统的集合运算:并、交、差、笛卡儿积。

2) 专门的关系运算:投影、选择、连接、除法。

3.2.1 传统的集合运算

关系包括的传统集合运算主要涉及二目运算,此外,除笛卡儿积外,其他的运算要求参加运算的两个关系 R 和 S 必须是相容的。所谓相容,是指关系 R 和 S 满足以下两点:

1) R 和 S 具有相同的度。

2) R 中的第 i 个属性和 S 中的第 i 个属性定义在同一个域上($i=1,2,\cdots,n$)。

下面分别介绍关系涉及的传统集合运算:

1) 并运算。设关系 R 和 S 是相容的,则它们的并是一个新的关系,它由属于 R 或属于 S 的所有元组构成。记为 $R\cup S=\{t|t\in R\vee t\in S\}$。

2) 差运算。设关系 R 和 S 是相容的,则 R 与 S 的差是一个新的关系,它由属于 R 但不属于 S 的元组构成。记为 $R-S=\{t|t\in R\wedge t\notin S\}$。

3) 交运算。设关系 R 和 S 是相容的,则它们的交是一个新的关系,它由属于 R 同时也属于 S 的元组构成,记为 $R\cap S=\{t|t\in R\wedge t\in S\}$,它可以用差运算表示为 $R\cap S=R-(R-S)$ 或者 $R\cap S=S-(S-R)$。

4) 差与并的复合运算,即修改运算。设 R 中的某些元组 R_1 需要修改为 R_2,则这种修改可用以下复合运算表示为 $(R-R_1)\cup R_2$。

表 3-2~表 3-7 分别给出了关系 R 和 S 及其并、差、交和修改运算的结果。

表 3-2 关系 R

A	B	C
a_1	b_1	c_1
a_1	b_2	c_2
a_2	b_2	c_1

表 3-3 关系 S

A	B	C
a_1	b_2	c_2
a_2	b_2	c_1
a_2	b_2	c_2

表 3-4 关系 R ∪S

A	B	C
a_1	b_1	c_1
a_1	b_2	c_2
a_2	b_2	c_1
a_2	b_2	c_2

表 3-5 关系 R-S

A	B	C
a_1	b_1	c_1

表 3-6 关系 R ∩S

A	B	C
a_1	b_2	c_2
a_2	b_2	c_1

表 3-7 关系 $(R-R_1)\cup R_2$

A	B	C
a_1	b_1	c_1
a_1	b_3	c_3
a_2	b_2	c_1

如果欲将关系 R 中的第 2 个元组(a_1, b_2, c_2)修改成(a_1, b_3, c_3)，只要令 $R_1=(a_1, b_2, c_2)$，$R_2=(a_1, b_3, c_3)$，则表 3-7 的关系$(R-R_1)\cup R_2$就是修改后的结果。

5）广义笛卡儿积。设 R 为 m 元关系，S 为 n 元关系，则 R 与 S 的广义笛卡儿积 R×S 是一个 $m+n$ 元关系，其中的每个元组的前 m 个分量是 R 中的一个元组，后 n 个分量是 S 中的一个元组。若 R 有 k_1 个元组，S 有 k_2 个元组，则 R×S 有 $k_1 \times k_2$ 个元组，即广义笛卡儿积

$$R\times S=\{(a_1, a_2, \cdots, a_m, b_1, b_2, \cdots, b_n) \mid (a_1, a_2, \cdots, a_m)\in R \land (b_1, b_2, \cdots, b_n)\in S\}$$

表 3-8~表 3-10 分别给出了关系 R 和 S 及其广义笛卡儿积的一个实例。

表 3-8　关系 R

A	B	C
a_1	b_1	c_1
a_1	b_2	c_2

表 3-9　关系 S

D	E
d_1	e_1
d_2	e_2

表 3-10　关系 R×S

A	B	C	D	E
a_1	b_1	c_1	d_1	e_1
a_1	b_2	c_2	d_1	e_1
a_1	b_1	c_1	d_2	e_2
a_1	b_2	c_2	d_2	e_2

3.2.2　专门的关系运算

在介绍专门的关系运算之前，先给出学生选课数据库，它由学生关系 Students(Sno, Sname, Ssex, Birthday, Dno)，课程关系 Courses(Cno, Cname, Pre_Cno, Credits)和学生选课关系 Reports(Sno, Cno, Grade)组成，如表 3-11~表 3-13 所示。下面的许多例子将在这些关系上进行。

表 3-11　关系 Students

Sno	Sname	Ssex	Birthday	Dno
S01	王建平	男	1995-10-12	D01
S02	刘华	女	1997-08-21	D01
S03	范林军	女	1998-02-11	D02
S04	李伟	男	1996-12-22	D03

表 3-12　关系 Courses

Cno	Cname	Pre_Cno	Credit
C01	英语		4
C02	数据结构	C05	2
C03	数据库	C02	2

表 3-13　关系 Reports

Sno	Cno	Grade
S01	C01	92
S01	C03	84
S02	C01	90
S02	C02	94
S02	C03	82
S03	C01	72
S04	C03	75

1. 选择运算

选择运算是一个单目运算，它是从一个关系 R 中选取满足给定条件的元组构成一个

新的关系。选择运算记为

$$\sigma_F(R) = \{t \mid t \in R \wedge F(t)\}$$

其中，σ 是选择运算符；F 是限定条件的布尔表达式，由逻辑运算符 ∨、∧ 和¬ 等连接各个算术表达式组成。

算术表达式的基本形式为 XθY，其中算术比较运算符 $\theta \in \{>, \geqslant, <, \leqslant, =, \neq\}$。X，Y 可以是属性名、常量或简单函数。

例 3.4 从关系 Students 中选取所有的男生，其关系运算表达式为

$$\sigma_{\text{Ssex='男'}}(\text{Students})$$

选择结果关系如表 3－14 所示。

表 3－14 选择结果关系

Sno	Sname	Ssex	Birthday	Dno
S01	王建平	男	1995-10-12	D01
S04	李伟	男	1996-12-22	D03

2. 投影运算

投影运算也是一个单目运算，它是从一个关系 R 中选取所需要的列组成一个新关系，投影运算记为

$$\Pi_A(R) = \Pi_{i_1, i_2, \cdots, i_k}(R) = \{t[A] \mid t \in R\}$$

其中，Π是投影运算符；A 为关系 R 属性的子集；$t[A]$ 为 R 中元组相应于属性集 A 的分量；$i_1, i_2, \cdots, i_k$ 表示 A 中属性在关系 R 中的顺序号。

例 3.5 选取学生关系 Sudents 中的所有 Sname（姓名），Birthday（出生日期）和 Dno（系别），其关系运算表达式为

$$\Pi_{\text{Sname, Birthday, Dno}}(\text{Students})\text{或者}\Pi_{2,4,5}(\text{Students})$$

表 3－15 投影结果关系

Sname	Birthday	Dno
王建平	1995-10-12	D01
刘华	1997-08-21	D01
范林军	1998-02-11	D02
李伟	1996-12-22	D03

投影结果关系如表 3-15 所示，对应的 SQL 语句为

```
SELECT Sname, Birthday, Dno FROM Students
```

从例 3.4 和例 3.5 可以看出，选择运算是在一个关系中进行水平方向的选择，从该关系中选取出满足条件的整个元组作为结果关系中的元组。投影运算是在一个关系中进行垂直方向的选择，投影之后保留了指定的列，但消去了其他一些列，还可能消去一些重复的元组，因为当取消了某些列后，可能出现内容完全相同的元组，按照实体完整性规则应该消去这些重复的元组。

3. 连接运算

连接运算是一个二目运算，它是从两个关系的广义笛卡儿积中选取满足一定连接条

件的元组,记为

$$R\underset{R.A\theta S.B}{\bowtie}S=\sigma_{R.A\theta S.B}(R\times S)$$

其中,$\bowtie$是连接运算符;A、B分别为R、S上度数相等且可比较的属性集;θ是算术比较符;R.AθS.B是连接条件。

连接运算的结果是R×S的一个子集,子集中的每个元组满足R.AθS.B的连接条件。当θ分别是>、<、=、≥、≤、≠时,相应地可称为大于连接、小于连接、等值连接、大于等于连接等,且最常用的是等值连接 ,即θ为"="时的情况,而其余的连接统称为非等值连接。

例3.6　设关系R和S分别由表3-16、表3-17给出,则关系R和S的大于连接$R\underset{C>D}{\bowtie}S$结果由表3-18给出。

表3-16　关系R

A	B	C
a_1	b_1	3
a_1	b_2	6
a_2	b_2	5
a_3	b_3	11

表3-17　关系S

D	E
4	e_1
7	e_2
15	e_3

表3-18　连接结果关系

A	B	C	D	E
a_1	b_2	6	4	e_1
a_2	b_2	5	4	e_1
a_3	b_3	11	4	e_1
a_3	b_3	11	7	e_2

4. 自然连接

自然连接(natural join)是一种特殊的等值连接,它要求两个关系中进行比较的属性列必须是相同的属性组,并且在结果关系中把重复的属性列去掉,即若R和S的属性集合分别是A_R和A_S,它们具有相同的属性组A。令$B=A_R\cup A_S$,则自然连接可记为

$$R\bowtie S=\prod_B(\sigma_{R.A=S.A}(R\times S))$$

其中,$\bowtie$是自然连接运算符。

一般的连接操作是从行的角度进行运算。但自然连接还需要取消重复列,所以是同时从行和列的角度进行运算。自然连接是一种特殊的、最有用的等值连接,以后若没有特殊说明,其连接均指自然连接。

表3-19~表3-21分别给出了关系R、S以及它们的自然连接结果关系。同样,读者也可以尝试写出对应的SQL语句。

表3-19　关系R

A	B	C
a_1	b_1	3
a_1	b_2	5
a_2	b_2	2
a_3	b_1	8

表3-20　关系S

B	C	D
b_1	3	d_1
b_2	4	d_2
b_2	2	d_1
b_1	8	d_2

表3-21　自然连接结果

A	B	C	D
a_1	b_1	3	d_1
a_2	b_2	2	d_1
a_3	b_1	8	d_2

5. 除法运算

除法运算(division)也是一个复合的二目运算,如果把广义笛卡儿积看作"乘法"运

算,则除法运算可以看作这个“乘法”的逆运算,故而称它为除法运算。

设关系 R 和 S 的度数分别为 n 和 m(设 $n>m>0$),那么 R÷S 是一个度数为 $n-m$ 的关系,其中 R÷S 是满足下列条件的最大关系:R÷S 中的每个元组 t 与 S 中每个元组 u 所组成的元组 (t,u) 必在关系 R 中。为叙述方便起见,假设 S 的属性为 R 中的后 m 个属性,则 R÷S的具体计算过程如下:

1) $T=\Pi_{1,2,\cdots,n-m}(R)$(计算 R 在第 $1,2,\cdots,n-m$ 属性列上的投影)。

2) $W=(T\times S)-R$ (计算 T×S 中但不在 R 中的元组)。

3) $V=\Pi_{1,2,\cdots,n-m}(W)$(计算 W 在第 $1,2,\cdots,n-m$ 属性列上的投影)。

4) $R\div S=T-V$(在 T 中但不在 V 中的元组即是关系 R÷S 的全部元组)。

值得注意的是,在前面介绍的各种关系代数运算中,并、差、广义笛卡儿积、投影和选择等五种运算被称为关系代数的基本运算,其余的运算,如自然连接、除法等都可以用这五种基本运算的复合运算来表达。

下面举例说明两个关系的除法运算。

例 3.7　如表 3－22、表 3－23 所示的关系 R 和 S,表 3－24～表 3－27 给出了 R÷S 的计算过程。

表 3－22　关系 R

A	B	C	D
a_1	b_1	c_1	d_1
a_1	b_1	c_2	d_2
a_1	b_1	c_3	d_3
a_2	b_2	c_2	d_2
a_3	b_3	c_1	d_1
a_3	b_3	c_2	d_2

表 3－23　关系 S

C	D
c_1	d_1
c_2	d_2

表 3－24　关系 T

A	B
a_1	b_1
a_2	b_2
a_3	b_3

表 3－25　关系 W

A	B	C	D
a_2	b_2	c_1	d_1

表 3－26　关系 V

A	B
a_2	b_2

表 3－27　关系 R÷S

A	B
a_1	b_1
a_3	b_3

3.2.3　关系运算举例

前面已经介绍了关系代数的 9 种运算,可以将这些运算混合起来使用,从而表达对关系数据的复杂操作要求。在关系代数中,代数运算经有限次复合而成的式子称关系代数表达式。下面以学生选课数据库为例,介绍用关系代数运算表达关系的一些复杂操作。

例 3.8　检索系别编号为 D01 的全班学生的学号。此查询需求的关系代数表达式为

$$\Pi_{Sno}(\sigma_{Dno='D01'}(Students))$$

例 3.9　查询选修了“英语”课程的学生姓名。此查询需求的关系代数表达式为

$$\Pi_{Sname}(\Pi_{Cno}(\sigma_{Cname='英语'}(Courses))\bowtie Reports\bowtie Students)$$

例 3.10 检索选修了所有课程的学生编号和姓名。

这个查询需求比较复杂,其关系代数表达式可以按以下步骤构造完成:

1) 查询学生选修课程情况的代数表达式为$\Pi_{Sno,Cno}(Reports)$。

2) 查询正在开设的全部课程的代数表达式为$\Pi_{Cno}(Courses)$。

3) 根据两个关系的除法定义,查询选修了所有课程的学生编号的代数表达式为

$$\Pi_{Sno,Cno}(Reports)\div\Pi_{Cno}(Courses)$$

4) 查询选修了所有课程的学生编号和姓名的代数表达式为

$$\Pi_{Sno,Sname}(Students\bowtie(\Pi_{Sno,Cno}(Reports)\div\Pi_{Cno}(Courses)))$$

例 3.11 设一学号为 S01 的学生选修了课程号为 C02 的课程且得分为 85,将这些信息插入关系 Reports 中的关系代数表达式为

$$Reports\cup\{'S01','C02',85\}$$

例 3.12 在关系 Reports 中删除学号为 S02,选修课为"数据库"课程的元组的关系代数表达式为

$$Reports-((\Pi_{Cno}(\sigma_{Cname='数据库'}(Courses)))\bowtie\sigma_{Sno='S02'}(Reports))$$

用关系代数运算可直接表达对数据的检索、删除和插入等操作。如果要进行修改操作,则可分两步进行,先删除要修改的元组再插入修改后的元组。因此,以关系代数运算为基础的数据语言可以实现人们对数据库的所有查询和更新操作,Codd 把关系代数的这种处理能力称为关系完备性(relational completeness)。

在关系代数中,同一个查询要求,可以有不同的关系代数表达式。如例 3.9 中检索选修"英语"课程的学生姓名的关系代数表达式也可表示为

$$\Pi_{Sname}(\sigma_{Cname='英语'}(Courses\bowtie Reports\bowtie Students))$$

这两种表达式的执行结果是相同的,但如果分别按照这两个代数表达式规定的计算顺序去完成用户的查询需求,其系统执行效率却有很大的不同,3.5 节就将讨论这个问题。由此也可以看出,用关系代数进行查询,需要指出先进行什么运算,后进行什么运算,与下面介绍的关系演算相比,关系代数还是一种过程化语言。

3.3 关系演算

关系演算是以数理逻辑中的谓词演算为基础的关系数据语言。与关系代数不同,使用谓词演算只需要用谓词公式给出查询结果应满足的条件即可,至于查询如何实现则完全由系统自行解决,是高度非过程化的语言。根据谓词变量的不同,关系演算可分为两类:元组关系演算和域关系演算。本节先讨论元组关系演算,然后讨论域关系演算,最后简单介绍关系运算的安全限制和三种关系运算的等价性。

3.3.1 元组关系演算

元组关系演算是利用基于元组变量的关系演算表达式来表示查询要求的,其中的元组变量表示关系中的元组,其取值范围是整个关系。

元组关系演算表达式的一般形式为:$\{t|\psi(t)\}$。

其中,t 是元组变量;$\psi(t)$是元组关系演算公式(简称公式),它由原子公式和运算符组成。因此$\{t|\psi(t)\}$是使$\psi(t)$为真的所有元组 t 的集合,即一个关系。

元组关系演算的原子公式(简称原子公式)有以下三类:

1) R(t)。其中 R 是关系名,t 是元组变量,R(t)表示这样一个命题"t 是关系 R 中的一个元组"。因此,关系 R 可表示为$\{t|R(t)\}$。

2) $t[i]\theta s[j]$。t、s 是元组变量,θ 是算术比较符。$t[i]$,$s[j]$分别表示 t 的第 i 个分量和 s 的第 j 个分量。$t[i]\theta s[j]$表示这样一个命题"元组 t 的第 i 个分量与元组 s 的第 j 个分量之间满足 θ 关系"。例如,$t[1]\leqslant s[2]$表示元组 t 的第 1 个分量值必须小于等于 s 的第 2 个分量值。

3) $t[i]\theta a$ 或 $a\theta t[i]$。其中 a 为常量,$t[i]\theta a$ 表示这样一个命题"元组 t 的第 i 个分量与常量 a 满足 θ 关系"。例如,$t[3]>5$ 表示元组 t 的第 3 个分量值必须大于 5。

利用元组关系演算的原子公式可以按照如下方式递归定义元组关系演算公式:

1) 每个原子公式都是公式。

2) 设 ψ_1 和 ψ_2 是公式,则 $\psi_1 \wedge \psi_2$、$\psi_1 \vee \psi_2$、$\neg \psi_1$ 也都是公式。

3) 设$\psi(t)$是公式,t 是元组变量,则$\exists t(\psi(t))$和$\forall t(\psi(t))$都是公式。

4) 有限次使用 1)、2)、3)条规则得到的表达式才是元组关系演算公式,其他的表达式都不是元组关系演算公式。

在元组关系演算公式中涉及算术比较运算符、逻辑运算符和量词等,它们的优先次序规定如下:算术比较运算符,量词∃和∀,逻辑运算符¬、∧、∨。括号可改变运算优先级,括号的优先级最高。

元组关系演算公式的真值计算方法与数理逻辑中公式的真值计算方法一样。例如,当 ψ_1 为假时,$\neg \psi_1$ 为真;当 ψ_1 和 ψ_2 同时为真时,$\phi_1 \wedge \phi_2$ 为真,否则为假;当至少存在一个元组 t 使得 $\psi(t)$ 为真时,公式 $\exists t(\psi(t))$ 为真;当所有 t 使得 $\psi(t)$ 为真时,公式 $\forall t(\psi(t))$ 为真等。

下面仍以学生选课数据库为例,介绍元组关系演算公式是如何表达查询需求的。为了书写方便,将表 3-11 所示的关系 Students 简记为 S, 表 3-12 所示的关系 Courses 简记为 C,表 3-13 所示的关系 Reports 简记为 R。设 t,u 分别是关系 S,R 的元组变量,则以下为原子公式:

$$S(t),\quad R(u),\quad t[1]='S01',\quad t[1]=u[1]$$

而以下各个式子则是由原子公式构成的公式:

$$S(t)\wedge t[1]='S01',\quad \exists u(R(u)\wedge u[1]=t[1]),\quad \forall u(R(u)\wedge u[3]=84)$$

下面写出 3.2.3 节中一些查询实例的元组关系演算表达式。

例 3.13 检索系别编号为 D01 的全班学生的学号。此查询需求的元组关系演算表

达式为

$$\{t[1] \mid S(t) \wedge t[5]='D01'\}$$

例 3.14　查询选修了“英语”课程的学生姓名。此查询需求的元组关系演算表达式为

$$\{t[2] \mid S(t) \wedge \exists u(R(u) \wedge u[1]=t[1] \wedge \exists v(C(v) \wedge v[1]=u[2] \wedge v[2]='\text{英语}'))\}$$

上式也可写成

$$\{t[2] \mid S(t) \wedge \exists u \exists v\ (R(u) \wedge C(v) \wedge u[1]=t[1] \wedge v[1]=u[2] \wedge v[2]='\text{英语}')\}$$

例 3.15　检索选修了所有课程的学生。此查询需求的元组关系演算表达式为

$$\{t \mid S(t) \wedge \forall v(C(v) \wedge \exists u(R(u) \wedge u[2]=v[1] \wedge u[1]=t[1]))\}$$

3.3.2　域关系演算

在关系演算表达式中,如果不是用元组作为变量而是用元组的分量作为变量,则称为域关系演算,元组的分量变量简称域变量。与元组变量不同,域变量的变化范围是某个域而不是整个关系。

与元组演算表达式类似,域关系演算表达式的一般形式为

$$\{(t_1,t_2,\cdots,t_k)\psi(t_1,t_2,\cdots,t_k)\}$$

其中,$t_1, t_2, \cdots, t_k$ 是域变量;ψ 是由原子公式和运算符组成的公式。$\{(t_1, t_2, \cdots, t_k) \mid \psi(t_1,t_2,\cdots,t_k)\}$表示使 ψ 为真的那些 $t_1,t_2,\cdots,t_k$ 组成的元组的集合。

域关系演算表达式中的原子公式有以下两种:

1) $R(t_1, t_2, \cdots, t_k)$。R 是一个 k 元关系,每个 t_i 是域变量或者常量。

2) $x\theta y$。其中 x、y 为域变量,θ 是算术比较运算符,$x\theta y$ 表示这样一个命题“x 与 y 满足比较运算 θ”。

3) $x\theta a$ 或者 $a\theta x$。其中 x 为域变量,a 为常量,θ 是算术比较运算符,$x\theta a$ 表示这样一个命题“x 与 a 满足比较运算 θ”。

域关系演算表达式中的运算符与元组关系演算表达式中的运算符一样,也包括算术比较运算符、逻辑运算符和量词等。ψ 是由以上两种原子公式和运算符经有限次复合组成的公式。

下面用域关系演算表达式来表示 3.2.3 节中的一些查询实例。

例 3.16　检索系别编号为 D01 的全班学生的学号。此查询需求的域关系演算表达式为

$$\{t_1 \mid S(t_1, t_2, t_3, t_4, t_5) \wedge t_5='D01'\}$$

例 3.17　查询选修了“英语”课程的学生名。此查询需求的域关系演算表达式为

$$\{t_2 \mid S(t_1,t_2,t_3,t_4,t_5) \wedge \exists u_1 \exists u_2 \exists v_1 \exists v_2(R(u_1,u_2,u_3) \wedge C(v_1,v_2,v_3) \wedge t_1=u_1 \wedge u_2=v_1 \wedge v_2='\text{英语}')\}$$

例 3.18　检索选修了所有课的学生。此查询需求的域关系演算表达式为

$$\{(t_1,t_2,t_3,t_4,t_5) \mid S(t_1,t_2,t_3,t_4,t_5) \land \forall v_1 \exists u_1 \exists u_2 (R(u_1,u_2,u_3) \land C(v_1,v_2,v_3) \land u_2=v_1 \land u_1=t_1)\}$$

对照例 3.13～例 3.15 中的元组关系演算表达式可以看出，对同一个查询需求，元组关系演算表达式与域关系演算表达式很容易相互转换。这两种表达式中的运算符是相同的，不同的仅仅是变量。由元组演算表达式$\{t \mid \psi(t)\}$构造等价的域演算表达式的步骤如下：

1）如果 t 是 k 元的元组，则引入 k 个域变量 $t_1,t_2,\cdots,t_k$，用 $t_1,t_2,\cdots,t_k$ 替换 t，用 t_i 替换 $t[i]$。

2）对于量词$(\exists u)$或$(\forall u)$，如 u 是 m 元的元组，则引入 m 个新的域变量 $u_1,u_2,\cdots,u_m$，在对应量词的辖域内，用 $u_1,u_2,\cdots,u_m$ 替换 u，用 u_i 替换 $u[i]$。用$(\exists u_1)\cdots(\exists u_m)$替换$(\exists u)$、用$(\forall u_1)\cdots(\forall u_m)$替换$(\forall u)$。

显然替换后的结果为一个域演算表达式，它等价于原来的元组演算表达式。

3.3.3　关系运算的安全限制

在前面介绍关系运算时，假定这些关系运算都是有意义的。但实际上，可能出现无限关系和无穷验证过程。例如，$\{t \mid \neg R(t)\}$，表示所有不在关系 R 中的元组的集合，如果关系中某一属性的定义域是无限的，则$\{t \mid \neg R(t)\}$是一个无限关系，但要求出它的所有元组是不可能的。又如，要判定$(\forall t)(\omega(t))$为真，必须对 t 的所有值进行验证，仅当没有一个值为假时，$(\forall t)(\omega(t))$才为真，如果 t 的取值范围为无限时，验证的过程是无穷的。出现无限关系和无穷验证过程在实际处理中是行不通的，也是毫无意义的，因此应采取一定的措施避免这些情况的出现。把不产生无限关系和无穷验证过程的表达式称为安全表达式，所采取的措施称为安全限制。

关系代数运算是在给定关系上定义的，只要给定关系是有限的，这些运算的有限次复合不会出现无限关系和无穷验证过程，因此，关系代数运算是安全的，而关系演算就不一定是安全的。例如，前面提到的$\{t \mid \neg R(t)\}$、$(\exists t)(\omega(t))$及$(\forall t)(\omega(t))$等。为此，必须对关系演算进行安全限制，通常的方法是定义一个有限符号记为 DOM(ψ)，简称 ψ 的符号集，由于 DOM(ψ)不必是最小集合，因此，通常定义 DOM(ψ)为由以下两类符号构成的符号集合：

1）ψ 中的常量符号。

2）ψ 中涉及的所有关系的所有元组的各个分量值。

由于 DOM(ψ)是有限集，因此在 DOM(ψ)限制下的关系演算是安全的，不会出现无限关系和无穷验证过程。

一个元组演算表达式$\{t \mid \psi(t)\}$称为安全的，如果它满足以下条件：

1）如果元组 t 能使 $\psi(t)$为真，则 t 的每一个分量是 DOM(ψ)中的元素。

2）对于 ψ 中的每个形如$(\exists t)\omega(t)$的子表达式，如果 t 使 $\omega(t)$为真，则 t 的每一个分量是 DOM(ψ)中的元素。

3）对于 ψ 中的每个形如$(\forall t)\omega(t)$的子表达式，如果 t 使 $\omega(t)$为假，则 t 的每个分量必属于 DOM(ψ)，也可以说，若 t 的某个分量不属于 DOM(ψ)，则 $\omega(t)$为真。

条件 2）和条件 3）保证了形如$(\exists t)\omega(t)$和$\neg(\forall t)\omega(t)$的真值是可确定的，只要考

虑 DOM(ψ)中的符号组成的 t 就够了。

域演算安全表达式可用与元组演算安全表达式类似的三个条件定义,这里不予赘述。

下面举例说明关系演算的安全限制。

例 3.19 设关系 R 如表 3-28 所示。元组演算表达式 $S=\{t|\neg R(t)\}$。

表 3-28 关系 R

A	B	C
a	1	7
b	3	8

在此例中,元组关系演算公式 $\psi(t)=\neg R(t)$。在关系 R 中,由于属性 B 和 C 的域是整数集,如不进行限制,S 是一个无限关系。因此,根据安全表达式的条件和 DOM(ψ)的构造方法,令 $DOM(\psi)=\prod A(R)\cup\prod B(R)\cup\prod C(R)=\{a, b, 1, 3, 7, 8\}$,则结果关系 $S=\{t|\neg R(t)\}=DOM(\psi)\times DOM(\psi)\times DOM(\psi)-R$。因此,由于有 DOM($\psi$)的安全限制,关系 S 中有 214 个元组,故是有限的。

此外,可以证明:

1)每一个关系代数表达式都有一个等价的安全的元组演算表达式。

2)每一个安全的元组演算表达式都有一个等价的安全的域演算表达式。

3)每一个安全的域演算表达式都有一个等价的关系代数表达式。

因此,关系代数、安全的元组关系演算和安全的域关系演算这三类关系运算的表达能力是等价的,可以互相转换。限于篇幅,这里不予细述,有兴趣的读者请阅读本书后的参考文献。

3.4 查询优化

数据查询是关系数据库系统中最基本、最常用、最复杂的操作,而用户对数据库的查询一般都是用 SQL 表达的。从 SQL 查询语句开始直到获得查询结果,需要 DBMS 完成实际的查询过程,虽然用户并不需要关心这个过程。对于同一个用 SQL 表达的查询需求,通常可以选择不同的策略和存取路径(通常称为不同的查询计划)去实现。当然,其实现效率一般是不相同的。RDBMS 如何根据用户的 SQL 语句,制定并选择最佳的查询计划去完成实际的查询工作,就是所谓的查询优化问题。RDBMS 中自动生成若干候选查询计划并选择最佳查询计划的程序称为查询优化器,简称优化器。本节将讨论关系数据库系统查询优化的相关问题。

3.4.1 查询实例分析

在 3.2.3 节关系运算的例子中已经发现,同一个查询要求可以有不同的关系代数表达式。为进一步说明 DBMS 中查询优化的重要性,再看一个简单的查询例子,以说明查询优化问题的产生和重要性。

例 3.20 查询选修了 C02 号课程的学生姓名。用户给出的 SQL 查询语言表达为

```
SELECT  Students.Sname
   FROM   Students,Reports
   WHERE  Students.Sno = Reports.Sno AND Reports .Cno='C02';
```

对于用户的这个查询要求，DBMS 内部可以用多种等价的关系代数表达式来完成这个查询。

$Q_1 = \Pi_{Sname}(\sigma_{Students.Sno=Reports.Sno \wedge Reports.Cno='C02'}(Students \times Reports))$

$Q_2 = \Pi_{Sname}(\sigma_{Reports.Cno='C02'}(Students \bowtie Reports))$

$Q_3 = \Pi_{Sname}(Students \bowtie \sigma_{Reports.Cno='C02'}(Reports))$

其实，还可写出更多等价的关系代数表达式，但只要分析这三种就足以说明问题了。

为了讨论方便，假定学生-课程数据库中有 500 个学生记录，5000 个选课记录，其中选修 C02 号课程的选课记录为 20 个。通过下面分析得到，由于查询执行的策略不同，查询的代价会相差很大。

(1) 按照 Q_1 的表达式执行查询的时间耗费

其查询的计算过程是，先计算广义笛卡儿积，再进行选择操作，最后执行投影操作。

1) 计算广义笛卡儿积的时间花费。把关系 Students 和 Reports 的每个元组连接起来。连接的一般做法是：在内存中开辟尽可能多的若干内存块装入某个表（这里是 Students）的元组，留出一块存放另一个表（这里是 Reports）的元组。然后把 Reports 中的每个元组和 Students 中的每个元组连接，当连接后的元组装满一块后就写到中间文件上，然后再从 Reports 中读入一块数据与内存中的 Students 元组连接，直到 Reports 表处理完。这时再一次读入 Students 的若干块元组，读入一块 Reports 元组，重复上述处理过程，直到把 Students 表处理完。

假设一个块能装 5 个 Students 的元组或 50 个 Reports 的元组，在内存中能同时存放 10 块 Students 的元组和 1 块 Reports 的元组，则读取数据块数分别有：读 Students 表的数据 100 块，读 Reports 表 10 遍，每遍 100 块，因此其读取数据的总块数为

$$\frac{500}{5}+\frac{500}{5\times10}\times\frac{5000}{50}=1100$$

若计算机每秒(s)能读写 10 块，则读数据要花费的时间总计为 110s。由于连接后的元组数为 $5\times10^2\times5\times10^3=2.5\times10^6$（个）。假设每个数据块能装连接后的元组 10 个（实际只有 50/11 个），则写出这些块要花费的时间总计为 2.5×10^4s。

2) 计算选择操作的时间花费。依次读入连接后的元组，按照选择条件选取满足要求的记录。假定内存处理时间忽略。这一步读取中间文件花费的时间与写这个中间文件的时间一样，总共需要 2.5×10^4s。由假设可知，满足条件的元组仅 20 个，均可放在内存中。

3) 计算投影操作的时间花费。把第 2) 步的结果在 Sname 上进行投影输出，得到最终结果。这个计算过程不需读取数据，其时间花费可以忽略不计。

因此，假设所有内存处理时间均忽略不计，则按照 Q_1 的表达式去执行查询，所花费的时间大约为 $110+2\times2.5\times10^4\approx5\times10^4$(s)。

(2) 按照 Q_2 的表达式执行查询的时间耗费

其查询的计算过程是，先计算自然连接，再进行选择操作，最后执行投影操作。

1) 计算自然连接的时间花费。为了执行自然连接，读取 Students 和 Reports 表的策略均不变，读取数据的总块数仍为 1100 块，时间花费为 110s。但自然连接的结果，其元组数比第一种情况大大减少，为 5×10^3 个。因此，写出这些元组时间花费为

$(5\times10^3)/(10\times10)=50(s)$，仅为第一种情况时间花费的 1‰。

2）读取中间文件，执行选择运算，时间花费也为 50s。

3）把第 2）步结果投影输出，其时间花费忽略不计。

因此，按照 Q_2 的表达式去执行查询，所花费的时间大约为 110+50+50=210(s)。

(3) 按照 Q_3 的表达式执行查询的时间耗费

其查询的计算过程是，先计算选择操作，再进行连接操作，最后执行投影操作。

1）先对 Reports 表作选择运算，只需读一遍 Reports 表，存取 100 块花费时间为 10s，因为满足条件的元组仅有 20 个，可直接放在内存中，故不必使用中间文件。

2）读取 Students 表，把读入的 Students 元组和内存中的 20 个 Reports 元组作连接。也只需读一遍 Students 表，读 100 个数据块花费的时间为 10s。

3）把连接结果投影输出，其时间花费忽略不计。

因此，按照 Q_3 的表达式去执行查询，所花费的时间大约为 20s。

另外，假如 Reports 表在 Cno 字段上有索引，则第 1）步就不必读取所有的 Reports 元组，而只需读取 Cno=‘C02’的那 20 个元组。因此，读取索引的块和 Reports 中满足条件的数据块总数不会超过 30~50 块，时间花费至多 5s。若 Students 表在 Sno 上也有索引，则第 2）步也不必读取所有的 Students 元组，因为满足条件的 Reports 记录仅 20 个，涉及最多 20 个 Students 记录，因此读取 Students 表的块数也可大大减少，这样可使总的时间花费进一步减少到数秒之内。

例 3.20 说明，DBMS 使用不同的策略去处理用户的查询需求，虽然查询结果是相同的，但查询的时间花费却是不同的，有时差别可能非常大以至于用户无法忍受。因此，对于用户给定的查询需求，DBMS 应该在众多可能的查询方案中，选择效率最高的查询方案去完成查询任务。这个过程就是 DBMS 的查询优化，对应的程序就叫查询优化器。因此，例 3.20 不仅充分说明了查询优化的必要性和重要性，同时也给出一些查询优化方法的初步概念。例如，当一个查询要求既有选择又有连接操作时，应当先作选择操作，这样参加连接的元组就可以大大减少，从而减少查询操作的时间耗费，提高查询操作的效率。

3.4.2　查询处理与优化技术

1. 查询处理过程

在非关系的层次和网状数据库系统中，由于用户使用较低层面上的过程化语言表达查询要求。查询中要执行何种记录级的操作，以及操作的存取路径和执行序列都是在用户查询语句中完全定义好的，数据库系统只是按照用户指定的查询路径和过程完成查询任务，没有查询策略选择和优化过程。如果用户希望查询效率高一些，必须自己重新写一个执行效率更高的查询语句去查询，因此称为数据查询的人工优化。这样做的好处是 DBMS 开发相对简单，但缺点也是明显的：①如果用户查询语句中作出了错误的选择，系统也不会对此加以任何改进；②它要求用户具备较高的数据库知识，必须十分了解数据的存取路径，并具有高超的程序设计水平。这就加重了用户使用数据库的负担，阻碍了数据库应用的推广和普及。

关系数据库的 SQL 却是高度非过程化的语言，用户只要指出“做什么”，至于“怎么做”则是由 RDBMS 中的“查询优化器”自动实现的。关系数据库的数据查询过程如图 3 - 3 所示。

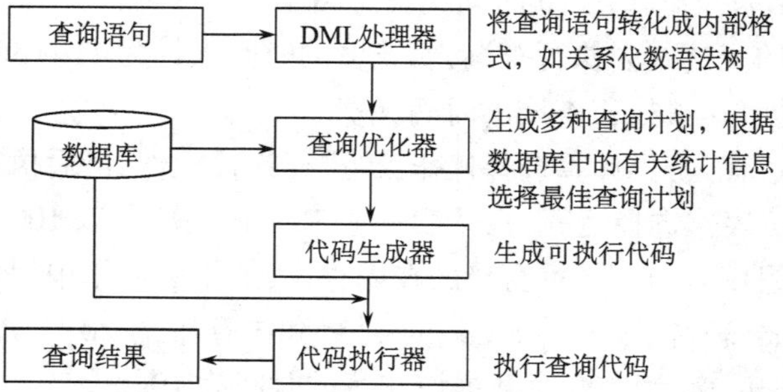

图 3 - 3　关系数据库的数据查询过程

2. 查询优化器的优缺点

从图 3 - 3 可以看出，查询优化器的加入给用户带来了极大的方便，使用户对数据库的操作变得简便易行。它的优点不仅在于让用户不必考虑如何构造最好的查询语句以获得较高的效率，而更重要的好处是，系统自动优化存取路径可以比一般用户的程序“优化”做得更好。这主要是因为：

1）优化器可以从数据字典中获取许多统计信息，如关系中的元组数、关系中每个属性值的分布情况等。优化器可以根据这些信息选择有效的执行计划，而一般用户则难以获得这些信息。

2）如果数据库的物理统计信息改变了，系统可以自动对查询进行重新优化以选择相适应的执行计划。在非关系系统中必须重新编写程序，而重新编写程序在实际应用中是非常困难的甚至是不太可能的。

3）优化器可以考虑数百种不同的执行计划，而程序员一般只能考虑有限的几种可能性。

4）优化器中包括很多复杂的优化技术，这些优化技术往往只有最好的程序员才能掌握。系统的自动优化相当于使得所有用户都拥有这些优化技术。

实际的商品化 DBMS 对查询优化的具体实现方法可能不尽相同，一般可以归纳为四个步骤：

1）将查询需求转换成某种内部表示，通常是语法树。

2）根据一定的等价变换规则把语法树转换成标准形式。

3）选择低层的操作算法。对于语法树中的每一个操作需要根据存取路径、数据的存储分布、存储数据的聚簇等信息来选择具体的执行算法。

4）生成最佳查询计划。查询计划也称查询执行方案，是由一系列内部操作组成的。这些内部操作按一定的次序构成查询的一个执行方案。通常这样的执行方案有多个，需要计算每个执行方案的执行代价，从中选择最佳计划，即代价最小的一个计划。

实际上，以上的步骤 3）和 4）之间没有清晰的界限，有些 RDBMS 是作为一个步骤处理的。对于一个确定的查询需求可能会有很多的候选查询计划，因此应当采取适当的技术来缩减查询计划的搜索空间。另外,由于统计信息的不精确性、中间结果的大小难以估计等因素,代价的精确估计常常比较困难。

目前的商品化 RDBMS 大都采用基于代价的优化算法。这种方法要求查询优化器充分考虑系统中的各种参数(如缓冲区大小、表的大小、数据的分布、存取路径等),通过某种代价模型计算出各种查询计划的执行代价,然后选取代价最小的执行方案。在集中式关系数据库中,计算代价时主要考虑磁盘读写的 I/O 次数,也有一些系统还考虑 CPU 的处理时间。因此,在集中式数据库中,查询的执行代价为

总代价=I/O 代价+CPU 代价

在多用户环境下,内存在多个用户间的分配情况会明显地影响这些用户查询执行的总体性能。例如,当系统把大量的内存分配给某个用户用于查询处理时,虽然会加速该用户查询的执行速度,但却可能使系统内的其他用户得不到足够的内存而影响其查询处理速度。因此,多用户环境下关系数据库还应考虑查询的内存开销,即查询的执行代价为

总代价=I/O 代价+CPU 代价+内存代价

3. 查询优化技术

RDBMS 的查询优化器在给用户带来极大好处的同时,也加重了数据库管理系统的负担。RDBMS 需要自行选择存取路径,而存取路径的好坏是影响查询效率的关键所在。因此查询优化技术就成了关系数据库管理系统需要解决的一个重要问题。一般来说,查询优化器中可以采用以下优化技术:

1) 代数优化。对查询语句的代数表达式进行等价变换,通过改变其基本操作的执行顺序来减少查询开销,提高查询效率,但不涉及数据的存取路径。

2) 物理优化。根据系统提供的数据物理组织结构和存取路径,如索引或者排序文件等来选取较好的查询方案。

3) 规则优化。根据人们总结出的一些启发式规则,如先作选择、投影操作,再作连接操作等规则来选择较好的查询方案。规则优化技术可以合理地运用代数等价变换规则。

4) 代价优化。对于多个候选查询计划逐个进行代价估算,从中选择执行代价最小的查询计划。

在实际系统中通常要综合应用以上优化技术,以获得更好的优化效果。

3.4.3 关系代数等价公式

我们知道,关系数据语言对数据库的任何查询要求都可转化为一个关系代数表达式,因此,当查询优化问题不涉及存储技术时,其本质就是关系代数表达式的优化问题,而关系代数表达式优化的主要问题之一就是关系代数表达式的等价变换问题,也就是关系代数表达式的等价性问题。

定义 3.3　设 E_1 和 E_2 是两个关系代数表达式,若将相同的关系代替 E_1 和 E_2 中的相应的关系,所得到的结果关系完全一样,则称关系代数表达式 E_1 和 E_2 是等价的,或称 E_1 和 E_2 互为等价公式,记为 $E_1 \equiv E_2$。

下面介绍关系代数中一些常用的等价公式,限于篇幅,不给出其严格的数学证明,况且许多等价公式是显而易见的。

(1) 笛卡儿积的等价公式

设 E_1、E_2、E_3 是关系代数表达式,则以下等价公式成立:

1) $E_1 \times E_2 \equiv E_2 \times E_1$ (交换律)

2) $(E_1 \times E_2) \times E_3 \equiv E_1 \times (E_2 \times E_3)$ (结合律)

(2) 连接运算的等价公式

设 E_1、E_2、E_3 是关系代数表达式,F、F_1 和 F_2 是连接运算的条件,则以下等价公式成立:

1) $E_1 \bowtie E_2 \equiv E_2 \bowtie E_1$ (自然连接的交换律)

2) $E_1 \underset{F}{\bowtie} E_2 \equiv E_2 \underset{F}{\bowtie} E_1$ (条件连接的交换律)

3) $(E_1 \bowtie E_2) \bowtie E_3 \equiv E_1 \bowtie (E_2 \bowtie E_3)$ (自然连接的结合律)

4) $(E_1 \underset{F_1}{\bowtie} E_2) \underset{F_2}{\bowtie} E_3 \equiv E_1 \underset{F_1}{\bowtie} (E_2 \underset{F_2}{\bowtie} E_3)$ (条件连接的结合律)

(3) 投影运算串接的等价公式

设 E 是一个关系代数表达式,$B_1, B_2, \cdots, B_m$ 是 E 中的某些属性名,$A_i \in \{B_1, B_2, \cdots, B_m\}$ $(i=1, 2, \cdots, n)$,则以下等价公式成立:

$$\Pi_{A_1, A_2, \cdots, A_n}(\Pi_{B_1, B_2, \cdots, B_m}(E)) \equiv \Pi_{A_1, A_2, \cdots, A_n}(E)$$

(4) 选择运算串接的等价公式

设 E 是一个关系代数表达式,F_1 和 F_2 是选择运算的条件。$B_1, B_2, \cdots, B_m$ 是 E 中的某些属性名,$A_i \in \{B_1, B_2, \cdots, B_m\}$ $(i=1, 2, \cdots, n)$,则以下等价公式成立:

$$\sigma_{F_1}(\sigma_{F_2}(E)) \equiv \sigma_{(F_1 \wedge F_2)}(E)$$

(5) 选择运算与投影运算交换的等价公式

设 F 只涉及 $A_1, A_2, \cdots, A_n$ 属性,则以下等价公式成立:

$$\sigma_F(\Pi_{A_1, A_2, \cdots, A_n}(E)) \equiv \Pi_{A_1, A_2, \cdots, A_n}(\sigma_F(E))$$

(6) 选择运算与笛卡儿积交换的串接等价公式

1) 设 F 中涉及的属性都是 E_1 的属性,则有以下等价公式成立:

$$\sigma_F(E_1 \times E_2) \equiv \sigma_F(E_1) \times E_2$$

2) 如果 $F = F_1 \wedge F_2$,且 F_1 只涉及 E_1 的属性,F_2 只涉及 E_2 的属性,则有以下等价公式成立:

$$\sigma_F(E_1 \times E_2) \equiv \sigma_{F_1}(E_1) \times \sigma_{F_2}(E_2)$$

3) 如果 $F = F_1 \wedge F_2$,且 F_1 只涉及 E_1 的属性,F_2 涉及 E_1 和 E_2 两者的属性,则以下等价公式成立:

$$\sigma_F(E_1 \times E_2) \equiv \sigma_{F_2}(\sigma_{F_1}(E_1) \times E_2)$$

尽早作选择运算的优化策略就是这 3 个等价公式的具体应用。

(7) 投影运算与笛卡儿积交换的等价公式

设 E_1, E_2 是两个关系代数表达式,$A_1, A_2, \cdots, A_n$ 是 E_1 的属性,$B_1, B_2, \cdots, B_m$ 是 E_2 的属性,则以下等价公式成立:

$$\Pi_{A_1, A_2, \cdots, A_n, B_1, B_2, \cdots, B_m}(E_1 \times E_2) \equiv (\Pi_{A_1, A_2, \cdots, A_n}(E_1) \times \Pi_{B_1, B_2, \cdots, B_m}(E_2))$$

以上介绍的每一个等价公式也称为等价变换规则。

3.4.4　查询优化策略

虽然不同 RDBMS 为解决查询优化问题所采用的优化算法可能不同,但下面介绍的一般策略(启发式规则)却是大家都共同遵循的。查询优化的一般策略主要有:

1) 选择运算或投影运算应尽早执行。这条规则可以使中间结果的数据量大大减少,从而减少运算量和输入输出次数,对减少查询时间最有效。代数等价变换公式(6)和(7)就能实现这个查询优化策略。

2) 把投影运算和选择运算同时进行。如果投影运算和选择运算是对同一关系操作,则可以在对关系的一次扫描中同时完成,从而减少操作时间。

3) 把投影操作与它前面或后面的一个双目运算结合起来,不必为投影(减少几个字段)而专门扫描一遍关系。

4) 在执行连接运算之前,可对需要连接的关系进行适当的预处理,如建索引或排序。这样,当一个关系读入内存后,可根据连接属性值在另一个关系中快速查找符合条件的元组,加速连接运算速度。

5) 把笛卡儿乘积与其前、后的选择运算合并成为连接运算,以避免扫描笛卡儿乘积的中间结果。两个关系的连接运算,特别是等值连接运算比同样两个关系的笛卡儿乘积节约更多计算时间。

6) 存储公用子表达式。对于重复出现的子表达式(简称公用子表达式),如果该表达式的结果不是很大的关系,则应将这个公用子表达式的结果关系存于外存。这样,从外存中读出这个关系比计算它的时间少得多,从而达到节省操作时间的目的,特别是当公用子表达式频繁出现时效果更加显著。

例 3.21　将例 3.20 中的如下关系代数表达式等价变换为较高执行效率的等价公式。

$$Q_1 = \Pi_{Sname}(\sigma_{Students.Sno=Reports.Sno \wedge Reports.Cno='C02'}(Students \times Reports))$$

解:① 根据选择运算串接的等价公式(4),把 $\sigma_{Students.Sno=Reports.Sno \wedge Reports.Cno='C02'}$ 分解成两部分,则 Q_1 可变换成如下等价的代数表达式:

$$Q_{11} = \Pi_{Sname}(\sigma_{Students.Sno=Reports.Sno}(\sigma_{Reports.Cno='C02'}(Students \times Reports)))$$

② 根据选择运算与笛卡儿积交换的串接公式(6),把 $\sigma_{Reports.Cno='C02'}$ 分解移到 Reporst 前面,则 Q_{11} 可变换成如下等价的代数表达式:

$$Q_{12} = \Pi_{Sname}(\sigma_{Students.Sno=Reports.Sno}(Students \times \sigma_{Reports.Cno='C02'}(Reports)))$$

③ 由于笛卡儿积中同时保留有属性 Students.Sno 和 Reports.Sno,可令 B = (Students. Sno, Students. Sname, Students. Ssex, Students. Sage, Students. Class, Reports. Cno, Reports. Grade),并在公式 Q_{12} 中增加一个投影操作 Π_B,除去冗余属性 Reports.Sno,则得到如下等价的代数表达式:

$$Q_{13} = \Pi_{Sname}(\Pi_B(\sigma_{Students.Sno=Reports.Sno}(Students \times \sigma_{Reports.Cno='C02'}(Reports))))$$

④ 根据自然连接的定义,子公式 $\Pi_B(\cdots)$ 可表示为一个自然连接运算如下:

$$Q_{14} = \Pi_{Sname}(Surdents \bowtie \sigma_{Reports.Cno='C02'}(Reports))$$

显然,这个 Q_{14} 正是例 3.20 中的代数表达式 Q_3,它的执行效率比原先的 Q_1 要高很多。

3.4.5　查询优化计算步骤

前面介绍了关系代数的等价公式和查询优化的一般策略,将这两者结合起来就可以构造出关系代数表达式的优化算法，它按照 3.4.3 节介绍的等价变换规则，可将一个关系代数表达式转换成另一个等价的、满足查询优化一般策略的关系代数表达式。由于篇幅所限，本书不介绍关系代数表达式的各种优化算法，也不介绍查询计划的生成方法和技术。下面仅通过一个简单例子，介绍 RDBMS 的查询优化器中优化算法采用的一般步骤。

1）把查询需求转换成内部表示。常用的内部表示是语法树。例如，对 3.4.1 节例 3.20的关系代数表达式 Q_2 可先将其表示为如图 3-4 所示的查询语法树，再将其表示成图 3-5 所示的关系代数语法树，其中的叶子节点是关系，非叶子节点是关系代数操作，Π_B 为例 3.21 中③的投影操作，且查询操作过程是从下到上的方向执行的。

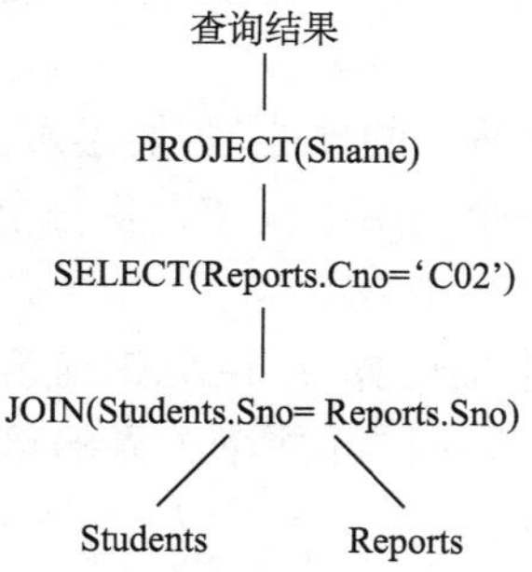

图 3－4　查询语法树

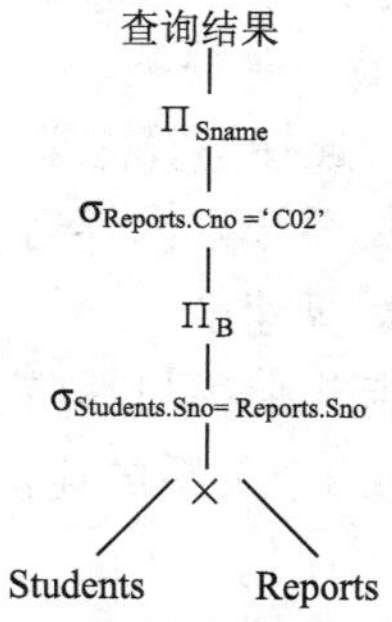

图 3－5　关系代数语法树

2）代数优化。利用关系代数的等价公式和查询优化的启发式规则，把原始的关系代数语法树转换成标准的优化形式。

利用关系代数等价变换规则和启发式规则，把选择运算 $\sigma_{Reports.Cno=‘C02’}$ 移到叶端，即先作选择运算，可把图 3－5 所示的语法树转换成图 3-6 所示的语法树，可表示成图 3-7 所示的最优语法树。它对应于 3.4.2 节中的 Q_3，其查询效率比没有优化前的 Q_2 高得多。

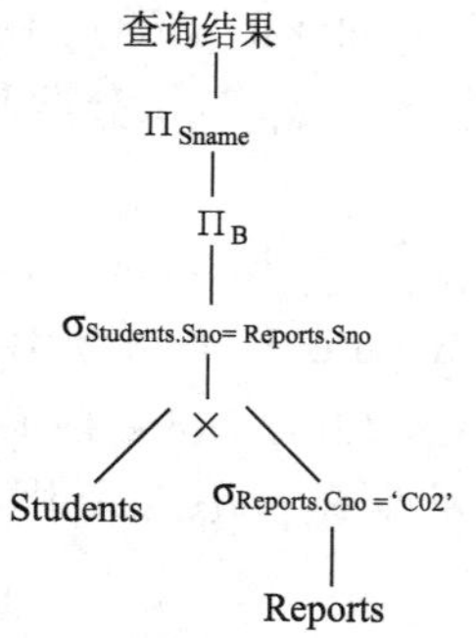

图 3－6　优化后的语法树(一)

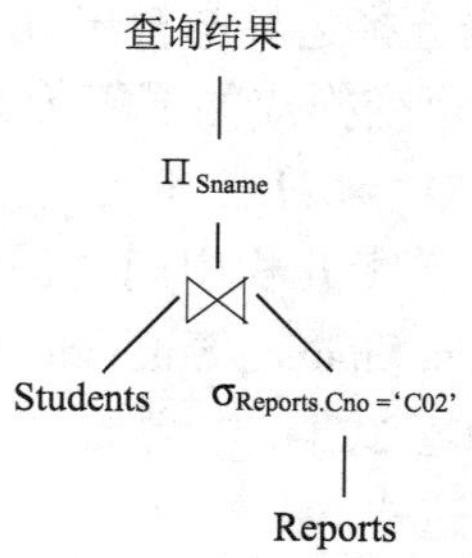

图 3－7　优化后的语法树(二)

3）物理优化。选择低层的存取路径，优化器通过查找数据字典获得当前数据库状态信息，如选择属性上是否有索引、连接的两个表是否排序或连接属性上是否有索引等，然后根据一定的优化规则选择存取路径。例如，利用 Reports 表在 Cno 上创建的索引，就不必顺序扫描整个 Reports 表。

4）生成多个查询计划，选择代价最小的执行。查询计划是由一组内部操作组成的，实现按照指定存取路径计算关系表达式的值。查询优化器通常提供多个查询计划供选择。例如，在作连接运算时，若两个表 Students 和 Reports 均没有排序，且连接属性上也没有索引，则可以有下面几种查询计划：

① 对两个表都作排序预处理；

② 对 Students 表在连接属性上建索引；

③ 对 Reports 表在连接属性上建索引；

④ 在 Students 表和 Reports 表的连接属性上均建索引。

计算每种查询计划的代价，选择代价最小的一个去完成具体查询任务。在计算代价时一般主要考虑磁盘读写的 I/O 数，而内存 CPU 处理时间在粗略估算代价时可以忽略不计。

值得注意的是，某个查询可能有很多不同的查询计划，查询优化器不可能生成该查询所有可能的查询计划。因为生成这些查询计划并进行代价估计本身就要花费一定的代价，所以生成过多的查询计划也容易造成得不偿失的后果。

习 题

3.1 试述关系模型的三个组成部分。

3.2 试述关系数据语言的特点和分类。

3.3 定义并理解下列术语，说明它们之间的联系与区别：

1）域，笛卡儿积，关系，元组，属性。

2）候选键，主键，外键。

3）关系模式，关系，关系数据库，属性，域，关系模型。

3.4 设有一个零件供应关系数据库，它包括 S，P，J，SPJ 四个关系，结构如习题表 3-1 ~习题表 3-4 所示：

供应商表：S(Sno(供应商代码)，Sname（供应商名），Status(供应状态)，City(供应商所在城市))。

零件表：P(Pno(零件代码)，Pname(零件名)，Color(颜色)，Weight(重量))。

工程项目表：J(Jno(工程项目代码)，Jname(工程项目名)，City(工程项目所在的城市))。

零件供应情况表：SPJ(Sno(供应商代码)，Pno(零件代码)，Jno(工程项目代码)，Qty(供应数量))。

今有若干数据如下：

试分别用关系代数、ALPHA 语言和 QBE 语言完成下列操作：

1）找出供应工程 J1 零件的供应商号。

2）找出供应工程 J1 零件 P1 的供应商号。

3）找出供应工程 J1 红色零件的供应商号。

4）找出没有使用杭州供应商生产的绿色零件的工程号。

5）找出至少用了 S2 供应商所供应的全部零件的工程号。

6）找出供应红色的 P1 零件且其供应量大于 200 的供应商号。

3.5 与网状和层次数据库相比，关系数据库有哪些优点？

3.6 试述等值连接与自然连接的区别和联系。

3.7 关系代数的基本运算有哪些？如何用这些基本运算来表示其他运算？

习题表 3-1　表 S

Sno	Sname	Status	City
S1	利群	30	广州
S2	同方	20	杭州
S3	天远	60	北京
S4	精诚	10	上海
S5	华缘	80	重庆
S6	弘治	50	太原

习题表 3-2　表 P

Pno	Pname	Color	Weight
P1	钉子	绿	34
P2	螺丝	蓝	25
P3	螺母	橙	12
P4	螺栓	紫	27
P5	螺钉	红	53
P6	齿轮	绿	17
P7	传送带	红	28

习题表 3-3　表 J

Jno	Jname	City
J1	一建	济南
J2	三汽	广州
J3	拉链厂	杭州
J4	无线电厂	北京
J5	机床厂	上海
J6	螺钉厂	重庆
J7	机械厂	天津

习题表 3-4　表 SPJ

Sno	Pno	Jno	Qty
S1	P1	J3	340
S1	P1	J2	250
S1	P2	J5	120
S1	P2	J6	270
S1	P2	J7	530
S2	P2	J1	170
S2	P3	J2	280
S2	P4	J3	100
S2	P4	J4	120
S2	P5	J7	310
S2	P5	J5	560
S2	P6	J6	200
S3	P7	J1	300
S3	P1	J1	400
S4	P3	J2	410
S4	P4	J3	330
S4	P4	J4	650
S4	P5	J4	150
S5	P7	J5	230
S5	P7	J7	280
S6	P2	J2	350
S6	P2	J3	420
S6	P6	J1	310

3.8　试述关系模型的完整性规则。在参照完整性中,为什么外键属性的值可以为空？举例说明什么情况下才可以为空。

3.9　试述查询优化在关系数据库系统中的重要性和可能性。

3.10　试述查询优化的一般准则(策略)。

3.11　试述查询优化的一般步骤。

第4章　关系模式的规范化设计理论

前面从关系数据库的标准语言SQL的使用开始,逐步介绍了关系数据库的基本概念、概念模型、关系模型与关系代数运算方面的知识。从中知道,要建立一个关系数据库,其中最重要的一步就是要设计关系模式,然后,将若干关系模式构成关系数据库模式。然而,还有一个很基本的问题尚未涉及,那就是针对一个具体的问题,应该如何构造一个适合它的数据库模式,即应该构造几个关系模式,每个关系模式由哪些属性组成才算合理等。通俗地说,就是在建立关系数据库时,应该遵循什么样的原则来设计数据库模式。

从实际上讲,设计任何一种数据库应用系统,不论是层次的、网状的还是关系的,都会遇到如何构造合适的数据模式即逻辑结构的问题。由于关系模型有严格的数学理论基础,并且可以向其他数据模型转换,因此人们就以关系模型为背景来讨论这个问题,形成了数据库逻辑结构设计的一个有力工具——关系模式的规范化设计理论,也称为关系数据库的规范化理论。规范化理论虽然是以关系模型为背景,但它对一般的数据库逻辑结构设计问题同样具有理论上的指导意义。

本章将从一个不好的数据库模式实例出发,阐明关系模式规范化理论研究的实际背景,然后介绍规范化理论的有关概念和方法,包括关系可能存在的插入、删除等异常问题和直观解决办法,函数依赖定义及其推理规则,各种范式及其相互关系,关系模式的分解特性等内容。

4.1　问题的提出

在解决“如何设计一个好的数据库模式”这个问题之前,先看看什么样的模式是一个“不好”的数据库模式。

4.1.1　关系模式可能存在的异常

例4.1　以学生选课为背景,假设设计了一个关系模式,即

StudyInfo(Sno, Sname, Dname, Dhead, Cname, Grade)

其中,Sno、Sname、Dname、Dhead、Cname和Grade是属性名,分别表示学号、学生姓名、系名、系主任姓名、课程名和成绩等属性。{Sno,Cname}是唯一候选键,也称关键字。

表4-1是关系模式StudyInfo的一个实例,即一个具体关系,仍用StudyInfo作为其关系名。从表4-1可以看出,StudyInfo这个关系存在以下几个异常问题:

1) 插入异常。例如,一个刚刚成立的系,其行政机构已经建立但尚未招收学生,则因为属性Sno的取值为空,导致如系主任姓名之类的信息无法存入数据库;同样,没被学生选修的课程信息也无法存入数据库;没有选课的学生信息也无法存入数据库。

表 4-1　关系 StudyInfo

学号 Sno	姓名 Sname	系名 Dname	系主任 Dhead	课程 Cname	成绩 Grade
20010101	张华	Computer	黄山	英语	85
20010101	张华	Computer	黄山	高等数学	90
20010101	张华	Computer	黄山	数据库	92
…	…	…	…	…	…
20010101	张华	Computer	黄山	操作系统	88
20010102	黄河	Computer	黄山	英语	92
…	…	…	…	…	…
20010102	黄河	Computer	黄山	高等数学	86
…	…	…	…	…	…
20010601	刘林	Math	朱红	英语	88
20010601	刘林	Math	朱红	高等数学	84
…	…	…	…	…	…
20010601	刘林	Math	朱红	数学分析	90

2）删除异常。例如,一个系的学生毕业了,删除这些学生的记录,则不情愿地将系主任姓名等信息也一起删掉了。

3）冗余过多。例如,每一个系的系名、系主任姓名都要与该系每一个学生的每一门课的成绩出现的次数一样多。这样,一方面浪费存储空间,另一方面系统要付出很大的代价来维护数据库的完整性。例如,某系的系主任更换后,就必须逐一修改这个系中学生选修课程的每一个元组。

4.1.2　异常原因的分析

由于关系模式 StudyInfo 的一个具体关系 StudyInfo 存在上述三个异常问题,因此关系模式 StudyInfo 是一个“不好”的关系模式。一个“好”的模式应当不会发生插入异常和删除异常,且数据冗余应尽可能少。

那么,关系模式 StudyInfo 为什么会出现以上异常问题呢?答案是:因为在这个关系模式的结构中,属性之间存在过多的“数据依赖”。数据依赖的精确定义将在后面介绍,先非形式地讨论一下数据依赖的概念。

数据依赖是指一个关系中属性值之间的相互联系,它是现实世界属性间相互联系的体现,是数据之间的内在性质,是语义的体现。现在人们已经提出了许多种数据依赖,其中最重要的是函数依赖(functional dependence,FD)和多值依赖(multivalued dependence,MVD)。

函数依赖极为普遍地存在于现实生活中。如表 4-1 所示的关系 StudyInfo,由于一个学号 Sno 只对应一个学生名,一个学生只在一个系注册学习。因而,当学号 Sno 的值确定之后,姓名 Sname 和其所在系 Dname 的值也就唯一地确定了。就像自变量 x 的值确定之后,相应函数 $f(x)$ 的值也就唯一地确定一样,我们说 Sno 决定 Sname 和 Dname,或者说 Sname、Dname 函数依赖于 Sno,记为:Sno→Sname,Sno→Dname。

对于关系模式 StudyInfo,它有属性集 U = {Sno, Sname, Dname, Dhead, Cname, Grade}。根据学校管理运行的实际情况,还可以知道:

1）一个学生只有一个学号,即 Sno→Sname。

2）一个系有若干学生，但一个学生只属于一个系，即 Sno→Dname。

3）一个系只有一名系主任，即 Dname→Dhead。

4）每个学生学习每一门课程有一个成绩，即{Sno，Cname}→Grade。

于是可得到关系模式 StudyInfo 在属性集 U 上的函数依赖组成的集合 F，简称函数依赖集或 FD 集，即

F＝{Sno→Sname，Sno→Dname，Dname→Dhead，{Sno，Cname}→Grade}

所谓关系模式 StudyInfo 中的数据依赖过多，其实是指它存在多种类型的函数依赖，例如，既有由候选键{Sno，Cname}确定的函数依赖{Sno，Cname}→Grade，又有由{Sno，Cname}中部分属性 Sno 确定的函数依赖 Sno→Sname，还有由非候选键属性 Dname 确定的函数依赖 Dname→Dhead 等。

4.1.3　异常问题的解决

既然已经知道关系模式 StudyInfo 出现异常问题是因为属性之间存在过多的"数据依赖"，那么，有什么办法来减少属性之间过多的"数据依赖"，从而消除关系模式中出现的异常问题呢？其解决办法就是关系模式的分解。

例 4.2　将关系模式 StudyInfo 分解为三个新的关系模式，即

Students(Sno, Sname, Dname)

Reports(Sno, Cname, Grade)

Departments(Dname, Dhead)

则分解后的每个关系模式，其属性之间的函数依赖都大大减少且比较单一。例如，关系 Students 的函数依赖是 Sno→Sname，Sno→Dname，Reports 的函数依赖是{Sno，Cname}→Grade，而 Departments 的函数依赖是 Dname→Dhead。

用以上分解所得的三个关系模式代替关系模式 StudyInfo 的过程，就称为关系模式的分解。这样表 4－1 所示的关系 StudyInfo 就可以用表 4－2～表4－4对应的关系来表示。从这些表中可以看出，没有分解之前存在的插入异常和删除异常等问题已经基本消除，且数据冗余程度也大大降低。

表 4－2　关系 Students

Sno	Sname	Dname
20010101	张华	Computer
…	…	…
20010102	黄河	Computer
20010601	刘林	Math
…	…	…

表 4－4　关系 Departments

Dname	Dhead
Computer	黄山
…	…
Math	朱红
…	…

表 4－3　关系 Reports

Sno	Cname	Grade
20010101	英语	85
20010101	高等数学	90
20010101	数据库	92
…	…	…
20010101	操作系统	88
20010102	英语	92
…	…	…
20010102	高等数学	86
…	…	…
20010601	英语	88
20010601	高等数学	84
…	…	…
20010601	数学分析	90

那么,如何来确定关系的分解是否有益? 分解后是否仍然存在数据冗余和更新异常等问题? 什么样的关系模式才算是一个好的关系模式? 这些都是后面将要介绍的关系模式的函数依赖、关系模式规范化方法和模式分解特性等所涉及的内容。

4.2　关系模式的函数依赖

我们知道,关系是元组的集合,关系模式是对这个集合中元组的数据组织方式的结构性描述。一个关系模式一般简记为R(U,F),其中$U=(A_1, A_2, \cdots, A_n)$,F为关系R在U上满足的函数依赖集合。有时,在所讨论的问题不涉及F时,关系模式也简记为R(U)。本节将讨论关系模式的函数依赖、候选键、主键、函数依赖的推理规则等问题。

4.2.1　再论关系与关系模式

关系与关系模式是关系模型中两个联系十分紧密但又有区别的概念,它们分别是关系模型的外延和内涵。外延就是通常所说的关系、基本表或当前值。关系的每一行为一个元组,因此关系是元组的集合。由于用户经常对关系进行插入、删除和修改等操作,所以关系是随时间变化而不断变化的。内涵就是对关系中数据的定义和数据完整性约束的定义等,其中对数据的定义包括对关系的属性、域的定义和说明等,其关键是关系模式的定义和说明,且这些定义和说明是相对稳定的。从一张二维表的角度来看,关系模式其实是把所有元组删去以后的一张空表格,它是对元组的数据组织方式的结构描述。当把若干元组填入关系模式后,所得到的二维表就是一个关系,且是一个具体的关系,即关系是关系模式的一个取值实例。一般来说,关系模式是相对稳定的,如关系模式Students,而关系却是不断变化的,如表4-2所示的关系Students,它仅是关系模式Students的一个取值实例,称为具体关系。在表4-2中不管是增加一个元组或是减少一个元组,都得到一个新的关系,虽然其关系名可以不变,但它已是关系模式Students的另一个具体关系了。因此,每一个关系都对应一个关系模式,而一个关系模式可以定义多个关系。即在数据库中,关系模式是相对稳定的、静态的,而关系却是动态变化的、不稳定的,且关系的每一次变化结果,都是关系模式对应的一个新的具体关系。在以后的一般讨论中,一个关系模式R(U)对应的具体关系(取值实例)通常用小写字母r来表示。

4.2.2　函数依赖的一般概念

定义4.1　设R(U)是属性集$U=\{A_1, A_2, \cdots, A_n\}$上的关系模式,X和Y是U的子集。若对R(U)的任一具体关系r中的任意两个元组t_1和t_2,只要$t_1[X]=t_2[X]$就有$t_1[Y]=t_2[Y]$。则称“X函数确定Y”或“Y函数依赖于X”(functional dependence),记为$X \to Y$。

在以上定义中,$t_1[X]$和$t_1[Y]$分别表示元组t_1在属性X和Y上的取值。“X函数确定Y”的含义是:对关系r中的任意一个元组,如果它在属性集X上的值已经确定,则它在属性集Y上的值也随之确定。因此,定义4.1即是说,在关系模式R(U)的任意一个具体关系r中,不可能存在这样的两个元组,它们在X上的属性值相等,而在Y上的属性值不等。

注意：函数依赖不是指关系模式R(U)的某个或某些具体关系满足的约束条件，而是指R(U)的一切具体关系r都要满足的约束条件。

例4.3　设有一个描述学生信息的关系模式R(Sname, Sex, Birthday, Phone)，其属性名分别代表学生的姓名、性别、出生日期和电话号码属性。它的一个具体关系r如表4－5所示。

如果仅从关系模式R(U)的一个具体关系r出发，由于r没有相同姓名的元组(学生)，所以就会得出：对于关系模式R有Sname→Sex，Sname→Birthday，Sname→Phone的结论。但这个结论是不正确的。例如，对关系模式R的另外一个具体关系r_1（表4－6），这时，从关系r得出的函数依赖就不成立了。所以，关系模式中的函数依赖是对这个关系模式的所有可能的具体关系都成立的函数依赖。

表4－5　关系r

Sname	Sex	Birthday	Phone
张华	女	1976-08-08	88547566
黄河	男	1965-11-17	85344518
刘林	男	1972-02-25	86090541

表4－6　关系r_1

Sname	Sex	Birthday	Phone
张华	女	1976-08-08	88547566
黄河	男	1965-11-17	85344518
刘林	男	1972-02-25	86090541
张华	男	1980-07-02	88336629

由以上例子可知，函数依赖和其他数据依赖一样，是一个语义范畴的概念。只能根据属性的语义来确定一个函数依赖。例如，Sname(姓名)→Birthday(出生日期)这个函数依赖，只有在没有同姓名学生的条件下才成立。如果允许出现相同姓名的学生，则出生日期就不再函数依赖于姓名了，即Sname $\nrightarrow$ Birthday。

数据库设计者应在定义数据库模式时，指明属性之间的函数依赖，使数据库管理系统根据设计者的意图来维护数据库的完整性。因此，设计者可以对现实世界中的一些数据依赖进行强制性规定。例如，为了使Sname→Birthday这个函数依赖成立，用户可以强制规定关系中不允许同名同姓的人出现。这样当输入某个元组时，这个元组在Sname上的属性值必须满足规定的函数依赖，若发现新输入元组在Sname上的值与关系中已有元组在Sname上的值相同，则数据库管理系统就拒绝接受该元组。

在定义4.1的基础上，再补充几个常用的术语和记号：

1）若X→Y，则称X为这个函数依赖的决定(determinant)因素，简称X是决定因素。

2）若X→Y且Y→X，则记为X↔Y。

3）若Y不函数依赖于X，则记为X $\nrightarrow$ Y。

4）若X→Y，但Y⊆X，则称X→Y是平凡函数依赖。

5）若X→Y，但Y $\nsubseteq$ X，则称X→Y是非平凡函数依赖。

对于任一关系模式，平凡函数依赖都是必然成立的，但它不反映新的语义。因此，在下面的讨论中，若没有特别声明，X→Y都表示非平凡函数依赖。

定义4.2　设R(U)是属性集$U=\{A_1, A_2, \cdots, A_n\}$上的关系模式。X和Y是U的子集。

1）如果X→Y，且对于X的任何一个真子集X′，都有X′ $\nrightarrow$ Y，则称Y对X完全函数依赖（full functional dependence)或者X完全决定Y，记为$X \xrightarrow{f} Y$。

2）如果 X→Y，但 Y 不是完全函数依赖于 X，则称 Y 对 X 部分函数依赖（partial functional dependence），记为 $X \xrightarrow{p} Y$。

定义 4.3　对于关系模式 R(U)，设 X、Y 和 Z 都是 U 的子集。如果 X→Y，Y→Z且 $Y \nrightarrow X$，$Y \not\subseteq X$，$Z \not\subseteq Y$，则称 Z 对 X 传递函数依赖（transitive functional dependence），记为$X \xrightarrow{t} Z$。

在传递函数依赖的定义中加上条件 $Y \nrightarrow X$ 是必要的，因为如果 Y→X，则 X↔Y，即说明 X 与 Y 之间是一一对应的，这样导致 Z 对 X 的函数依赖是直接依赖，而不是传递函数依赖。定义 4.3 中的条件 $X \not\subseteq Y$，$Z \not\subseteq Y$ 主要是强调 X→Y 和 Y→Z 都不是平凡函数依赖，否则同样 Z 对 X 是直接函数依赖，而不是传递函数依赖。当然，若 $X \xrightarrow{t} Z$，则必有 X→Z。

例 4.4　对于例 4.1 的关系模式 StudyInfo（Sno，Sname，Dname，Dhead，Cname，Grade）有如下的一些函数依赖：Sno→Sname，{Sno，Cname}→Grade，Sno→Dname，Dname→Dhead。由最后两个函数依赖还可得出 Dhead 传递函数依赖 Sno，即 $Sno \xrightarrow{t} Dhead$。如果没有同姓名的学生，还有 Sno↔Sname 等。但显然有 $Grade \nrightarrow Sname$，$\{Sno, Cname\} \xrightarrow{p} Sname$。

其实，对关系模式 StudyInfo 还有 $Sno \xrightarrow{f} Sname$，$\{Sno, Cname\} \xrightarrow{f} Grade$ 等。

因此，Sno 是 $Sno \xrightarrow{f} Sname$ 的决定因素，{Sno，Cname}是$\{Sno, Cname\} \xrightarrow{f} Grade$ 的决定因素。

4.2.3　候选键与主键

在前面的有关章节，已多次给出了关系模式的候选键和主键的非形式化定义，在这里将使用函数依赖的概念来更严格地定义关系模式的候选键与主键。

定义 4.4　对关系模式 R(U)，设 K⊆U。如果 $K \xrightarrow{f} U$，则称 K 为 R(U)的候选键或候选关键字。通常在 R(U)的所有候选键中指定一个作为主键。主键也称为主码或主关键字。

候选键是能够唯一确定关系中任何一个元组（实体）的最少属性集合，主键也是候选键，它是候选键中任意指定的一个。在最简单的情况下，单个属性是候选键。最极端的情况是，关系模式的整个属性集全体是候选键，也自然是主键了，这时称为全键或全码（all-key）。

下面举一个全键的例子。

例 4.5　设有关系模式 R（Teacher，Course，Sname），其属性 Teacher、Course、Sname 分别表示教师、课程和学生。由于一个教师可以讲授多门课程，某一课程可由多个教师讲授。学生也可以选修不同教师讲授的不同课程，因此这个关系模式的候选键只有一个，就是关系模式的全部属性（Teacher，Course，Sname），即全键，它也是该关系模式的主键。

为了便于区别候选键中的属性与其他属性，可以得到如下定义：

定义 4.5　对关系模式 R(U)，包含在任何一个候选键中的属性称为主属性（primary attribute），不包含在任何候选键中的属性称为非主属性（nonprimary attribute）或非码属性

(non-key attribute)。

例 4.6　在关系模式 StudyInfo(Sno, Sname, Dname, Dhead, Cname, Grade)中，{Sno, Cname}是其唯一候选键，因此 Sno 和 Cname 都是主属性，而 Sname、Dname、Dhead、Grade 都是非主属性。

定义 4.6　对关系模式 R(U)，设 X⊆U。若 X 不是 R(U)的主键，但 X 是另一个关系模式的主键，则称 X 是 R(U)的外键或外部关键字。

例 4.7　在 Reports(Sno, Cname, Grade)中，Sno 不是关系模式 Reports 的主键，但 Sno 是关系模式 Students (Sno, Sname, Dname)中的主键。因此，Sno 是关系模式 Reports (Sno, Cname, Grade)的外键。

主键与外键提供了一种表示两个关系中元组(实体)之间联系的手段。在数据库设计中，经常人为地增加外键来表示两个关系中元组之间的联系。当两个关系进行连接操作时就是因为有外键在起作用。例如，需要查看每个学生的姓名、选课名称和成绩时，就涉及 Students(Sno, Sname, Dname)和 Reports(Sno, Cname, Grade)对应关系的连接操作，这时，只要使用第 1 章介绍的 SQL 命令，即

```
SELECT Sname, Cname, Grade FROM Students, Reports WHERE Students. Sno=Reports. Sno
```

4.2.4　函数依赖的推理规则

在讨论函数依赖时，可能会遇到这样的问题：根据给定的一个函数依赖集 F，判断另外一些函数依赖是否存在。例如，设关系模式 R(U,F)，其中属性集 U={A, B, C}，函数依赖集 F={A→B, B→C}。问 A→C 是否成立？这是所谓函数依赖的逻辑蕴涵和推理规则问题。

1. 函数依赖的逻辑蕴涵

在介绍函数依赖的推理规则之前，先介绍函数依赖的逻辑蕴涵和闭包概念。

定义 4.7　对于满足函数依赖集 F 的关系模式 R(U,F)的任意一个具体关系 r，若函数依赖 X→Y 都成立(即对于 r 中的任意两个元组 t、s，若 t[X]=s[X]，则有 t[Y]=s[Y])，则称 F 逻辑蕴涵 X→Y，记为 F⇒X→Y。

注意：在定义 4.7 中只是假设 X、Y 都是属性集 U 的子集合，但没有假定函数依赖 (X→Y)∈F。即在 F 中没有 X→Y 这个函数依赖，但可以通过 F 中已知的函数依赖，推导出 X→Y 这个新的函数依赖是成立的，这就是逻辑蕴涵的具体含义。

定义 4.8　被函数依赖集 F 逻辑蕴涵的函数依赖所构成的集合，称为 F 的闭包(closure)，记为 F^+，即 $F^+=\{X→Y \mid F⇒X→Y\}$。

显然，$F⊆F^+$。若 $F=F^+$，称 F 是函数依赖完备集。

由定义 4.7 和定义 4.8 可知，由已知函数依赖集 F 求出新函数依赖 X→Y 的问题可归结为求 F 的闭包 F^+，然后检查 X→Y 是否属于 F^+。然而，通过求 F^+ 的方法来完成这项工作有时是非常困难的，因为属性之间的函数依赖关系存在与否完全取决于数据的语义。对例 4.3 中的关系模式 R，如果规定具体关系中不出现同名同姓的学生，则关系模式 R 的函数依赖 Sname→Sex, Sname→Birthday, Sname→Phone 都成立。但如果具体关系中允许出现同名同姓的学生(元组)，则以上这些函数依赖都不成立了。因此，确定属性之间的

函数依赖，必须仔细研究数据的语义，不能仅根据当前的数据值进行简单归纳得出，更不能“想当然”。在实际情况中，人们又很难直接从语义方面得到所需要的各种新的函数依赖，更难以保证没有遗漏地得到 F 所逻辑蕴涵的全部新的函数依赖。因此，Armstrong 公理系统为解决这个问题提供了另一种途径。它以命题逻辑的推理理论为基础形成函数依赖的推理规则，将语义求解问题转换为语法求解问题，即将“逻辑蕴涵”转换为“逻辑推导”，并证明了这两者是等价的(见定理 4.1 和定理 4.4)，即 Armstrong 公理具有如下两个性质。

(1) 有效性：由 F 出发根据 Armstrong 公理推导出的每一个函数依赖 $X \rightarrow Y$ 必定在 F^+ 中。

(2) 完备性：F^+ 中的每一个函数依赖 $X \rightarrow Y$，必定可以由 F 出发，根据 Armstrong 公理推导出。

2. Armstrong 公理系统

函数依赖有一个有效的和完备的推理规则集，1974 年，Armstrong 总结了各种推理规则，把其中最主要、最基本的规则作为公理，这就是著名的 Armstrong 公理系统，又称 Armstrong 推理规则系统。

设有关系模式 R(U, F)，F 是只涉及 U 中属性的函数依赖集。若 X、Y、Z、W 均是 U 的子集，则有以下推理规则：

1) 自反律 (reflexivity rule)：如果 $Y \subseteq X \subseteq U$，则 $X \rightarrow Y$ 成立，即 $F \Rightarrow X \rightarrow Y$。

2) 增广律 (augmentation rule)：如果 $X \rightarrow Y$ 成立，则 $XZ \rightarrow YZ$ 成立(其中 XZ 是 $X \cup Z$ 的简单记法，其他类同)，即若 $F \Rightarrow X \rightarrow Y$，则 $F \Rightarrow XZ \rightarrow YZ$。

3) 传递律 (transitivity rule)：如果 $X \rightarrow Y$，$Y \rightarrow Z$ 成立，则 $X \rightarrow Z$ 成立，即若 $F \Rightarrow X \rightarrow Y$，$F \Rightarrow Y \rightarrow Z$，则 $F \Rightarrow X \rightarrow Z$。

定理 4.1 Armstrong 公理系统中的推理规则 1)、2)、3) 是正确的，即若 $X \rightarrow Y$ 由 Armstrong 公理导出，则 $X \rightarrow Y$ 属于 F^+。

证明 1) 自反律是正确的。因为在一个关系中不可能存在两个元组在属性 X 上的值相等，而在 X 的某个子集 Y 上的值不相等。

2) 增广律是正确的。用反证法：假设关系模式 R(U) 的某个具体关系 r 中存在两个元组 t 和 s 违反了 $XZ \rightarrow YZ$，即 $t[XZ]=s[XZ]$，而 $t[YZ] \neq s[YZ]$。从 $t[YZ] \neq s[YZ]$ 可知 $t[Y] \neq s[Y]$ 或 $t[Z] \neq s[Z]$。以下分两种情况讨论：

① 如果 $t[Y] \neq s[Y]$，则与已知 $X \rightarrow Y$ 成立矛盾；② 如果 $t[Z] \neq s[Z]$，则与假设的 $t[XZ]=s[XZ]$ 矛盾。

因此假设不成立，所以增广律是正确的。

3) 传递律是正确的。用反证法：假设 R(U) 的某个具体关系 r 中存在两个元组 t 和 s 违反 $X \rightarrow Z$，即 $t[X]=s[X]$，但 $t[Z] \neq s[Z]$。以下分两种情况讨论：

① 如果 $t[Y] \neq s[Y]$，则与已知 $X \rightarrow Y$ 成立矛盾；② 如果 $t[Y]=s[Y]$，由于 $t[Z] \neq s[Z]$，则与已知的 $Y \rightarrow Z$ 矛盾。

因此假设不成立，所以传递律是正确的。

定理 4.2 函数依赖的如下三个推理规则是正确的。

1）合并律（union rule）：如果 $X \to Y$ 和 $X \to Z$ 成立，那么 $X \to YZ$ 成立，即若 $F \Rightarrow X \to Y$，$F \Rightarrow X \to Z$，则 $F \Rightarrow X \to YZ$。

2）伪传递律（pseudotransivity rule）：如果 $X \to Y$ 和 $WY \to Z$ 成立，那么 $WX \to Z$ 成立，即若 $F \Rightarrow X \to Y$，$F \Rightarrow WY \to Z$，则 $F \Rightarrow WX \to Z$。

3）分解律（decomposition rule）：如果 $X \to Y$ 和 $Z \subseteq Y$ 成立，那么 $X \to Z$ 成立，即若 $F \Rightarrow X \to Y$，$Z \subseteq Y$，则 $F \Rightarrow X \to Z$。

证明　这三个规则可从定理 4.1 的三个规则推出。

1）已知 $X \to Y$，根据增广律，两边用 X 扩充，得到 $X \to XY$。又已知 $X \to Z$，再根据增广律，两边用 Y 扩充，得到 $XY \to YZ$。根据传递律，由 $X \to XY$，$XY \to YZ$ 可得到 $X \to YZ$。

2）已知 $X \to Y$，根据增广律，两边用 W 扩充，得到 $WX \to WY$。再根据传递律和已知的 $WY \to Z$，可知 $WX \to Z$ 成立。

3）由已知 $Z \subseteq Y$ 和自反律，可得 $Y \to Z$。再由已知的 $X \to Y$ 和传递律可知 $X \to Z$ 成立。

从合并律和分解律立即可得到下面的重要推论：

推论 4.1　对关系模式 R(U)，设 $X \subseteq U$，$\{A_1, A_2, \cdots, A_m\} \subseteq U$，则 $X \to \{A_1, A_2, \cdots, A_m\}$ 成立的充分必要条件是 $X \to A_i (i=1,2,\cdots,m)$ 成立。

定义 4.9　设 F 是属性集合 U 上的一个函数依赖集，$X \subseteq U$，称

$$X_F^+ = \{A \mid A \in U, X \to A \text{ 能由 } F \text{ 根据 Armstrong 公理导出}\}$$

为属性集 X 关于 F 的闭包。

在以后的讨论中，如果只涉及一个函数依赖集 F，则属性集 X 关于 F 的闭包常简记为 X^+。值得注意的是，定义 4.9 中的 A 是 U 中的单个属性，因此 $X \subseteq X^+ \subseteq U$。

例 4.8　设关系模式 R(U,F)，其中 $U=\{A, B, C\}$，函数依赖集 $F=\{A \to B, B \to C\}$。则有

$$A^+ = \{A, B, C\}$$

$$B^+ = \{B, C\}$$

$$C^+ = \{C\}$$

定理 4.3　设 F 是属性集 U 上的函数依赖集，X、Y 是 U 的子集，则 $X \to Y$ 能由 F 根据 Armstrong 公理导出的充分必要条件是 $Y \subseteq X^+$。

证明　充分性：设 $Y=\{A_1, A_2, \cdots, A_k\}$ 且 $Y \subseteq X^+$。根据 X 关于 F 的闭包的定义，对于每个 $A_i \in Y$ $(i=1,2, \cdots, k)$，$X \to A_i$ 能由 F 根据 Armstrong 公理导出，再根据合并律可知 $X \to Y$ 能由 F 根据 Armstrong 公理导出。

必要性：设 $X \to Y$ 能由 F 根据 Armstrong 公理导出，且 $Y=\{A_1, A_2, \cdots, A_k\}$，则利用分解律，可得 $X \to A_i (i=1, 2, \cdots, k)$，于是根据 X^+ 的定义有 $A_i \in X^+ (i=1, 2, \cdots, n)$，所以有 $Y \subseteq X^+$。

3. 函数依赖推理规则的完备性

Armstrong 公理系统是有效的、完备的。Armstrong 公理的有效性是指：由 F 出发根据 Armstrong 公理导出的每一个函数依赖 $X \to Y$ 一定在 F^+ 中；完备性指的是 F^+ 中的每一个函数依赖 $X \to Y$，必定可以由 F 出发根据 Armstrong 公理导出。关于 Armstrong 公理的有效性定理 4.1 已经证明。下面讨论 Armstrong 公理的完备性。

定理 4.4 Armstrong 公理系统，即函数依赖推理规则系统(自反律、增广律和传递律)是完备的。

证明 由完备性的概念可知，证明完备性等价于证明：不能由 F 根据 Armstrong 公理导出的函数依赖不在 F^+ 中，即如果存在一个函数依赖 X→Y 不能由 F 根据 Armstrong 公理导出，则 $X \to Y \notin F^+$，或至少存在 R(U,F) 的某个具体关系 r，使 r 满足 F，但 r 不满足X→Y。

设 F 是 R(U,F) 的属性集合 U 上的一个函数依赖集，并设 X→Y 不能由 F 根据 Armstrong 公理导出。现在要证明 X→Y 不在 F^+ 中，即至少存在 R(U,F) 的一个具体关系 r 满足 F，但不满足 X→Y。

构造关系模式 R(U,F) 的一个具体关系 r 如下：r 由两个元组 t_1 和 t_2 组成，t_1 在 U 中全部属性上的值均为 1，t_2 在 X^+ 中属性上的值为 1，在其他属性上的值为 0(表 4-7)。

表 4-7 F 不逻辑蕴涵 X→Y 的关系 r

	X^+ 中的属性值	其他属性值
t_1	1, 1, …, 1	1, 1, …, 1
t_2	1, 1, …, 1	0, 0, …, 0

(1) 证明在关系 r 中，F 的函数依赖都成立

设 V→W 是 F 中的任一函数依赖，则有两种情况：$V \subseteq X^+$ 或者 $V \not\subseteq X^+$。

1) 若 $V \subseteq X^+$。根据定理 4.3 可知，X→V 成立。根据传递律得 X→W，从而 $W \subseteq X^+$。对表 4-7 中所示的关系 r，其任意一个元组在 X^+ 上的属性值全相等，所以 $t_1[V]=t_2[V]$，且 $t_1[W]=t_2[W]$。于是 V→W 在 r 中成立。

2) 若 $V \not\subseteq X^+$，则因为 V 中含有 X^+ 之外的属性，因此对表 4-7 所示的关系 r，有 $t_1[V] \neq t_2[V]$。根据函数依赖的定义，既然 r 中不存在任何在属性集 V 上具有相等值的两个元组，V→W 将自然成立。

由 1)、2) 证明可知，在关系 r 中，F 的任一函数依赖都成立。

(2) 证明在关系 r 中，X→Y 不能成立

由于假设 X→Y 不能从 F 根据 Armstrong 公理导出，由定理 4.3 可知 $Y \not\subseteq X^+$，即 Y 中含 X^+ 以外的属性。因此，从关系 r 中的元组可知，两元组在属性 X 上的值相等，而在属性 Y 上的值不相等，所以 X→Y 在 r 中不成立。因此，只要 X→Y 不能由 F 根据 Armstrong 公理导出，那么 $X \to Y \notin F^+$。

故 Armstrong 公理系统是完备的。从 Armstrong 公理系统的完备性可以得到两个重要结论：

1) 对属性集 X^+ 中的每个属性 A，都有 X→A 被 F 逻辑蕴涵，即 X^+ 是所有由 F 逻辑蕴涵 X→A 的属性 A 的集合。

2) F^+ 是由 F 根据 Armstrong 公理导出的函数依赖的集合。

从 Armstrong 公理的完备性和有效性可知，“导出”与“蕴涵”其实是两个完全等价的概念。因此，可以得到函数依赖集 F 的闭包的一个计算公式，即

$$F^+ = \{X \to Y \mid X \to Y \text{ 由 F 根据 Armstrong 公理导出}\}$$

4. 闭包的计算

前面曾经提到,为了判断函数依赖 X→Y 是否在 F^+ 中,只要计算出 F^+ 即可。因为 F^+ 是由 F 根据 Armstrong 公理导出的函数依赖的集合。因此,原则上说,只要按照 Armstrong 公理系统中的推理规则就可以计算出 F^+。但是,闭包 F^+ 的计算是一件很麻烦的事情,因为计算 F^+ 的问题是一个 NP 完全问题,即若属性集 $\cup=\{A_1, A_2, \cdots, A_n\}$,则计算 F^+ 的计算量至少是 $o(2^n)$,因此,当 n 比较大时,实际计算 F^+ 是不可行的。即使∪的元素不多,F^+ 中的元素也可能很多。此外,闭包 F^+ 中也存在许多冗余信息——平凡函数依赖(X→Y 但 Y⊆X)。下面用一个示例给予说明。

例 4.9　设有关系模式 R(U,F),其中 U={A, B, C},函数依赖集 F={A→B,B→C},则利用 Armstrong 公理系统中的推理规则,如利用自反律,可得 A→ϕ, AB→ϕ,C→ϕ 等;利用增广律可得 AB→B,AC→C 等;利用传递律可得 A→C 等。最终可以求得 F 的闭包为

$$
\left\{
\begin{array}{llllll}
A\to\phi & AB\to\phi & AC\to\phi & ABC\to\phi & B\to\phi & C\to\phi \\
A\to A & AB\to A & AC\to A & ABC\to A & B\to B & C\to C \\
A\to B & AB\to B & AC\to B & ABC\to B & B\to C & \phi\to\phi \\
A\to C & AB\to C & AC\to C & ABC\to C & B\to BC & \\
A\to AB & AB\to AB & AC\to AB & ABC\to AB & BC\to\phi & \\
A\to AC & AB\to AC & AC\to AC & ABC\to AC & BC\to B & \\
A\to BC & AB\to BC & AC\to BC & ABC\to BC & BC\to C & \\
A\to ABC & AB\to ABC & AC\to ABC & ABC\to ABC & BC\to BC &
\end{array}
\right\}
$$

注意:以上集合中 ABC→BC 等是{A,B,C}→{B,C}的简写形式。

其实,判断一个函数依赖 X→Y 是否在 F^+ 中,完全不必计算闭包 F^+,因为,由定理 4.3 可知,只要判断 X→Y 能否从 F 根据 Armstrong 公理导出,即判断 $Y\subseteq X^+$ 是否成立即可。这样就把一个需要计算 F^+ 才能解决的问题简化为计算 X^+ 就能解决的问题。而计算 X^+ 并不太难,它所花费的时间与 F 中的全部函数依赖的长度成正比。下面介绍一个计算 X^+ 的算法。

算法 4.1　求属性集 X⊆U 关于函数依赖集 F 的闭包 X^+。

输入:有限的属性集合 U、它上面的函数依赖集合 F 和 U 的一个子集 X。

输出:X 关于 F 的闭包 X^+。

计算方法和计算步骤:

1) 设置初始值:令 X(0)=ϕ,X(1)=X,F′=ϕ。

2) 如果 X(0)≠X(1),令 X(0)=X(1),否则转 4)。

3) 构造函数依赖集 F′={Y→Z | (Y→Z)∈F 且 Y⊆X(1)},令 F=F−F′,对 F′中的每一个函数依赖 Y→Z,令 X(1)= X(1)∪Z,转 2)。

4) 输出 X(1),它就是 X^+。

下面举例说明这个算法的使用方法。

例 4.10　设有关系模式 R(A,B,C,D,E)，其属性集上函数依赖：$F=\{AB\to C, B\to D, C\to E, EC\to B, AC\to B\}$，这里的 $AB\to C$ 是 $\{A, B\}\to\{C\}$ 的简写。

令 $X=\{A, B\}$，求 X^+。

解　计算过程是根据循环次数介绍的。由算法 4.1 得

第一次：1) $X(0)=\phi$，$X(1)=\{A, B\}$，$F'=\phi$。

2) 由于 $X(0)\neq X(1)$，令 $X(0)=X(1)=\{A, B\}$。

3) 函数依赖集 $F'=\{AB\to C, B\to D\}$，令 $F=F-F'=\{C\to E, EC\to B, AC\to B\}$，将 F' 中每一个函数依赖的右端属性 C、D 并入 X(1) 中，即令 $X(1)=\{A, B\}\cup\{C, D\}=\{A, B, C, D\}$。

第二次：2) 由于 $X(0)\neq X(1)$，令 $X(0)=X(1)=\{A, B, C, D\}$。

3) 函数依赖集 $F'=\{C\to E, AC\to B\}$，令 $F=F-F'=\{EC\to B\}$，将 F' 中的每一个函数依赖的右端属性 E、B 并入 X(1) 中，即令 $X(1)=\{A, B, C, D\}\cup\{E, B\}=\{A, B, C, D, E\}$。

第三次：2) 由于 $X(0)\neq X(1)$，令 $X(0)=X(1)=\{A, B, C, D, E\}$。

3) 函数依赖集 $F'=\{EC\to B\}$，令 $F=F-F'=\phi$，将 F' 中的每一个函数依赖的右端属性 B 并入 X(1) 中，即令 $X(1)=\{A, B, C, D, E\}\cup\{B\}=\{A, B, C, D, E\}$。

第四次：2) 由于 $X(0)=X(1)$，转 4)。

4) 输出 $X(1)=\{A, B, C, D, E\}=X^+$。

5. 函数依赖集的等价和覆盖*

从前面讨论的函数依赖的逻辑蕴涵和闭包计算中可以发现，F 与 F^+ 所表达的信息其实是等价的。此外，F 还可以与许多不同的函数依赖集等价。这就是本节要研究的问题。下面先给出两个函数依赖集合之间等价与覆盖的定义。

定义 4.10　关系模式 R(U) 上的两个函数依赖集 F 和 G，如果满足 $F^+=G^+$，则称 F 和 G 是等价的。

如果 F 和 G 是等价的，则称 F 覆盖 G（同时 G 也覆盖 F）。

定理 4.5　$F^+=G^+$ 的充分必要条件是 $F\subseteq G^+$，$G\subseteq F^+$。

证明　必要性显然。下面证明充分性。

设 $F\subseteq G^+$，$G\subseteq F^+$，则

1) 因为 $F\subseteq G^+$，则对任意 $X\subseteq U$ 有 $X_F^+\subseteq X_{G^+}^+$，因此，任取 $X\to Y\in F^+$，有 $Y\subseteq X_F^+\subseteq X_{G^+}^+$。所以 $X\to Y\in (G^+)^+=G^+$。即 $F^+\subseteq G^+$。

2) 同理，由 $G\subseteq F^+$ 可以证明 $G^+\subseteq F^+$。

由 1)、2) 可知 $F^+=G^+$。

由定理 4.5 可以给出一个判断两个函数依赖集等价的算法。

首先检查 F 中的每个函数依赖 $Y\to Z$ 是否在 G^+ 中，如对每个 $Y\to Z\in F$，用算法 4.1 求相对于 G 的 Y_G^+，若 $Z\subseteq Y_G^+$，则 $Y\to Z$ 也在 G^+ 中，因此 $F\subseteq G^+$。如果 F 中某个函数依赖不在 G^+ 中，那么 $F^+\neq G^+$，即 F 和 G 不等价。类似地，可以判断 $G\subseteq F^+$ 是否成立。然后用定理 4.5 即可判断 F 与 G 是否等价。

定理 4.6　每个函数依赖集 F 都可以被一个右部只有单属性的函数依赖集 G 所覆盖。

证明　令 $G=\{X \to A \mid (X \to Y) \in F$ 且 $A \in Y\}$，则由分解律与合并律容易证明 G 覆盖 F。

设 $(X \to A) \in G$，则存在 X、Y 使 $A \in Y$ 且 $(X \to Y) \in F$。由 $(X \to Y) \in F$ 并对 $X \to Y$ 按分解律可得 $(X \to A)$，即 $(X \to A) \in F^+$，从而有 $G \subseteq F^+$。

反之，若有 $(X \to Y) \in F$，设 $Y=\{A_1, A_2, \cdots, A_k\}$，则按照 G 的定义和分解律有 $X \to A_1, X \to A_2, \cdots, X \to A_k$ 在 G 中，再根据合并律得到 $(X \to Y) \in G^+$，因而有 $F \subseteq G^+$。

由此可得 F 和 G 等价，即 F 被 G 覆盖。

定义 4.11　如果函数依赖集合 F 满足：

1）F 中每一个函数依赖的右部都是单属性，即全是 $X \to A$ 的形式，其中 $X \subseteq U, A \in U$。

2）对 F 中的任一函数依赖 $X \to A$，有 $F-\{X \to A\}$ 与 F 不等价。

3）对 F 中的任一函数依赖 $X \to A$，若 $Z \subseteq X$，则 $(F-\{X \to A\}) \cup \{Z \to A\}$ 与 F 不等价。

则称 F 为最小函数依赖集，记为 F_{min}。

如果函数依赖集 F 和 G 等价，并且 G 是最小函数依赖集，那么称 G 是 F 的一个最小覆盖。

分析定义 4.11 可知，条件 1）保证了 F 中每个函数依赖的右部都是单属性，条件 2）保证 F 中没有冗余的函数依赖，条件 3）保证 F 中的每个函数依赖的左部没有冗余的属性。

定理 4.7　每个函数依赖集 F 都有最小覆盖。

证明　这是一个构造性的证明。按照定义 4.11，分三步对 F 进行最小化处理，从而找出 F 的一个最小函数依赖集，即最小覆盖。

1）根据分解律，将每个函数依赖分解为右部是单属性的函数依赖。对 F 中的任一函数依赖 $X \to Y$，如果 $Y=\{B_1, B_2, \cdots, B_k\}(k \geqslant 2)$，就用 $X \to B_1, X \to B_2, \cdots, X \to B_k$ 替代 $X \to Y$。对所有 F 中形如 $X \to Y$ 的依赖都如此处理。根据分解律可知，每一次取代后的函数依赖集与原先的函数依赖集等价。

2）消去 F 中冗余的函数依赖。检查 F 中的每一个函数依赖 $X \to B$，若 $F-\{X \to B\}$ 与 F 等价，则从 F 中去掉 $X \to B$。

3）消去 F 中每个函数依赖左部的冗余属性。检查 F 中的每一个函数依赖 $X \to B$，设 $X=\{A_1, A_2, \cdots, A_m\}$，然后对每个 $A_i(i=1, 2, \cdots, m)$ 进行如下检查和处理：令 $Z=X-\{A_i\}$。

若 F 与 $(F-\{X \to B\}) \cup \{Z \to B\}$ 等价，则以 $Z=(X-\{A_i\})$ 取代 X，且仍命名为 X。否则，X 不变。

以上每步计算得到的函数依赖集都分别满足定义 4.11 的三个条件，因此最后得到的函数依赖集就一定是 F_{min}。

例 4.11　设关系模式 R(A, B, C, D, E, G)，$F=\{AB \to C, C \to A, BC \to D, ACD \to B, D \to EG, BE \to C, CG \to BD, CE \to AG\}$，求 F 的最小覆盖。

解　方法一：按照定理 4.7 的证明过程计算。

1）分裂 F 中函数依赖的右部，可以得到如下函数依赖的集合 F1，它与 F 是等价的，即

$$F1=\{AB\to C,\ C\to A,\ BC\to D,\ ACD\to B,\ D\to E,\ D\to G,\ BE\to C,\ CG\to B,\ CG\to D, CE\to A,\ CE\to G\}$$

2）消去多余的函数依赖。按顺序检查 F1 中每一个函数依赖：

① 令 $Q=F1\to\{AB\to C\}$，由于 $\{A,B\}_Q^+=\{A,B\}$，所以 $\{C\}\not\subseteq\{A,B\}_Q^+$，故函数依赖 AB→C 在 F1 中不是冗余的。

② 同理可以验证函数依赖 C→A, BC→D 在 F1 中不是冗余的。

③ 令 $Q=F1-\{ACD\to B\}$，由 $\{A,C,D\}_Q^+=\{A,B,C,D,E,G\}$，可知 $\{B\}\subseteq\{A,C,D\}_Q^+$，因此，函数依赖 ACD→B 在 F1 中是冗余的，将其在 F1 中删去可得

$$F2=\{AB\to C,\ C\to A,\ BC\to D,\ D\to E,\ D\to G,\ BE\to C,\ CG\to B,\ CG\to D,\ CE\to A,\ CE\to G\}$$

④ 同理可以验证函数依赖 D→E, D→G, BE→C, CG→B 在 F2 中不是冗余的。

⑤ 令 $Q=F2-\{CG\to D\}$，由 $\{C,G\}_Q^+=\{A,B,C,D,E,G\}$ 可知 $\{D\}\subseteq\{C,G\}_Q^+$，因此，函数依赖 CG→D 在 F2 中是冗余的，将其在 F2 中删去可得

$$F3=\{AB\to C,\ C\to A,\ BC\to D,\ D\to E,\ D\to G,\ BE\to C,\ CG\to B,\ CE\to A,\ CE\to G\}$$

⑥ 令 $Q=F3-\{CE\to A\}$，由 $\{C,E\}_Q^+=\{A,B,C,D,E,G\}$ 可知 $\{A\}\subseteq\{C,E\}_Q^+$，因此，函数依赖 CE→A 在 F3 中是冗余的，将其在 F3 中删去可得

$$F4=\{AB\to C,\ C\to A,\ BC\to D,\ D\to E,\ D\to G,\ BE\to C,\ CG\to B,\ CE\to G\}$$

⑦ 同理可以验证函数依赖 CE→G 在 F4 中不是冗余的。

以上计算得到的函数依赖集 F4 已消除所有冗余函数依赖，且与 F 等价。

3）消去 F4 中每个函数依赖左部的冗余属性。按顺序检查 F4 中每个函数依赖：

① 对于 AB→C，其左部有两个属性 A、B，用 A→C 和 B→C 分别替换 F4 中的 AB→C 有

$F4'=\{B\to C,\ C\to A,\ BC\to D,\ D\to E,\ D\to G,\ BE\to C,\ CG\to B,\ CE\to G\}$ 与 F4 不等价

$F4''=\{A\to C,\ C\to A,\ BC\to D,\ D\to E,\ D\to G,\ BE\to C,\ CG\to B,\ CE\to G\}$ 与 F4 不等价

可知 F4 中函数依赖 AB→C 的左部属性 A、B 都不是冗余属性，所以 AB→C 保留在 F4 中。

② 同理可以验证 F4 中的每个函数依赖的左部均没有冗余属性，因此它就是 F 的最小覆盖，即

$$F_{min}=F4=\{AB\to C,\ C\to A,\ BC\to D,\ D\to E,\ D\to G,\ BE\to C,\ CG\to B,\ CE\to G\}$$

方法二：利用 Armstrong 推理规则计算。

1）分裂 F 中函数依赖的右部，可以得到如下函数依赖集 F1，它与 F 是等价的，即

$$F1=\{AB\to C,\ C\to A,\ BC\to D,\ ACD\to B,\ D\to E,\ D\to G,\ BE\to C,\ CG\to B,\ CG\to D,\ CE\to A,\ CE\to G\}$$

2）消去冗余函数依赖和每个函数依赖左部的冗余属性：

① 按顺序检查 F1 中的每个函数依赖，直到发现一个函数依赖可由其他函数依赖根据 Armstrong 公理导出，可以验证 AB→C, C→A, BC→D 都不能由其他函数依赖导出。

对 ACD→B，因为 D→E 导出 CD→CE（增广律），由 CD→CE 和 CE→G 导出 CD→G（传递律），又由 CD→G 导出 CD→CG（增广律），由 CD→CG 和 CG→B 得 CD→B（传递律）。即函数依赖 C→A, D→E, CE→G, CG→B 可导出 ACD→B，因此 ACD→B 在 F1 中是

冗余的,将其在 F1 中删除可得

$$F2=\{AB\to C,\ C\to A,\ BC\to D,\ D\to E,\ D\to G,\ BE\to C,\ CG\to B,\ CG\to D,\ CE\to A,\ CE\to G\}$$

② 从 F2 中的 D→E 开始,按顺序检查 F2 中的每个函数依赖,直到发现一个函数依赖可由其他函数依赖根据 Armstrong 公理导出。可以验证 D→E, D→G, BE→C, CG→B 都不能由 F2 中其他函数依赖导出。

对于 CG→D,因为 CG→B 导出 CG→BC,而 CG→BC 和 BC→D 导出 CG→D,所以 CG→D在 F2 中是冗余的,将其在 F2 中删除可得

$$F3=\{AB\to C,\ C\to A,\ BC\to D,\ D\to E,\ D\to G,\ BE\to C,\ CG\to B,\ CE\to A,\ CE\to G\}$$

③ 对于 F3 中的 CE→A, 因为 C→A, 所以 CE→A 在 F3 中是冗余的,将其在 F3 中删除得

$$F4=\{AB\to C,\ C\to A,\ BC\to D,\ D\to E,\ D\to G,\ BE\to C,\ CG\to B,\ CE\to G\}$$

这个 F4 就是 F 的最小覆盖 F_{min}。

值得注意的是,不管是方法一还是方法二,如果检查 F 中函数依赖的顺序不同,则得到的最小覆盖可能不一样,但它们是等价的。例如,按照下列步骤计算:

1) 分裂 F 中函数依赖的右部,可以得到如下函数依赖的集合 F1,它与 F 是等价的,即

$$F1=\{AB\to C,\ C\to A,\ BC\to D,\ ACD\to B,\ D\to E,\ D\to G,\ BE\to C,\ CG\to B,\ CG\to D,\ CE\to A,\ CE\to G\}$$

2) 由于从 C→A 可推出 CE→A,从 CG→D,C→A,ACD→B 可推出 CG→B,因此,CE→A和 CG→B 是冗余的,从 F1 中删去后得到

$$F2=\{AB\to C,\ C\to A,\ BC\to D,\ ACD\to B,\ D\to E,\ D\to G,\ BE\to C,\ CG\to D,\ CE\to G\}$$

现在 F2 中已没有冗余的函数依赖。

3) 由于 C→A,所以 ACD→B 中左部的 A 为冗余属性,可删去该属性得到CD→B。这样就得到 F 的一个最小覆盖,即

$$F_{min}=\{AB\to C,\ C\to A,\ BC\to D,\ CD\to B,\ D\to E,\ D\to G,\ BE\to C,\ CG\to D,\ CE\to G\}$$

4.3　关系模式的规范化

在关系数据库模式的设计中,为了避免或减少由函数依赖引起的过多数据冗余和更新异常等问题,必须对关系模式进行合理的分解,“合理”的标准就是规范化理论中的范式。从 1971 年 Codd 提出关系模式规范化理论开始,人们对数据库模式的规范化问题进行了长期的研究,且已经有了很大进展。本节介绍关系模式的范式及其类型等相关知识。

4.3.1　范式及其类型

根据关系模式的规范化理论，关系数据库中的关系模式一定要满足某种程度的要求。满足不同程度要求的关系模式称为不同的范式(normal form)，因此，范式既可以作为衡量关系模式规范化程度的标准，又可以看作满足某一程度要求的关系模式的集合。目前，主要有六个范式级别，它们分别是第一范式(1NF)、第二范式(2NF)、第三范式(3NF)、BC 范式(BCNF)、第四范式(4NF)和第五范式(5NF)。满足最低要求的关系模式叫第一范式。若第一范式再满足一些要求就称为第二范式，其余以此类推。因此，各范式之间的关系为 1NF ⊇ 2NF ⊇ 3NF ⊇ BCNF ⊇ 4NF ⊇ 5NF，如图 4－1 所示。

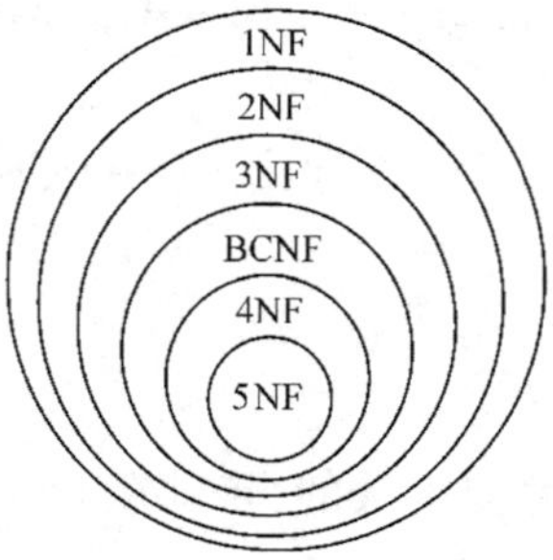

图 4－1　范式之间的包含关系

将一个低级别范式的关系模式，通过模式分解转换为若干个高一级范式的关系模式的过程，称为规范化(normalization)。

从前面的介绍可知，范式是满足某一程度要求的关系模式的集合。因此，若某一个关系模式 R 是第 k 范式，则可记为 R ∈ kNF。例如，R 是第 3 范式就可记为R ∈ 3NF。

4.3.2　第一范式(1NF)

定义 4.12　如果一个关系模式 R(U)的所有属性都是不可再分的基本数据项，则称 R(U)为第一范式，即 R(U) ∈ 1NF。

例 4.12　在例 4.1 中给出的关系模式 StudyInfo(Sno，Sname，Dname，Dhead，Cname，Grade)就是 1NF 的。

在任何一个关系数据库系统中，所有的关系模式必须是第一范式的。不满足第一范式要求的数据库模式就不能称为关系数据库模式。

但是，关系模式中的属性是否为不可再分的基本数据项，取决于这个属性在实际问题中的重要程度。例如，在某个关系模式中，属性 Address(地址)是否为不可再分的基本数据项，取决于该属性所属的关系模式在数据库模式中的重要程度和该属性在所属关系模式中的重要程度。如果属性 Address 不重要，设计人员可以认为该属性已是不可再分的基本数据项(图 4－2(a))。如果属性 Address 在该关系模式中非常重要，需要按照省、市等分类统计与分析，那么属性 Address 不是基本数据项，应该继续细分成属性 Province、City、Street 和 Number 等(图 4－2(b))。根据以上分析和 1NF 的定义，图 4－2(a)、(b)对应的关系模式是 1NF 的，而图 4－2(c)对应的关系模式 R(Sno，Sname，Birthday，Address)就不是 1NF 的，即关系模型不允许在属性中再嵌套属性。

(a)

Sno	Sname	Birthday	Address

(b)

Sno	Sname	Birthday	Privince	City	Street	Number

(c)

<table>
<tr><td rowspan="2">Sno</td><td rowspan="2">Sname</td><td rowspan="2">Birthday</td><td colspan="4">Address</td></tr>
<tr><td>Privince</td><td>City</td><td>Street</td><td>Number</td></tr>
</table>

图 4－2　1NF 与属性分解的关系

值得注意的是，只满足第一范式的关系模式通常不是一个好的关系模式，如例 4.1 中介绍的关系模式 StudyInfo(Sno,Sname,Dname, Dhead, Cname, Grade)就满足第一范式要求，但它对应的关系却存在数据冗余过多、删除异常和插入异常等问题。

4.3.3　第二范式(2NF)

定义 4.13　若 R(U) ∈ 1NF，且每一个非主属性完全函数依赖于每个候选键，称 R(U)为第二范式，即 R(U) ∈ 2NF。

下面给出一个关系模式，它是 1NF 但不是 2NF 的。

例 4.13　我们知道，关系模式 StudyInfo(Sno,Sname,Dname, Dhead, Cname, Grade)是第一范式。下面将证明，它不是第二范式。

前面已经分析，这个关系模式的唯一候选键是{Sno, Cname}，也就是主键。所以，属性 Sname、Dname、Dhead、Grade 等都是非主属性。根据候选键定义可知，$\{Sno, Cname\} \xrightarrow{f} \{Sno, Sname, Dname, Dhead, Cname, Grade\}$，所以有$\{Sno, Cname\} \rightarrow Sname$，$\{Sno, Cname\} \rightarrow Dname$。但是，根据这个问题的实际语义可知 $Sno \rightarrow Sname$，$Sno \rightarrow Dname$，故由部分函数依赖的定义可知

$$\{Sno, Cname\} \xrightarrow{p} Sname$$

$$\{Sno, Cname\} \xrightarrow{p} Dname$$

即非主属性 Sname 和 Dname 部分函数依赖于候选键{Sno, Cname}。由 2NF 的定义可知，这里的关系模式 StudyInfo 不是 2NF 的。关系模式 StudyInfo 的以上函数依赖如图 4－3 所示。

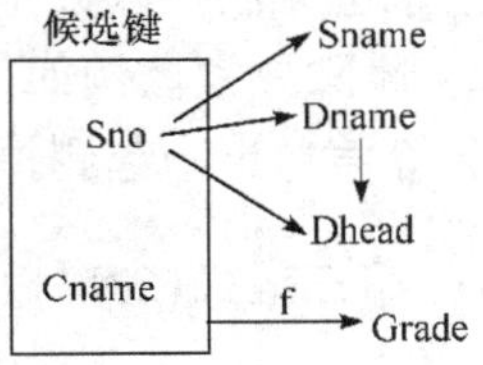

图 4－3　关系模式 StudyInfo 的函数依赖

由于 StudyInfo 是 1NF 而不是 2NF 的，故它存在着数据冗余过多、删除异常和插入异常等问题，而产生这些问题的主要原因之一是这个关系模式中的属性存在部分函数依赖。因此，只要消除关系模式中非主属性对候选键的部分函数依赖，就有可能解决或减轻数据冗余过多、删除异常和插入异常等问题。解决这个问题的办法就是将关系模式进行分解，使其新的关系模式中属性之间不存在部分函数依赖。

分析上面的例子可以发现，关系模式 StudyInfo 中的非主属性可以分为两种，一种像 Grade 这样的属性，它对候选键是完全函数依赖的，另一种如 Dname、Dhead 等对候选键是部分函数依赖的。因此，可以把关系模式 StudyInfo 分解为两个关系模式，即

StudentDept(Sno,Sname,Dname,Dhead)

Reports(Sno,Cname,Grade)

注意到关系模式 StudentDept 中的候选键 Sno 和关系模式 Reports 中的候选键{Sno, Cname}都是唯一的，因此经过这样的分解就使得关系模式 StudentDept 和 Reports 中的非主属性都完全函数依赖于候选键了，即关系模式 Reports 和 StudentDept 都属于 2NF。这样，表 4－1 所示的关系就可以分解为如表 4－8、表 4－9 所示的两个关系。由此可知，如表 4－1 所示的关系经过分解所得的两个关系，其数据冗余度已得到改善，有关的异常问题仍然存在。

表 4-8　关系 Reports

Sno	Cname	Grade
20010101	英语	85
20010101	高等数学	90
20010101	数据库	92
…	…	…
20010101	操作系统	88
20010102	英语	92
…	…	…
20010102	高等数学	86
…	…	…
20010601	英语	88
20010601	高等数学	84
…	…	…
20010601	数学分析	90

表 4-9　关系 StudentDept

Sno	Sname	Dname	Dhead
20010101	张华	Computer	黄山
…	…	…	…
20010102	黄河	Computer	黄山
…	…	…	…
20010601	刘林	Math	朱红
…	…	…	…

1) 插入异常。例如，一个刚刚成立的系，其行政机构已经建立但尚未招收学生，则因主属性 Sno 的取值为空，如系主任之类的信息仍无法存入数据库；同样，未被学生选修的课程信息也无法存入数据库；没有选课的学生信息也无法存入数据库。

2) 删除异常。例如，一个系的学生毕业了，删除这些学生的记录，则不情愿地将系主任姓名等信息也一起删掉了。

4.3.4　第三范式(3NF)

定义 4.14　若关系模式 R(U) ∈ 2NF，且每一个非主属性不传递函数依赖于 R(U) 的候选键，则称 R(U) 为第三范式，即 R(U) ∈ 3NF。

由以上定义可知，若 R(U) ∈ 3NF，则关系模式 R(U) 的每一个非主属性既不部分依赖于候选键也不传递函数依赖于候选键。

例 4.14　在例 4.13 已经证明，关系模式 StudyInfo 分解后得到关系模式 Reports(Sno, Cname, Grade) 是第二范式，由于它唯一的一个非主属性 Grade 完全函数依赖于候选键 {Sno, Cname}，故每一个非主属性不传递函数依赖于候选键，因而 Reports 是第三范式，其属性间的函数依赖由如图 4-4(a) 所示。但关系模式 StudentDept(Sno, Sname, Dname, Dhead) 虽然是第二范式，但它却不是第三范式。由属性间的函数依赖(图 4-4(b))可知，因为 Sno 是唯一候选键，也是主键，所以 Dname、Dhead 均是非主属性，因为 Sno→Dname 且 Dname→Dhead，即非主属性 Dhead 传递函数依赖于候选键 Sno。

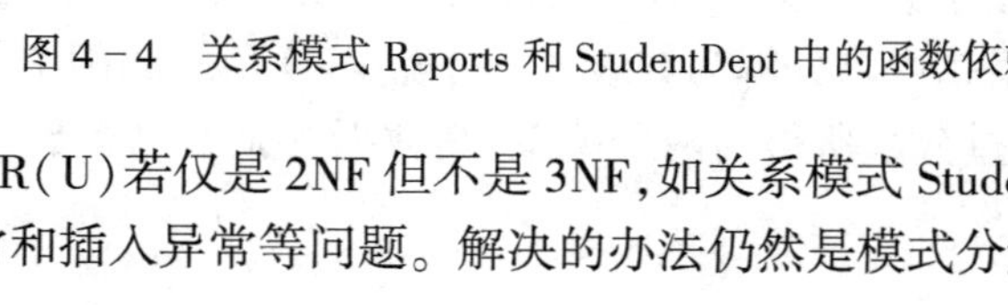

图 4-4　关系模式 Reports 和 StudentDept 中的函数依赖

一个关系模式 R(U) 若仅是 2NF 但不是 3NF，如关系模式 StudentDept，仍然存在数据冗余过多、删除异常和插入异常等问题。解决的办法仍然是模式分解。例如，可以将 StudentDept 分解为两个关系模式，即

Departments(Dname, Dhead)

Students(Sno, Sname, Dname)

分解后的两个关系模式 Departments 和 Students 分别有唯一候选键 Dname 和 Sno，已不存在非主属性传递函数依赖于候选键的情况，因此都是 3NF 的关系模式。

至此，例 4.1 给出的关系模式 StudyInfo 已被分解成如下三个模式且都已经是 3NF 的关系模式，且对应的关系 StudyInfo 也分解成三个关系，分别如表 4-2～表 4-4 所示。

Students(Sno, Sname, Dname)

Reports(Sno, Cname, Grade)

Departments(Dname, Dhead)

4.3.5　BC 范式(BCNF)

BCNF(Boyce Codd normal form)是由 Boyce 与 Codd 提出的，比上述的 3NF 又有进一步的要求。通常认为 BCNF 是修正的第三范式，但它的定义却建立在 1NF 基础上。

定义 4.15　若关系模式 R(U) ∈ 1NF，对于 R(U)的任意一个函数依赖 $X \to Y$，若 $Y \not\subset X$，则 X 必含有候选键，那么称 R(U)为 BC 范式，即 R(U) ∈ BCNF。

以上定义说明，在 BCNF 中只有候选键才能是函数依赖的决定因素。这是各类教材中使用得最为普遍的关于 BCNF 的定义，但它没有直观指出 BCNF 与 3NF 的联系和区别。

定义 4.15′　设关系模式 R(U) ∈ 1NF，若 R 中的每个属性都不传递函数依赖于 R 的任一候选键，则称 R(U)为 BC 范式，即 R(U) ∈ BCNF。

下面首先用反证法证明这两个定义的等价性，然后再分析和举例说明定义 4.15′的应用。

证明　1)设 R(U)满足定义 4.15 条件，倘若 R(U)不满足定义 4.15′条件，则存在 R(U)的候选键 X、属性 A 和属性集 Y，使 $X \to Y$，$Y \not\to X$，$Y \to A$，$A \notin Y$，即 A 传递函数依赖于 X。因为 $Y \not\to X$，故 Y 不含有 R(U)的关键字，与定义 4.15 条件矛盾。

2) 设 R(U)满足定义 4.15′条件，但 R(U)不满足定义 4.15 条件，则存在 R(U)中的属性 A 和属性集 Y，有 $Y \to A$，$A \notin Y$，且 Y 不含有 R(U)的候选键。设 X 为 R(U)的任一候选键，则 $X \notin Y$，$Y \not\to X$ (因为 Y 不含有 R(U)的候选键)，$A \notin Y$，即 A 传递函数依赖于候选键 X，与定义 4.15′条件矛盾，等价性证毕。

以上定义 4.15 和 4.15′说明，BCNF 排除了所有属性(包括主属性和非主属性)对关键字的部分函数依赖或传递函数依赖，而在非 BCNF 的 3NF 关系中，仅排除了非主属性对关键字的部分函数依赖或传递函数依赖，仍然存在主属性对候选键的部分函数依赖或传递函数依赖，即存在 $X, Y \subseteq U$，$A \in X$，X 是候选键且 $X \cap Y \neq A$ 使 $A \to Y$ 或者 $X \to Y$ 且 $Y \to A$。因而仍然存在数据冗余度大、插入异常、删除异常、修改困难等问题。可见 BCNF 是 3NF，但比 3NF 对有害的函数依赖分离得更为彻底。

例 4.15　设有关系模式 StudyTeach(Sno, Teacher, Cname)，其中 Sno、Teacher、Cname 分别表示学号、教师和课程名。假设每一位教师只教一门课，每门课有若干教师讲授，某一学生选修某一门课，就有一个确定的教师。由各个属性及其相互联系的语义可知：{Sno, Cname}和{Sno, Teacher}是候选键，属性间的函数依赖如下：

{Sno, Cname} →Teacher; {Sno, Teacher} →Cname; Teacher→Cname

这些函数依赖可用图 4-5 表示。

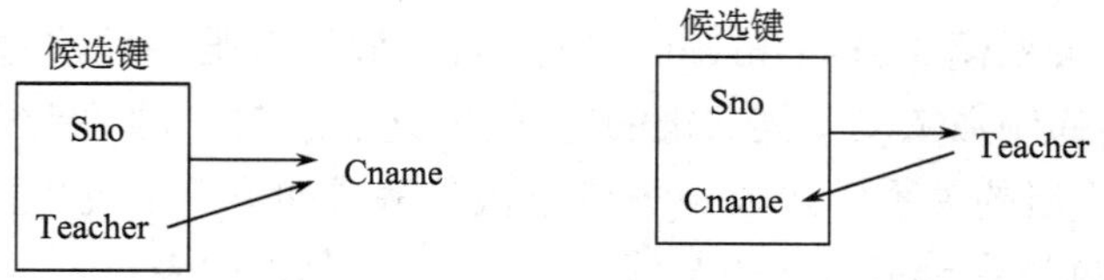

图 4－5　关系模式 StudyTeach 中的函数依赖

显然,关系模式 StudyTeach 的所有属性都是主属性,因此它没有任何非主属性对候选键传递函数依赖或部分函数依赖,故关系模式 StudyTeach 是 3NF 的,但它不是 BCNF 的,因为 Teacher 是决定因素,而 Teacher 不包含候选键(定义 4.15)。或者说,因为主属性 Cname 传递函数依赖于候选键{Sno, Cname}(定义 4.15′)。

由以上分析和例子可知,若关系模式 $R(U) \in BCNF$,则下面的结论成立:

1) R(U)的所有非主属性对每一个候选键都是完全函数依赖,即 $R(U) \in 2NF$。

2) R(U)的所有主属性对每个不包含它的候选键都是完全函数依赖。

3) R(U)中没有属性完全函数依赖于任何一组非候选键属性。

例 4.15 说明,若 $R(U) \in 3NF$,则 R 未必属于 BCNF,但可以证明如下定理。

定理 4.8　如果 $R(U) \in 3NF$ 且 R(U)有唯一候选键 X,则必有 $R(U) \in BCNF$。

反证法: R(U)满足定理 4.8 的条件,但 $R(U) \notin BCNF$,则由定义 4.15,存在 R(U)中的属性 A 和属性集 Y,有 $Y \to A$, $A \notin Y$ 且 $Y \not\subseteq X$,且只能是如下两种情况:

1)若 A 是非主属性,则 A 传递函数依赖于 X,即 R(U)不是 3NF 的,这与已知条件矛盾。

2)若 A 是主属性,则 $A \in X$,又由 $A \notin Y$ 且 $Y \to A$,令 $X_1 = (X-A) \cup Y$,则 $X_1 \to X-A$ 且 $X_1 \to Y$,从而 $X_1 \to A$,由函数依赖的合并规则,可得:$X_1 \to (X-A) \cup A = X$,故 X_1 必含有 R 的某个关键字 X_2。由 X_1 的构造知,$A \notin X_2$,但 $A \in X$,从而得出 $X_2 \neq X$,即 R(U)有两个不同的关键字,这又与已知矛盾,故 R 必是 BCNF 的。

考察前面分解得到的关系模式:

Students(Sno, Sname, Dname),其唯一候选键为 Sno;

Reports(Sno, Cname, Grade),其唯一候选键为(Sno, Cname);

Departments(Dname, Dhead),其唯一候选键为 Dname。

它们都满足定理 4.8,因此这三个关系模式都属于 BCNF。

在例 4.15 和例 4.16 中给出的关系模式,其候选键都不是唯一的,但前者属于 3NF 却不属于 BCNF,而后者既是 3NF 也是 BCNF。

例 4.16　设有关系模式 StudyPlace(Sno, Cname, Place),其中 Sno、Cname、Place 分别表示学号、课程名和学习名次。由于每个学生学习每门课程都有一定的名次,每门课程中每一名次只有一个学生(假设没有并列名次),由各个属性及相互联系的语义可知:关系模式 StudyPlace 没有单个属性构成的候选键,也不是全键。由两个属性构成的候选键只有{Sno, Cname}和{Cname, Place},因此关系模式 StudyPlace 所有属性都是主属性,也就没有非主属性对候选键传递函数依赖或部分函数依赖，故它属于3NF。此外，由前面分析可知，这个关系模式所有可能的非平凡函数依赖只能为以下3个：

1）{Sno, Cname}→Place(√)；

2）{Cname, Place}→Sno(√)；

3）{Sno, Place}→Cname (×)。

而这3个可能的函数依赖中，只有1)、2)是成立的，3)是不成立的，因此，关系模式StudyPlace的所有函数依赖如图4-6所示。

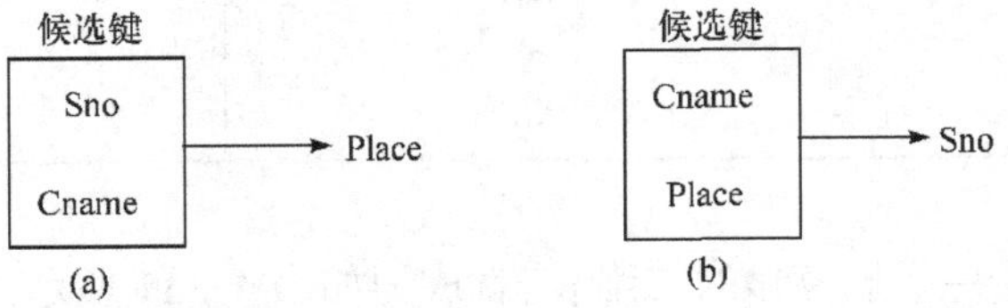

图4-6　关系模式StudyPlace的所有函数依赖

注意到函数依赖1)的左边包含候选键{Sno, Cname}，2)的左边包含候选键{Cname, Place}，即对于关系模式StudyPlace的任意一个函数依赖X→Y(Y⊈X)，其X都含有候选键，根据定义4.15，它属于BCNF。

若一个关系模式是3NF而不是BCNF的，则仍然存在不合适的地方。读者可自己举例指出关系模式StudyTeach存在的插入异常和删除异常问题。一个非BCNF的关系模式也可以通过分解成为BCNF。例如，StudyTeach可分解为Steacher(Sno,Teacher)与TeachCname(Teacher,Cname)，它们都是BCNF。

BCNF是在函数依赖的条件下对模式分解所能达到的最高分离程度。一个数据库模式中的所有关系模式如果都属于BCNF，那么在函数依赖范畴内，已实现了彻底的分离，并基本消除了插入和删除等异常问题。3NF的"不彻底"性表现在当关系模式中具有多个候选键，且这些候选键具有公共属性时，可能存在非平凡函数依赖的决定因素中不包含候选键，如关系模式StudyTeach就是这样的。

4.3.6　多值依赖

函数依赖是一种比较直观且容易理解的数据依赖联系。但关系模式的属性之间除了函数依赖以外，还存在其他依赖联系，多值依赖(multivalued dependence，MVD)就是其中之一，虽然这些依赖联系不大直观，较难理解，但它确实是现实世界中事物联系的客观反映。一个关系模式，即使在函数依赖范畴内已属于BCNF，但若存在多值依赖，仍然会出现数据冗余过多、插入异常和删除异常等问题。下面介绍多值依赖的概念和性质。

1. 多值依赖的定义

在介绍多值依赖的定义之前，先来看一个例子。

例4.17　某高等学校为描述该校每个系有哪些教师和哪些学生，用了一个非规范化的表格来表示系(Dname)、教师(Teacher)和学生名(Sname)三者之间的关系(表4-10)。

表 4－10　Dname、Teacher 和 Sname 之间的关系

Dname	Teacher	Sname
计算机系	{张华 朱红 …}	{李明 王方 江河 …}
自动化系	{黄山 刘林 …}	{刘平 程红 …}
…	…	…

将表 4－10 变成一张规范化的二维表，就成为如表 4－11 所示。

表 4－11　规范化的关系 DeptInfo

Dname	Teacher	Sname
计算机系	张华	李明
计算机系	张华	王方
计算机系	张华	江河
计算机系	朱红	李明
计算机系	朱红	王方
计算机系	朱红	江河
…	…	…
自动化系	黄山	刘平
自动化系	黄山	程红
自动化系	刘林	刘平
自动化系	刘林	程红
…	…	…

关系模式 DeptInfo（Dname，Teacher，Sname）的唯一候选键是{Dname，Teacher，Sname}，即 DeptInfo 的属性都是主属性，因此关系模式 DeptInfo ∈ BCNF。但它仍然存在如下一些问题：

1）数据冗余过大。每个系的学生是固定的，但每增加一名教师，其学生姓名就要重复存放一份，造成大量数据冗余。

2）增加操作复杂。当某一系（计算机系）增加一名教师（林海）时，必须插入多个元组（其个数与学生数量有关，这里是三个）：（计算机系，林海，李明）；（计算机系，林海，王方）；（计算机系，林海，江河）。

3）删除操作复杂。当某一系（计算机系）有学生（李明）退学时，必须删除多个元组（其个数与教师数量有关，这里是两个）：（计算机系，张华，李明）；（计算机系，朱红，李明）。

由此可见，这个关系模式虽然已是 BCNF，但其数据的增加和删除操作仍然不便，数据冗余十分明显。仔细考察这类关系模式可知，一个系有多名教师（一对多联系），一个系有多名学生(一对多联系),而且教师与学生之间没有直接联系。系与教师、学生的这种联系称为多值依赖,正是这种多值依赖引起关系模式 DeptInfo 出现以上的数据冗余过大,增加和删除元组的操作复杂等问题。

定义 4.16　设 R(U)是属性集 U 上的一个关系模式,X、Y、Z 是 U 的子集,并且 Z=U-X-Y。若对于 R(U)的任一具体关系 r,r 在属性(X,Z)上的每一个值,就有属性 Y 上的一组值与之对应,且这组值仅决定于 X 上的值而与 Z 上的值无关,则称 Y 多值依赖于 X,记为 X→→Y。

例 4.18　对于关系模式 DeptInfo,从表 4-11 的具体关系 DeptInfo 中可知,对于属性(Dname,Sname)上的一个值(计算机系,李明),就有 Teacher 上的一组值{张华,朱红}与之对应,且这组值仅决定于属性 Dname 上的值,而与 Sname 上的值无关,也就是说对于(Dname,Sname)上的另一个值(计算机系,王方),它仍然对应于 Teacher 上的同一组值{张华,朱红},尽管这时 Sname 的值已经从"李明"变成了"王方"。因此 Teacher 多值依赖于 Dname,即 Dname→→Teacher。

2. 多值依赖的性质

对关系模式 R(U),其属性间的多值依赖有如下的性质:

1) 互补律:若 X→→Y,则 X→→Z,其中 Z=U-X-Y。多值依赖的互补性也称为对称性。

例如,对关系模式 DeptInfo 的具体关系 DeptInfo(表 4-11),因为 Dname→→Teacher,由互补性可知:Dname→→Sname。

2) 函数依赖导出多值依赖:若 X→Y,则 X→→Y。

即函数依赖可以看作多值依赖的特殊情况,这是由于当 X→Y 时,对 X 的每一个值 x,Y 有一个确定的值 y 与之对应。所以 X→→Y。

3) 传递律:若 X→→Y 且 Y→→Z,则 X→→(Z—Y)。

4) 增广律:若 X→→Y,且 V⊆W,则 WX→→VY。

5) 自反律:若 Y⊆X,则 X→→Y。

6) 多值依赖导出函数依赖:若 X→→Y,Z⊆Y,Y∩W=ϕ,W→Z,则 X→Z。

7) 合并律:若 X→→Y,Y→→Z,则 X→→YZ。

8) 分解律:若 X→→Y,X→→Z,则 X→→(Y-Z),X→→(Z-Y)。

与函数依赖一样,多值依赖也有平凡多值依赖概念。

对于关系模式 R(U),设 X、Y 是 U 的子集,若 X→→Y,其中 Z=U-X-Y=ϕ,则称 X→→Y 为平凡多值依赖,否则称为非平凡多值依赖。

多值依赖与函数依赖相比,具有下面几个方面的区别:

1) 多值依赖的有效性与属性集的范围有关。若 X→→Y 在 U 上成立,则 X→→Y 在 W(W⊆U)上成立。反之则不然,即若 X→→Y 在 W(W⊂U)上成立,而在 U 上则不一定成立。一般地,在 R(U)上若有 X→→Y 在 W(W⊂U)上成立,则称 X→→Y 为 R(U)的嵌入型多值依赖。

而在函数依赖中却与属性集范围无关,即函数依赖 X→Y 的有效性仅决定于 X、Y 这两个属性集的值。只要在 R(U)的任何一个关系 r 中,任一元组在 X 和 Y 上的值满足定义 4.1，则函数依赖 X→Y 在任何属性集 W(XY⊆W⊆U)上都成立。

2）多值依赖没有与函数依赖一样的分解律。在函数依赖中有这样的分解律：若关系模式 R(U)的属性集 X、Y 有 X→Y 成立，则对于任何 Y′⊆Y 都有 X→Y′成立。

然而，多值依赖则没有这样的分解律，即若 R(U)的属性集 X、Y 有多值依赖 X→→Y 在 U 上成立，却不能断言对于任何 Y′⊆Y 有 X→→Y′成立。

3）多值依赖的动态性。函数依赖只考虑关系模式的静态结构，不管具体关系增加或减少元组，其属性之间的函数依赖对应联系不变。而多值依赖则受其具体关系取值的动态变化影响，即当关系中增加或删除一些元组后，多值依赖的对应联系就会发生变化。

4.3.7 第四范式(4NF)

定义 4.17 设关系模式 R(U)∈1NF，若对于 R(U)的每一个非平凡的多值依赖 X→→Y(Y⊄X)，X 都含有候选键，则称 R(U)为第四范式，即 R(U)∈4NF。

定理 4.9 若 R(U)∈4NF，则 R(U)∈BCNF。

证明 设 R(U)∈4NF 而 R(U)∉BCNF，则必存在某个函数依赖 X→Y 有(Y⊄X)且 X 中没有候选键。下面分两种情况讨论：

1）若 X∪Y=U，则由于 X→Y，所以 X→U，即 X 必含候选键，与 X 中没有候选键的结论矛盾。

2）若 X∪Y≠U，所以 Z=U−X−Y≠ϕ，则由 X→Y 可以导出多值依赖 X→→Y 且这个多值依赖还是非平凡的，由于 X 中没有候选键，由定义 4.17 可知，R(U)不是 4NF 的，与已知矛盾。

由此可知，一个关系模式若属于 4NF，则必然属于 BCNF。

例 4.19 在例 4.17 中的关系模式 DeptInfo(Dname, Teacher, Sname)不属于 4NF。

因为这个关系模式的唯一候选键是{Dname, Teacher, Sname}，且 DeptInfo 中有两个多值依赖分别是

1）Dname→→Teacher；

2）Dname→→Sname。

若令 U={Dname, Teacher, Sname}，X={Dname}，Y={Teacher}，则 Z={Sname}≒ϕ，由此可知 Dname→→Teacher 是非平凡多值依赖，但 X 中显然不含候选键。因此关系模式 DeptInfo 不属于 4NF。

例 4.17 已分析说明这个关系模式是 BCNF，这里说明它不是 4NF，因此，仍然具有数据冗余过多、插入和删除异常等问题。其解决办法仍采用分解的方法消去非平凡且非函数依赖的多值依赖。例如，可以把 DeptInfo 分解为 DeptTeacher(Dname, Teacher)和 DeptStudent(Dname, Sname)。由于这两个关系模式都是 1NF 的，除分别有一个平凡的多值依赖 Dname→→Teacher 和 Dname→→Sname 以外，不存在任何非平凡的多值依赖，所以，根据定义 4.17 可知关系模式 DeptTeacher 和 DeptStudent 都是 4NF 的。

函数依赖和多值依赖是两种最重要的数据依赖。如果只考虑函数依赖，则属于BCNF 的关系模式规范化程度已经是最高的了。如果考虑多值依赖，则属于 4NF 的关系模式规范化程度是最高的。事实上，数据依赖中除函数依赖和多值依赖之外，还有其他的数据依赖，如连接依赖。函数依赖是多值依赖的一种特殊情况，而多值依赖实际上又是连接依赖

的一种特殊情况。但连接依赖不像函数依赖和多值依赖那样可由语义直接导出，而只能在关系的连接运算时才能反映出来。存在连接依赖的关系模式仍可能遇到数据冗余过多及插入、修改、删除异常等问题。如果消除属于 4NF 的关系模式中存在的连接依赖，则可以使它们成为 5NF 的关系模式。由于连接依赖对数据库的性能影响已不太大，因此在数据库的设计中几乎不需要考虑这种依赖的影响。故这里也不讨论连接依赖和 5NF，有兴趣的读者可阅读本书后的参考文献。

4.3.8　关系模式规范化步骤

在关系数据库中，对关系模式的基本要求是满足第一范式。这样的关系模式就是合法的、允许的。但是，人们发现有些属于 1NF 的关系模式存在插入、删除异常，修改复杂，数据冗余等毛病。人们寻求并得到解决这些问题的方法，这就是规范化方法。

规范化的基本思想是逐步消除数据依赖中不合适的部分，通过模式分解，使原先模式中属性之间的数据依赖联系达到某种程度的“分离”的目的，实现“一事一地”的模式设计原则。分解的最后是让一个关系描述一个概念、一个实体集或者实体间的一种联系。若多于一个概念就把它“分离”出去。因此所谓规范化实质上是概念的单一化。

对 4.1 节的学生选课信息 StudyInfo{Sno, Sname, Dname, Dhead, Cname, Grade}进行分析可知，它包括学生基础信息和学习成绩两方面的“概念”，表现为完全函数依赖与部分函数依赖，因此将其分解为 StudentDept(Sno,Sname,Dname,Dhead) 和 Reports(Sno, Cname,Grade)两个关系模式。

进一步分析 StudentDept(Sno,Sname,Dname,Dhead)可以发现，它还包括学生信息和学生所在系的信息，表现为传递函数依赖，因此将其分解为

Students(Sno,Sname,Dname)

Departments(Dname, Dhead)

至此，StudyInfo 被分为如下 3 个模式：

Students(Sno,Sname,Dname)

Reports(Sno, Cname,Grade)

Departments(Dname, Dhead)

人们认识以上原则是经历了一个过程的。从认识非主属性对候选键的部分函数依赖的危害开始，2NF、3NF、BCNF、4NF 的提出是这个认识过程逐步深化的标志，概括起来如图 4-7 所示。

一般地说，规范化程度过低的关系可能会存在插入异常、删除异常、修改复杂、数据冗余过多等问题，需要对其进行规范化，转换成较高级别的范式。但这并不意味着规范化程度越高的关系模式就一定越好。因为对分解了的关系进行一些复杂的查询操作时，就必须进行关系的连接运算，这样比没有分解之前显然增加了查询运算的代价，因为在原来的单个关系中，只需要进行单个关系上的选择和投影运算即可。所以，在设计数据库模式结构时，数据库设计人员必须对现实世界的实际情况和用户需求进行进一步分析，确定一个合适的、能够反映现实世界的模式，而不能把规范化的规则绝对化。这就是说，数据库设计人员可以根据用户需求和问题的实际情况，在规范化步骤中任何一步终止。

1NF
↓　消去非主属性对候选键的部分函数依赖
2NF
↓　消去非主属性对候选键的传递函数依赖
3NF
↓　消去主属性对候选键的部分函数依赖和传递函数依赖
BCNF
↓　消去非平凡且非函数依赖的多值依赖
4NF
↓　消去不是由候选键蕴涵的连接依赖
5NF

图 4-7　各种范式及规范化过程

例 4.20　考虑一个描述学生家庭住址的关系模式，即

StudAddress(Sno,Sname,Street,City,PostCode)

其中，Sno、Sname、Street、City 和 PostCode 分别表示学生的学号、姓名、街道、城市和邮政编码。其函数依赖集是 F = {Sno→Sname, Sno→Street, Sno→City, Sno→PostCode, PostCode→City}，因而存在着传递函数依赖，所以关系模式 StudAddress ∉ 3NF。因此，按照规范化理论，可以将其分解为关系模式 Students(Sno, Sname, Street, PostCode)和 Address(City,PostCode)，从而消除传递函数依赖，使其成为 3NF。然而在实际应用中，总是把属性 City 和 PostCode 作为一个整体来考虑，且便于查询。此外，邮政编码一旦确定是很少更改的，更新异常不是严重问题，因此一般可以不对关系模式 StudAddress 进行分解。

4.4　关系模式的分解特性

在 4.1 节开始就分析了关系模式 StudyInfo 存在插入、删除和更新操作等一些异常问题，通过将关系模式 StudyInfo 分解为多个关系模式后使有关异常问题得到了较好的解决。然而，在关系模式分解处理中会涉及一些新问题，如关系模式 StudyInfo 是否还有其他的分解结果，即对一个给定的关系模式，可能存在多种分解方法，虽然分解后的模式都是某个级别的范式，但哪种分解结果更好，哪种分解结果真正表达了原来关系模式所表达的信息，即分解后的关系模式是否与原来的模式等价呢，这就是研究关系模式分解的无损连接性和保持函数依赖的目的。

4.4.1　模式分解中存在的问题

设有关系模式 R(U)和 $R_1(U_1)$, $R_2(U_2)$, …, $R_k(U_k)$，其中 $U=\{A_1, A_2, \cdots, A_n\}$，$U_i \subseteq U(i=1,2,\cdots,k)$ 且 $U=U_1 \cup U_2 \cup \cdots \cup U_k$。令 $\rho=\{R_1(U_1), R_2(U_2), \cdots, R_k(U_k)\}$，则称 ρ 为 R(U)的一个分解，也称为数据库模式，有时也称为模式集。用 ρ 代替 R(U)的过程称为关系模式的分解。

数据库模式 ρ 的一个具体取值记为 $\sigma=(r_1, r_2, \cdots, r_k)$，称为数据库实例 σ。其中 r_i 是 ρ 中关系模式 $R_i(U_i)$的一个具体关系。

实际上,关系模式的分解,不仅仅是属性集合的分解,它是对关系模式上的函数依赖集,以及关系模式对应的具体关系进行分解的具体表现。

例 4.21　设关系模式 R(A, B, C),F = {A→B,B→C},r 是 R(U)满足 F 的一个具体关系,如表 4－12 所示。下面将 R 作出几个不同的分解,看看会出现什么样的问题。

1) 将 R 分解为 $\rho_1 = \{R_1(A), R_2(B), R_3(C)\}$,则相应关系 r 被分解为三个关系(表 4－13),虽然从范式的角度看,关系 r_1、r_2、r_3 都是 4NF,但这样的分解显然是不可取的。因为它不仅不能保持 F,即从分解后的 ρ_1 无法得出 A→B 或 B→C 这种函数依赖。也不能使 r 得到“恢复”,这里所说的“恢复”意指无法通过对关系 r_1、r_2、r_3 的连接运算操作得到与 r 一致的元组,甚至无法回答最简单的查询要求。

表 4－12　关系模式 R 的一个关系 r

A	B	C
a_1	b_1	c_1
a_2	b_1	c_1
a_3	b_2	c_2
a_4	b_3	c_1

表 4－13　关系 r 分解为三个关系

A
a_1
a_2
a_3
a_4

关系 r_1

B
b_1
b_2
b_3

关系 r_2

B
c_1
c_2

关系 r_3

2) 将 R 分解为 $\rho_2 = \{R_4(A,B), R_5(A,C)\}$,对应关系 r 分解为 r_4,r_5。由表 4－14 可知,r 通过 $r_4 \bowtie r_5$ 得到恢复,即 $r = r_4 \bowtie r_5$。因此,将这样的分解称为无损连接分解。但不保持函数依赖 B→C。

表 4－14　关系 r 的三种分解

A	B
a_1	b_1
a_2	b_1
a_3	b_2
a_4	b_3

关系 r_4

A	C
a_1	c_1
a_2	c_1
a_3	c_2
a_4	c_1

关系 r_5

B	C
b_1	c_1
b_2	c_2
b_3	c_1

关系 r_6

3) 将 R 分解为 $\rho_3 = \{R_5(A,C), R_6(B,C)\}$,对应关系 r 分解为 r_5,r_6;则函数依赖 A→B不被保持,而且 $r \neq r_5 \bowtie r_6$。

4) 将 R 分解为 $\rho_4 = \{R_4(A,B), R_6(B,C)\}$,对应关系 r 分解为 r_4,r_6。这是最好的一种分解,既保持了函数依赖 F = {A→B,B→C}(这样的分解称为保持函数依赖的分解),又可得到 $r = r_4 \bowtie r_6$。

从上述实例分析中可以看到,一个关系模式的分解可以有几种不同的评判标准:

1) 分解具有无损连接性{这种分解可能丢失某些函数依赖,即不保持函数依赖 F,丢失完整性约束}。

2) 分解保持函数依赖{这种分解可能无法通过自然连接得到分解前的关系}。

3) 分解既保持函数依赖,又具有无损连接性{最好的分解}。

4.4.2 节讨论“保持函数依赖”和“无损连接性”的确切定义及这些性质的判断方法,

并给出一个关系模式的分解算法。

4.4.2 无损连接

定义 4.18 设 R(U) 是一个关系模式，F 是 R(U) 满足的一个函数依赖集，将 R(U) 分解成关系模式 $\rho=\{R_1(U_1), R_2(U_2), \cdots, R_k(U_k)\}$，$U=U_1\cup U_2\cup\cdots\cup U_k$。如果对 R(U) 中满足 F 的每一个具体关系 r 都有

$$r=\pi_{U_1}(r)\bowtie\pi_{U_2}(r)\bowtie\cdots\bowtie\pi_{U_k}(r)$$

则称这个分解 ρ 相对于 F 具有无损连接性（lossless join decomposition），简称 ρ 为无损连接分解，即 r 为它自己在 U_i 上投影的自然连接。

r 的投影连接表达式 $\pi_{U_1}(r)\bowtie\pi_{U_2}(r)\bowtie\cdots\bowtie\pi_{U_k}(r)$ 用 $m_\rho(r)$ 表示，即 $m_\rho(r)=\bowtie_{i=1}^{k}\pi_{U_k}(r)$，称为关系 r 的投影连接变换式。例 4.21 已说明在一般情况下，r 和 $m_\rho(r)$ 不一定相等。对于关系模式 R(U) 关于 F 的无损连接条件是：任何满足 F 的关系 r，有 $r=m_\rho(r)$。

定理 4.10 设 R(U) 是一个关系模式，$\rho=\{R_1(U_1), R_2(U_2), \cdots, R_k(U_k)\}$ 是 R(U) 的一个分解，r 是 R(U) 的任一具体关系，设 $r_i=\pi_{U_i}(r)\ (i=1,2,\cdots,k)$，那么有

1) $r\subseteq m_\rho(r)$。

2) 若令 $s=m_\rho(r)$，则 $\pi_{U_i}(s)=r_i(i=1,2,\cdots,k)$。

3) $m_\rho(m_\rho(r))=m_\rho(r)$。

证明 1) 设 t 为关系 r 中的任一个元组，则 $t_i=t[U_i]$ 在关系 $r_i(i=1,2,\cdots,k)$ 中，根据自然连接的定义，可知 $t_1t_2\cdots t_k$ 在 $\bowtie_{i=1}^{k}\pi_{U_k}(r)$ 中，所以 $t\in m_\rho(r)$，即 $r\subseteq m_\rho(r)$。

2) 由于 $r\subseteq m_\rho(r)$，可得到 $\pi_{U_i}(r)\subseteq\pi_{U_i}(m_\rho(r))$。因为 $s=m_\rho(r)$，所以 $r_i\subseteq\pi_{U_i}(s)$，因此只需证明 $\pi_{U_i}(s)\subseteq r_i$。

任取元组 $u_i\in\pi_{U_i}(s)$，则存在元组 $t\in s$，使 $t[U_i]=u_i$，由于 $s=\bowtie_{i=1}^{k}\pi_{U_k}(r)$，因此 $t[U_i]\in r_i(i=1,2,\cdots,k)$，即 $u_i\in r_i$，由 u_i 的任意性可知 $\pi_{U_i}(s)\subseteq r_i$。所以，$\pi_{U_i}(s)=r_i$ 得证。

3) 由于 $\pi_{U_i}(s)=r_i(i=1, 2, \cdots, k)$，于是有 $m_\rho(m_\rho(r))=m_\rho(s)=\bowtie_{i=1}^{k}\pi_{U_k}(s)=\bowtie_{i=1}^{k}r_i=m_\rho(r)$。

4.4.3 无损连接的测试

由于不是任何分解都具有无损连接性，因此如何测试一个模式的分解是否具有无损连接性是一个很重要的问题。

例 4.22 设关系模式 R(A, B, C) 的一个关系为 r（表 4－15），将 R(A, B, C) 分解成两个模式 R_1(A, B) 和 R_2(B,C) 后，关系 r 相应分解为关系 r_1，r_2（表4－15），它们是 r 在相应的模式属性集上的投影。

现在利用 r_1 和 r_2 的自然连接运算计算 $m_\rho(r)$，其结果如表 4－16 所示，并与表 4－15 中关系 r 比较可以发现 $r\neq m_\rho(r)$，所以 R(A, B, C) 分解成 R_1(A, B)，R_2(B, C) 是不具有无损连接性的分解。

表 4-15　关系 r 及其投影

关系 r

A	B	C
a_1	b_1	c_1
a_2	b_1	c_2
a_7	b_3	c_3
a_8	b_4	c_4
a_9	b_5	c_5

关系 r_1

A	B
a_1	b_1
a_2	b_1
a_7	b_3
a_8	b_4
a_9	b_5

关系 r_2

B	C
b_1	c_1
b_1	c_2
b_3	c_3
b_4	c_4
b_5	c_5

表 4-16　关系 r_1 与关系 r_2 的自然连接

A	B	C
a_1	b_1	c_1
a_1	b_1	c_2
a_2	b_1	c_1
a_2	b_1	c_2
a_7	b_3	c_3
a_8	b_4	c_4
a_9	b_5	c_5

如果一个关系模式的分解不是无损连接的分解,那么分解后的关系通过自然连接运算无法恢复到分解前的关系。如何保证关系模式的分解具有无损连接性呢？这就要求在对模式进行分解时必须利用该模式属性间函数依赖的性质,并通过适当的方法判别其分解是否为无损连接的分解,以保证最终使用的分解具有无损连接性。

算法 4.2　无损连接的测试。

输入:关系模式 R(U),其中 $U=\{A_1, A_2, \cdots, A_n\}$,R(U)上成立的函数依赖集 F 和 R(U)的一个分解 $\rho=\{R_1(U_1), R_2(U_2), \cdots, R_k(U_k)\}$,其中 $U=U_1\cup U_2\cup\cdots\cup U_k$。

输出:ρ 相对于 F 具有或不具有无损连接性的判断。

计算方法和步骤:

1) 构造一张 k 行 n 列的表格,每列对应一个属性 $A_j(j=1, 2, \cdots, n)$,每行对应一个模式 $R_i(U_i)$ 的属性集合($i=1, 2, \cdots, k$)。如果 A_j 在 U_i 中,那么在表格的第 i 行第 j 列处填上符号 a_j,否则填上符号 b_{ij}。

2) 反复检查 F 的每一个函数依赖,并修改表格中的元素,直到表格不能修改为止。其方法如下:

取 F 中的函数依赖 X→Y,如果表格中有两行在 X 分量上相等,在 Y 分量上不相等,那么修改 Y 分量上的值,使这两行在 Y 分量上也相等,具体修改分两种情况:① 如果 Y 的分量中有一个是 a_j,那么另一个也修改成 a_j;② 如果 Y 的分量中没有 a_j,那么用下标 i 较小的那个 b_{ij} 替换另一个符号。

3) 若修改结束后的表格中有一行是全 a,即 $a_1, a_2, \cdots, a_n$,那么 ρ 相对于 F 是无损连接的分解,否则 ρ 相对于 F 不是无损连接的分解。

定理 4.11　关系模式 R(U)的一个分解 $\rho=\{R_1(U_1), R_2(U_2), \cdots, R_k(U_k)\}$是无损连

接分解的充分必要条件是算法 4.2 终止且最终结果表中有一行的元素为 a_1, a_2, …, a_n。

证明从略,下面给出一个示例说明算法的使用。

例 4.23 设关系模式 R(A,B,C,D,E)分解为 ρ={R_1(A,D), R_2(A,B), R_3(B,E), R_4(C,D,E), R_5(A,E)},设函数依赖集是 F={A→C, B→C, C→D, DE→C, CE→A},判断 R 的分解 ρ 是否为无损连接分解。

解 1)构造初始表,如表 4－17(a)所示。

表 4－17 初始表和第①次修改结果

(a) 初始表

	A	B	C	D	E
{A,D}	a_1	b_{12}	b_{13}	a_4	b_{15}
{A,B}	a_1	a_2	b_{23}	b_{24}	b_{25}
{B,E}	b_{31}	a_2	b_{33}	b_{34}	a_5
{C,D,E}	b_{41}	b_{42}	a_3	a_4	a_5
{A,E}	a_1	b_{52}	b_{53}	b_{54}	a_5

(b) 第①次修改结果

	A	B	C	D	E
{A,D}	a_1	b_{12}	b_{13}	a_4	b_{15}
{A,B}	a_1	a_2	b_{13}	b_{24}	b_{25}
{B,E}	b_{31}	a_2	b_{33}	b_{34}	a_5
{C,D,E}	b_{41}	b_{42}	a_3	a_4	a_5
{A,E}	a_1	b_{52}	b_{13}	b_{54}	a_5

2) 反复检查 F 中的函数依赖,修改表格元素:

① 根据 A→C,对表 4－17(a)进行处理,由于第 1、2、5 行在 A 分量(列)上的值为 a_1(相等),在 C 分量(列)上的值不相等,所以将属性 C 列的第 1、2、5 行上 b_{13}, b_{23}, b_{53}改为同一个符号 b_{13},结果如表 4－17(b)所示。

② 根据 B→C,考察表 4－17(b),由于第 2、3 行在 B 列上的值为 a_2(相等),在 C 列上不相等,所以将属性 C 列的第 2、3 行 b_{13}, b_{33}改为同一个符号 b_{13},结果如表 4－18(a)所示。

表 4－18 第②次和第③次修改结果

(a) 第②次修改结果

	A	B	C	D	E
{A,D}	a_1	b_{12}	b_{13}	a_4	b_{15}
{A,B}	a_1	a_2	b_{13}	b_{24}	b_{25}
{B,E}	b_{31}	a_2	b_{13}	b_{34}	a_5
{C,D,E}	b_{41}	b_{42}	a_3	a_4	a_5
{A,E}	a_1	b_{52}	b_{13}	b_{54}	a_5

(b) 第③次修改结果

分解	A	B	C	D	E
{A,D}	a_1	b_{12}	b_{13}	a_4	b_{15}
{A,B}	a_1	a_2	b_{13}	a_4	b_{25}
{B,E}	b_{31}	a_2	b_{13}	a_4	a_5
{C,D,E}	b_{41}	b_{42}	a_3	a_4	a_5
{A,E}	a_1	b_{52}	b_{13}	a_4	a_5

③ 根据 C→D,考察表 4－18(a),由于第 1、2、3、5 行在 C 列上的值为 b_{13}(相等),在 D 列上的值不相等,根据算法修改原则,将 D 列的第 1、2、3、5 行上的 a_4,b_{24},b_{34},b_{54}均改成 a_4,结果如表 4－18(b)所示。

④ 根据 DE→C,考察表 4－18(b),由于 3、4、5 行在 D,E 列上的值为(a_4,a_5),即相等,而在 C 列上不相等,根据算法修改原则将 C 所在列的第 3、4、5 行上的元素改为 a_3,结果如表 4－19(a)所示。

⑤ 根据 CE→A,考察表 4－19(a),根据算法修改原则,将 A 列的第 3、4、5 行的元素都改成 a_1,结果如表 4－19(b)所示。

表4-19　第④次和第⑤次修改结果

(a) 第④次修改结果

分解	A	B	C	D	E
{A,D}	a_1	b_{12}	b_{13}	a_4	b_{15}
{A,B}	a_1	a_2	b_{13}	a_4	b_{25}
{B,E}	b_{31}	a_2	a_3	a_4	a_5
{C,D,E}	b_{41}	b_{42}	a_3	a_4	a_5
{A,E}	a_1	b_{52}	a_3	a_4	a_5

(b) 第⑤次修改结果

分解	A	B	C	D	E
{A,D}	a_1	b_{12}	b_{13}	a_4	b_{15}
{A,B}	a_1	a_2	b_{13}	a_4	b_{25}
{B,E}	a_1	a_2	a_3	a_4	a_5
{C,D,E}	a_1	b_{42}	a_3	a_4	a_5
{A,E}	a_1	b_{52}	a_3	a_4	a_5

由于F中的所有函数依赖已经检查完毕,所以表4-19(b)为最后结果表。因为第3行已是全a行,因此关系模式R(U)的分解ρ是无损连接分解。

定理4.12　如果R(U)的分解为$\rho=\{R_1(U_1),R_2(U_2)\}$,其中$U=U_1\cup U_2$,F为R(U)所满足的函数依赖集合,则分解ρ是无损连接的充分必要条件为$(U_1\cap U_2)\rightarrow(U_1-U_2)$或者$(U_1\cap U_2)\rightarrow(U_2-U_1)$成立。

此定理表明,当模式R分解成两个关系模式$R_1(U_1)$和$R_2(U_2)$时,如果其公共属性能函数决定U_1或U_2中的其他属性,这样的分解就是无损连接的。

证明　首先,借助无损连接的测试算法将R(U)的属性划分成三部分:$U_1\cap U_2$、U_1-U_2和U_2-U_1。其初始表如表4-20所示(表中a,b省略了下标)。

表4-20　初始测试表

	$U_1\cap U_2$	U_1-U_2	U_2-U_1
U_1	$aa\cdots a$	$aa\cdots a$	$bb\cdots b$
U_2	$aa\cdots a$	$bb\cdots b$	$aa\cdots a$

1) 充分性:如果$(U_1\cap U_2)\rightarrow(U_1-U_2)$在F中,则根据算法可将第2行中对应$U_1-U_2$列的$(bb\cdots b)$改成$(aa\cdots a)$,则第2行全为$a$,因此是无损连接。

同理,如果$(U_1\cap U_2)\rightarrow(U_2-U_1)$在F中,则第1行中对应$U_2-U_1$列的$(bb\cdots b)$改成$(aa\cdots a)$,则第1行为全$a$行,因此是无损连接的。

另外,如果$(U_1\cap U_2)\rightarrow(U_1-U_2)$不在F中,但在$F^+$中,那么,它可由F用Armstrong推理规则导出,因而有$(U_1\cap U_2)\rightarrow A_i$,而$A_i\subseteq(U_1-U_2)$,所以第2行中$A_i$列的$b$改为$a$,同样可以将第2行中的$b$全改为$a$。这样,第2行即为全$a$行,所以是无损连接。同理,可以证明$(U_1\cap U_2)\rightarrow(U_2-U_1)$不在F中的情况。

2) 必要性:如分解是无损连接的,则必定有第1行全为a,则由函数依赖定义知$(U_1\cap U_2)\rightarrow(U_2-U_1)$,或者第2行全为$a$,则有$(U_1\cap U_2)\rightarrow(U_1-U_2)$。

例4.24　设关系模式R(A,B,C),F={A→B},则$\rho_1=\{R_1(A,B),R_2(A,C)\}$是无损连接的,而$\rho_2=\{R_1(A,B),R_3(B,C)\}$不是无损连接。

解　1) 对于分解ρ_1,这里U={A,B,C},$U_1=\{A,B\}$,$U_2=\{A,C\}$。根据上述定理可证明ρ_1是无损连接的。

因为$U_1\cap U_2=\{A\}$;$U_1-U_2=\{B\}$,因为$A\rightarrow B\in F$,所以$U_1\cap U_2\rightarrow(U_1-U_2)$在F中成立,故由定理4.13知,关系模式R(U)的分解$\rho_1=\{R_1(A,B),R_2(A,C)\}$具有无损连接性。

2）用同样的办法可证明 ρ_2 不是无损连接的。这里 $U=\{A,B,C\}$，$U_1=\{A,B\}$，$U_2=\{B,C\}$。

因为 $U_1\cap U_2=\{B\}$；$U_1-U_2=\{A\}$，$U_2-U_1=\{C\}$，所以 $U_1\cap U_2\to(U_1-U_2)$ 和 $U_1\cap U_2\to(U_2-U_1)$ 都不能由 F 导出，故由定理 4.13 知，关系模式 R(U) 的分解 $\rho_2=\{R_1(A,B),R_3(B,C)\}$ 不具有无损连接性。

4.4.4　保持函数依赖的分解

在 4.3.2 节中，已清楚地看到，要求关系模式分解的无损连接性是必要的，因为它保证了关系模式的任何一个具体关系能由它自己的那些投影进行自然连接得到恢复。但在例 4.21 就已说明，仅要求关系模式分解具有无损连接性是不够的。如果关系模式在分解后不能保持原有的函数依赖，就丢失了一部分完整性约束信息，也就可能导致数据库的不一致性。因此，保持关系模式分解前后的函数依赖集不变，即从关系模式 R(U) 到 $\rho=\{R_1(U_1),\ R_2(U_2),\ \cdots,\ R_k(U_k)\}$ 的分解，应使函数依赖集 F 被所有的 $\pi_{U_i}(F)$ 所蕴涵，这就是保持函数依赖问题。

设 F 是属性集 U 上的函数依赖集，Z 是 U 上的一个子集，F 在 Z 上的一个投影用 $\pi_Z(F)$ 表示，定义为：$\pi_Z(F)=\{X\to Y\mid(X\to Y)\in F^+ 且\ XY\subseteq Z\}$。

定义 4.19　设关系模式 R(U) 的一个分解 $\rho=\{R_1(U_1),\ R_2(U_2),\ \cdots,\ R_k(U_k)\}$，F 是 R(U) 满足的函数依赖集，如果 $F^+=(\bigcup_{i=1}^{k}\pi_{U_i}(F))^+$，则称分解 ρ 保持函数集 F，简称 ρ 保持函数依赖。

由以上定义可知，检验一个分解是否保持函数依赖，其实就是检验函数依赖集 $G=\bigcup_{i=1}^{k}\pi_{U_i}(F)$ 是否覆盖函数依赖集 F，也就是检验：对于任意一个函数依赖 $X\to Y\in F$ 是否可由 G 根据 Armstrong 公理导出，而由定理 4.3 可知，即要检验是否有 $Y\subseteq X_G^+$。

由以上分析可得检验一个分解是否保持函数依赖的算法。

算法 4.3　函数依赖测试。

输入：R(U,F) 和 $\rho=\{R_1(U_1),\ R_2(U_2),\ \cdots,\ R_k(U_k)\}$。

输出：ρ 是否保持 F 的判断结果。

算法步骤：

1）令 $G=\bigcup_{i=1}^{k}\pi_{U_i}(F)$，F=F−G，Result=True。

2）对于 F 中的第一个函数依赖 $X\to Y$，计算 X_G^+ 并令 $F=F-\{X\to Y\}$。

3）若 $Y\not\subseteq X_G^+$，则令 Result=False，转 4）。否则，若 $F\neq\phi$，转 2），否则，转 4）。

4）若 Result=True，则 ρ 保持函数依赖 F。否则 ρ 不保持函数依赖 F。

例 4.25　设有关系模式 R(A,B,C,D)，$F=\{A\to B,\ B\to C,\ C\to D,\ D\to A\}$，模式 R 的一个分解 $\rho=\{R_1(A,B),\ R_2(B,C),\ R_3(C,D)\}$。判断 ρ 是否保持 F。

解　由函数依赖集 F 和分解 ρ 可知：$F_1=\pi_{\{A,B\}}(F)=\{A\to B,\ B\to A\}$，$F_2=\pi_{\{B,C\}}(F)=\{B\to C,\ C\to B\}$，$F_3=\pi_{\{C,D\}}(F)=\{C\to D,\ D\to C\}$，根据算法：

1）$G=\{A\to B,\ B\to A,B\to C,\ C\to B,C\to D,D\to C\}$，$F=F-G=\{D\to A\}$，Result=True。

2）对于函数依赖 D→A，即令 X＝{D}，Y＝{A} 有 X→Y，F＝F－{D→A}＝ϕ，由算法 4.1 计算得 X_G^+＝{A,B,C,D}。

3）因为 Y＝{A}$\subseteq X_G^+$＝{A,B,C,D}，转4）。

4）由于 Result＝True，所以关系模式 R 的分解 ρ 保持函数依赖 F。

关于关系模式的分解有以下几个重要事实：

1）若要求分解保持函数依赖，那么模式分解总可以达到 3NF，但不一定能达到BCNF。

2）若要求分解既保持函数依赖，又具有无损连接性，可以达到 3NF，但不一定能达到 BCNF。

3）若要求分解具有无损连接性，那么一定可达到 4NF。

4.4.5　分解成 3NF 的模式集

本节介绍一个算法和两个定理，它们保证将一个关系模式 R 分解成 3NF 模式集，且既保持函数依赖又具有无损连接性。

算法 4.4　将一个关系模式转换为 3NF 的保持函数依赖的分解。

输入：关系模式 R，属性集合 U 和 R 上成立的函数依赖集 F。

输出：R 的一个分解 ρ＝{$R_1(U_1)$，$R_2(U_2)$，…，$R_k(U_k)$}，其中的每个 $R_i(U_i)$ 都是 3NF 的，且 ρ 保持函数依赖 F。

算法步骤：

1）求出函数依赖集 F 的最小覆盖并仍记为 F，令 ρ＝ϕ。

2）若 F 中存在函数依赖 X→Y 使 XY＝U，则令 ρ＝ρ∪{R(U)}，转6）。

3）若 U 中某些属性 U_1 在 F 的所有函数依赖的左部和右部都不出现，则把这些属性构成一个关系模式 $R(U_1)$，并令 ρ＝ρ∪{$R(U_1)$}。

4）对 F 中的所有以 X 为左部的函数依赖 $X\to Y_1$，$X\to Y_2$，…，$X\to Y_k$ 构成关系模式 $R(XY_1Y_2\cdots Y_k)$，令 ρ＝ρ∪{$R(XY_1Y_2\cdots Y_k)$}，F＝F－{$X\to Y_1$，$X\to Y_2$，…，$X\to Y_k$}。

5）若 F＝ϕ，转6）；否则，转4）。

6）输出 ρ。

定理 4.13　算法 4.4 把一个关系模式分解为保持函数依赖的 3NF 模式集。

定理 4.14　设 ρ＝{$R_1(U_1)$，$R_2(U_2)$，…，$R_k(U_k)$} 是由算法 4.4 得到的一个分解。设 X 是 R(U) 的一个候选键，若存在某个 U_i 使 $X\subseteq U_i$，则令 τ＝ρ，否则令 τ＝ρ∪{$R_x(X)$}。则 τ 是 R 的一个分解，其中的所有模式都是 3NF，且这个分解具有无损连接和保持函数依赖两个特性。

以上两个定理的证明从略，下面用一个例子予以说明。

例 4.26　设关系模式 R(A,B,C,D,E,P)，它满足的函数依赖集 F＝{A→B，AE→P，CD→A，CE→D，BC→D} 已是最小函数依赖集，则由算法 4.4 可得 R(A,B,C,D,E,P) 的一个分解：

$$\rho=\{R_1(A,B),\ R_2(A,E,P),\ R_3(C,D,A),\ R_4(C,E,D),\ R_5(B,C,D)\}$$

这个分解显然将原有的函数依赖 F 保持下来，且每个分解模式都是 3NF。

由于 R 的一个候选键属性集是 {C,E}$\subseteq U_4$＝{C,E,D}，根据定理 4.15 可知 τ＝ρ＝

$\{R_1(A,B), R_2(A,E,P), R_3(C,D,A), R_4(C,E,D), R_5(B,C,D)\}$是 R 的一个分解,其中的所有模式都是 3NF,且这个分解具有无损连接和保持函数依赖两个特性。

除了以上算法外,还有将 R 分解成 BCNF 的算法,请读者阅读本书后的参考文献。

4.4.6 关系模式设计原则

经过本章前面的讨论,对关系模式的分解有了比较全面的了解,这里予以简单总结。

数据库设计者在进行关系数据库设计时,应尽可能使数据库模式保持最好的特性,模式分解并不单指把关系模式分解成数据库模式,也包括把一个数据库模式分解成另一个数据库模式,分解的关键问题是要"等价"地分解。关系模式 R(U,F)分解成数据库模式 $\rho=\{R_1(U_1), R_2(U_2), \cdots, R_k(U_k)\}$是一个好的模式设计应符合下列三条原则:等价性、分离性、最小性。

1) 等价性。就是分解前后两个数据库模式的等价性问题,即数据等价和依赖等价,分别用无损连接性和保持函数依赖来衡量。等价,意味着分解后的数据库能够完全表达原来数据库所表达的所有信息。因此,有些教材又将其称为表达性。

2) 分离性。是指属性间的"独立联系"应该用不同的关系模式表达,即分解以后的各个模式尽可能做到概念单一。独立联系是我们所考虑的"基本信息单位"。例如,模式 R(U)中有 $X\rightarrow Y$ 成立,它就是一个"独立联系",就把 XY 作为一个基本的信息单位从 R(U)中分离出去,记为一个独立的 R(XY)。因此,分离就是清除存储异常和数据冗余现象,如果能达到这个目的,就实行分离。分离的基准就是要达到某种范式级别。

3) 最小性。即在要求等价分解的前提下,应使数据库模式 $\rho=\{R_1(U_1), R_2(U_2), \cdots, R_k(U_k)\}$中的模式个数最少和模式中属性总数最少,即最小冗余性。目的是清除不必要的冗余以节省存储空间,提高对关系的操作效率。但也要注意,在实际使用中,并不一定要达到最小冗余。因为适当的冗余在有些时候对于提高查询处理效率是有好处的。

最小冗余性要求在分解后的数据库能表达原来数据库的所有信息这个前提下,使数据库模式 $\rho=\{R_1(U_1), R_2(U_2), \cdots, R_k(U_k)\}$中的模式个数最少和模式中属性总数最少。目的是节省存储空间,提高对关系的操作效率,清除不必要的冗余。但要注意:在实际使用中,并不一定要达到最小冗余。因为有时带点冗余对于提高查询处理效率是有好处的。

习　题

4.1 名词解释

1) 函数依赖、部分函数依赖、完全函数依赖、传递函数依赖、非平凡依赖、多值依赖。

2) 候选键、主键、外键、主属性、非主属性。

3) 函数依赖集 F、F 的闭包 F^+、属性集 X 关于 F 的闭包 X^+、推理规则的有效性和完备性、函数依赖集的覆盖和等价、最小依赖集。

4) 1NF,2NF,3NF,BCNF,4NF。

5) 无损连接、保持函数依赖。

4.2 建立关于系、学生、班级、社团等信息的一个关系数据库,一个系有若干个专业,每个专业每年只招一个班,每个班有若干学生,一个系的学生住在同一宿舍区,每个学生可以参加若干个社团,每个社团有若干学生。假设:

描述学生的属性有:学号、姓名、出生年月、系名、班级号、宿舍区。

描述班级的属性有：班级号、专业名、系名、人数、入校年份。

描述系的属性有：系号、系名、系办公地点、人数。

描述社团的属性有：学会名、成立年份、地点、人数、学生参加某社团的年份。

1）请给出关系模式，写出每个关系模式的最小函数依赖集，指出是否存在传递函数依赖，对于函数依赖左部是多属性的情况，讨论函数依赖是完全函数依赖，还是部分函数依赖。

2）指出各个关系模式的候选键、外键，是否存在全键的关系模式？

4.3　已知关系模式 R(A,B,C)，F={A→C,B→C}，求 F^+。

4.4　设 U={A,B,C,D,E}，F={A→D, E→D, D→B, BC→D, CD→A}。

1）设 X={A,D}，求 X^+。

2）设 X={A,C,E}，求 X^+。

3）设 X={B,C,E}，求 X^+。

4）设 X={A,B,D}，求 X^+。

5）设 X={B,D,E}，求 X^+。

4.5　试分析下列分解是否具有无损连接和保持函数依赖的特点：

1）设 R(A,B,C)，F_1={A→B}在 R 上成立，ρ_1={R_1(A,B), R_2(A,C)}。

2）设 R(A,B,C)，F_2={A→C, B→C}在 R 上成立，ρ_2={ R_1(A,B), R_2(A,C)}。

3）设 R(A,B,C)，F_3={A→B}在 R 上成立，ρ_3={ R_1(A,B), R_2(B,C)}。

4）设 R(A,B,C)，F_4={A→B, B→C}在 R 上成立，ρ_4={ R_1(A,B), R_2(B,C)}。

4.6　设关系模式 R(A,B,C,D)，R 上的函数依赖集 F={A→B,B→C,A→D,D→C}，R 的一个分解 ρ={ R_1(A,B), R_2(A,C), R_3(A,D)}。

1）求 F 在 ρ 的每个模式上的投影。

2）ρ 相对于 F 是无损连接分解吗？

3）ρ 保持函数依赖吗？

4.7　设关系模式 R(Sno,Cno,Grade,Tname,Taddress)，其属性分别表示学生学号、课程编号、成绩、任课教师姓名、教师地址等属性。如果规定，每个学生每学一门课只有一个成绩，每门课只有一个教师任教；每个教师只有一个地址且没有同姓名的教师。

1）试写出关系模式 R 的函数依赖集和候选键。

2）试把 R 分解成 2NF 模式集，并说明理由。

3）试把 R 分解成 3NF 模式集，并说明理由。

4.8　指出下列关系模式是第几范式，说明理由。

1）R(A,B,C)，其函数依赖集为 F={AB→C}。

2）R(A,B,C)，其函数依赖集为 F={B→C,AC→B}。

3）R(A,B,C)，其函数依赖集为 F={B→C,B→A, A→BC}。

4）R(A,B,C)，其函数依赖集为 F={A→B,A→C}。

5）R(A,B,C,D)，其函数依赖集为 F={A→C,AD→B}。

4.9　设有关系模式 R(U,F)，其中 U={A,B,C,D,E,P}，F={A→B, C→P, E→A, CE→D}，求出 R(U,F)的所有候选键。

4.10　设有关系模式 R(U,F)，其中 U={A,B,C,D,E}，F={A→D, E→D, D→B, BC→D, DC→A}。

1）求出 R(U,F)的所有关键字。

2）判断 ρ={ R_1(A,B), R_2(A,E) , R_3(C,E) , R_4(B,C,D) , R_5(A,C)}是否为无损连接分解？

3）判断 ρ={ R_1(A,B), R_2(A,E) , R_3(C,E) , R_4(B,C,D) , R_5(A,C)}是否保持函数依赖 F？

4.11　设有关系模式 R(U,F)，其中 U={A,B,C,D}，F={A→C, C→A, B→AC, D→AC, BD→A}。

求 F 的最小依赖集。

4.12　设有关系模式 R(U,F),其中 U = {A,B,C,D,E},F = {A→D, E→D, D→B, BC→D, CD→A}。

1）求出 R(U,F)的所有候选键。

2）将 R(U,F)分解为具有无损连接性和保持函数依赖集 F 的 3NF 模式集。

第5章 数据库的安全与保护

数据库是存放数据的场所，数据库中的数据从开始建立到不断充实完善，需要花费大量人力、物力，其中的许多数据，如银行数据库中的用户存款数据，证券所数据库中的证券交易数据，大型企业数据库中的市场需求、营销策略、销售计划、客户档案和供货商档案等数据，都是非常关键和重要的，且涉及各种机密和个人隐私，对它们的非法使用和更改可能引起灾难性的后果。因此，在数据库的使用过程中，如何保证数据的安全可靠、正确可用，且当数据库遭到破坏后能够迅速地得到恢复，这就是数据库的安全与保护问题。

5.1 安全与保护概述

一般地说，造成数据库的数据不正确，甚至被破坏的原因是多方面的，但归纳起来主要有以下四个方面：

1）自然的或人为的破坏，如火灾、计算机病毒或未被授权人有意篡改数据等。

2）对数据库数据的更新操作有误，如操作时输入的数据有误或存取数据库的应用程序有错等。

3）数据库的并发操作引起数据的不一致性。

4）数据库系统的软、硬件故障，造成数据被破坏。

为了防止以上四类原因引起的数据库安全与保护问题，数据库系统（DBS）的安全与保护措施可以从 DBS 外部管理和 DBS 内部控制两个方面来实现。

1. DBS 外部管理

数据库系统外部管理主要包括以下几点：

1）自然环境的保护。包括计算机机房、设备及其周边环境的监控，预防火灾、水灾和地震等自然灾害或者外部人员故意对数据库系统造成的物理破坏。

2）人员环境的保护。对数据库系统有关工作人员进行培训，加强法律和安全防范意识，使其清正廉洁，正确授予用户访问数据库权限和正确使用数据库，防止内部人员对数据库的不合理使用或错误操作。

2. DBS 内部控制

数据库系统内部控制主要包括以下几点：

1）计算机系统的保护。防止病毒的入侵、黑客的攻击以及计算机硬件的损坏和失效等。

2）OS 级的保护。防止未经授权的人员启动计算机系统或通过 OS 层访问和使用数据库。

3）网络级的保护。由于现今的 DBS 大都允许用户通过网络对数据库进行远程登录访问,因此防止非法用户在网络传输过程中窃取数据库数据也非常重要。

4) DBMS 级的保护。检查用户的身份是否合法及其使用数据库对象的权限是否正确,采用恰当的并发控制策略和数据库恢复技术,确保数据库的安全。

5) 应用系统级的保护。防止各种数据库应用程序的安全漏洞以及对应用系统的用户进行身份验证,以保证数据库的安全。

以上所述各个层面的安全和保护措施相互协调,互为补充,形成一个比较完善的数据库安全与保护屏障。由于 DBS 外部管理的安全保护属于自然环境、社会组织、法律法规以及伦理道德的范畴;计算机系统、OS 级和网络级的安全与保护措施,如防病毒技术、防火墙技术、虚拟专用网技术等,属于一般计算机系统与网络信息安全的范畴;应用系统级安全与保护措施除了用户身份验证以外,一般都需要根据具体应用问题的特点进行专门处理。因此,这几个级别的安全与保护措施都不在本书中讨论。

本章只讨论数据库系统中与数据保护直接或密切相关的内容,特别是 DBMS 应该考虑和提供的数据库安全与保护功能。

1) 安全性(security)保护。防止非法用户对数据库的非法使用,以避免数据的泄露、篡改或破坏。

2) 完整性(integrity)保护。在合法用户操作粗心或操作不当时,能保证数据的正确性、有效性和一致性。

3) 并发控制(concurrent control)。当多个用户并发访问数据库时,维护并保证数据的一致性。

4) 数据库恢复(database recovery)。在数据库系统故障或失效后的数据库恢复,配合定时备份数据库,使数据库不丢失数据。

5.2　数据库的安全性保护

数据库系统的安全性保护措施是否有效是数据库系统主要的性能指标之一。我们知道,数据库中的数据是在 DBMS 统一控制之下的共享数据集合,但它又不是任何人都可以随意访问和使用的,因为对数据库的非法使用和更改可能引起灾难性的后果,必须采取有效措施防止各种非法使用。因此,安全性的保护是 DBMS 的一个重要组成部分,也是 DBMS 一个必不可少的重要特征。数据库的共享不能是无条件的共享,它只允许有合法使用权限的用户访问他有权访问的数据。

从数据库用户的角度来看,DBMS 提供的数据库安全性保护措施通常有用户鉴别、存取权限控制、视图机制、跟踪审查和数据加密存储等几个层次。

5.2.1　用户鉴别

由于数据库是由 DBMS 统一管理的共享数据集合,因此一个用户如果要访问某个数据库,他必须首先登录到 DBMS。对于每个要求访问数据库的用户,鉴别其是否为合法用户是 DBMS 提供的最外层安全性保护措施。其方法是由 DBMS 提供一定的工具和命令,首先让 DBA 创建和定义合法用户,即让每个合法用户在数据库系统中都有一个标明自己身份的标识符——用户名和口令,用以与其他用户相区别。每次用户要求进入数据库系统时，系统都要求用户输入自己的用户名和口令，并将其与系统内部记录的合法用户名和口令进行核对，只有通过鉴定的合法用户才能登录到 DBMS。用户的口令相当于打开 DBMS 的钥匙，一般是保密的，因此用户在终端上输入的口令一般不显示在屏幕上。

5.2.2 存取权限控制

存取权限控制是 DBMS 提供的内部安全性保护措施。当一个用户登录到 DBMS 后，他究竟可以使用数据库中哪些数据对象，对可以使用的对象能够执行什么类型的操作等问题，就是存取权限控制问题。由于数据库是一个面向企业或部门所有应用的共享数据集合，当用户被允许使用数据库后，不同的用户对数据库中数据的操作范围一般是不同的，对数据的操作权限也是不同的。例如，在一个高校的信息管理系统中，财务部门无权过问人事部门的有关数据，同样人事部门一般也无权过问财务部门的数据，此外，财务部门的数据只有财务部门的人能够修改，而其他相关部门只能查询其有关数据，而无权修改这些数据，因此一般商品化 DBMS 都提供了一定工具和命令来定义每个用户的存取权限（称为授权机制），以防止各种非法修改和使用，确保数据的安全性。对于一个通过验证登录到 DBMS 的合法用户，系统只允许他使用有权使用的数据对象，执行其存取权限内的各种操作，也就是说，即使一个用户被允许使用数据库中的某个对象，如表、视图等，但该用户也并不一定能对该对象执行一切操作。对每个用户，可以定义以下两种存取控制权限：

1）数据对象权限。规定了用户使用数据库中数据对象的范围。

2）操作类型权限。规定了用户在可使用数据对象上能执行的操作。

定义一个用户的存取权限的过程称为授权（authorization），授权就是 DBA 通过 DBMS 提供的命令或工具规定一个用户可以使用哪些数据对象并可对其执行什么类型的操作。在数据库管理系统中，存取控制权可以由 DBA 集中管理，即由 DBA 定义每个用户的权限，这种方式称为集中方式；也可以由用户将自己拥有的全部或部分权限授予其他用户，这种方式称为分散方式。此外，DBMS 也为 DBA 或授权者提供了相应的命令（如 1.6 节介绍的 GRANT 和 REVOKE）或工具，用于授予或撤销授予某个用户的任何操作权限。

在关系数据库系统中，操作类型权限一般可分为查询权、插入权、删除权、修改权等，数据对象权限以表（关系）、元组、属性为基本对象。当 DBA 把建立、修改一个基本表的权限授予某个用户后，该用户就可以建立和修改这个基本表及其有关的索引和视图。因此，关系数据库系统中存取权限控制的数据对象除了基本数据对象外，还有模式、外模式、内模式等数据字典中的内容，如表 5-1 所示。

表 5-1 关系系统中的存取权限

	数据对象	操作类型
模式	模式	建立、修改、检索
	外模式	建立、修改、检索
	内模式	建立、修改、检索
数据	表	查找、插入、修改、删除
	属性列	查找、插入、修改、删除

衡量授权机制是否灵活的一个重要指标是授权粒度，即可以定义的数据对象的范围。授权定义中数据粒度越细，即定义的数据对象的范围越小，授权子系统就越灵活，能够提供的安全性就越完善，但是也应注意到数据字典会变得大而复杂，系统定义与检查权限的开销也会随之而增大。

由于在大型数据库系统中，用户的数量可能非常庞大，虽然他们使用数据库的权限不尽相同，但通常会有许多用户具有相同的使用权限，如在高校的教务管理系统中，同一个班级的学生通常具有相同的权限。因此，为了便于管理，数据库管理系统（如 SQL Server 2014 等）一般都采用基于角色（role）的存取权限控制。

在数据库系统中，用户是实际访问数据库的人或者应用程序，角色则是具有某些权限的虚拟用户。角色存取控制方法首先在数据库中建立若干个角色，并授予每个角色所拥有的存取权限。例如，创建数据库的角色 Database Creators，管理磁盘文件的角色 Disk Administrators，管理注册安全的角色 Security Administrators 等。这样，只要对每个合法用户赋予一定的角色，就完成了对用户存取权限的授权。当然，一个用户可以承担多种角色，一个角色也可以赋予多个用户。这种通过角色而不是直接对每个用户授权的方法，可大大提高系统的安全性并且减少安全管理的代价，因为对具有相同存取权限的多个用户的授权只需赋予他们相同的角色即可。

5.2.3　视图机制

除了通过存取权限控制方式限制用户对数据库中数据的使用范围以外，DBMS 还通过视图（外模式）机制来限制用户使用数据的范围。在关系数据库系统中，为不同的用户定义不同的视图，通过视图机制把要保密的数据对无权存取这些数据的用户隐藏起来，从而自动地对数据提供一定程度的安全保护。例如，在某大学的教务管理系统中，为了限制计算机学院的教务秘书只能查询和维护本院的学生数据，就可以创建一个只包含计算机学院学生记录的视图。这样，计算机学院教务秘书通过该视图访问数据库时，始终只能看到计算机学院的相关数据，读者可以回顾一下在 1.5 节介绍的命令 CREATE VIEW 及其这个视图的创建方法。当然，视图机制最主要的功能是保证应用程序的数据独立性，其安全保护功能太不精细，远不能达到实际应用的要求。在一个实际的数据库应用系统中，通常是视图机制与授权机制配合使用，首先用视图机制屏蔽掉一些保密数据，然后在视图上面再进一步定义其存取权限。

5.2.4　跟踪审查

上面所介绍的数据库安全性保护措施都是正面的预防性措施，它防止非法用户进入 DBMS 并从数据库系统中窃取或破坏保密的数据。而跟踪审查则是一种事后监视的安全性保护措施，它跟踪数据库的访问活动，以发现数据库的非法访问，达到安全防范的目的。DBMS 的跟踪程序可对某些保密数据进行跟踪监测，并记录有关数据的访问活动。当发现潜在的窃密活动（如重复的、相似的查询等）时，一些有自动报警功能的 DBMS 就会发出警报信息；对于没有自动报警功能的 DBMS，也可根据这些跟踪记录信息进行事后分析和调查。跟踪审查的结果记录在一个特殊的文件上，这个文件叫跟踪审查记录文件。

跟踪审查记录一般包括下列内容：

1）操作类型（如修改、查询等）。

2）操作终端标识与操作者标识。

3）操作日期和时间。

4）操作所涉及的数据。

5）数据的前像和后像，即操作前的数据值和操作后的数据值。

跟踪审核一般由DBA控制，或由数据的所有者控制。DBMS提供了相应的命令或工具供用户创建和撤销跟踪审核功能。例如，SQL Server 2014就提供了SQL Server Audit（服务器审核）的跟踪审核功能（仅企业版支持SQL Server Audit）。用户可以通过SSMS（SQL server management studio）的可视化界面操作使审核日志的创建和监控变得简单，而且审核的级别也非常精细，甚至可以捕获单个用户的SELECT，INSERT，UPDATE，DELETE，REFERENCES和EXECUTE语句。另外，也可通过Transact-SQL语句CREATE SERVER AUDIT和CREATE SERVER AUDIT SPECIFICATION以及相关的ALTER和DROP语句来实现完全脚本化的跟踪审核创建与撤销功能。

5.2.5　数据加密存储

除以上安全性措施外，将数据进行加密存储和传输是DBMS提供的另一种数据安全性保护措施。对于高度敏感性数据，如财务数据、军事数据、国家安全数据，可以采用数据加密技术，以密码的形式传输和存储。这样，即使非法用户通过不正当途径获得数据，如利用系统安全措施的漏洞或在网络传输线路上窃取数据，他由于不知道解密算法，通常只能看到一些无法辨认的二进制代码而不知道数据的真实内容，从而达到保护数据的目的。而当合法用户使用数据时，他看到的是由系统提供的解密算法还原后的可识别的正常数据，即原文。

目前的许多商品化DBMS产品都提供了数据加密例行程序，可根据用户的要求自动对存储和传输的数据进行加密处理。虽然有些DBMS产品本身并未提供这种加密程序，但它们一般都提供了接口，允许用户使用其他厂商推出的加密程序对数据加密。

由于数据的加密与解密是比较费时的操作，而且数据加密与解密程序会占用大量系统资源，因此数据加密功能通常只作为可选特征，允许用户自由选择使用，一般只对高度机密的数据加密。

5.3　数据库的完整性保护

数据库的完整性是指数据库中数据的正确性、一致性和相容性。任何数据库都可能受到自然或人为的破坏，其主要起因一般是系统硬件设备故障、系统软件错误、操作员操作错误等，但这些往往是不可避免的，因此如何及时发现并采取措施防止错误的进一步扩大并能及时恢复数据库，这是完整性保护的主要目的。

5.3.1　完整性约束的分类

数据的完整性和安全性是数据库保护的两个不同的方面。安全性是防止用户非法使用数据库，包括恶意破坏和越权存取数据；完整性则是防止合法用户使用数据库时向数据库中加入不合语义的数据。即安全性措施的防范对象是非法用户和非法操作，完整性措施的防范对象是不合语义的数据。

为维护数据库的完整性，DBMS 必须提供一种机制来检查数据库中数据的完整性。DBMS 保证数据库中数据完整性的方法之一是设置完整性条件和检验机制。对数据库中的数据设置一些语义约束条件称为数据库的完整性约束条件，它一般是对数据库中数据本身的语义限制、数据间逻辑联系以及数据变化时所应遵循的规则等。约束条件一般在数据模式中给出，作为模式的一部分存入数据字典中。在运行时由 DBMS 自动检查，当不满足条件时立即向用户通报以便采取措施。

完整性约束条件的作用对象分为列、元组和关系三种级别，其中对列的约束主要指对其取值类型、范围、精度、排序等的约束条件。对元组的约束是指对记录中各个属性之间的联系的约束条件。对关系的约束是指对若干记录间、关系集合上以及关系之间联系的约束条件。在一个数据库管理系统中，完整性约束功能一般包括完整性约束条件设置和它的检查两部分，一般通过完整性约束语句给出。

完整性约束条件的作用状态分为静态约束条件和动态约束条件两种。数据库中数据的语法、语义限制与数据之间的逻辑约束称为静态约束，它反映了数据及数据之间固有的逻辑特性。如国家公务员的年龄约束为 18~60 岁，工资约束为 300~5000 元等，它们可分别用逻辑公式表示为

$$Age \leqslant 60 \text{ AND } Age \geqslant 18$$

$$Salary \leqslant 5000 \text{ AND } Salary \geqslant 300$$

数据库中的数据变化应遵循的规则称为数据动态约束，它反映了数据变化的规则，如职工工资增加时新工资必大于等于旧工资。

综上所述，整个完整性控制都是围绕完整性约束条件进行的，因此，完整性约束条件是完整性控制机制的核心。根据完整性约束条件的作用对象和状态，可以将完整性约束条件分为以下六种类型。

(1) 静态列级约束

静态列级约束是对一个列的取值域的说明，主要有：

1) 对数据类型的约束。包括数据的类型、长度、单位、精度等。例如，可以规定学生姓名的数据类型为字符型，长度为 8。

2) 对数据格式的约束。例如，可以规定学号的格式为 8 位，其中前两位表示入学年份，中间两位为系级编号，最后 4 位为顺序号，也可规定出生日期的格式为 YYYY.MM.DD 等。

3) 对取值范围或取值集合的约束。例如，可以规定学生成绩的取值范围为0~100，性别的取值集合为[男，女]等。

4) 对空值的约束。例如，规定成绩可以为空值，姓名不能为空值。空值表示未定义和未知的值，它既不是零也不是空字符。

(2) 静态元组约束

一个元组是由若干列值组成的，静态元组约束是规定组成一个元组的各列值之间的约束关系。例如，教师表中包括职称、职称津贴等，并规定教授津贴不低于 950 元就是静态元组约束。

(3) 静态关系约束

在一个关系的各个元组之间或者若干关系之间常常存在各种联系或约束。常见的静态关系约束有四种:实体完整性约束、参照完整性约束、函数依赖约束和统计约束,其中函数依赖约束一般在关系模式中定义。

(4) 动态列级约束

动态列级约束是修改定义或修改列值时应满足的约束条件。例如,如果规定将原来允许为空值的列改为不允许为空值,该列目前已存在空值,则拒绝这种修改,此为修改列级时的约束。又如,要将职工工资调整不得低于其原来工资,这时修改列值需要参照其旧值,并且新旧值之间需要满足一定的约束条件。

(5) 动态元组约束

动态元组约束是指修改元组时元组各个列之间需要满足的某种约束条件。例如,职工工资调整不低于其原来工资+工龄×1.5 等。

(6) 动态关系约束

动态关系约束是加在关系变化前后状态上的限制条件,如事务一致性约束条件。

当然,完整性的约束条件可从不同的角度进行分类,因此可以有多种不同的分类方法,这里不予赘述。

5.3.2　完整性控制

我们知道,根据完整性约束条件的作用对象和状态,完整性约束条件包括六大类,这些约束条件可能非常简单,也可能极为复杂。DBMS 如何定义、检查并保证这些约束条件得到满足,就是本节要讨论的完整性控制问题。一个完善的完整性控制机制应该允许用户定义所有这六类完整性约束条件,且应具有以下三个方面的功能:

1) 定义功能。为用户提供定义完整性约束条件的命令或工具。

2) 检查功能。能够自动检查用户发出的操作请求是否违背了完整性约束条件。

3) 保护功能。当发现用户的操作请求使数据违背了完整性约束条件时,能够自动采取一定的措施确保数据的完整性不遭破坏。

根据 DBMS 检查用户的操作请求是否违背完整性约束条件的时机,完整性约束又可分为立即执行和延迟执行两种。当一条语句执行完后立即检查完整性约束条件,称这类约束为立即执行的约束(immediate constraints)。而有的完整性约束条件需要延迟到整个事务执行结束后,正式提交前的时间进行检查,称这类约束为延迟执行的约束(deferred constraints)。例如,在银行数据库中“借贷总金额平衡”的约束就是延迟执行的约束,从账号 A 转一笔钱到账号 B 为一个事务,刚从账号 A 转出一笔款项后账目就不平了,必须等到这笔款项转入账号 B 后,账目才重新得到平衡,因此,这个约束就必须等到事务执行完成后才进行完整性检查。

如果发现用户操作请求使数据违背了完整性约束条件,系统将拒绝该操作,但对于延迟执行的约束,系统将拒绝整个事务,把数据库恢复到该事务执行前的一致状态。

在以上六种类型所包含的完整性约束条件中,实体完整性和参照完整性是最重要的两个约束,因此,关系数据库管理系统(RDBMS)都应该自动支持并控制管理这两个完整性约束,而把其他的完整性约束条件原则上都归入用户定义的完整性之中。

目前许多商品化关系数据库管理系统都提供了定义和检查实体完整性、参照完整性和用户定义的完整性的功能。对于违反实体完整性和用户定义的完整性的操作一般都采用拒绝执行的方式进行处理。而对于违反参照完整性的操作,并不都是简单地拒绝执行,有时要根据应用语义执行一些附加的操作,以保证数据库的正确性。

在 3.1.3 节中,已讨论了关系系统中的实体完整性、参照完整性和用户定义的完整性的含义。由于实体完整性的定义和控制比较容易实现,下面主要讨论实现参照完整性需要考虑的几个问题。

1. 外键的空值问题

根据实际情况的不同,一个关系的外键有时可以取空值,有时又不能取空值,这是数据库设计人员必须考虑的外键空值问题。下面通过两个例子来说明这个问题该如何解决。

例 5.1　第 1 章介绍的学生选课数据库有学生关系 Students 和系别关系 Depts 等,其中,关系 Depts 的主键为系别编号 Dno,关系 Students 的主键为学号 Sno,外键为系别编号 Dno,因此关系 Depts 为被参照关系或目标关系,Students 是参照关系(图 5-1)。

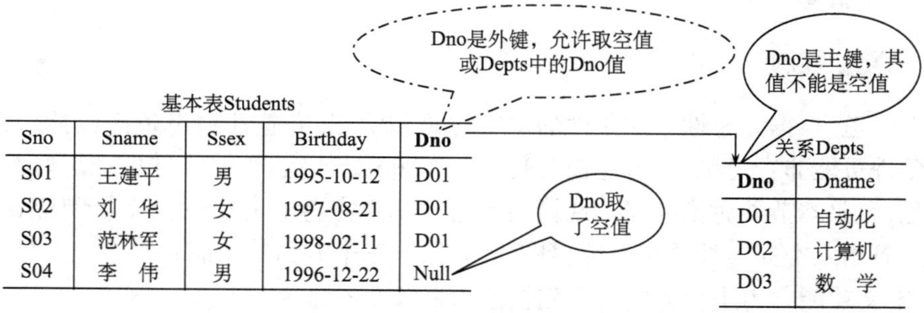

图 5-1　关系 Students 中的外键 Dno 可以取空值

因为 Dno 在关系 Students 中是外键,所以允许取空值或 Depts 中的 Dno 值。当某一元组的 Dno 列为空值时,可认为这个学生现在是按照大类专业招生培养的,学生通常在第 4 学期或者第 5 学期才根据自己的兴趣选择某个专业系学习。这与高校专业培养试点的实际应用语义是相符的,因此,关系 Students 的外键 Dno 列可以取空值。

例 5.2　在学生-选课数据库中,关系 Students 为被参照关系,其主键为 Sno。关系 Reports 为参照关系,外键为 Sno(图 5-2)。若关系 Reports 的外键 Sno 为空值,则表明尚不存在的某个学生,或者某个不知学号的学生,选修了某门课程,其成绩记录在 Grade 列中。这显然与学校的实际管理是不相符的,因此关系 Reports 的外键 Sno 列值不能取空值。

从以上例子可知,在实现参照完整性时,DBMS 除了应该提供定义外键的机制以外,还应提供定义外键列值是否允许为空值的机制。

2. 被参照关系中删除元组的问题

当用户将被参照关系中的一个元组删除时,如何处理参照关系中对应的元组,即是否

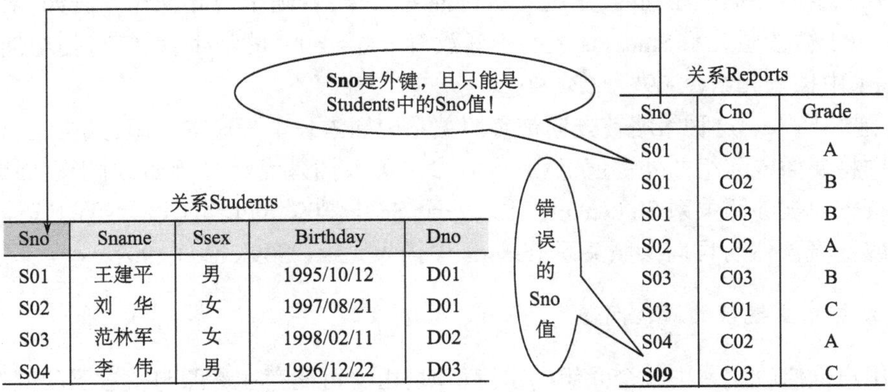

关系Students

Sno	Sname	Ssex	Birthday	Dno
S01	王建平	男	1995/10/12	D01
S02	刘　华	女	1997/08/21	D01
S03	范林军	女	1998/02/11	D02
S04	李　伟	男	1996/12/22	D03

关系Reports

Sno	Cno	Grade
S01	C01	A
S01	C02	B
S01	C03	B
S02	C02	A
S03	C03	B
S03	C01	C
S04	C02	A
S09	C03	C

图5-2　关系 Reports 的外键 Sno 只能取 Students 中 Sno 出现过的值

将参照关系中对应的元组也一起删除，简称为被参照关系中元组的删除问题。下面通过例子来说明。

例5.3　如要删除关系 Depts 中 Dno='D01' 的元组，而关系 Students 中又有两个元组的 Dno 都等于 D01（图5-1）。一般地，当删除被参照关系中的某个元组，而参照关系存在若干元组，其外键值与被参照关系删除元组的主键值相同时，这时可有3种不同的处理策略。

1）级联删除（cascades）。这种策略就是将参照关系中外键值与被参照关系中将要删除元组的主键值相同的所有元组一起删除。例如，在删除关系 Depts 中 Dno='D01' 的元组的同时，也将关系 Students 中两个 Dno='D01' 的元组一起删除。如果参照关系同时又是另一个关系的被参照关系，则这种删除操作会继续级联下去。

2）受限删除（restricted）。这种策略就是仅当参照关系中没有任何元组的外键值与被参照关系中要删除元组的主键值相同时，系统才执行删除操作，否则拒绝此删除操作。对于前面的情况，由于参照关系 Students 中有两个元组的 Dno 都等于 D01，因此系统将拒绝删除被参照关系 Depts 中 Dno='D01' 的元组。

3）置空值删除（nullifies）。这种策略就是在删除被参照关系中的元组时，将参照关系中相应元组的外键值置空值。例如，在删除关系 Depts 中 Dno='D01' 的元组的同时，将参照关系 Students 中所有 Dno='D01' 的元组的 Dno 值置为空值。

在这3种处理策略中，哪一种策略是最佳的呢？一般要根据应用环境的语义来确定，不能一概而论。例如，在例5.1的学生关系和系别关系之间，一般考虑选择第2）种或第3）种策略比较合适；而在学生和选课关系中，则只能考虑第1）种或者第2）种策略，因为 Sno 在 Reports 中是主键属性，不能取空值，故这里不能选择第3）种策略。

3. 在参照关系中插入元组的问题

例5.4　假如向参照关系 Reports 中插入元组（'S09'，'C03'，90），而被参照关系 Students 关系中尚没有 Sno='S09' 的学生，系统该如何处理这样的插入操作呢？一般地，当在参照关系插入某个元组，而被参照关系不存在相应的元组时，可有以下两种策略：

1）受限插入。这种策略就是仅当被参照关系中存在相应的元组，其主键值与参照关系刚插入元组的外键值相同时,系统才执行插入操作,否则拒绝此操作。例如,对于上面的情况,由于被参照关系 Students 关系中尚没有 Sno='S09' 的学生,系统将拒绝向参照关系 Reports 中插入元组('S09','C03',90)。

2) 递归插入。这种策略首先向被参照关系中插入一个相应的元组,其主键值等于参照关系中将要插入元组的外键值,然后再向参照关系插入元组。例如,对于上面的情况,系统将首先向被参照关系 Students 中插入一个 Sno='S09' 的元组(该元组的其他属性取默认值或空值),然后再向参照关系 Reports 中插入元组('S09','C03',90)。

4. *元组中主键值的修改问题*

当用户欲修改关系中某个元组的主键值时,由于可能存在参照与被参照的问题,系统如何处理就是因主键修改而产生的问题。这个问题一般有以下两种处理策略:

1) 不允许修改主键值。即不允许用户修改关系中任何元组的主键值。例如,不能用 UPDATE 语句将学号 S02 改为 S09。如果需要修改某个元组的主键值,必须先删除该元组,然后再把具有新主键值的元组插入关系中。

2) 允许修改主键值。即允许用户修改关系中元组的主键值,但必须保证主键值的唯一性和非空,否则拒绝修改。当修改的关系是被参照关系时,还必须检查参照关系是否存在这样的元组,其外键值等于被参照关系要修改的主键值。例如,要将 Depts 关系中 Dno='D01' 的 Dno 值改为 D09,而被参照关系 Students 中有两个元组的 Dno='D01',这时与前面在被参照关系中删除元组的情况类似,可以有以下 3 种策略的选择。

① 级联修改。在将 Depts 关系中 D01 改为 D09 的同时,将 Students 中两个元组的 D01 也改为 D09。

② 受限修改。只有当 Students 不存在 D01 的元组时,允许将 Depts 关系中 D01 改为 D09,否则拒绝修改。

③ 置空值修改。在将 Depts 关系中 D01 改为 D09 的同时,将 Students 中两个 Dno='D01' 元组的 Dno 值全部置为空值 NULL。

当修改的关系是参照关系时,还必须检查被参照关系,是否存在这样的元组,其主键值等于参照关系要修改的外键值。例如,要把参照关系 Reports 中('S01','C02',90)元组修改为('S09','C02',90),而 Students 关系中尚没有 Sno='S09' 的学生,这时与前面在参照关系中插入元组时情况类似,可以有受限修改和递归修改等两种策略的选择。

从上面的讨论可以看到,DBMS 在实现参照完整性时,除了要提供定义主键、外键的机制,还需要提供不同的删除、插入和修改策略供用户选择。至于用户选择哪种策略,一般要根据应用环境的实际需求来确定。

5.3.3 触发器

触发器 (triggers)是当今关系数据库管理系统中应用得比较多的一种数据库完整性保护措施,它是建立(附着)在某个关系(基本表)上的一系列 SQL 语句的集合(程序),并经预先编译后存储在数据库中。若某个关系上创建了触发器,则当用户对该关系有某种数据修改操作,如插入、更新或删除等操作发生时,触发器就会自动被激活并执行。因此,人们又把触发器称为主动完整性约束机制,它的功能一般比完整性约束条件要强得多,且更加灵活。一般而言,在完整性约束功能中,当系统检查数据中有违反完整性约束条件时,仅给用户必要的提示信息,而触发器的功能则不仅仅起提示作用,它还会引起系统内部自动进行某些操作,以消除违反完整性约束条件所引起的负面影响。触发器除了有完整性保护以外,还具有安全保护的功能。

在 SQL Server 数据库的关系上如何创建触发器的例子,将在7.2.8节中介绍。

5.4 数据库的并发控制技术

数据库是一个共享资源,可以供许多用户使用。各个用户程序(通常为一个事务)可以一个一个地串行执行,即每个时刻只有一个用户程序运行,执行数据库的存取操作,其他用户程序必须等到这个用户程序结束后方能对数据库存取。但是,由于用户程序在执行过程中随着时间的不同需要不同的资源,有时需要 CPU,有时需要访问磁盘,有时需要 I/O,有时需要通信等。如果只让一个用户程序运行,而其他用户闲置等待,则导致许多系统资源在大部分时间内处于闲置状态。为了充分利用系统资源,发挥数据库共享资源的特点,应该允许各个用户并行地存取数据。但这样就会产生多个用户程序并发存取同一数据的情况,若对并发操作不加控制就可能导致存取和存储不正确的数据,从而破坏数据库的一致性。所以 DBMS 必须提供并发控制机制,且并发控制机制的好坏是衡量一个 DBMS 性能的重要指标之一。

5.4.1 事务及特性

DBMS 的并发控制是以事务(transaction)为单位进行的,本节先介绍事务的概念及其特性。

1. 事务

在多用户环境中用户程序不断访问数据库中的数据,构成了若干操作序列,在这些操作序列中,有些操作必须作为一个整体来执行,这些作为一个整体来执行的操作序列称为一个事务。例如,从账户 A 转 500 元到账户 B 的两个操作:①从账户 A 中减去 500 元;②在账户 B 中加上 500 元,就是一个不可分割的整体,既不允许同时完成这两个操作也不允许只完成其中的一个操作。即事务是用户定义的一组操作序列的集合,是数据恢复和并发控制的基本单位。数据库系统在执行事务时,要么执行事务中的全部操作,要么一个操作都不执行。在关系数据库系统中,一个事务可以是一条 SQL 语句、一组 SQL 语句,也可以是一组操作序列甚至整个应用程序。但一个应用程序往往由若干个独立的事务组成。

在应用程序中,事务的开始与结束可以由用户显式地控制。如果用户没有显式地定义事务,则由 DBMS 自动地按照默认方式划分事务。在 SQL 中,用户显式定义事务的语句有如下三条:

1) BEGIN TRANSACTION,该语句显式地定义一个事务的开始。在应用程序的某处嵌入此语句,就表示一个新的事务已经开始。

2) COMMIT,该语句显式地提交一个事务,并表示该事务已正常结束。所谓提交事务,就是将该事务对数据库的所有更新操作结果永久地保存到磁盘上的物理数据库中。因此,此语句用于事务的正常结束情况。

3）ROLLBACK,该语句显式地回滚一个事务,且表示事务因执行失败而结束。所谓回滚事务,就是撤销该事务对数据库的所有更新操作,使数据库恢复到该事务开始时的状态。因此,此语句用于事务执行失败的结束情况。

由以上可知,用户若要显式地定义事务,必须以 BEGIN TRANSACTION 开始,而以 COMMIT 或 ROLLBACK 结束。

2. 事务的特性

事务具有四个特性,即原子性、一致性、隔离性和持续性,又常简称为 ACID 特性。

1）原子性（atomicity）。即一个事务是不可分割的数据库逻辑工作单位,事务中包括的所有操作要么都做,要么都不做。因此,原子性是事务的最基本特性。

2）一致性（consistency）。事务的执行结果必须使数据库从一个一致性状态变到另一个一致性状态。因此,当数据库只包含成功事务提交的结果时,就说数据库处于一致性状态。同样,如果事务开始前数据库处于一致性状态,失败的事务回滚也保证数据库始终处于一致性状态。因此,一致性的要求可以保证数据的完整性。

3）隔离性（isolation）。一个事务的执行不能被其他事务干扰。即一个事务内部的操作及其所使用的数据对并发执行的其他事务是隔离的,并发执行的各个事务之间不能相互干扰。因此,隔离性是实施并发控制的基础,以保证事务的可串行性。

4）持续性（durability）。持续性也称为永久性(permanence),指一个事务一旦提交,它对数据库中数据的改变应该是永久性存在的,即使以后出现任何故障也不对其产生任何影响。因此,持久性要求就是保证数据库的可恢复性。

3. 事务处理技术

事务是用户定义的一组操作序列的集合,是并发控制和数据恢复的基本单位。DBMS 把保障数据的完整性(integrity)、并行性(concurrency),以及一旦系统出现故障后,实现数据库从故障中恢复（recovery)的技术统称为事务处理技术。它的目的就是保证事务在任何情况下的执行都能满足 ACID 性质,即不仅事务单独执行能够满足,而且多个事务并发执行也能满足;不仅在系统正常时执行的事务满足 ACID 性质,而且在系统发生故障时也能满足。因此,事务处理技术主要分为并发控制技术和数据库恢复技术。保障并发执行时事务满足 ACID 性质的技术称为数据库的并发控制技术(本节后面介绍),保障在系统发生故障时事务满足 ACID 性质的技术称为数据库的故障恢复技术(5.5 节介绍)。

5.4.2　数据库的并发控制

从前面的介绍可知,DBMS 的并发控制是以事务为单位进行的。数据库在执行事务时,要么执行事务中的全部操作,要么一个操作都不执行。当有多个事务对数据库进行操作时,如果对数据库进行操作的各个事务按顺序执行,即一个事务执行完全结束后,另一个事务才开始,则称这种执行方式为串行访问(serial access)。如果 DBMS 可以同时接纳多个事务,事务可以在时间上重叠执行,则称这种执行方式为并发访问(concurrent access)。在单 CPU 系统中,同一时间只能有一个事务占用 CPU,若各个事务交叉使用 CPU,则称这种并发方式为交叉并发。在多 CPU 系统中,可以允许多个事务同时占用 CPU,这种并发方式称为同时并发。

5.4.3　并发的目的

在数据库管理系统中对事务采用并发机制的主要目的有:

1) 改善系统的资源利用率。对于一个事务来讲,在不同的执行阶段需要的资源不同,有时需要 CPU,有时需要访问磁盘,有时需要 I/O,有时需要通信。如果事务串行执行,有些资源可能会空闲;如果事务并发执行,则可以交叉利用这些资源,有利于提高系统资源的利用率。

2) 改善短事务的响应时间。设有两个事务 T_1 和 T_2(图 5-3),其中 T_1 是长事务,交付系统在先;T_2 是短事务,交付系统比 T_1 稍后。如果串行执行,则须等 T_1 执行完毕后才能执行 T_2,T_2 的响应时间会很长。一个长事务的响应时间长一些还可以得到用户的理解,而一个短事务的响应时间过长,用户一般难以接受。如果 T_1 和 T_2 并发执行,则 T_2 可以和 T_1 重叠执行,可以较快地结束,明显地改善其响应时间。

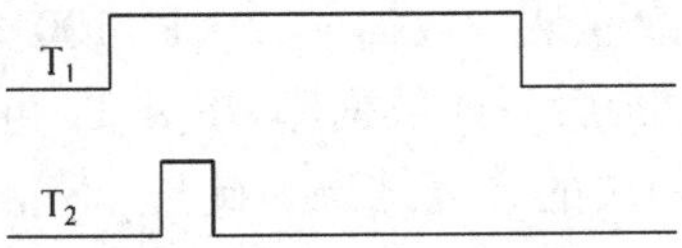

图 5-3　长短事务 T_1 和 T_2

5.4.4　并发所引起的问题

数据库中的数据是共享的,即多个用户可以同时使用数据库中的数据,这就是并发操作。但是当多个用户存取同一组数据时,由于相互的干扰和影响,并发操作可能引发错误的结果,从而导致数据的不一致性问题。用下面的例子予以说明。

例 5.5　设有一个飞机票订票系统,考虑如下售票活动的并发操作问题:

1) 售票员 A(事务 T_1)通过网络在数据库中读出某航班的机票余额为 y 张,设 $y=15$。

2) 售票员 B(事务 T_2)通过网络在数据库中读出某航班的机票余额为 y 张,设 $y=15$。

3) 售票员 A 卖出一张机票,然后修改余额为 $y=y-1$,此时,$y=14$,将 14 写回数据库。

4) 售票员 B 卖出一张机票,然后修改余额为 $y=y-1$,此时,$y=14$,将 14 写回数据库。

时间	事务 T_1	事务 T_2
①	读 $y=15$	
②		读 $y=15$
③	$y \leftarrow y-1$ 写回 $y=14$	
④		$y \leftarrow y-1$ 写回 $y=14$

图 5-4　丢失修改

这个售票活动并发操作的结果是:实际已经卖出两张机票,但在数据库中机票余额数仅减少了 1 张(图 5-4),即 T_1 的修改被 T_2 覆盖了。这就是著名的飞机票订票系统问题。这个问题之所以会产生错误,其根本原因在于两个用户没有任何限制地、反复交叉地使用同一个数据库的数据。

如果事务不加控制地并发执行,会产生以下几个问题:

1) 丢失修改(lost update)。当两个用户 A、B 读取同一数据并进行修改,而其中一个用户的修改结果破坏了另一个用户的修改结果时,这种由于两个事务对同一数据并发地写入所引起的错误称为写-写冲突(write-write conflict)。正如例 5.5 所讲的情况,事务 T_2 的提交结果破坏了事务 T_1 提交的结果,导致事务 T_1 的修改被丢失。

2）脏读(dirty read)。脏读也称为读脏数据。当用户 A 修改了数据 y 后，用户 B 读了该修改后的数据，但用户 A 因某种原因撤销了对数据 y 的修改，使 y 恢复了原值，因而用户 B 所得到的数据与数据库内的数据是不一致的。这种不一致或不存在的数据称为脏数据。读脏数据是由于一个事务读另一个事务尚未提交的数据所引起的，因此称为读-写冲突(read-write conflict)。例如(图 5-5)，事务 T_1 将某一数据 $y=100$ 修改为 $y=200$，并将其写回磁盘。当事务 T_2 读取同一数据 $y=200$ 后，事务 T_1 由于某种原因被撤销，这时事务 T_1 就将修改过的数据恢复为原值 $y=100$，因此事务 T_2 读到的数据就与数据库中的数据不一致，称为“脏”数据。

3）不能重读(unrepeatable read)。即当用户 A 读取数据 y，接着用户 B 读取并修改数据 y，此后 A 再读取 y 以进行校验时，发现前后两次读取值不一样。例如(图 5-6)，事务 T_1 读取某一数据 $y=50$，$z=100$ 并进行求和运算后，事务 T_2 读取数据 $z=100$，将其修改为 $z=200$后写回数据库，事务 T_1 再次读该数据 $z=200$，此时事务 T_1 在进行验算时无法再现前一次的计算结果。此外，不能重读还包括其他两种情况。一种是事务 T_2 删除了其中的部分记录，当事务 T_1 再次读取数据时，发现某些记录神秘地消失了；另一种是事务 T_2 插入了一些记录，当事务 T_1 再次按相同条件读取数据时，发现多了一些记录，这两种不能重读有时也称为幻影现象(phantom row)。

时间	事务 T_1	事务 T_2
①	读 $y=100$ $y \leftarrow y*2$ 写回 y	
②		读 $y=200$
③	ROLLBACK y 恢复为 100	

图 5-5　读“脏”数据

时间	事务 T_1	事务 T_2
①	读 $y=50$ 读 $z=100$ 求和=150	
②		读 $z=100$ $z \leftarrow z*2$ 写回 $z=200$
③	读 $y=50$ 读 $z=200$ 求和=250 (验算不对)	

图 5-6　不能重读

以上问题的产生是由于并发操作不当所引起的数据不一致性，可以从两个方面来分析：

1）从并发事务操作过程来看，出现以上三类问题的主要原因是并发事务之间的“写-写”冲突和“读-写”冲突，且主要是由“写”操作引起的。如果两个并发事务都进行读操作就不会引起这样的问题。所以并发控制的主要任务就是避免数据访问过程中由“写”引发的数据不一致问题。

2）从并发事务应具有的 ACID 特性来看，出现以上三类问题的主要原因是一个事务对某个数据的操作(包含写操作)还没有结束，而另一个事务就加入对同一个数据的读或者写操作，从而违反了并发事务的原子性、隔离性、一致性和持久性等 ACID 特性。例如，读脏数据问题就是并发事务违反了隔离性和持久性原则。因为隔离性要求一个正在执行的事务，在没有被提交（COMMIT）之前，其中间数据结果不可以被另外事务所引用。

因此，为了保证事务并发的正确执行，DBMS 必须采取某种并发控制方法，保障事务并发执行过程中每个事务的执行都不受其他事务的影响，即每个事务都具有 ACID 特性，从而避免造成数据不一致性。这就是后面将要讨论的并发控制方法，其中最基本的是封锁（locking）技术。

5.4.5　并发控制方法

实现数据库并发控制的方法有多种，常用的有封锁技术、时标技术和版本更新技术等，而封锁技术在商品化数据库管理系统中使用得最为普遍。因此，本节仅介绍封锁技术，在 5.4.7 节介绍时标技术。

1. 封锁技术

锁是为了防止其他事务访问指定资源的一种手段。封锁是实现并发控制的一个非常重要的技术。所谓封锁，即是在一段时间内禁止某些用户对数据对象进行某些操作以避免产生数据的不一致性问题，即事务 T 在对某个数据对象，如表、元组等进行操作之前，先向系统发出请求，并对其加锁。加锁成功后，事务 T 就对数据对象有了一定的控制权，在事务 T 释放它的锁之前，其他的事务就不能更新此数据对象。基本的封锁一般有排他锁和共享锁两种类型。

1）排他锁。排他锁（exclusive locks）又称 X 锁，如果某事务 T 对某数据建立了排他锁，则该事务能对该数据对象进行读、修改、插入和删除等操作，而其他事务则不能。换句话讲，当一个事务对某数据对象加了 X 锁后，其他事务就不得再对这个数据对象加任何锁，也就是这种锁是排他性的（exclusive），这就是 X 锁名称的由来。

2）共享锁。共享锁（shared locks）又称 S 锁，如果某事务对某数据建立了共享锁，则此时该事务能对该数据对象进行读操作，但不能进行修改等更新操作，而其他事务只能对该数据对象加 S 锁，而不能加 X 锁，即其他事务只能对该数据对象进行读操作。

排他锁与共享锁的控制方式用表 5-2 所示的相容矩阵来表示。

表 5-2　封锁类型的相容矩阵

T_1 \ T_2	X	S	—
X	N	N	Y
S	N	Y	Y
—	Y	Y	Y

注：Y=Yes，表示相容的请求；N=No，表示不相容的请求。

在表 5-2 中的封锁类型的相容矩阵中，最左边一列表示事务 T_1 在数据对象上已经获得的锁的类型，其中横线—表示没有加锁。最上面一行表示另一事务 T_2 对同一数据对象发出的封锁请求。T_2 的封锁请求能否被满足用 Y 和 N 表示，其中 Y 表示 T_2 的封锁请求与 T_1 已持有的锁相容，封锁请求可以满足。N 表示 T_2 的封锁请求与 T_1 已持有的锁有冲突，T_2 的请求被拒绝。

2. 封锁粒度

所谓封锁粒度（granularity），是指被封锁数据对象的大小。在关系数据库中，封锁的粒度有如下几种：属性值、属性值集、元组、关系、索引项、整个索引或整个数据库。还可以是一些物理单元：页（数据页或索引页）、块等。

封锁的粒度与系统的并发度和并发控制的开销密切相关。封锁粒度越大，系统中能够被封锁的对象就越少，并发度也就越小，但同时系统开销也越少；封锁粒度越小，并发度越高，但系统开销也就越大。因此，如果在一个系统中能同时存在不同大小的封锁粒度对象供不同的事务选择使用，是比较理想的。当然，选择封锁粒度时，必须同时考虑封锁开销和并发度两个因素，以适当选择封锁的粒度，以求得最佳效果。一般地说，一个只处理少量元组的事务，以元组作为封锁粒度比较合适，一个处理大量元组的事务，则以关系作为封锁粒度较好；而一个需要处理多个关系的事务，则应以数据库作为封锁粒度最佳。

3. 封锁协议

封锁的目的是保证能够正确地调度和控制并发操作。为此，在运用 X 锁和 S 锁这两种基本锁对一定粒度的数据对象加锁时，还需约定一些规则。例如，一个事务何时该申请 X 锁或 S 锁、事务持锁时间的长短如何控制、何时释放所获得的锁等。称这些规则为封锁协议（locking protocol），即协议是所有事务都必须遵从的规则，是对事务可能执行的方法和基本操作顺序的一种限制。对封锁方式规定不同的规则，就形成各种不同的封锁协议，加锁类型不一样，封锁协议也不相同。下面介绍三级封锁协议和两段封锁协议。

1）一级封锁协议。某事务 T 若要修改某个数据对象，则必须先对该数据对象加 X 锁，直到事务结束才释放。此种封锁协议可防止“丢失修改”所产生的数据不一致性问题。

时间	事务 T_1	事务 T_2
①	① Xlock A 获得 Xlock	
②	② 读 A=15	
③	③	Xlock A
④	④ A←A-1 写回 A=14 Commit Unlock A	等待 等待 等待
⑤		获得 Xlock 读 A=14 A←A-1 写回 A=13 Commit Unlock A

图 5-7　不会丢失修改

如图 5-7 所示，事务 T_1 在读数据 A 并进行修改之前先对 A 加 X 锁，当事务 T_2 请求对 A 加 X 锁时被拒绝，只能等待事务 T_1 释放 A 上的锁。事务 T_1 修改 A 并将修改的值A=14写回磁盘，释放 A 上的 X 锁，事务 T_2 获得对 A 的 X 锁，这时它读到的 A 为更新后的值 14，再按次新的 A 值进行运算，并将结果 A=13 写回磁盘，这样就没有丢失事务 T_1 的修改。

2）二级封锁协议。一级封锁协议加上某事务 T 若要读取某个数据对象之前，则必须先对该数据对象加 S 锁，读完后即可释放 S 锁，这样可进一步防止读“脏”数据的问题。

在图 5-8 中描述的例子使用二级封锁协议解决了读“脏”数据的问题。事务 T_1 在对数据 A 进行修改以前先加 X 锁,修改后将其值写回磁盘。这时事务 T_2 请求对 A 加 S 锁,因事务 T_1 已在 A 上加 X 锁,事务 T_2 只能等待,之后事务 T_1 因某种原因被撤销,A 恢复为原值 A=15,并释放在 A 上的 X 锁。事务 T_2 获得在 A 上的 S 锁,读 A=15。这样就避免了事务 T_2 读“脏”数据。

3）三级封锁协议。一级封锁协议加上某事务 T 若要读取某个数据对象之前,则必须先对该数据对象加 S 锁,且直到该事务结束后才可释放 S 锁,这样可进一步防止数据“不可重复读”的问题。

在图 5－9 中的例子使用三级封锁协议解决了不能重读问题。事务 T_1 在读数据 A、B 之前,先对 A、B 加 S 锁,这样其他事务只能对数据 A、B 加 S 锁,而不能加 X 锁,即其他事务只能读 A、B 数据,而不能修改它们。所以事务 T_2 为修改 B 而申请对 B 加 X 锁被拒绝,只能等待事务 T_1 释放 B 上的锁。接着事务 T_1 为验算,再读 A、B,这时读出的数据仍为 B=100,求和的结果仍为 150,即可重读。

时间	事务 T_1	事务 T_2
①	Xlock A	
	获得 Xlock	
②	读 A=15	
	A←A-1	
	写回 A=14	
		Slock A
		等待
③	Rollback	等待
	恢复 A=15	等待
	Unlock A	
④		获得 Slock
		A 读 A=15
		Commit A
		Unlock A

图 5－8　不再读“脏”数据

时间	事务 T_1	事务 T_2
①	Slock A	
	读 A=50	
	Slock B	
	读 B=100	
	求和=150	
②		Xlock B
		等待
		等待
③	读 A=50	等待
	读 B=100	等待
	求和=150	等待
	Commit	等待
	Unlock A	等待
	Unlock B	等待
④		获得 Xlock B
		读 B=100
		B←B * 2
		写回 B=200
⑤		Commit
		Unlock B

图 5－9　可重复读

4. 死锁和活锁

采用封锁的方法固然可以有效防止数据的不一致性,但封锁本身会引起一些麻烦,即死锁和活锁问题,其中最主要的就是“死锁”(deadlock)问题。

1）活锁。如果事务 T_1 封锁了数据对象 R 后,事务 T_2 也请求封锁 R,于是 T_2 等待。接着 T_3 也请求封锁 R。当 T_1 释放了加在 R 上的锁后,系统首先批准了 T_3 的请求,T_2 只得继续等待。接着 T_4 也请求封锁 R,T_3 释放 R 上的锁后,系统又批准了 T_4 的请求等,因

此事务 T_2 就有可能这样永远地等待下去。以上这种情况就称为活锁。避免活锁的简单办法是采用先来先服务的策略。当多个事务请求封锁同一数据对象时,封锁子系统按封锁请求的先后次序对这些事务排队,该数据对象上的锁一旦释放,首先批准申请队列中的第一个事务获得锁。

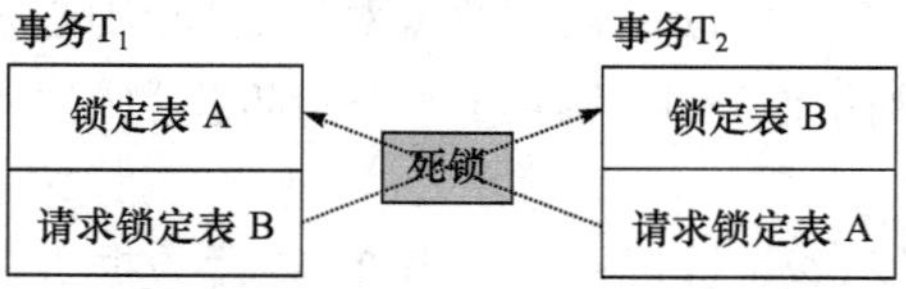

图 5-10　死锁示意图

2）死锁。如果事务 T_1 封锁了数据对象 A,T_2 封锁了数据对象 B 之后,T_1 又申请封锁数据对象 B,且 T_2 又申请封锁数据对象 A。因 T_2 已封锁了 B,于是 T_1 等待 T_2 释放加在 B 上的锁。因 T_1 已封锁了 A,T_2 也只能等待 T_1 释放加在 A 上的锁。这样就形成了 T_1 在等待 T_2 结束,而 T_2 又在等待 T_1 结束的局面,T_1 和 T_2 这两个事务永远不能结束,这就是死锁问题(图 5-10)。

死锁的另一情况是数据库系统有若干个长时间运行的事务在执行并行的操作,当查询分析器处理一种非常复杂的连接查询时,由于不能控制处理的顺序,有可能发生死锁现象。

目前,解决死锁问题的方法主要有两类:预防法和诊断解除法。

1）预防法。此类方法中常用的有一次封锁法和顺序封锁法两种。所谓一次封锁法就是规定每个事务必须一次性地将所要访问的数据对象全部加锁,并在操作结束后一次性释放加在所有对象上的锁,这样就能预防死锁的发生。由于数据库中数据是不断变化的,原来不要求封锁的数据,在执行过程中可能会变成封锁对象,所以很难事先精确地确定每个事务所要封锁的数据对象,为了一次就将以后用到的数据对象全部加锁,必须扩大数据的封锁范围,这样降低了系统的并发度,这是一次封锁法存在的主要问题。

所谓顺序封锁法,是指预先对数据对象规定一个封锁顺序号,所有事务都按照这个顺序对数据对象实施封锁,这样也能预防死锁的发生。但顺序封锁法也同样存在问题。因为数据库系统中封锁的数据对象极多,且随着数据的插入、删除等操作而不断变化,因此要维护所有数据对象的封锁顺序非常困难,且成本很高。此外,事务的封锁请求一般随着事务的执行而动态地决定,很难事先确定每一个事务要封锁哪些对象,因此也就很难按规定的顺序去施加封锁。

此外,5.4.7 节介绍的时标技术也是一种预防死锁发生的方法。

2）诊断解除法。此种方法允许产生死锁,但它利用诊断程序发现死锁产生后,再通过解锁程序排除死锁,因此,在这个方法中有两个程序,一个为死锁诊断程序,用以检测死锁的发生,另一个为解锁程序,一旦检测到系统已经产生死锁,则立即启动解锁程序以解除死锁。

5.4.6　并发调度的可串行性

1. 调度的概念

所谓调度,可以从动词和名词两个方面来理解:从动词的角度来理解,调度就是为若干个事务安排一个执行次序;而从名词的角度来说,一个调度就是若干事务的一个确定执行次序。让多个事务依照一定的次序执行的调度称为事务的串行调度(serial schedule)。如果通过分时方法,同时处理事务,称为事务的并发调度(concurrent schedule)。数据库管理系统允许多个事务同时并发地访问数据库。由于对多个事务并发操作的调度可以是随机的,而不同调度的执行结果一般是不相同的,因此就需要回答如下的问题:什么样的调度正确，什么样的调度不正确呢？

2. 调度的可串行性

如果一个事务运行过程中没有任何其他事务同时运行，也就是说它没有受到其他任何事务的干扰，那么就可以认为该事务的运行结果是正常的或者预想的。因此将所有事务串行起来的调度策略，即事务的串行调度策略一定是正确的调度策略。虽然以不同的顺序串行执行事务可能会产生不同的结果，但它们不会将数据库置于不一致性状态，所以这些调度都是正确的。

定义 5.1　多个事务的并发执行是正确的，当且仅当其结果与按某一顺序串行地执行它们时的结果相同，称这种调度策略为可串行化(serializable)的调度。

可串行性(serializability)是并发事务调度正确性的准则。按这个准则规定，一个给定的并发调度，当且仅当它是可串行化的，才认为是正确调度。

例 5.6　设有两个事务 T_1 和 T_2，它们分别包含下列操作：

事务 T_1：读 B；A=B+2；写回 A。

事务 T_2：读 A；B=A+2；写回 B。

假设 A、B 的初值均为 5，则对于以上两个事务只可能有以下两种串行调度：

1) 按照先 T_1 后 T_2 的顺序执行，其结果为 A=7，B=9；

2) 按照先 T_2 后 T_1 的顺序执行，其结果为 B=7，A=9。

由于它们都是串行调度，虽然其执行结果不同，但它们都是正确的调度。图5-11给出这两个事务的另外两种不同的并行调度策略及其执行过程。

T_1	T_2
Slock B	
Y=B(=5)	
	SlockA
	X=A(=5)
Unlock B	
	Unlock A
Xlock A	
A=Y+2	
Write A(=7)	
	Xlock B
	B=X+2
	Write B(=7)
Unlock A	
	Unlock B

(a) 不可串行化的并行调度

T_1	T_2
Slock B	
Y=B(=5)	
Unlock B	
Xlock A	
	SlockA
A=Y+2	Waiting
Write A(=7)	Waiting
Unlock A	Waiting
	X=A(=7)
	Unlock A
	Xlock B
	B=X+2
	Write B(=9)
	Unlock B

(b) 可串行化的并行调度

图 5-11　两个事务的两种并发调度策略

如图 5-11 所示，由于调度策略图 5-11(a)的执行结果与任何一种串行调度的执行结果都不相同，因此是不正确的并行调度策略，而调度策略图 5-11(b)的执行结果与串行调度 1)的执行结果相同,因此是正确的并行调度策略。

为了保证并发操作的正确性,DBMS 的并发控制机制必须提供一定的手段来保证调度是可串行化的。

从理论上讲,在某一事务执行时禁止其他事务执行的调度策略一定是可串行化的调度,这也是最简单的调度策略,但这种方法实际上是不可取的,这使用户不能充分共享数据库资源。目前 DBMS 普遍采用封锁方法实现并发操作调度的可串行性,从而保证调度的正确性。

3. 两段封锁协议

虽然分别使用一级、二级和三级封锁协议可以预防事务并发执行的三类错误,但并不一定能保证并发调度的正确性,图 5-11(a)就说明这个问题。而可串行性是并行调度正确性的唯一准则,两段封锁(two-phase locking,2PL)协议是为保证并行调度结果可串行性而提供的封锁协议。下面介绍两段封锁的概念和简单结论。

定义 5.2　在一个事务中,如果加锁动作都在所有释放锁动作之前,则称此事务为两段事务(two-phase transaction)。这种加锁限制即为两段封锁协议 (two-phase locking protocol)。

所谓"两段"锁的含义是:事务加锁和释放锁分为两个阶段,第一阶段是获得锁,称为扩展阶段,即在对数据进行读、写之前首先申请并获得对该数据的封锁。第二阶段是释放封锁,也称为收缩阶段,即事务在开始释放封锁之后,就不再申请或获得对任何数据对象的封锁。满足这种协议的事务称为两段事务。

定义 5.3　一个事务如果遵守先加锁,后操作的原则,则此事务称为合式事务。

定理 5.1　如果所有事务都是合式的两段事务,则它们的并发调度都是可串行化的。

锁一般都在事务结束(end of transaction,EOT)时释放,这就意味着全部锁要在收缩阶段才收缩到 EOT。严格的 2PL 协议简单可靠,应用广泛,但所有的锁都要保持到 EOT,不利于提高系统的并发度,尤其是当一个事务的持续时间很长,或一个事务因等待某个资源而被阻塞时,它已获得的锁将长期得不到释放。

值得注意的是,两段封锁协议只是可串行化的充分条件,而不是必要条件。这意味着存在这样的可串行化调度,其中的某些事务可以不遵守两段封锁协议。

此外,遵守两段封锁协议的调度不仅不能避免死锁现象,还可能导致更多的死锁发生。因为按照协议规定,每个调度都不能及时解除被它封锁的数据对象。

加锁是由 DBMS 统一管理的。DBMS 提供一个锁表,记载各个数据对象加锁的情况。事务如果需要对数据进行操作,必须向 DBMS 申请,DBMS 根据锁表中的加锁状态和协议,同意其申请或令其等待。锁表是 DBMS 运行时的公共资源,而且访问频繁,一般置于公共内存区。锁表的内容仅反映数据资源使用的暂时状态,如果系统失败,锁表的内容也随之失效,无保留价值。

5.4.7　时标技术

所谓时标,即时间标记(time stamping),是由计算机系统生成的一个随时间增长的正整数,一般是系统时钟,也可以是专门设计的一个计数器。利用时标技术进行并发控制的基本思想是:对每个事务都指定一个全局唯一的时标——该事务的启动时间标记。设有两个事务 T_1、T_2,其时标分别为 t_1 与 t_2,若 $t_1>t_2$,则 T_1 称为年轻的事务,而 T_2 称为年长的事务,即开始时间早的事务是年长事务,开始时间晚的事务是年轻事务。时标技术是保证并发调度可串行化的一种方法。基于时标技术的并发控制方法在执行事务时等价于按照时标次序串行地执行这些事务。这就是说,当事务之间发生冲突时,按照时标的先后次序来确定处理冲突的方法。

基于时标技术的并发控制方法采用以下协议保证事务的可串行性:

1) 每个事务在启动时,就获得一个全局唯一的时标。

2) 每个事务在结束之前,不对数据库进行物理上的更新。

3) 数据库中每个数据项 X 都带有最近读过它和最近更新(写)过它的事务的时标,分别称为 X 的最大读时标和最大写时标。

4) 设事务 T 的时标为 t, 数据项 X 的最大读时标和最大写时标分别为 $R_{ts}(X)$ 和 $W_{ts}(X)$,现在事务 T 要对数据项 X 进行读或写操作,其操作规则如下:

① 当事务 T 要对数据项 X 进行读操作时, 其操作准则为:

若 $t \geqslant W_{ts}(X)$,则完成这个操作,并置 $R_{ts}(X)=\max(t, R_{ts}(X))$,否则拒绝执行这个读操作,并重新启动事务 T。

② 当事务 T 要对数据项 X 进行写操作时,其操作准则为:

若 $t \geqslant R_{ts}(X)$ 且 $t \geqslant W_{ts}(X)$,则完成这个操作,并置 $W_{ts}(X)=t$,否则拒绝执行这个写操作,并重新启动事务 T。

5) 如果事务重新启动,则该事务立即获得一个新的时标。

例 5.7　假设只有两个事务 T_1、T_2,其时标分别记为 $t_1=35$, $t_2=40$,数据项 X 的最大读时标及最大写时标分别为 $R_{ts}(X)=25$ 和 $W_{ts}(X)=25$。若事务 T_1 要对 X 进行读、写操作,事务 T_2 要对 X 进行写、读操作,且这些操作发生的时间顺序如下:

事务 T_1 对数据项 X 执行一次读操作,则有 $R_{ts}(X)=35$,$W_{ts}(X)=25$。

事务 T_2 对数据项 X 执行一次写操作,则有 $R_{ts}(X)=35$,$W_{ts}(X)=40$。

事务 T_1 对数据项 X 执行一次写操作,由于事务 T_1 的时标 $t_1=35<W_{ts}(X)=40$,因此该操作被拒绝。重新启动事务 T_1,获得新的时标,设为 $t_1=55$。

事务 T_2 对数据项 X 执行一次读操作,则有 $R_{ts}(X)=40$,$W_{ts}(X)=40$。

事务 T_1 对数据项 X 执行一次读操作,则有 $R_{ts}(X)=55$,$W_{ts}(X)=40$。

事务 T_1 对数据项 X 执行一次写操作,则有 $R_{ts}(X)=55$,$W_{ts}(X)=55$。

其整个执行过程如图 5-12 所示。

	事务(时标)	事务(时标)	X 的最大读时标	X 的最大写时标	说明
	$T_1(t_1=35)$	$T_2(t_2=40)$	$R_{ts}(X)=25$	$W_{ts}(X)=25$	初始
时间 ↓	READ(X)		$R_{ts}(X)=35$	$W_{ts}(X)=25$	成功
		WRITE(X)	$R_{ts}(X)=35$	$W_{ts}(X)=40$	成功
	WRITE(X)				失败
	重新启动以后	READ(X)	$R_{ts}(X)=40$	$W_{ts}(X)=40$	成功
	READ(X)		$R_{ts}(X)=55$	$W_{ts}(X)=40$	成功
	WRITE(X)		$R_{ts}(X)=55$	$W_{ts}(X)=55$	成功

图 5-12　基于时标技术的并发调度实例

时标和封锁技术之间的基本区别是:封锁技术使一组事务的并发执行(即交叉执行)同步,使它等价于这些事务的某一种串行操作;时标技术也是使一组事务的交叉执行同步,且是使它等价于这些事务的一个特定的串行执行,即由时标的时序所确定的一个执行。如果发生冲突,是通过撤销并重新启动冲突事务来解决的。每个事务重新启动后都获得一个新的时标。

在基于时标的并发控制方法中,一旦发现事务操作违反时标协议规则,就重新启动有关事务,因此事务之间没有等待,也不会产生死锁,因此就避免了检测封锁和死锁所引起的通信开锁,这是时标技术的优点。但同一个事务可能被多次撤销和重新启动,且实现时标协议也比较复杂,因此时标技术远不如封锁技术使用普遍。当然,作为一种有代表性的并发控制技术,对其有所了解也是必要的。

5.5 数据库的恢复技术

数据库中的数据是公司或政府部门的重要信息资源,数据库中数据的不一致性、数据的丢失或破坏都将导致这个公司或部门工作的停顿甚至瘫痪。数据库管理系统采取了各种保护措施来防止数据库的安全性和完整性遭到破坏,保证并发事务的正确执行,但计算机系统中硬件的故障、软件的错误、操作员的失误以及恶意的破坏仍然不可避免,这些故障轻则造成运行事务非正常中断,影响数据库中数据的正确性和一致性,重则使数据库中全部或部分数据丢失,因此 DBMS 必须具有把数据库从错误(不一致)状态恢复到某一已知的正确(一致)状态的功能,这就是数据库的恢复问题。

事务处理技术除了包含并发控制技术之外,数据库恢复技术也是其主要内容之一。数据库恢复子系统不仅是 DBMS 中的一个重要组成部分,而且相当庞大,常常占整个系统代码的 10%以上。各种现有数据库系统运行情况表明,数据库系统所采用的恢复技术是否行之有效,不仅对系统的可靠程度起着决定性作用,而且对系统的运行效率也有很大影响,是衡量系统性能优劣的重要指标。

5.5.1 故障的种类

事务是数据库操作的基本工作单位。一个事务中包含的操作要么全部完成,要么全部不做。反映到数据库中,即每个运行事务对数据库的影响要么都反映到数据库中,要么都不反映到数据库中,二者必居其一。如果数据库中只包含成功事务提交的结果,那么数据库就始终处于一致性状态,否则数据库处于不一致状态。保证数据库的一致性是对 DBMS 的最基本的要求。

如果数据库系统运行中发生故障,若有个事务尚未完成就被迫中断,则这个未完成事务对数据库所做的修改会有一部分已写入数据库中,这时数据库就处于不一致状态,就需要 DBMS 的数据库恢复子系统,将数据库恢复到这之前的某个一致状态。由于数据库系统发生的故障不同,所以恢复方法一般也不一样。下面先介绍故障的种类。

1）事务故障。事务在运行过程中由于某种原因，如输入错误、运算溢出、违反了某些完整性约束条件、某些应用程序出错、并行事务发生死锁等，使事务尚未运行完成并提交就中断了，这种情况称为事务故障。

2）系统故障。系统故障是指系统在运行过程中，由于某种原因，如操作系统或 DBMS 代码错误、操作员操作失误、特定类型的硬件错误（如 CPU 故障）、突然停电等造成系统停止运行，致使所有正在运行的事务都以非正常的方式终止，这时内存中数据库区的信息全部丢失，但存储在外部设备上的原有数据并未受到影响，但数据库可能处于不一致状态，这种情况称为系统故障。

3）介质故障。系统在运行过程中，由于某种原因，如磁盘损坏、瞬时强磁场干扰、操作系统的某种潜在错误，使存储在外存储器中的数据部分丢失或全部丢失。这种情况称为介质故障。这种故障比前两类故障发生的可能性要小得多，但所造成的破坏最大。

4）病毒破坏。计算机病毒是一种人为编制的、能引起计算机系统故障，甚至破坏整个计算机系统的程序。这种程序与其他程序的不同之处是，它能像微生物学所称的病毒一样繁殖和传播，并造成对计算机系统包括数据库的危害。因此，计算机病毒对数据库的破坏本质上是一种人为的破坏。

计算机病毒的种类很多，不同病毒有不同的特征。小的病毒只有 20 条指令，长度不到 50 字节，大的病毒却像一个操作系统，由上万条指令组成。有的病毒传播很快，一旦侵入会马上摧毁系统；有的病毒则有较长的潜伏期，机器在感染后几个月，甚至几年才开始发作；有的病毒感染系统所有的程序和数据；有的只感染某些特定的程序和数据。多数病毒一开始并不摧毁整个计算机系统，它们只在数据库中或其他数据文件中将小数点向左或向右移若干位，然后增加或删除几个“0”等。

计算机病毒已成为计算机系统的主要威胁，同时也是数据库系统的主要威胁。为此计算机的安全工作者已研制了许多预防病毒的“疫苗”，检查、诊断、消灭计算机病毒的软件也在不断发展。但是，至今还没有一种使得计算机“终生”免疫的疫苗。从理论上说，万能的免疫疫苗是不存在的。因此数据库一旦被破坏仍要用恢复技术把数据库加以恢复。此外，黑客的入侵或攻击也会造成事务故障、系统故障或磁盘数据的严重破坏。

综上所述，数据库系统中的各类故障对数据库的影响概括起来主要有两类：一类是数据库结构被破坏。另一类是数据库结构没有被破坏，但由于某些事务在运行中被中止，数据库中可能包含了未完成事务对数据库的修改，破坏了数据库中数据的一致性。

数据库恢复的基本原理十分简单，可以用一个词“冗余”来概括。这就是说，数据库中任何一部分的数据可以利用存储在系统其他存储器上的冗余数据来重建。尽管恢复技术的基本原理很简单，但实现技术的细节却相当复杂。因此，下面将略去许多细节，在 5.5.2 节将介绍数据库系统中最常用的两种数据冗余方法：数据转储和日志文件。在 5.6 节将进一步介绍其他与数据库恢复相关的技术。

5.5.2　恢复技术

恢复就是利用存储在系统其他地方的冗余数据来修复数据库中被破坏的不正确的或不一致的数据。恢复机制涉及两个关键问题：一是如何建立冗余数据；二是如何利用这些冗余数据实施数据库恢复。建立冗余数据最常用的技术是数据转储和日志文件。

1. 数据转储

数据转储是数据库恢复中经常采用的基本技术。所谓数据转储,是指由 DBA 定期地将整个数据库复制到磁带或另一个磁盘上保存起来的过程。这些备用的数据文件称为后备副本或后援副本。当数据库遭到破坏后就可以利用后备副本把数据库恢复到某个一致性状态。

转储分为静态转储和动态转储。静态转储指的是转储期间不允许对数据库有任何操作(包括存取、修改等)活动。动态转储指的是在转储期间允许对数据库进行存取等操作,即数据转储和用户事务可并发执行。

静态转储比较简单,但是转储必须等到用户事务全部结束后才能进行,且新的事务必须等待转储结束后才能执行,这样会带来一定的麻烦,如降低数据库的可用性等。

动态转储可以克服静态转储的缺点,转储工作可随时进行,但是由于与用户事务并行执行,不容易保证转储结束时后备副本上数据的一致性,因此其实现技术要求较高。

数据转储还可分为海量转储与增量转储。海量转储指的是每次转储数据库的全部数据,而增量转储指的是每次只转储数据库中上次转储以来所产生变化的那些数据,即数据库中的数据只转储其修改过的物理块,这样转储的数据量少,也不必花很多时间,但需经常转储,从而减少事故发生时更新丢失。由于海量转储数据量大,不易进行,因此增量转储往往是一种有效的方法。

当数据库遭破坏时,最简单的方法就是以后备副本来恢复数据库。显然,利用这种方法,数据库只能恢复到最近后备副本的一致状态,从最近后备副本至发生故障期间对数据库的所有更新将会丢失。从数据恢复的角度上看,应经常地进行数据转储,制作后备副本,因为后备副本越接近故障发生点,恢复起来越方便、越省时,但另一方面,数据转储又是十分耗费时间和资源的,不可能频繁进行。所以,DBA 应该根据数据库的使用情况确定适当的转储周期和转储方法。例如,每天晚上或每周进行动态增量转储,每月进行一次海量转储等。

2. 日志文件

(1) 日志文件的作用

建立日志文件是数据库系统采取的另一种数据冗余措施。日志文件是记录每一次对数据库进行更新操作的文件,该文件由 DBMS 自动建立和记录。文件中包括的内容有:事务名称、操作的时间、操作类型、修改前数据值以及修改后数据值等,还有事务的开始,提交(COMMIT)及回滚(ROLLBACK)等执行情况记录。

在动态转储方式中必须建立日志文件,后备副本和日志文件综合起来才能有效地恢复数据库。在静态转储方式中也可以建立日志文件。当数据库毁坏后可重新装入后备副本把数据库恢复到转储结束时刻的正确状态,然后利用日志文件,把已完成的事务进行重做处理,对故障发生时尚未完成的事务进行撤销处理。这样不必重新运行那些在转储前已完成的事务程序就可把数据库恢复到故障前某一时刻。

(2) 日志文件的分类

日志文件主要有两种格式:以记录为单位的日志文件和以数据块为单位的日志文件。

以记录为单位的日志文件，需要登记的内容有：

1）各个事务的开始（BEGIN TRANSATION）标记。

2）各个事务的结束（COMMIT或ROLLBACK）标记。

3）各个事务的所有更新操作。

这里各个事务的开始标记、各个事务的结束标记和各个事务的所有更新操作均作为日志文件中的一个日志记录。

每个日志记录的主要内容为：

1）事务标识（标明是哪一个事务）。

2）操作的类型（插入、删除、修改）。

3）操作对象。

4）更新前数据的旧值（对插入操作，此项为空值）。

5）更新后数据的新值（对删除操作，此项为空值）。

以数据块为单位的日志文件，只要某个数据块中有数据被更新，就要将整个块更新前和更新后的内容放入日志文件中。

（3）日志文件的登记原则

日志文件在数据恢复中起着非常重要的作用，为了保证数据库是可恢复的，日志文件登记时必须遵循两条原则：

1）严格按照并行事务执行的时间次序登记。

2）必须先写日志文件，后写数据库。

把对数据的修改写到数据库中和把表示这个修改的日志记录写到日志文件中是两个不同的操作。计算机有可能在这两个操作之间发生故障，即这两个操作只完成了一个。如果先写了数据库修改，而日志文件中没有登记这个修改，则以后就无法撤销（UNDO）或重做（REDO）这个事务的修改了。如果先写日志，但数据库没有得到修改，则按日志文件恢复时，如果这个事务已经正常结束（COMMIT）标记，只要重做一次该事务就使数据库恢复到一致状态；如果该事务没有结束标记，则撤销该事务的所有更新操作就保证了数据库的正确性。为了安全起见，一定要先写日志文件，即首先把操作记录写到日志文件中，然后才把操作结果写到数据库中。

日志是以事务为单位按并发操作执行的时间次序，遵循先写日志后修改数据库的原则进行的。一般而言，只有当一个事务执行完毕并标记COMMIT时才真正修改数据库，而若出现ROLLBACK则表示事务须返回重新执行，此时由于数据库修改没有进行，因此返回执行不会产生困难。

3. 恢复策略

当系统在运行过程中发生故障时，利用数据库后备副本和日志文件就可以将数据库恢复到故障前的某个一致性状态。不同的故障其恢复策略和技术一般是不一样的。

（1）事务故障的恢复

发生事务故障时，夭折的事务可能已把对数据库的部分修改写回磁盘。恢复程序要在不影响其他事务运行的情况下，强行回滚该事务，即清除该事务对数据库的所有修改，使得这个事务像根本没有启动一样。这类恢复操作称为事务撤销（UNDO），其具体步骤如下：

1）反向扫描日志文件（从日志文件末尾开始扫描），查找该事务的更新操作。

2）对该事务的更新执行逆向操作。即将日志文件记录中“更新前的值”写入数据库，其具体操作如下：

① 如果记录中登记的原有操作是插入，则它的逆操作相当于作删除操作（因为此时“更新前的值”为空）。

② 若记录中是删除操作，则逆操作为插入（因为此时“更新后的值”为空）。

③ 如是修改操作，则相当于用修改前值代替修改后值。

3）继续反向扫描日志文件，查找该事务的其他更新操作，并进行同样处理。

4）如此处理下去，直至读到此事务的开始标记，事务故障恢复就算完成了。

事务故障的恢复是系统重新启动后由 DBMS 系统自动完成的，不需要用户干涉。

（2）系统故障的恢复

当发生系统故障时，一些尚未完成的事务的结果可能已送入物理数据库中，为保证数据的一致性，需要清除这些事务对数据库的所有修改。但由于无法确定究竟哪些事务已更新过数据库，因此系统重新启动后，恢复程序要自动强行撤销所有未完成的事务。此外，发生系统故障时，有些已完成事务提交的结果可能还有一部分甚至全部留在缓冲区中，尚未写回到磁盘上的物理数据库中，系统故障使得这些事务对数据库的修改部分或全部丢失，这也会使数据库处于一种不一致的状态，因此应将这些事务已提交的结果重新写入数据库。同样，由于无法确定哪些事务的提交结果尚未写入物理数据库，所以系统重新启动后，恢复程序除需要自动撤销所有未完成事务外，还要自动重做所有已经提交的事务，以将数据库真正恢复到一致状态。

概括起来讲，系统故障造成数据库不一致的原因有两个：一是某些未完成事务对数据库的更新已写入数据库；二是有些已经提交的事务对数据库的更新还留在缓冲区内没来得及写入数据库。恢复操作就是要撤销故障发生时未完成的事务，重做已经完成的事务，其具体恢复步骤如下：

1）正向扫描日志文件，找出在故障发生前已经提交的事务（这些事务既有 BEGIN TRANSACTION 记录，也有 COMMIT 记录），并将这些事务标记记入重做队列。同时还要找出故障发生时尚未完成的事务（这些事务只有 BEGIN TRANSACTION 记录，没有相应的 COMMIT 记录），并将这些事务标记记入撤销队列。

2）对撤销队列中的各个事务进行撤销处理。进行撤销（UNDO）处理的方法是：反向扫描日志文件，对每个 UNDO 事务的更新操作执行逆操作，即将日志记录中“更新前的值”写到数据库中去。

3）对重做队列中的各个事务进行重做（REDO）处理。进行 REDO 处理的方法是：正向扫描日志文件，对每个 REDO 事务重新执行日志文件登记的操作。即将日志记录中“更新后的值”写到数据库中去。

系统故障的恢复也是系统重新启动后由系统自动完成的，不需要用户干涉。

（3）介质故障的恢复

发生介质故障后，存储在磁盘上的数据被破坏，这时需要装入数据库发生介质故障前某个时刻的数据库后备副本，并重新做自此时开始的所有成功事务，将这些事务已提交的

结果重新记入数据库。介质故障是一种最严重的故障,恢复的方法就是重装数据库,并重做已完成的事务,其具体步骤是:

1）装入最新的数据库后备副本,使数据库恢复到最近一次转储时刻的一致性状态。

对于动态转储的数据库副本,还必须同时装入转储时刻的日志文件副本,利用与系统故障恢复相同的方法(即REDO+UNDO),才能将数据库恢复到一致性状态。

2）装入转储结束时刻的日志文件副本,重做已完成的事务。

首先扫描日志文件,找出故障发生时已提交的事务的标记,将其记入重做队列。然后正向扫描日志文件,对重做队列中的所有事务进行重做处理。即将日志记录中“更新后的值”写入数据库。这样就可以将数据库恢复到故障前某一时刻的一致状态。

介质故障的恢复需要DBA介入,但DBA只需要重新装入最近转储的数据库后备副本和有关的日志文件副本,然后执行系统提供的恢复命令即可,具体的恢复操作仍由DBMS自动完成。

此外,在5.5.1节中还介绍过计算机病毒对数据库可能造成的破坏,但其破坏的结果不会超过事务故障、系统故障和介质故障的范畴,因此当数据库被计算机病毒破坏后的恢复方法除了重新启动之前要先杀毒以外,其他恢复步骤与前面介绍的三种方法之一相同。

总而言之,为了实现数据库中的数据恢复,必须将数据转储与日志文件相结合才能完成。一般情况下,当数据库遭到破坏后,可以先用后备副本,将数据库恢复到复制此副本时的一致状态,再利用日志文件将复制后至破坏时刻所更改过的数据全部恢复,其一般过程是:

1）做数据复制工作:将数据库后备副本复制到数据库系统中。

2）做事务恢复第一步:检查日志文件,找出已经提交的事务并放入重做队列,找出那些尚未结束事务并放入撤销队列。

3）做事务恢复第二步:对撤销队列中的事务按照日志记录的时间倒序执行撤销处理,对重做队列的事务按日志记录的先后次序重做。

经以上三步即可完成数据库的恢复工作。当然,数据库的恢复一般由DBA负责完成。

5.5.3　检查点机制

在5.5.2节中介绍的事务故障和系统故障的恢复都利用了日志文件技术,即数据库的恢复子系统必须搜索日志,确定哪些事务需要REDO,哪些事务需要UNDO。对于一个运行多年的数据库系统来说,势必需要检查所有日志记录。但这样做具有两个问题:一是搜索整个日志将耗费大量的时间;二是很多需要REDO处理的事务实际上早已将它们的更新操作结果写到数据库中,如果恢复子系统再重新执行这些操作,就会浪费大量时间。

为了最大限度地减少数据库完全恢复时需要扫描日志文件的时间,解决基于日志文件的数据库恢复技术存在的以上问题,人们提出了检查点机制。所谓检查点(checkpoint),就是日志文件中一条特殊的日志记录(也称为检查点记录),该记录由数据库恢复子系统定期地自动生成和维护。当系统故障发生后实施数据库恢复时,则将系统失败时刻之前的第一个检查点作为扫描日志文件的开始位置,以此来避免扫描整个日志文件。

检查点记录的内容包括：

1）建立检查点时刻所有正在执行的事务清单。

2）这些事务最近一个日志记录的地址。

使用检查点机制可以改善数据库恢复效率。如图 5－13 所示的五个事务 T_1，T_2，T_3，T_4 和 T_5，因为事务 T_1 在检查点之前就已经提交，这表明事务 T_1 对数据库所做的修改早就已写入数据库，其写入时间是在这个检查点建立之前或在这个检查点建立之时。所以，在进行恢复处理时，没有必要对事务 T_1 执行 REDO 操作。这样只需对系统失败时刻之前，检查点以后完成的事务 T_2 和 T_4 执行 REDO，即重新执行这两个事务，因为担心它们在事故发生时有些在缓冲区中的数据没来得及写入数据库而造成数据不一致。类似地，对系统失败时刻之时还没完成的事务 T_3 和 T_5 执行 UNDO 操作，即这两个事务被回滚，因为担心它们在事故发生前已将部分修改数据写入数据库而造成数据不一致。

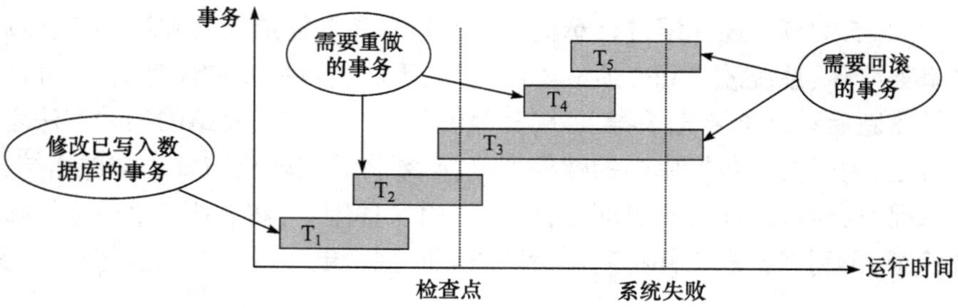

图 5－13　事务回滚和检查点机制

归纳起来，基于检查点的恢复方法就是把系统故障前最近建立的检查点之后开始执行或处于活动状态的事务全体记为 τ，然后对 τ 中没有结束标记的事务按照日志记录的时间倒序执行撤销处理，对已执行结束的事务按照日志记录的先后次序重做。

5.6　数据库的复制与相关技术

5.6.1　数据库的复制

复制是使数据库更具容错性的方法，主要用于分布式结构的数据库系统中。它在多个场地保留数据库的多个备份，这些备份可以是整个数据库的副本，也可以是部分数据库的副本。各个场地的用户可以并发地存取不同的数据库副本。例如，当一个用户修改数据对数据库加了排他锁时，其他用户就可以访问数据库的副本，而不必等待该用户释放锁，这就进一步提高了系统的并发度。但 DBMS 必须采取一定的手段保证用户对数据的修改能够及时地反映到其所有的副本之上。另外，当数据库出现故障时，系统可以用副本对其进行联机恢复，而在恢复过程中，用户可以继续访问该数据库的副本，而不必中断应用。

数据复制的过程类似于报纸杂志的出版过程，即把信息从信息源迅速传送到信息接收处。数据库的复制通常有三种方式：对等复制、主/从复制和级联复制。不同的复制方式提供了不同程度的数据一致性。

对等(peer-to-peer)复制是最理想的复制方式。在这种方式下,各个场地的数据库地位是平等的,可以互相复制数据。用户可以在任何场地读取和更新公共数据集,在某一场地更新公共数据集时,DBMS 会立即将数据传送给所有其他副本。

主/从(master/slave)复制,即数据只能从主数据库复制到从数据库中。更新数据只能在主场地上进行,从场地供用户读数据。但主场地出现故障时,更新数据的应用可以转到其中一个复制场地上。这种复制方式实现起来比较简单,易于维护数据一致性。主数据库和各个复制数据库在任何时候都必须保持事务的完整性。

级联(cascade)复制是指从主场地复制过来的数据又从该场地再次复制到其他场地,即 A 场地把数据复制到 B 场地,B 场地又把这些数据或其中部分数据再复制到其他场地。级联复制可以平衡当前各种数据需求对网络交通的压力。

5.6.2　数据库的镜像

介质故障是对系统影响最为严重的一种故障,当系统出现介质故障后,不仅用户的应用全部中断,而且恢复起来也比较费事。为了能够将数据库从介质故障中恢复过来,DBA 必须周期性地转储数据库,这加重了 DBA 的负担。如果 DBA 忘记了转储数据库,一旦发生介质故障,就可能造成严重的损失。

为避免存储介质——磁盘出现故障而影响数据库的可用性,DBMS 提供了日志文件和数据库的镜像(mirror)功能,即根据 DBA 的要求,DBMS 自动把整个数据库或其中的关键数据以及日志文件复制到另一个磁盘上,每当主数据库更新时,DBMS 会自动把更新后的数据复制到镜像磁盘上去,即 DBMS 自动保证镜像数据与主数据的一致性。这样,一旦主数据库发生介质故障,可以由镜像磁盘继续提供数据库的可用性,同时 DBMS 自动利用镜像磁盘进行数据库的恢复,不需要关闭系统和重装数据库后备副本。而在没有出现故障时,数据库镜像还可以用于支持并发操作,即当一个用户对数据库加排他锁修改数据时,其他用户可以直接读镜像数据库,而不必等待该用户释放锁。

由于数据库的镜像是通过复制数据库实现的,频繁地复制数据库自然会降低系统运行的效率,因此在实际应用中,用户往往只选择对关键的数据进行镜像,如日志文件镜像,而不是对整个数据库进行镜像。

5.6.3　RAID 技术简介

RAID 是英文 redundant array of inexpensive disks 的缩写,中文翻译成廉价冗余磁盘阵列,常常简称为磁盘阵列,是目前商用数据库服务器都支持且广泛使用的硬盘技术。很容易从字面意思知道 RAID 技术的基本含义:廉价和冗余。廉价就是价格便宜,因为成本因素是计算机用户不得不考虑的问题,所以廉价的磁盘阵列是吸引顾客的必要手段;冗余即数据冗余,因为数据安全性和完整性是计算机用户特别关注的重要问题之一,数据冗余将在一定程度上保证数据的安全性和完整性,所以 RAID 技术是用户追求低价高性能磁盘的必然结果。虽然 RAID 包含多块磁盘,但是在操作系统下是作为一个独立的大型存储设备出现的,这就保证了在某些特定的应用领域里不断扩大磁盘容量的需求。

RAID 技术分为 RAID 0、1、2、3、4、5、6、7 等几个不同的等级标准,RAID 0 又可以配合后面几种进行更多的功能组合,形成 RAID 10、30、50 等工作方式。这些等级标准分别为用户提供了速度、价格、容量和安全性不相同的磁盘阵列的多种选择。

RAID 0,又称为磁盘条块化(striping)工作方式。工作状态是几个磁盘同时工作,系统传输来的数据,经过 RAID 控制器将数据平均分配到磁盘阵列的各个磁盘中,当用户需要数据时再将数据聚集起来,而这一切工作都是计算机系统自动完成的。RAID 0 的主要工作目的是获得更大的“单个”磁盘容量,同时获得更高的存取速度。

RAID 1,又称为镜像(mirroring)工作方式。它的出现完全是出于数据安全性方面的考虑,因为在磁盘阵列中,只有一半的磁盘容量是有效的,而另一半用来存放前一半磁盘的镜像数据,也就是冗余数据。与 RAID 0 相比,RAID 1 是另一个极端。RAID 0 首要考虑的是磁盘的读写速度和容量,忽略安全性,而 RAID 1 则首要考虑数据的安全性,磁盘容量可以减半而速度可以不变。所以要达到相对高速又安全的目的,RAID 10(或者叫 RAID 0+ 1)就可以解决。RAID 10 也可以简单地理解成两个分别由多个磁盘组成的 RAID 0 阵列再进行镜像。但至少需要四块硬盘才可以实现 RAID 10 这个级别。

由于 RAID 2 是一种比较特殊的专用 RAID 模式,与现有的磁盘驱动器不兼容,因实现成本比较高,目前还没有实际应用。

RAID 3 是在 RAID 2 基础上发展而来的,采用并行传输及校验工作方式(parallel transfer with parity)。主要的变化是用相对简单的异或逻辑运算(eXclusive OR,XOR)校验代替了相对复杂的汉明码校验,从而大幅降低了成本。RAID 3 在 RAID 2 基础上成功地进行结构与运算的简化,曾受到用户的普遍欢迎,并被大量应用。

RAID 4 采用带奇偶的条块化工作方式,它是 RAID 0 和 RAID 3 工作方式的结合,也称为具有共享校验硬盘的独立数据硬盘 (independent data disks with shared parity disk),I/O 传输率比 RAID 3 高,但磁盘空间利用率比 RAID 0 低。与 RAID 3 相比,其关键之处是把条带改成了“块”。即 RAID 4 是按数据块为单位存储的。一个数据块是一个完整的数据集合,如一个文件就是一个典型的数据块。RAID 4 按块存储可以保证块的完整性,不受因分条带存储在其他硬盘上而可能产生的不利影响(如当其他多个硬盘损坏时,数据就无法读出了)。

RAID 5 是目前应用最广泛的 RAID 技术。各块独立硬盘进行条带化分割,相同的条带区进行奇偶校验(异或运算),校验数据平均分布在每块硬盘上。以 n 块硬盘构建的 RAID 5 阵列可以有 $n-1$ 块硬盘的容量,存储空间利用率也非常高。而且任何一块硬盘上的数据丢失,均可以通过校验数据推算出来。RAID 5 具有数据安全、读写速度快、空间利用率高等优点,应用非常广泛。但不足之处是,如果一块硬盘出现故障,整个系统的性能将大大降低。

经过多年的发展,RAID 技术级别虽然种类众多,但一个突出的局限性就是,无法容忍两块硬盘同时故障的情况发生。一旦系统中两块硬盘同时损坏,其数据就无法读出。

RAID 6 正是为了解决这个问题而诞生的。RAID 6 是由一些大型企业提出来的私有 RAID 级别标准,称为带有两个独立分布式校验方案的独立数据磁盘(independent data disks with two independent distributed parity schemes),简称阵列双保险。这种 RAID 级别是在 RAID 5 的基础上发展而成的,因此它的工作模式与 RAID 5 有异曲同工之妙,不同的是 RAID 5 将校验码写入一个驱动器里面,而 RAID 6 将校验码写入两个驱动器里面,这样就增强了磁盘的容错能力,允许出现故障的磁盘数也就达到了两个,相应的阵列磁盘数量最少也要4个。虽然RAID 6的应用还比较少,但相信随着RAID 6技术的不断完善,RAID 6必将得到广泛应用。

RAID 7称为最优的异步高I/O速率和高数据传输率磁盘(optimized asynchrony for high I/O rates as well as high data transfer rates),它与以前的RAID级别具有明显的区别,即总体上说,RAID 7是一个整体的系统,它有自己的操作系统,有自己的处理器,有自己的总线,而不是通过简单的插卡就可以实现的。因此,RAID 7完全可以理解为一个独立存储计算机,因自身带有操作系统和管理工具,完全可以独立地运行,被认为是至今为止,理论上性能最高的RAID模式,其优点很多,但是价格非常高,目前对于普通企业用户并不实用。

随着RAID技术的成熟,新的技术标准也不断出现,如还有RAID 5E、RAID 5EE、RAID 1E、RAID DP和RAID ADG等新的标准,它们都试图采用各种新的技术,从不同的侧面来保护数据库。RAIDx系列的磁盘阵列容量不断增大,但价格总体上说是越来越便宜,许多单位都喜欢使用RAID 5磁盘阵列的数据库服务器。对于一般中小企业,由于缺乏计算机系统管理人才,使用RAID 1磁盘阵列的数据库服务器会有更高的可靠性且易于管理。

习 题

5.1 造成数据库的数据不正确或被破坏的主要原因有哪些?

5.2 DBMS所提供的数据库安全和保护功能主要有哪些?

5.3 什么是数据库的安全保护?它有哪些内容?

5.4 数据库有哪几种完整性约束条件?

5.5 什么是数据库的完整性保护?目前的DBMS通常提供哪些完整性保护措施?

5.6 为学生登记表Students定义完整性规则,要求学号在100000~999999,年龄<29,性别只能为"男"或"女",姓名非空。

5.7 什么是触发器?触发器的作用是什么?

5.8 简述事务的概念和事务的特性。

5.9 什么叫并发?并发的目的是什么?并发会引起什么问题?如何避免并发引起的问题?

5.10 什么是封锁粒度?数据库中有哪几种封锁粒度?

5.11 简述并发与并行的区别以及并发与串行的区别。

5.12 什么是两段锁协议?怎样实现两段锁协议?

5.13 什么是活锁?如何防治活锁?

5.14 什么是死锁?如何对付死锁?如何处理死锁?

5.15 封锁会引起什么麻烦?如何解决?

5.16 数据库系统主要有哪几种故障?

5.17 什么是数据库的恢复?

5.18 什么是RAID技术?

5.19 简述RAID 1和RAID 5的区别与联系。

第 6 章　数据库设计与实施

2.2.5 节介绍过数据库应用系统,如常见的管理信息系统(management information system,MIS)和企业资源计划系统(enterprise resource planning, ERP)等的设计与开发是数据库技术的主要研究领域之一,而数据库设计却是数据库应用系统设计与开发的核心问题。本章先介绍数据库设计的特点、步骤和方法,然后介绍数据库实施方面的内容。

6.1　数据库设计概述

数据库是长期存储在计算机内的、有组织的、可共享的数据集合,它已成为现代信息系统等计算机应用系统的核心和基础。数据库应用系统把一个企业或部门中大量的数据按 DBMS 所支持的数据模型组织起来,为用户提供数据存储、维护、检索的功能,并能使用户方便、及时、准确地从数据库中获得所需的数据和信息,而数据库设计的好坏则直接影响着整个数据库系统的效率和质量。

6.1.1　数据库设计的概念

通俗地讲,数据库设计就是根据选择的数据库管理系统和用户需求对一个单位或部门的数据进行重新组织和构造的过程。数据库实施则是将数据按照数据库设计中规定的数据组织形式将数据装入数据库的过程。

对于数据库应用开发人员来说,数据库设计就是对一个给定的实际应用环境,如何利用数据库管理系统、系统软件和相关的硬件系统,将用户的需求转化成有效的数据库模式,并使该数据库模式易于适应用户新的数据需求的过程。

从数据库理论的抽象角度看,数据库设计就是根据用户需求和特定数据库管理系统的具体特点,如何将现实世界的数据特征抽象为概念数据模型表示,最后构造出最优的数据库模式,使之既能正确地反映现实世界的信息及其联系,又能满足用户各种应用需求(信息要求和处理要求)的过程。

由于数据库系统的复杂性以及它与实际应用环境联系的密切性,数据库设计成为一个困难、复杂和费时的过程。大型数据库的设计和实施涉及多学科的综合与交叉,是一项开发周期长、耗资巨大、风险较高的工程。此外,数据库设计的好坏还直接影响整个数据库系统的效率和质量。因此,一个从事数据库设计的专业人员应该具备以下几个方面的技术和知识:

1) 数据库的基本知识和数据库设计技术。
2) 计算机科学的基础知识和程序设计的方法与技巧。
3) 软件工程的原理和方法。
4) 应用领域的知识。

其中,应用领域的知识是随着应用系统所属的领域不同而变化的,所以数据库设计人员必须深入实际与用户密切结合，对应用环境、具体专业业务有具体深入的了解才能设计出符合实际领域要求的数据库应用系统。

6.1.2　数据库设计的步骤

类似于软件工程中软件生命周期的概念，一般把数据库应用系统从开始规划、分析、设计、实施、投入运行后的维护直到最后被新的系统取代而停止使用的整个期间称为数据库系统的生存期。对数据库系统生存期的划分，目前尚无统一的标准，通常将其分为 4 个时期（或 7 个阶段），即规划时期、设计时期（需求分析、概念结构设计、逻辑结构设计、物理结构设计）、实施时期和运行维护时期。图 6－1 给出了各个时期之间的关系以及各个阶段结束时的输出。

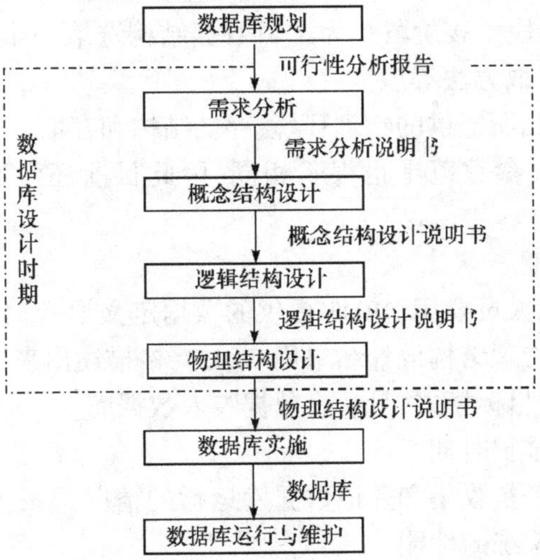

图 6－1　数据库系统生存期

数据库系统的生存期内各阶段的主要任务如下：

（1）数据库规划时期

这个时期进行建立数据库的必要性和可行性分析。如果是可行的，则要确定建立数据库的总体目标，包括可靠性、安全性等方面的设想，并制定数据库设计与实施计划。通过评审的可行性分析报告是这个时期的结束标记。这个时期的作用和意义与软件工程中可行性研究一致。

（2）数据库设计时期

这个时期一般分为如下 4 个阶段：

1）需求分析阶段。需求分析是数据库设计过程中比较费时、比较复杂和困难的一步，当然也是非常重要的一步。需求分析的好坏直接影响整个数据库的设计，如果需求分析做得不好，将导致数据库设计的返工工作量增大，有时甚至导致整个数据库设计工作重做。

需求分析阶段的主要任务是利用数据库设计理论和方法，对现实世界的对象（组织、部门、企业等），即用户的现行系统进行详细调查，收集支持系统目标的基础数据及其处理需求，主要有：

① 信息需求。它是用户对数据及其结构的需求，是数据库的静态特征。从这个信息需求即可导出用户的数据库需求，即在数据库中应该存储哪些数据。

② 处理需求。它是用户基于数据库的数据处理需求，是对数据库的动态性能需求，如某个处理要求的响应时间，处理的方式是批处理还是联机处理。

③ 安全性和完整性方面的需求。

2）概念结构设计阶段。该阶段是整个数据库设计的关键，它是在需求分析的基础上，通过对用户需求进行分析、归纳、抽象，形成一个独立于具体 DBMS 和计算机硬件结构的整体概念结构，即概念模式。概念模式应该完全表达用户的需求，一般用 E-R 图表示。

3）逻辑结构设计阶段。该阶段是在概念结构设计的基础上，在一定的原则指导下将概念模式（E-R 图）转换为某个具体 DBMS 支持的数据模型相符合的、经过优化的逻辑结构。如果选择的数据库管理系统是 RDBMS，则逻辑结构是关系模式的集合。

4）物理结构设计阶段。该阶段是为逻辑数据结构选取一个最适合应用环境的物理结构，包括存储结构和存取方法等。

由于不同 DBMS 产品所提供的物理环境、存储结构和存取方法有很大差别，提供给设计人员使用的设计变量、参数范围也很不相同，因此目前还没有一个通用的物理设计方法。

（3）数据库实施时期

在这个时期内，设计人员要用 DBMS 提供的数据定义语言（DDL）和其他实用程序将数据库逻辑结构设计和物理结构设计结果用 DDL 严格描述出来，成为 DBMS 可以接受的源代码，再经过调试产生目标模式，最后将数据装入数据库。

（4）数据库运行与维护时期

这个时期的主要任务是收集和登记数据库运行的情况记录，这些数据库运行记录将用来评价并改善数据库系统的性能。

在数据库运行和维护时期，必须保持数据库的完整性，必须有效地处理数据故障和进行数据库恢复，此外，还必须不断地对数据库进行评价，必要时对数据库进行重组或重构。

要充分认识到，只要数据库还在运行，就要不断地进行评价、调整、修改，直至完全重新设计为止。

6.1.3 数据库设计的特点

数据库设计的基本任务是根据用户的信息需求、处理需求和数据库的支持环境（包括硬件、操作系统与 DBMS），设计出数据库模式（包括外模式、逻辑模式和内模式）及其典型的应用程序。数据库设计和其他工程设计类似，具有如下特点：

1）反复性（iterative）。数据库设计不可能“一气呵成”，需要反复推敲和修改才能完成。前阶段的设计是后阶段设计的起点和基础，而后阶段设计也会向前阶段反馈，提出新的要求。因此，数据库设计需要反复修改，逐步完善。

2）试探性（tentative）。数据库设计不同于求解一个数学问题，它的设计结果一般不是唯一的。设计过程往往是试探性的过程。在设计过程中，有各种各样的要求和制约因素，它们之间往往是矛盾的。数据库的设计很难得到最佳的结果，常常得之于东，而失之于西，最终结果取决于数据库设计者的权衡和决策。

3）多步性（multistage）。数据库的设计常常由不同的人员分阶段进行。这样做的原因有两个：一是技术分工的需要；二是分段把关，逐级审查，以保证设计的质量和进度。

4）面向数据（data-oriented）。即在数据库设计中实施以信息需求为主，兼顾处理需求的设计策略。

计算机应用系统设计一般有两种方法，它们是按照信息需求和处理需求的主次关系来区分的。以信息需求为主，兼顾处理需求的方法称为面向数据的方法（data-oriented approach）；而以处理需求为主，兼顾信息需求的设计方法称为面向过程的方法（process-oriented approach）。

在早期的计算机应用系统设计过程中，由于处理多，数据少，即处理需求多于信息需求，因此采用面向过程的方法。现在的大型计算机应用系统，由于其数据十分庞大，数据结构复杂，而相应的处理流程却趋于简单，且由于数据库在应用系统中稳定性高而处理变化不大，所以数据库已成为应用系统设计的核心与不动点。

6.2　数据库规划

数据库的规划工作，对于建立数据库系统，特别是大型数据库系统是非常必要的。数据库规划的好坏不仅直接关系到整个数据库系统的成败，而且对一个企业或部门的信息化建设进程都将产生深远的影响。

数据库规划时期应该完成的主要工作是确定数据库系统在企业或部门的计算机系统中的地位以及各个数据库之间的联系，从而对建立数据库的必要性和可行性进行分析。

当一个企业或部门确定要建立数据库系统之后，接着就要确定这个数据库系统与企业中其他部分的关系。因此，需要分析企业的基本业务功能，确定数据库支持的业务范围，是建立一个综合的数据库，还是建立若干个专门的数据库。从理论上讲，可以建立一个支持企业全部活动的包罗万象的大型综合数据库，也可以建立若干个支持范围不同的公用或专用数据库。一般来讲，前者难度较大，效率也不高；后者比较分散，但相对灵巧，必要时可通过连接操作将有关数据连接起来，而数据的全局共享一般可利用建立在数据库上的应用系统来实现。

数据库规划工作完成以后，应写出详尽的可行性分析报告和数据库系统规划纲要，内容包括：信息范围、信息来源、人力资源、设备资源、软件及支持工具资源、开发成本估算、开发进度计划、现行系统向新系统转换计划等。

可行性分析报告和数据库系统规划纲要等资料应送交决策部门的领导，由他们组织召开有数据库技术人员、信息部门负责人、应用部门负责人和技术人员以及行政领导参加的评审会，对其进行评价。如果评审结果认为该系统是可行的，应立即成立由企业主要领导负责的数据库设计开发领导小组，以便协调各个部门在数据库系统建设中的关系，保证系统开发所需的人力、财力和设备，保证设计开发工作的顺利进行。

6.3　需求分析

在数据库设计的整个过程中，需求分析是基础和起点，需求分析的结果是否准确地反映用户的实际需求,不仅直接影响以后各个阶段的设计,而且直接影响到最终数据库模式的好坏以及数据库的稳定性和可靠性。

6.3.1 需求分析的任务

需求分析的任务,就是通过详细调查用户的现行系统(手工系统或计算机系统)的工作情况,深入了解其数据的性质和数据的使用情况,数据的处理流程、流向、流量等,并仔细地分析用户在数据格式、数据处理、数据库安全性、可靠性以及数据的完整性方面的需求,按一定规范要求写出设计者和用户都能理解的文档——需求分析说明书。

数据库设计人员要想确定全部的用户需求是一件非常困难的事情。这主要有以下几个方面的原因:

1) 系统需求不断变化。因为应用系统本身的需求是不断变化的,用户的需求也必须不断调整使之适应这种变化。

2) 需求描述困难。由于用户缺少数据库设计方面的专业知识,要求他们一次性表达系统的完整需求很困难,特别是很难说清楚某部分工作的功能与处理过程。

3) 用户积极性不够。企业一些具体工作人员对企业建立数据库系统往往带有不同程度的抵触情绪。有的认为需求分析影响了他们的工作,给他们造成更多的负担;有的则认为新系统的建立可能迫使他们放弃已熟悉的工作并学习和熟悉新的工作环境。也就是说,许多涉及个人的原因会给需求分析工作的开展造成一定的困难。

总之,数据库设计人员为了完成需求分析任务,必须认识到用户参与的重要性,要充分调动用户的积极性,以获得准确而完整的需求信息,为后继设计工作奠定基础。

6.3.2 需求分析的步骤

需求分析的任务可分解为需求调查、分析整理和评审三个步骤来完成。

1. 需求调查

需求调查又称为系统调查或需求信息的收集。为了充分地了解用户可能提出的需求,在进行实际调查研究之前,要做好充分的准备工作,明确调查的目的、确定调查的内容和调查的方式等。

1) 需求调查的目的。需求调查的目的主要是了解企业的组织机构设置,各个组织机构的职能、工作目标、职责范围、主要业务活动及大致工作流程,获得各个组织机构的业务数据及其相互联系的信息,为分析整理工作做好前期基础工作。

2) 需求调查的内容。为了实现调查的目的,需求调查涉及以下几个方面的内容:

① 组织机构情况。调查了解各个组织机构由哪些部门组成,各部门的职责是什么,各部门管理工作存在的问题,各部门中哪些业务适合计算机管理,哪些业务不适合计算机管理。

② 业务活动现状。各部门业务活动现状的调查是需求调查的重点,要弄清楚各部门输入和使用的数据,加工处理这些数据的方法,处理结果的输出数据,输出到哪个部门,输入/输出数据的格式等。在调查过程中应注意收集各种原始数据资料,如台账、单据、文档、档案、发票、收据、统计报表等,从而可确定数据库中需要存储哪些数据。

③ 外部要求。调查数据处理的响应时间、频度和如何发生的规则,以及经济效益的要求、安全性及完整性要求。

④ 未来规划中对数据的应用需求等。

这一阶段的工作是大量的和烦琐的。尤其是管理人员缺乏对计算机的了解,他们不知道或不清楚哪些信息对于数据库设计者是必要的或重要的,不了解计算机在管理中能起什么作用,做哪些工作。另外,数据库设计者缺乏对实际管理工作的了解,不了解管理对象内部的各种联系,不了解数据处理中的各种要求。由于管理人员与数据库设计者之间存在着这样的距离,所以需要管理部门和数据库设计者更加紧密地配合,充分提供有关信息和资料,为数据库设计打下良好的基础。

3) 需求调查方式。需求调查主要有以下几种方式:

① 个别交谈。通过个别交谈可以仔细了解该用户业务范围的用户需求,调查时也不受其他人员的影响。

② 开座谈会。通过座谈会方式调查用户需求,可使与会人员互相启发,从而获得不同业务之间的联系信息。

③ 发调查表。将要调查的用户需求问题设计成表格请用户填写,能获得设计人员关心的用户需求问题。调查的效果依赖于调查表设计的质量。

④ 跟班作业。通过亲自参加业务工作来了解业务活动情况,能获得比较准确的用户需求,但比较费时。

⑤ 查阅记录。就是查看现行系统的业务记录、票据、统计报表等数据记录,可了解具体的业务细节。

由于需求调查的对象可分为高层负责人、中层管理人员和基层业务人员三个层次,因此,对于不同的调查对象和调查内容,可采用不同的需求调查方式,也可同时采用几种不同的调查方式。即需求调查也可以按照以下三种策略来进行:

① 对高层负责人的调查,一般采用个别交谈方式。在交谈之前,应给他们一份详细的调查提纲,以便他们有所准备。从交谈中可以获得有关企业高层管理活动和决策过程的信息需求以及企业的运行政策、未来发展变化趋势等与战略规划有关的信息。

② 对中层管理人员的调查,可采用开座谈会、个别交谈或发调查表、查阅记录的调查方式,这样可以了解企业的具体业务控制方式和约束条件,不同业务之间的接口,日常控制管理的信息需求并预测未来发展的潜在信息需求。

③ 对基层业务人员的调查,主要采用发调查表、个别交谈或跟班作业的调查方式,有时也可以召开小型座谈会,主要了解每项具体业务的输入输出数据和工作过程、数据处理要求和约束条件等。

2. 分析整理

为了把需求调查阶段收集到的需求信息(如文件、图表、票据、笔记等)转化为下一阶段设计工作可用的形式信息,必须对需求信息进行深入细致的分析整理工作,并写出需求说明书。分析整理的工作主要有:

1) 业务流程分析与表示。业务流程分析的目的是获得业务流程及业务与数据联系的形式描述。一般采用数据流分析法,分析结果以数据流图(data flow diagram, DFD 图)

表示。DFD 图是一种自顶向下逐步细化分析描述对象的工具。关于 DFD 图的符号和画法在一般软件工程教材中都有详细介绍,这里不予赘述。图 6 – 2 所示为一个简单的课程管理数据流图,其中矩形框表示数据来源或数据输出,椭圆表示处理,非闭合矩形框表示数据存储,箭头表示数据流或处理要求。DFD 图主要用于数据库应用程序的设计。

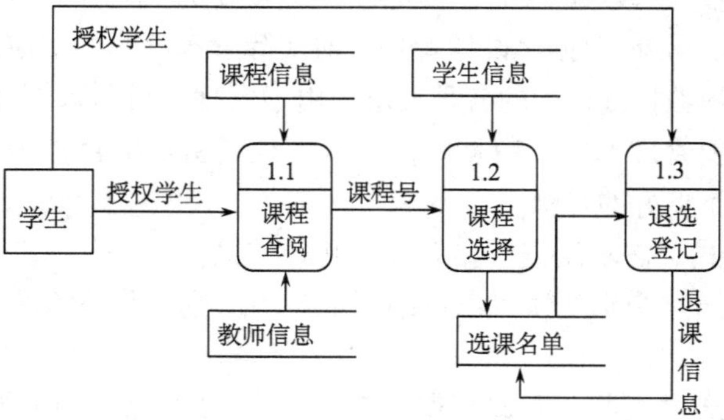

图 6 – 2　选课管理的数据流图

2）需求信息的补充描述。由于用 DFD 图只描述了数据与处理关系及其数据流动的方向,而数据流中的数据项等细节信息则无法描述,因此除了用 DFD 图描述用户需求以外,还要用一些规范化表格对其进行补充描述。这些补充信息主要有以下内容:

① 数据字典。主要用于数据库概念模式设计,即概念模式设计。数据字典的详细内容在 6. 3. 3 节介绍。

② 业务活动清单。列出每一部门中最基本的工作任务,包括任务的定义、操作类型、执行频度、所属部门及涉及的数据项以及数据处理响应时间要求。

③ 其他需求清单。如完整性、一致性要求,安全性要求以及预期变化的影响需求等。

3）撰写需求分析说明书。在需求调查的分析整理基础上,依据一定的规范,如国家标准(GB/T 9385—2008)来编写出需求分析说明书。数据的需求分析说明书一般用自然语言并辅以一定图形和表格书写。近年来许多计算机辅助设计工具的出现,如 Power Designer、IBM Rational Rose 等,已使设计人员可利用计算机的数据字典和需求分析语言来进行这一步工作,但由于这些工具对使用人员有一定知识和技术要求,在普通开发人员中的应用还有待进一步推广。

需求分析说明书的格式不仅有国家标准可供参考,一些大型软件企业也有自己的企业标准,这里不再详述。

3. 评审

评审的目的在于确认某一阶段的任务是否完成,以保证设计质量,避免重大的疏漏或错误。

评审一定要有项目组以外的专家和主管部门负责人参加,以保证评审工作的客观性和质量,评审结果可作为以后系统验收的参考依据。评审常常导致设计过程的回溯与反复,即需要根据评审意见修改所提交的阶段设计成果,有时修改甚至要回溯到前面的某一阶段,进行部分乃至全部重新设计,然后再进行评审,直至达到全部系统的预期目标为止。

通过评审的需求分析说明书不仅作为需求分析阶段的结束标志，也作为下一个设计阶段的输入，还可作为项目验收和鉴定的依据。

6.3.3 数据字典

DFD 图表达了数据与处理的关系，但没有数据内容的详细描述，如图 6－2 中的“课程信息”究竟包括了哪些具体的数据项（课程编号、名称、学分或先修课要求等）并不清楚，而数据字典则恰好弥补了 DFD 图的不足。对数据库设计来讲，数据字典是用户需求分析所获得的主要结果，是概念结构设计的必要输入。因此，数据字典在数据库设计中占有非常重要的地位。

在数据库应用系统的分析与设计中，数据字典为设计人员提供了关于数据的详细描述信息，设计人员可以方便地查阅有关数据条目的解释。

1. 数据字典的内容

一般来讲，数据字典通常包括数据项、数据结构、数据流、数据存储和处理过程 5 个部分，其中数据项是数据的最小组成单位，若干个数据项可以组成一个数据结构，数据字典通过对数据项和数据结构的定义来描述数据流和数据存储的逻辑内容。

（1）数据项

数据项是数据的基本单元，即最小单位，如学生的学号、姓名、性别等都是数据项。数据项的描述方法和内容是

数据项描述＝{数据项名，数据项含义说明，别名，数据类型，长度，取值范围，取值含义，与其他数据项的逻辑关系}。其中：

1）别名，也称数据项别名，是数据项名称的其他等价名字，如“学号”的别名为“学生编号”。出现别名的主要原因有：

① 对于同样的数据，不同的用户使用不同的名字。

② 同一个设计人员在不同时期对同一个数据使用了不同的名字。

③ 两个设计人员在设计中对同一数据项使用了不同的名字。

2）取值范围：规定了数据项的取值区间或其值所在的集合。

3）与其他数据项的逻辑关系。它是数据完整性约束条件。例如，该数据项的值是另外几个数据项之和，该数据项值是另一个数据项值的 3 倍等。

（2）数据结构

数据结构是若干数据项组成的有意义的集合，它反映了数据之间的组合关系。数据结构的描述方法和内容是

数据结构描述＝{数据结构名，含义说明，组成：{数据项名列表}}

（3）数据流

数据流可以是数据项也可以是数据结构，它是某一处理的输入或输出。数据流的描述方法和内容是

数据流描述＝{数据流名，说明，数据流来源，数据流去向，组成：{数据结构}，平均流量，高峰期流量}。其中：

1）数据流来源说明该数据流来自哪个处理过程。

2）数据流去向说明该数据流将传送给哪个处理过程。

3）平均流量是指单位时间（每天、每周、每月等）的传输次数。

4）峰期流量则是指在高峰时期的数据传输次数。

（4）数据存储

数据存储是处理过程需要保存的数据集合，也是数据流的来源和去向之一，它可以是手工凭证、手工文档，也可以是计算机文件等。数据存储的描述方法和内容是：

数据存储描述 = {数据存储名，说明，编号，输入的数据流，输出的数据流，组成：{数据结构}，数据量，存取方式}。其中：

1）数据量是指每次存取多少数据，每天（或每小时、每周等）存取几次等。

2）存取方法包括批处理或者联机处理，检索或者更新，顺序检索或者随机检索等。

3）输入的数据流用于指明其来源，输出的数据流用于指出其去向。

（5）处理过程

处理过程也称加工过程，这里指数据库应用程序模块。其具体处理逻辑一般用判定表或判定树来描述，也可用程序流程图或盒图（N-S）来描述，但在数据字典中只描述处理过程的说明性信息，其描述方法和内容是：

处理过程描述 = {处理过程名，说明，输入：{数据流}，输出：{数据流}，处理：{简要说明}}

其中，简要说明主要说明该处理过程的功能及处理要求，这里的功能是指该处理过程用来做什么（而不是怎样做），处理要求包括处理的频率要求，如单位时间里处理多少事务，多少数据量，响应时间要求等。处理要求是物理设计的输入及性能评价的标准。

由以上讨论可知，数据字典是关于数据库中数据性质的描述，即元数据，而不是数据本身。

2. 数据字典的实现

需求分析阶段的数据字典是数据库系统分析与设计人员手工建立的需求分析文档，是对数据流图中数据结构、数据流和数据存储的细节说明与补充，它贯穿于数据库应用系统建设的全过程，一方面帮助数据库应用系统分析人员全面确定用户需求，另一方面为后续的概念结构设计、逻辑结构设计和数据库实施提供参考依据，但其内容可能在设计过程中被不断地修改、补充和完善。因此，数据字典都应该具有下述特点：

1）通过名字能方便地查询数据的定义。

2）没有数据冗余。

3）容易更新和更改。

4）定义的书写方式简单方便，而且严格。

数据字典一般采用字处理软件，表格处理程序帮助生成。卡片形式书写数据字典是一种传统方法，每张卡片上保存一个数据项或数据结构的信息。这种做法较好地满足了上述要求，特别是更新和修改起来很方便，能够单独处理每个数据项的信息，每张卡片上除了包括本节数据字典所述的一些信息外，当开发过程进展到一定阶段时，还可以添加一致性校验功能、错误检验功能等信息，通常把这些信息记录在卡片的背面。

图 6－3～图 6－6 给出了有关学生选课管理子系统中几个数据项的数据卡片供参考。

数据项名:学号
别　　名:学生编号
描　　述:唯一标识每个学生
定　　义:学号=8{字符}8
位　　置:
取值范围:00000000-99999999
取值含义:顺序编号

图 6-3 数据项卡片

数据结构名:学生
别　　名:学生基本信息
描　　述:这是学籍管理系统的主要数据结构,定义了一个学生的基本信息
组　　成:学号,姓名,性别,年龄,所在系,年级

图 6-4 数据结构卡片

数据存储名:体检结果
别　　名:体检表
描　　述:学生参加体格检查的最终结果
数据流来源:学校医院
数据流去向:学生处
组　　成:学生,身高,体重,视力,……

图 6-5 数据存储卡片

数据流名:学生登记表
别　　名:
描　　述:记录学生的基本情况
定　　义:学生登记表=学号+姓名+性别+年龄+出生地+……
流入数据流:　　　流出数据流:
存取方式:随机存取

图 6-6 数据流卡片

值得指出的是,本节所说的数据字典与 DBMS,如 SQL Server 中的数据字典并非同一个概念。DBMS 中数据字典是数据库实施过程中创建数据库和基本表时由 DBMS 自动生成的,是数据库管理系统运行和维护的依据,也可供 DBA 和用户查看但一般不能修改。

6.4 概念结构设计

把需求分析阶段得到用户需求(已用数据字典和数据流图表示)抽象为概念模型表示的过程就是概念结构设计。从 2.3.2 节可知,概念数据模型既独立于数据库逻辑结构,又独立于具体的数据库管理系统,是现实世界与机器世界的中介。它不仅能够充分反映现实世界,如实体和实体集之间的联系等,易于非计算机人员理解,而且易于向关系、网状、层次等各种数据模型转换。

数据库概念结构设计的目的是分析数据字典中数据间内在语义关联,并将其抽象表示为数据的概念模式。目前,在数据库概念结构设计中常用 E-R 模型来描述概念结构,因此数据库概念结构设计又称为 E-R 模式设计。关于 E-R 模型的一些概念和 E-R 图的基本画法已在 2.3.3 节介绍,本节主要介绍基于 E-R 模型的概念结构设计方法和步骤。

6.4.1 基本方法

在实际工作中,一个企业或部门有大有小,有的简单有的复杂,其数据的内在逻辑关系与语义关联也是如此,因此,数据库概念结构设计,即将用户需求抽象表示为 E-R 模式的基本方法有两类:

1. 集中式设计法

这是一种集中统一的 E-R 模式设计方法,它根据用户需求由一个统一的机构或人员一次设计出数据库的全局 E-R 模式,这种方法设计简单方便,容易保证 E-R 模式的统一性与一致性,但它仅适用于小型或并不复杂的数据库设计问题,而对大型的或语义关联复杂的数据库设计并不适用。

2. 分散-集成设计法

这种方法将设计过程分解成两步,首先将一个企业或部门的用户需求,根据某种原则将其分解成若干个部分,并对每个部分设计局部 E-R 模式,然后将各个局部 E-R 模式进行集成,并消除集成过程中可能会出现的冲突,最终形成一个全局 E-R 模式。

分散-集成设计法是一种由分散设计到综合集成的方法,在实际应用中比较普遍。由于局部 E-R 模式设计的分散性,集成过程中可能出现不一致或冲突现象。例如,同一个数据项在不同的局部 E-R 模式中名称不同,或同一个名称对应于不同的数据项等,需要对其作必要的修正,以消除冲突。因此,这种设计过程比较复杂但它能较好地反映用户需求,对于大型和复杂的数据库设计问题比较有效。

6.4.2 主要设计步骤

E-R 模式设计一般可分为三步来完成:设计局部 E-R 模式;将局部 E-R 综合集成为全局 E-R 模式;对全局 E-R 模式进行优化,最后得到基于 E-R 模型的数据库概念结构。

1. 设计局部 E-R 模式

局部 E-R 模式的设计一般又可分解为以下三步骤:

(1) 确定局部 E-R 模式的范围

设计局部 E-R 模式的第一步就是确定局部结构的范围,即将用户需求划分成若干个部分,其划分方式一般有以下两种:

1) 根据企业的组织机构对其进行自然划分。例如,对一个企业的数据库,由于企业有供应科、生产科、销售科、技术科和质检科等,各个科室的数据内容和对数据的处理要求明显不同,因此,可以为它们分别设计局部 E-R 模式。

2) 根据数据库提供的服务种类进行划分,使得每一种服务所使用的数据明显地不同于其他种类,这样就可为每一类服务设计一个局部 E-R 模式。例如,一个高等学校的综合数据库可以按提供的服务分为以下一些类型:

① 教师基本信息(如姓名、年龄、性别和民族等)的查询。

② 教师专业信息(如毕业专业、现在从事的专业及科研方向等)的查询。

③ 教师学术信息(如科研项目、科研论文、学术著作、获奖等)的查询。

④ 学生基本信息(如姓名、年龄、性别和民族等)的查询。

⑤ 学生学习信息(如姓名、课程、考试成绩、学分等)的查询。

……

(2) 定义实体型

每一个局部 E-R 模式都包括一些实体型,定义实体型就是从选定的局部范围中的用户需求出发,确定每一个实体型的属性和主键。

实体型与属性是 E-R 模式设计中的基本单位,但实体与属性之间没有明确的区分标准,下面的一些原则可在设计时参考。

1）信息描述原则。一般地说,实体需要进一步用某些属性进行描述,而属性则不需要。

2）依赖性原则。一般地讲,属性仅单向依赖于某个实体,且这种依赖是包含性依赖,如学生实体中的学号、学生姓名等均单向依赖于学生。

3）一致性原则。一个实体由若干个属性组成,这些属性间有内在的关联性与一致性,如学生实体有学号、学生姓名、年龄、专业等属性,它们分别独立表示实体的某个特性,并在总体上协调一致,互相配合,构成了一个统一的整体。

在确定了实体型和属性后,需对下述几个方面作详细描述:

1）给实体集与属性命名。实体集与属性的命名必须遵循一定的原则,它们应清晰明了便于记忆,并尽可能采用用户所熟悉的名字,名字还要具有特点以减少冲突,方便使用。

2）确定实体标识。实体标识即是实体集的主键,首先要列出实体集的所有候选键,在此基础上选择一个作为主键。

3）非空值原则。有些属性的值可能会出现空值,这并不奇怪,但重要的是要保证主键中的属性不出现空值。

（3）定义联系

在 E-R 模型中,“联系”用于刻画实体集之间的关联。在定义了实体型和属性并进行描述后,还要确定实体集之间的联系及其属性。实体集之间的联系非常广泛,大致可分为以下三种:

1）存在性联系,如学校有教师、教师有学生等。

2）功能性联系,如教师授课,教师参与管理学生等。

3）事件联系,如学生借书,学生打网球等。

设计者可以利用上面介绍的三种联系去检查 E-R 模式中两个实体集之间是否存在联系,如果存在联系,还需进一步确定这些联系的类型（1∶1、1∶n 或 n∶m）,此外,还要考虑实体集内部是否存在联系,多个实体集之间是否存在联系等。

在定义实体集之间的联系时,要尽量消去冗余的联系,以免将这些问题留给全局 E-R 模式的集成阶段,从而造成困难和麻烦。图 6－7 所示为具有冗余联系的局部 E-R 模式,消去冗余联系的 E-R 模式如图 2－9(a)所示。

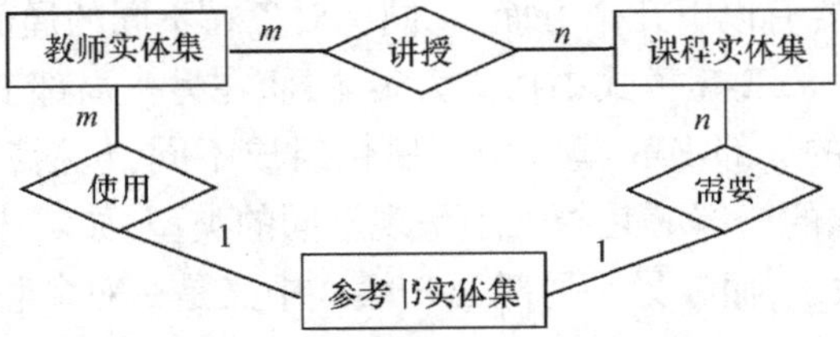

图 6－7　具有冗余联系的局部 E-R 模式

在定义了实体集之间的联系后,需要对其命名。联系的命名应反映联系的语义性质,通常采用某个动词命名,如“选修”“讲授”“使用”等。此外,还需要确定每个联系是否存在属性。有些实体集之间的联系存在属性,如学生实体集与课程实体集的联系“选修”就存在“考试成绩”这个属性,这种属性在设计过程中最容易遗漏,设计者应特别引起注意。

2. 合并局部 E-R 模式

当各个局部 E-R 模式设计完成后,就需要对它们进行合并,将其集成为一个全局的 E-R 模式,即数据库的全局概念结构。

全局 E-R 模式的集成过程,一般也可以分成三步进行:

(1) 确定公共实体型

公共实体型是多个局部 E-R 模式综合集成的基础,因此必须首先确定各局部 E-R 模式之间的公共实体型。在这一步中,一般仅根据实体型名称和主键来认定公共实体型,即把同名实体型作为一个候选的公共实体型,把具有相同主键的实体型作为另一个候选的公共实体型。

(2) 合并局部 E-R 模式

局部 E-R 模式的合并顺序有时会影响处理效率和结果。一般都采用逐步合并的方式,即首先将两个具有公共实体型的局部 E-R 模式进行合并,然后每次将一个新的与前面已合并模式具有公共实体型的局部 E-R 模式合并起来,最后再加入独立的局部 E-R 模式,这样即可终获得全局 E-R 模式。

对于一个不太复杂的数据库系统,其公共实体型的确定通常比较容易,但对于一个复杂的大的系统,其公共实体型的确定有时可能比较困难。因为当系统比较大时,可能有很多局部 E-R 模式,而这些局部模式通常又是由不同的人员设计完成的,这就可能存在对现实世界的同一对象给予不同的描述,如有的设计者作为实体型看待,有的则作为联系型或属性看待。即使每个设计者都将其表示成实体型,但实体型的命名,主键的选择都可能不一样。将这些不一致的描述称为冲突。这种冲突通常可分为三种类型:

1) 属性冲突。主要指属性值的类型、取值范围,或者计量单位的冲突。例如,对于学生的学号,不同学院可能采用不同的编码方式,有的用整数,有的用字符串等,而对于重量单位,有的可能用吨,有的用千克,有的则用克。

2) 命名冲突。主要指同名异义和异名同义两种冲突,包括属性名、实体型名、联系名之间的冲突。同名异义,即不同意义的对象具有相同的名字;异名同义,即同一意义的对象具有不同的名字。

3) 结构冲突。主要有以下几个方面:①同一对象在不同的局部 E-R 模式中的抽象不一致,如职工,在某个局部 E-R 模式中抽象为实体,而在另一局部 E-R 模式中则抽象为属性;②同一实体在不同的局部 E-R 模式中其属性组成不同,包括属性个数、次序等;③实体集之间的联系在不同的局部 E-R 模式中呈现不同的类型,如实体集 A 与 B 在某一局部 E-R 模式中是多对多联系,而在另一局部 E-R 模式中又是一对多联系;④在某一局部 E-R 模式中 A 与 B 发生联系,而在另一局部 E-R 模式中 A、B、C 三者之间有联系。

属性冲突和命名冲突一般通过设计人员之间的讨论、协商等方法即可得到解决,而结构冲突则需要全体设计人员和用户经过仔细分析,认真讨论,确定一个能够反映用户需求、全体用户共同理解和接受的统一结构之后才能解决。

由以上讨论可知,合并局部 E-R 模式并不是机械地将各个局部 E-R 模式合并到一起的简单过程,而必须着力消除各个局部 E-R 模式之间存在的各种冲突,才能形成一个能为全系统中所有用户共同理解和接受的统一的数据库概念结构。因此,如何合理地消除各个局部 E-R 模式之间的冲突是集成全局 E-R 模式过程中最关键的工作。

3. 优化全局 E-R 模式

按照前面的方法将各个局部 E-R 模式合并后就得到一个初步的全局 E-R 模式,之所以这样称呼是因为其中可能存在冗余的数据和冗余的联系等。所谓冗余的数据是指可由基本数据导出的数据,冗余的联系是指可由其他联系导出的联系。冗余的数据和冗余的联系容易破坏数据库的完整性,给数据库维护带来困难,因此在得到初步的全局 E-R 模式后,还应当进一步检查 E-R 图中是否存在冗余,如果存在冗余则一般应设法将其消除。一个好的全局 E-R 模式,不仅能全面、准确地反映用户需求,而且应该满足如下的一些条件:实体型的个数尽可能少;实体型所含属性个数尽可能少;实体型之间联系无冗余。

下面给出优化全局 E-R 模式时需要重点考虑的几个问题。

1) 实体型是否合并的问题。这里的合并不是指前面的“公共实体型”的局部 E-R 模式合并,而是指两个有联系的实体型的合并。例如,两个具有 1 : 1 联系的实体型通常可以合并成一个实体型,合并的目的是提高处理效率,因为涉及多个实体集的信息需要连接操作才能获得,而连接运算的开销比选择和投影运算的开销大得多。

此外,对于具有相同主键的两个实体型,如果经常需要同时处理这两个实体型,那么也可以将其合并成一个实体型。当然,这样做可能会产生大量的空值,因此是否合并要在存储代价和查询效率之间进行权衡。

2) 冗余属性是否消除的问题。通常在各个局部 E-R 模式中是不允许冗余属性存在的。但在合并为全局 E-R 模式后,可能产生全局范围内的冗余属性。例如,在某个大学的数据库设计中,一个局部 E-R 模式可能有已毕业学生数、招生数、在校学生数和即将毕业学生数,而另一局部 E-R 模式中可能有毕业学生数、招生数、各年级在校学生数和即将毕业学生数,则这两个局部 E-R 模式自身都没有冗余,但合并为一个全局 E-R 模式时,在校学生数就成为冗余属性,因此可考虑将其消除。

3) 冗余联系是否消除的问题。在初步全局 E-R 模式中可能存在有冗余的联系,通常利用规范化理论中函数依赖的概念可以将其消除。例如,教室实体集与班级实体集之间的“上课”联系可以由教室与课程之间的“开设”联系、课程与学生之间的“选修”联系、学生与班级之间的“组成”联系三者推导出来,因此属于冗余联系,可以消除。

当然,对于一个具体的冗余属性或联系,是否必须消除呢? 这一般应在存储空间、访问效率和维护代价之间进行权衡。因为并不是所有的冗余数据与冗余联系都必须加以消除,有时为了提高某些应用程序的效率,不得不以增加冗余数据为代价,所以在设计数据库全局概念结构时,哪些冗余必须消除,哪些冗余允许存在,要根据用户的整体需求,即以数据字典和数据流图为依据,仔细分析数据字典中关于数据项之间的逻辑关系的说明来确定。

在存储空间、访问效率和维护代价之间进行权衡并适当消去部分冗余的全局 E-R 模式就是一个优化的全局数据库概念结构。

6.5　逻辑结构设计

概念结构设计得到的全局 E-R 模式是一个独立于具体 DBMS 的概念模式，故无法直接在某一具体的 DBMS 上实现。数据库逻辑设计的主要工作是将全局 E-R 模式转化成具体 DBMS 能够支持的模式。由于现在流行的商品化 DBMS 都是关系型数据库管理系统，因此本节仅介绍将全局 E-R 模式转化为关系模式的方法。

6.5.1　E-R 模式到关系模式的转换

由于 E-R 模式中的实体型与联系都可以表示成关系型，属性可以转换成关系型的属性，实体型的主键转换为关系型的主键，所以从 E-R 模式到关系模式的转换是比较直接的。下面主要讨论由 E-R 模式向关系模式转换过程中值得注意的一些问题。

1. 实体型的转换

对于 E-R 模式中的每个实体型，需要设计一个关系模式与之对应，该关系模式包含实体型的所有属性，用下划线来表示关系模式的主键和外键所包含的属性。关系模式及其属性的命名，可以采用 E-R 模式中实体型及其属性原来的命名。在实际应用中，为了便于用户理解和交流，通常在 E-R 模式中的实体型和属性都使用汉字命名方式。但为了便于在 DBMS 中实施和编写应用程序，对应的关系模式和属性一般采用英文或拼音字母命名方式。

例 6.1　如图 6－8 所示的局部 E-R 模式中有两个实体型，直接将实体型转换为关系模式可采用两种方法。

1）使用原先的命名方式，转换得到关系模式为
　教师(<u>职工号</u>，姓名，性别，职称，出生日期)
　学生班级(<u>班级编号</u>，系别，专业)

2）使用英文或拼音字母命名方式，转换得到关系模式为
　Teachers(<u>Tno</u>, Tname, Tsex, Title, Tbirthdate)
　Classes(<u>ClassNo</u>, Dname, Specialty)

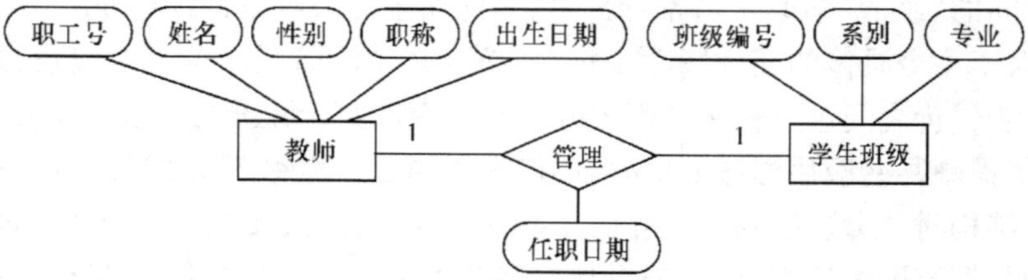

图 6－8　简单的局部 E-R 模式

2. 联系的转换

由于实体集之间的联系有 1∶1 联系、1∶n 联系和 m∶n 联系三种类型，因此联系的

转换方法也有所不同,下面就来讨论实体集之间联系的转换方法。

(1) 对1:1联系的转换

如果实体集之间的联系是1:1的,先将两个实体型分别转换为关系模式后,将联系的属性和其中一个实体型对应关系模式的主键属性加入另一个关系模式中即可。

例6.2　对例6.1中讨论的局部E-R模式,假设将联系属性"任职日期"命名为HoldDate,则图6-8所示的局部E-R模式最终可转换成如下的关系模式:

1) 使用原先的汉字命名方式为

教师(<u>职工号</u>,姓名,性别,职称,出生日期)

学生班级(<u>班级编号</u>,<u>职工号</u>,系别,专业,任职日期)

2) 使用英文命名方式为

Teachers(<u>Tno</u>, Tname, Tsex, Title, TbirthDate)

Classes(<u>ClassNo</u>, <u>Tno</u>, Dname, Specialty, HoldDate)

(2) 对1:n联系的转换

如果实体型之间的联系是1:n的,先将两个实体型分别转换为关系模式后,将联系的属性和1端对应关系模式的主键属性加入n端对应的关系模式中即可。

例6.3　如图6-9所示的局部E-R模式,最终可转换成如下的关系模式:

1) 使用原先的汉字命名方式为

教师(<u>职工号</u>,姓名,性别,职称,出生日期)

图书(<u>书号</u>,<u>职工号</u>,书名,定价,内容简介,借阅日期)

2) 使用英文命名方式为

Teachers(<u>Tno</u>, Tname, Tsex, Title, TbirthDate)

Books(<u>Bno</u>, <u>Tno</u>, Bname, Bprice, Abstract, BorrowDate)

(3) 对m:n联系的转换

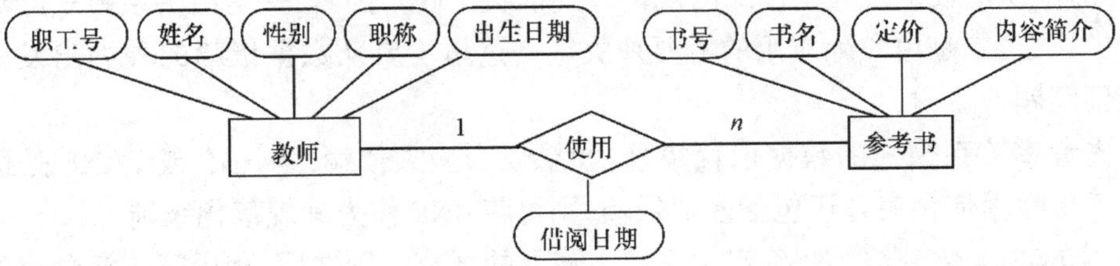

图6-9　1:n联系的局部E-R模式

如果实体型之间的联系是m:n的,先将两个实体型分别转换为关系模式后,再将联系转换为一个关系型,其属性由联系的属性和前面两个关系模式的主键属性构成。

例6.4　如图6-10所示的局部E-R模式,最终可转换成如下的关系模式:

1) 使用原先的汉字命名方式为

学生(<u>学号</u>,姓名,性别,出生日期)

课程(<u>课号</u>,课名,学分)

选修(<u>学号</u>,<u>课号</u>,成绩)

2) 使用英文命名方式为

Students(Sno, Sname, Ssex, SbirthDate)

Courses(Cno, Cname, CreditHours)

Reports(Sno, Cno, Grade)

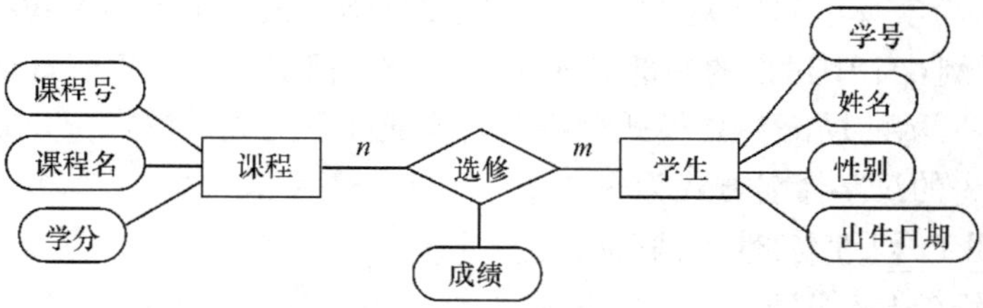

图 6-10　$m:n$ 联系的局部 E-R 模式

6.5.2　关系模式的优化

必须明白,概念结构设计的结果直接影响到逻辑设计过程的复杂性和效率,而逻辑结构设计的结果则直接影响到数据库的效率和质量。在概念设计阶段已经把关系规范化的某些思想用作构造实体型和联系的标准,但在逻辑设计阶段,仍然要使用关系规范化理论来评价和优化关系模式。按照 6.5.1 节方法将 E-R 模式转换得到的关系模式还只是一个初步的关系数据库模式,要成为最终在 DBMS 中实施的模式,还需要进行规范化处理和适当的优化处理。

1. 规范化处理

规范化处理的目的是减少乃至消除关系模式中存在的各种异常,保证其完整性和一致性,提高存储效率。规范化处理过程一般可分为两步进行:

1) 确定规范级别。关系模式的规范级别取决于两个因素,一是由关系模式的数据依赖的种类决定;二是由实际应用的需要来决定。这里主要从数据依赖的种类出发来讨论规范级别问题。

首先考察关系模式的数据依赖集合,如果仅为函数依赖,则 3NF 或 BCNF 是适当的标准。如果数据依赖集合还包括多值依赖,则可将 4NF 作为其规范化级别。

2) 实施规范化分解。在确定关系模式需要的规范级别之后,利用第 4 章介绍的规范化方法,将关系模式分解为相应级别的范式。当然,在关系模式的分解过程中,要特别注意保持依赖和无损连接性要求。

2. 模式的评价与修正

上面主要从规范化理论角度对关系模式进行了规范化处理,它侧重关系模式在理论上的合理性,而较少注意实际应用需求和数据库本身的性能问题。虽然数据库的性能与数据库的物理设计密切相关,但数据库模式结构对其也有较大的影响,因此还必须对关系模式进行评价和修正。

(1) 模式评价

模式评价的目的是检查前面所得到的数据库模式是否完全满足用户的功能要求,是

否具有较高的效率,并确定哪些是需要加以修正的。模式评价主要包括以下两个方面:

1) 功能评价。根据需求分析的结果,检查规范化后的关系模式集合是否支持用户的所有应用要求。对于涉及多个关系模式的应用需求,还应评价它们是否具有无损连接性。

2) 性能评价。一般利用逻辑记录访问估算方法对连接运算、存储空间等性能作一些估计,并为模式的修改或后面的物理设计提出一些建议。

(2) 模式修正

根据模式评价的结果,对已生成的模式集合进行修正。修正的方式依赖于导致修正的原因。如果因为需求分析、概念结构设计的疏漏导致某些应用得不到支持,则应增加新的关系模式或属性。若为提高查询效率而要求修正关系模式,则可按照以下方法进行处理:

1) 减少连接运算。连接运算一般开销较大,参与连接运算的关系越多开销越大。因此,对于一些常用的、性能要求较高的、涉及多个关系的连接查询,可对这些关系模式按连接查询使用的频率进行合并,以减少连接操作,提高查询效率。显然,这样做是与规范化的要求矛盾的,可能会降低关系模式的规范化等级。

2) 减小关系的大小和数据量。关系的大小对查询的速度影响也很大。有时为了提高查询的速度,把一个关系分成若干个小的关系是有利的。例如,可以把全校学生的数据放在一个关系中,也可分别为各个学院建立一个学生关系。前者对全校范围内的查询是方便的,后者可以显著提高一个学院范围内的查询速度。如果按学院查询是使用最多的应用,则应分别为各个学院建立学生关系,这是一种把关系进行水平分割的方法。此外,也可以考虑将关系进行垂直分割的方法。例如,教职工档案的属性很多,势必影响查询的速度,若按照经常查询的属性和很少查询的属性将其分解成两个关系,则可以提高常用查询的速度。

3) 使用快照技术。有些应用(如统计报表)常常只需要某一历史时段的数据,而不需要当前的数据,因此可对这些数据定义一个快照,并定期自动刷新。由于需要的查询结果已在快照刷新时自动生成并存放于数据库中,查询时只要直接取出快照即可,所以能大大提高查询的速度。

如果为了节省存储空间而要求修正关系模式,则可按照以下方法进行处理:

1) 节省每个属性所占的空间。在定义属性时,不仅要求自然和易于理解,也要考虑节省存储空间。这两方面往往是矛盾的,需要根据实际情况来决定。一般用编码代替实际属性值,用缩写名代替全称,可以节约存储空间,但用户看起来可能就不直观了。

2) 减少重复数据所占存储空间。规范化要求的关系模式,仍然可能由于某些属性值的重复而占用过多的存储空间。例如,例 6.3 中关系模式教师(<u>职工号</u>,姓名,性别,职称,出生日期)中的职称属性值在大多数元组中都相同,且每个值的长度又较长,则可对这个属性值实行代码化,构造一个代码转换的关系模式,以减少存储空间的占用。即将关系模式“教师”中的职称属性改为职称编号,然后增加一个职称关系模式,其修改和增加的模式为

教师(<u>职工号</u>,姓名,性别,<u>职称编号</u>,出生日期)

职称(<u>职称编号</u>,职称名称)

在经过反复多次的模式评价及修正后,就得到最终确定的数据库模式,全局逻辑结构设计工作就算结束了。

6.6 物理结构设计

数据库最终是存储在物理设备上的,数据库在物理设备上的存储结构和存取方法就称为数据库的物理结构,它依赖于具体的计算机系统。所谓数据库的物理结构设计(简称物理设计),就是为一个给定数据库的逻辑结构选取一个最适合应用环境的物理结构和存取方法的过程,其目的是提高数据库的访问速度并有效地利用存储空间。在目前流行的商品化关系数据库管理系统(RDBMS)中,数据库的大量内部物理结构都由 RDBMS 自动完成,留给用户参与的物理结构设计内容已经很少,大致有如下几种:

1) 聚簇设计。确定每个关系是否需要建立聚簇,若需要,应在什么属性列上建立。

2) 索引设计。确定每个关系是否需要建立索引,若需要,应在什么属性列上建立。

3) 分区设计。确定数据库数据存放在哪些磁盘上,数据如何分配。

4) 确定系统配置参数。根据 RDBMS 产品提供了一些存储分配参数,数据库进行物理优化。

5) 评价物理结构设计。估算各种方案的存储空间、存取时间和维护代价,对估算结果进行权衡、比较,选择出一个较优的合理的物理结构。

由于系统配置参数的确定以及物理结构设计的评价都完全依赖于具体 RDBMS,因此下面仅就物理结构设计的前三个方面予以简单介绍。

6.6.1 聚簇设计

聚簇(cluster)是将有关的数据元组集中存放于一个物理块内或若干相邻物理块内或同一柱面内,以提高查询效率的数据存储结构。目前的商品化 RDBMS 都提供了对一个关系按照一个或几个属性进行聚簇存储的功能,即提供了建立聚簇索引的命令(1.2.3 节)。所谓聚簇设计,就是根据用户需求确定每个关系是否需要建立聚簇,如果需要,则应确定在该关系的哪些属性列上建立聚簇。

当一个关系按照某些属性列建立聚簇后,关系中的元组都按照聚簇属性列的顺序存放在磁盘的一个物理块或若干相邻物理块内,因此对这些属性列的查询特别有效,它可以明显提高查询效率,但是对于非聚簇属性列的查询效果不佳。此外,数据库系统建立和维护聚簇的开销很大,每次修改聚簇属性列值或增加、删除元组都将导致关系中的元组移动其物理存储位置,并且重建该关系的聚簇。因此,只有在遇到以下一些特定情况时才考虑对一个关系建立聚簇:

1) 当对一个关系的某些属性列的访问是该关系的主要应用,而对其他属性的访问很少或是次要应用时,可以考虑对该关系在这些属性列上建立聚簇。

2) 如果一个关系在某些属性列上的值重复率很高,则可以考虑对该关系在这些组属性列上建立聚簇。

3) 如果一个关系一旦装入数据,某些属性列的值很少修改,也很少增加或删除元组,则可以考虑对该关系在这些组属性列上建立聚簇。

6.6.2　索引设计

索引(index)设计是数据库物理设计的基本问题,对关系选择有效的索引对提高数据库访问效率有很大的帮助。索引也是按照关系的某些属性列建立的,它与聚簇的不同之处在于,当索引属性列发生变化,或增加、删除元组时,只有索引发生变化,而关系中原先元组的存放位置不受影响。此外,每个关系只能建立一个聚簇,但却可以同时建立多个索引。

对于一个确定的关系,通常在下列情况下可以考虑建立索引:

1) 在主键属性列和外键属性列上通常都可分别建立索引,不仅有助于唯一性检查和完整性检查,而且可以加快连接查询的速度。

2) 以查询为主的关系可建立尽可能多的索引。

3) 对等值连接,但满足条件的元组较少的查询可考虑建立索引。

4) 如果查询可以从索引直接得到结果而不必访问关系,则对此种查询可建立索引。例如,为查询某个属性的 MIN,MAX,AVG,SUM,COUNT 等函数值,可在该属性列上建立索引。

6.6.3　分区设计

数据库中的数据,包括关系、索引、聚簇、日志等,一般都存放在磁盘内,由于数据量的增大,往往需要用到多个磁盘驱动器或磁盘阵列,这就产生了数据在多个磁盘如何分配的问题,即磁盘分区设计问题。磁盘分区设计的本质是确定数据库数据的存放位置,其目的是提高系统性能,是数据库物理设计的内容之一。

磁盘分区设计的一般原则是:

1) 减少访问冲突,提高 I/O 并行性。多个事务并发访问同一磁盘时,会产生磁盘访问冲突而导致效率低下,如果事务访问数据能均匀分布于不同磁盘上,则 I/O 可并发执行,从而提高数据库访问速度。

2) 分散热点数据,均衡 I/O 负担。在数据库中数据访问的频率是不均匀的,那些经常被访问的数据称为热点数据(hot spot data),此类数据宜分散存放于不同的磁盘上,以均衡各个磁盘的负荷,充分发挥多磁盘并行操作的优势。

3) 保证关键数据快速访问,缓解系统“瓶颈”。在数据库中有些数据如数据字典等的访问频率很高,为保证对它的访问不直接影响整个系统的效率,可以将其存放在某一固定磁盘上,以保证其快速访问。

根据以上原则,并结合应用情况可将数据库数据的易变部分与稳定部分、经常存取部分和存取频率较低部分分别存放在不同的磁盘上。例如,可以将关系和索引放在不同的磁盘上,在查询时,由于两个磁盘驱动器并行工作,可以提高物理I/O的效率;也可以将比较大的关系分放在两个磁盘上,以加快存取速度;还可以将日志文件与数据库本身放在不同的磁盘上以改进系统的性能。此外,数据库的数据备份和日志文件备份等只在故障恢复时才使用,且数据量很大,因此可以存放在磁带上。

6.7　数据库的实施和维护

所谓数据库的实施,就是根据数据库的逻辑结构设计和物理结构设计的结果,在具体

RDBMS 支持的计算机系统上建立实际的数据库模式、装入数据并进行测试和试运行的过程。

6.7.1 数据库的建立与调整

1. 数据库的建立

数据库的建立包括两部分内容:数据库模式的建立和数据加载。

1）数据库模式的建立。该工作由 DBA 负责完成。DBA 利用 RDBMS 提供的工具或 DDL 先定义数据库名、申请空间资源、定义磁盘分区等,然后定义关系及其相应属性、主键和完整性约束,再定义索引、聚簇、用户访问权限,最后还要定义视图等。

2）数据加载。在数据库模式定义后即可加载数据,除了利用 DDL 加载数据以外, DBA 编制也可编制一些数据加载程序来进行数据加载任务,从而完成数据库的建立工作。

由于数据库数据入库工作量很大,一般都采用分期入库的方法,即先输入小批量数据供先期试运行期间使用,当试运行合格后再逐步将大批量数据输入。

2. 数据库的调整

在数据库建立初期和试运行阶段,需要测试数据库是否满足用户需求并达到设计目标,如果出现不适应用户需求的情况,则必须对其进行相应的修改或调整。数据库的修改和调整一般由 DBA 完成,主要包括下面一些内容:

1）修改或调整关系模式与视图,使之更能适应用户的需要。

2）修改或调整索引与聚簇,使数据库性能与效率更佳。

3）修改或调整磁盘分区、调整数据库缓冲区大小以及调整并发度,使数据库物理性能更好。

3. 应用程序编制与调试

数据库应用程序的设计本质上是应用软件的设计,软件工程的方法完全适用,且其设计工作应该与数据库设计并行。在数据库实施阶段,当建立数据库模式任务完成之后,就可以开始编制与调试数据库的应用程序,也就是说,编制与调试应用程序的工作和数据库数据载入工作同步进行。在调试应用程序时,由于数据入库工作尚未完成,可先使用模拟数据。

6.7.2 数据库系统的试运行

应用程序调试完成,且有一小部分数据载入数据库后,就可以开始数据库应用系统的试运行。数据库系统试运行也称为联合调试,其主要工作包括:

1）功能测试。即实际运行应用程序,执行对数据库的各种操作,测试应用程序的各种功能。

2）性能测试。即测量系统的性能指标,分析是否符合设计目标。

在数据库物理结构设计阶段评价数据库结构、时间效率和空间指标时都作了许多简化和假设,忽略了许多次要因素,因此其结果必然粗糙。数据库系统试运行则是要实际测量系统的各种性能指标,如果结果不符合设计目标,则需要返回物理结构设计阶段,调整物理结构,修改参数,有时甚至需要返回到逻辑结构设计阶段,调整逻辑结构。

在数据库试运行阶段,由于系统还不稳定,硬、软件故障随时发生,而系统的操作人员对新系统还不熟悉,误操作也不可避免,因此必须做好数据库的转储和恢复工作,尽量减少对数据库的损坏。

6.7.3　数据库系统的运行和维护

数据库系统投入正式运行,意味着数据库设计与开发阶段的工作基本结束,运行与维护阶段的工作正式开始。数据库系统运行和维护阶段的主要工作有:

(1) 数据库的转储和恢复

数据库的转储和恢复是系统正式运行后最重要的维护工作之一。DBA 要针对不同的应用要求制定不同的转储计划,定期对数据库和日志文件进行备份,以保证数据库中数据在遭到破坏后能及时进行恢复。现在的商品化 RDBMS 都为 DBA 提供了数据库转储与恢复的工具或命令。

(2) 维持数据库的完整性与安全性

数据的质量不仅表现在能够及时、准确地反映现实世界的状态,而且要求保持数据的一致性,即满足数据的完整性约束。数据库的安全性也非常重要,DBA 应采取有效措施保护数据不受非法盗用和遭到任何破坏。数据库的安全性控制与管理包括如下内容:

1) 通过权限管理、口令、跟踪及审计等 RDBMS 的功能保证数据库的安全。

2) 通过行政手段,建立一定规章制度以确保数据库的安全。

3) 数据库应备有多个副本并保存在不同的安全地点。

4) 应采取有效的措施防止病毒入侵,当出现病毒后应及时消毒。

(3) 监测并改善数据库性能

在数据库运行过程中,监测系统运行,并对监测数据进行分析,找出改进系统性能的方法是 DBA 的又一重要任务。DBA 需要随时观察数据库的动态变化,并在数据库出现错误、故障或产生不适应情况(如数据库死锁、对数据库的误操作等)时能够随时采取有效措施保护数据库。

(4) 数据库的重组和重构

数据库在经过一定时间运行后,其性能会逐步下降,下降主要是由于不断修改、删除与插入所造成的。因为不断删除会造成磁盘区内碎块的增多从而影响 I/O 速度,此外,不断删除与插入会造成聚簇的性能下降,同时也会造成存储空间分配的零散化,使得一个完整关系的存储空间过分零散,从引起存取效率下降。正因为如此,必须对数据库进行重组,即按照原先的设计要求重新安排数据的存储位置,调整磁盘分区方法和存储空间,整理回收碎块等。

数据库重组涉及大量数据的搬迁,常用的方法是先卸载,再重新加载,即将数据库的数据卸载到其他存储区或存储介质上,然后按照数据模式的定义,加载到指定的存储空间。数据库重组是对数据库存储空间的全面调整,比较费时间,但重组可以提高数据库性能,因此,合理应用计算机系统的空闲时间对数据库进行重组,选择合理的重组周期是必要的。目前的商品化 RDBMS 一般都为 DBA 提供了数据库重组的实用程序,以完成数据库的重组任务。

数据库的逻辑结构一般是相对稳定的,但是,由于数据库应用环境的变化、新应用的出现或老应用内容的更新,都要求对数据库的逻辑结构进行必要的变动,这就是数据库的重构。数据库的重构不是将原先的设计推倒重来,而主要是在原来设计的基础上进行适当的扩充和修改,如增加新的数据项、改变数据项的类型、改变数据库的容量、增加或删除索引、修改完整型约束条件等。数据库重构必须在 DBA 的统一策划下进行,新的数据模式要及时通知用户,对应用程序也要进行必要的维护。商品化 RDBMS 同样为 DBA 提供了数据库重构的命令和工具,以完成数据库的重构任务。

数据库的重组和重构是不一样的,前者不改变数据库原先的逻辑结构和物理结构,而后者则会部分修改原数据库的模式或内模式,有时还会引起应用程序的修改。

当然,数据库重构的程度是有限的,若应用需求变化太大,重构也无济于事了,则表明数据库的生存期已经结束,应该重新设计数据库,从而新数据库的生存期就开始了。

习　题

6.1　什么是数据库的设计?

6.2　数据库设计人员一般应具备哪些知识?

6.3　简述数据库的设计步骤。

6.4　简述数据库设计的特点。

6.5　数据库规划期应完成哪些工作?

6.6　简述需求分析的步骤。

6.7　简述数据字典的内容和作用。

6.8　为什么在概念设计中一般采用 E-R 方法?

6.9　简述概念结构设计的基本方法。

6.10　简述概念设计的基本策略。

6.11　简述概念设计的主要步骤。

6.12　简述局部 E-R 模式合并过程中冲突的种类与消除的方法。

6.13　举例说明在数据库逻辑结构设计中如何将实体、联系转化为关系模式?

6.14　简述数据库物理结构设计的主要内容。

6.15　什么是数据库的重组和重构?

6.16　为什么要对数据库进行重组和重构?

6.17　一个图书借阅管理数据库有以下需求,请设计该数据库的 E-R 模式和关系模式。

6.18　对于以下 E-R 模式(带下划线的属性为主键属性),试设计出相应的关系数据库逻辑模式。

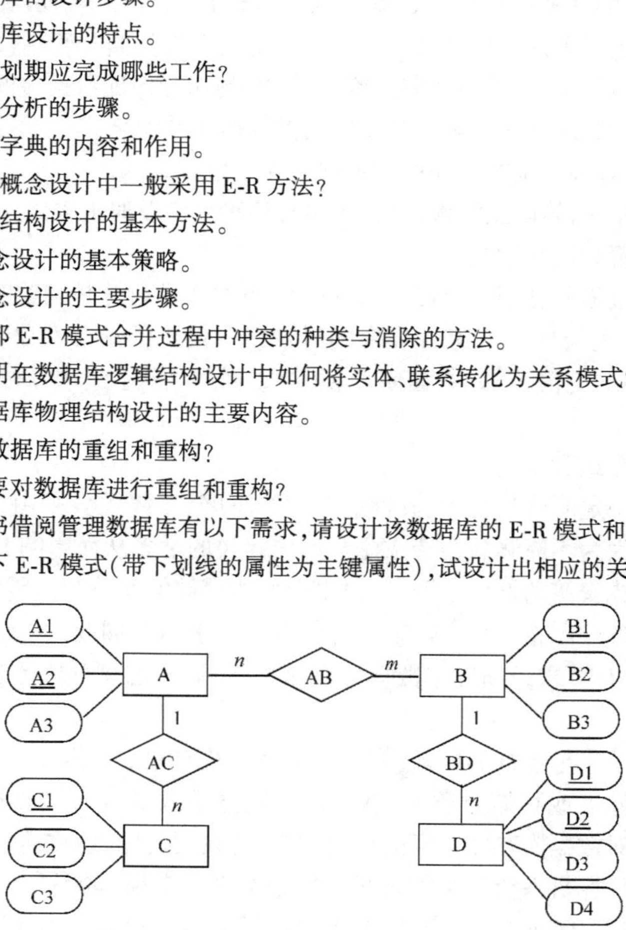

第 7 章　数据库应用系统开发

在 2.2.5 节曾介绍过，数据库作为一门学科，虽然其研究范围十分广泛，但从宏观上大致可分为三个主要领域：数据库管理系统软件的研制、数据库理论研究和数据库应用系统设计与开发。对于大多数人来说，学习数据库系统课程的主要目的不是要研制新的 DBMS，而是为了应用已有的商品化 DBMS 产品和数据库应用开发工具，开发或维护数据库应用系统。因此，本章将集中介绍一些与数据库应用系统开发有关的技术。

目前比较流行的关系数据库管理系统的产品，提供给开发者的最基本的工具就是标准数据语言——SQL，这是应用系统开发最重要的工具。各种商品化 RDBMS 不仅都支持标准 SQL，而且为了提高系统的处理能力，它们都不同程度地扩充了很多新的功能，其中很多功能又被收录到后来的 SQL 标准之中。从早期的标准 SQL—1989、标准 SQL—1992、标准 SQL—1999、标准 SQL—2003、标准 SQL—2006，到最近的标准 SQL—2008 和标准 SQL—2011，都提供了至少一种自含式的 SQL 和一种嵌入式的 SQL。在标准 SQL 的基础上，出现了越来越多的数据库系统开发工具和维护管理数据库的工具，以帮助程序人员快速地生成应用系统的原型或生成应用系统，形成了良好应用开发环境。

对于数据库应用开发人员来说，了解选用的 DBMS 和应用开发环境的特点，掌握适当的开发工具，并能熟练应用它们是十分重要的。在第 1 章已经学习了标准 SQL 的有关知识，并掌握了在 SQL Server 2014 环境中使用标准 SQL 的方法。本章在介绍数据库应用系统的体系结构基础上，进一步介绍 Microsoft SQL Server 2014 安装方法和主要特性，最后介绍利用 C#. NET 开发工具完成一个简单数据库应用系统的开发过程，对读者学习和理解数据库原理、DBMS 和数据库应用开发工具之间的联系有很大的帮助，真正架起了理论与实际应用的桥梁。

7.1　数据库应用系统的结构

数据库应用系统的结构（也称为体系结构）类型不仅与它所运行计算机系统的结构有很大关系，而且与它的功能在客户端和服务器端的分工也十分密切。例如，运行在单台微型计算机上的数据库应用系统称为单用户数据库系统；运行在一台带有多个用户终端的计算机上的数据库应用系统称为多用户数据库系统。如果把数据库系统的功能在客户端和服务器端进行不同的划分，就可以得到二层 C/S 结构或三层 C/S 结构的数据库应用系统。本节将对这些概念作进一步的详细介绍。

7.1.1　单用户结构

图 7－1　单用户数据库系统的两个实例

单用户结构一般以单台微型计算机为其运行环境，是最简单的一种数据库应用系统结构。图 7－1 给出了两个单用户系统的示意图,它们之间相互独立而且互不影响。在单用户系统中,整个数据库系统,包括操作系统、DBMS、数据库和应用程序都装在一台计算机上,所有操作由一个用户独占完成,不同计算机之间的数据不能共享,因此数据冗余度较大。目前,这种系统仍然具有存在和使用价值,一些个体商店和小型企业仍在使用这种单用户的数据库系统。例如,某些个体户商店的收银管理系统或商品管理系统等。

7.1.2　集中式结构

集中式结构指一个主机带多个终端的多用户数据库应用系统结构(图 7－2),也称为主从式数据库系统结构。在这种结构中,数据库系统,包括应用程序、DBMS、数据以及与用户终端进行通信的软件等全部都集中在一台称为主机的计算机上,所有的处理任务,包括数据处理都由主机来完成,各个用户通过终端公共总线连接在一起,并发地存取数据库,共享数据资源。主机操作系统多数是分时系统,用户终端通过通信线路与主机交互。

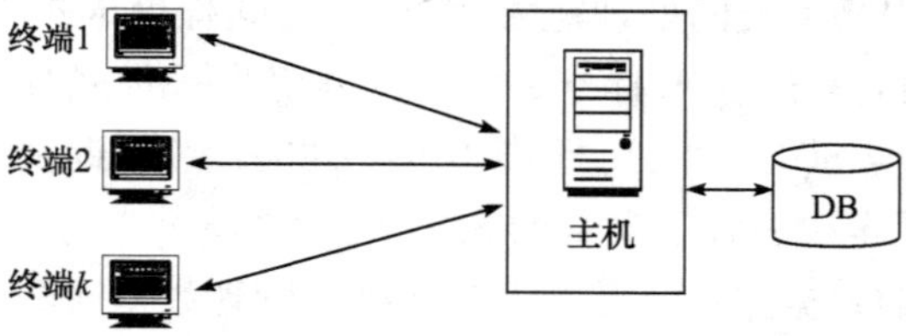

图 7－2　典型的集中式结构数据库系统结构

在集中式结构中,应用程序和 DBMS 都在同一主机上运行,彼此通过操作系统管理的共享内存区或应用任务区进行通信,DBMS 用操作系统提供的服务来将数据移入、移出磁盘存储系统。应用系统的用户通过本地终端或远程终端与在主机上执行的应用程序交互、访问数据库。早期的用户终端通常是非智能的,本身不具备独立的计算和数据处理能力,而只是负责处理用户的输入、输出等简单功能,故称为哑终端。

在 20 世纪 60 年代中期,集中式数据库系统结构比较普遍,因为当时的计算,特别是大型或高档小型机价格比较昂贵,而数据库则是企业的共享资源,服务要面向整个企业,因此数据库系统采用集中式结构就显得非常自然。

集中式结构的主要优点:

1)管理维护方便。集中的数据管理与安全控制使得整个系统易于管理与维护。

2)运行效率较高。由于主机有处理大量数据和支持并发用户的能力,当用户不是很多时,其运行效率较高。

集中式结构的主要缺点:

1)主机易成"瓶颈"。系统随着用户数目的增多,因主机任务过于繁重会形成瓶颈,导致性能下降。

2)可靠性不够高。如果主机出现故障,会导致整个系统失效,故系统的可靠性不够高。

7.1.3　二层客户机/服务器结构

一个数据库应用系统的功能从普通用户的角度来看,大致可以分为前端和后端两个部分,但从软件开发人员的角度来看,则应该分成数据管理、事务逻辑、应用逻辑和用户界面的表达逻辑四部分。在集中式环境下,除表达逻辑以外,其他部分几乎都高度集中地放在后端,即主机上。二层客户机/服务器(client/server,C/S)结构将应用系统的计算机分为客户机和服务器,系统的功能在客户机和服务器之间进行重新划分,如图7－3所示。一般客户机主要负责应用逻辑的处理、用户界面的处理和显示,通过网络连接与服务器交互;服务器负责向客户机提供数据服务,实现数据管理和事务逻辑,有时也完成有限的应用逻辑。客户软件一般在客户端运行,服务器软件一般放在服务器上运行。客户机上安装有通信软件、DBMS的客户端软件和应用软件。服务器上一般安装有DBMS、通信软件和其他服务软件,数据库中的存储过程在服务器端实现事务逻辑和部分应用逻辑,是应用软件的组成部分。目前国内许多中小型企业使用的MIS、ERP等软件产品即属于此类结构。

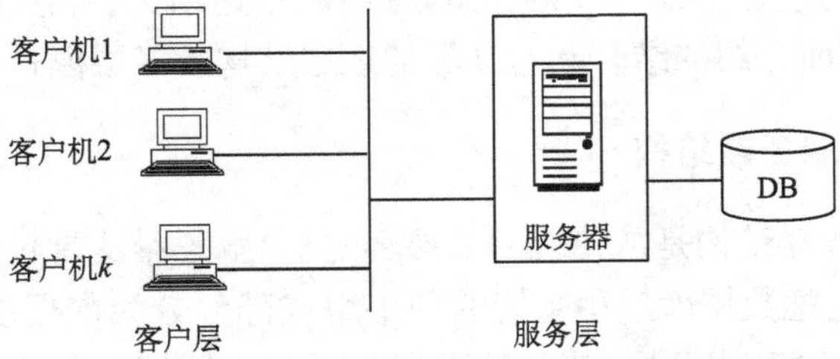

图7－3　二层客户机/服务器数据库系统结构

在C/S结构中,数据库应用系统中的功能程序充分隔离,客户端应用程序的开发集中于数据的显示和分析,而数据库服务器的程序开发则集中于数据的管理和事务逻辑控制,这样就不必在每一个新的应用开发中重新对数据库进行编码。

在C/S结构系统的客户端一般都采用图形用户界面,客户端的应用程序是事件驱动程序(可用VB、Delphi和C#. NET等可视化工具开发完成),为用户提供强大而灵活的交互功能。事件驱动程序的设计方法和过去的批处理模式软件的程序设计方法有很大不同,应用软件类似于系统软件,给用户提供一组服务,使用户能够灵活地通过图形界面激发相应的事件,应用软件响应事件完成用户要求的服务。因此,二层C/S结构的优点主要有:

1) 系统性能显著提高。因为减少了网络上的数据传输量,使系统的性能、吞吐量和负载能力都有所提高。

2) 系统开放性较好。客户机/服务器结构可在具有多种不同的硬件和软件平台上运行,比集中式结构更加开放,使应用程序具有更强的可移植性。

但在这种二层C/S结构中,所有的客户端需要配置好几层软件,如操作系统、网络协议软件、客户机软件及应用程序等,因而变得很庞大,故被称为“肥”或“胖”客户机;在服务器端则是单纯的数据库服务器,称为“瘦”服务器。

随着C/S结构应用范围的不断扩大和计算机网络技术的发展,这种结构带来的问题日益明显,主要表现在以下几方面:

1) 系统的可靠性有所降低。一个客户机/服务器系统是由各自独立开发、制造和管理的各种硬件和软件的混合体,其内在的可靠性不如单一的、中央管理的大型机或小型机，出现问题时，很难立即获得技术支持和帮助。

2）维护费用较高。尽管这种应用模式在某种程度上提高了生产效率，由于客户端需要安装庞大而复杂的应用程序，当网络用户的规模达到一定的数量之后，系统的维护量急剧增加，因而维护应用系统变得十分困难。

3）系统资源的浪费。随着客户端的规模越来越大，对客户机资源的要求也越来越高。尽管硬件不断更新，但新的操作系统和应用软件的不断出现，使得用户对硬件的更新仍然跟不上软件更新的速度。客户不得不在本地硬盘上装入大量的软件，但使用的只是其中很少一部分（一般低于 10%）。在一个拥有众多的"胖"客户机的环境中，这无疑是一种巨大的浪费。

4）系统缺乏灵活性。客户机/服务器需要对每一应用独立地开发应用程序，消耗了大量的资源，且"胖"客户机的计算模式却仍然满足不了日益增长的应用需要。在向广域网扩充（如 Internet）的过程中，由于信息量和应用的迅速增大，专用的客户端已经无法满足多功能的需求。下面介绍的结合动态计算的三层结构或多层模式就解决了这一问题。

7.1.4　三层客户机/服务器结构

三层客户机/服务器结构是从传统的二层客户机/服务器发展起来的一种新的网络计算模式（图 7－4）。它把数据库应用系统的四个组成部分分为数据层（数据管理、事务逻辑）、功能层（应用逻辑）和表示层（表达逻辑）三个层次，即把二层结构中客户端的应用逻辑分解成一个应用服务器。这种结构中的三个层次是分别放在各自不同的硬件系统上的，所以具有很高的灵活性，能够适应客户机数目的增加和处理负荷的变动。例如，在追加新业务处理时，只要在相应功能层的服务器上增加新业务应用程序即可。因此，系统规模越大这种形态的优点就越显著。

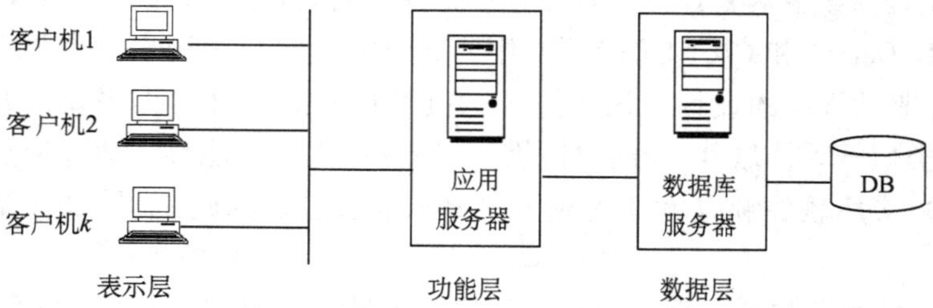

图 7－4　三层客户机/服务器数据库系统结构

三层客户机/服务器的系统简化了客户端，只需装上操作系统、网络协议软件和像浏览器这样的客户端软件即可，而应用服务器则集中了所有的应用逻辑。浏览器的作用就是从网络上下载应用。如果是基于 Web 的应用，应用服务器将信息组织成分布式的超文本，通过超文本标记语言（hypertext markup language，HTML）和超文本传输协议（hypertext transfer protocol，HTTP）来描述和组织信息，实现了以整个 Internet 空间为操作背景的超文本/超媒体的数据存取。

三层结构 C/S 系统（three-tier architecture C/S）的主要功能层是：

1）表示层：负责表达逻辑并与用户交互（客户机）。

2）功能层：实现应用逻辑（应用服务器），因此也称为应用层。

3）数据层：负责数据管理（数据库服务器）。

典型的三层结构 C/S 系统是 World Wide Web（WWW）上的数据库应用，如图7-5所示。但由于这种结构的表示层采用浏览器实现，是传统 C/S 结构在 Internet 应用中的一种变化或改进，因而被称为 B/S 结构，即浏览器和服务器（browser/server）结构。B/S 结构使系统功能分布简化、可扩展性增强、建设成本降低、维护简单方便、安全控制灵活。

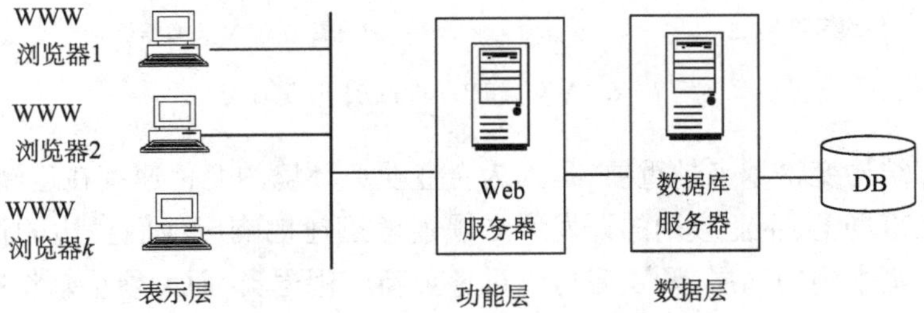

图7-5　WWW 的一种三层 B/S 结构

1）表示层——WWW 浏览器。在客户端，计算机向由 URL（uniform resource locator，统一资源定位器）所指定的 Web 服务器提出服务申请，Web 服务器对用户进行身份验证后，用 HTTP 把所需的文档资料传送给用户，客户端接收文档资料，并显示在 WWW 浏览器上。

2）功能层——Web 服务器及其扩展。具有 CGI（common gateway interface，公共网关接口）程序或别的中间软件的 Web 服务器接受客户请求，首先需要执行 CGI 程序，以便与数据库连接，存取数据库的数据并进行处理，然后将处理结果返回 Web 服务器，再由 Web 服务器传至客户端。

3）数据层——数据库服务器。数据库服务器接受来自于 Web 服务器的数据访问请求，并将用户访问需要数据返回给 Web 服务器。

7.1.5　多层结构

多层结构通过引入中间层组件，扩大了传统的客户机/服务器的两层计算模式。7.1.4 节介绍的三层结构是多层结构的特例。多层结构可由以下三类分层来定义：

1）前端的客户层：负责提供可移植的表达逻辑。

2）中间的应用层：实现各类应用逻辑，它可根据实际需要再分解为若干层。

3）后端的数据管理与服务层：提供专门的数据服务器和事务逻辑处理。

多层结构与传统的客户机/服务器结构的区别在于：在传统的客户机/服务器两层结构中，用户将实际的应用逻辑放置到客户端（作为对表达逻辑的增补）或放置到后端数据库（作为数据管理的一部分包含在存储过程中）。而在多层结构中，用户将应用逻辑放到中间层上。这种模块化方法明确地划分了表达逻辑、应用逻辑和数据管理。仅有一个应用层次的多层结构就是 7.1.4 节介绍的三层结构。图7-6就是 Internet 应用中一个典型的四层 B/S 结构，它使 Web 服务器的功能进一步简化，专门负责处理 HTTP 请求并向客户端传送页面信息使浏览器可以浏览，而把原来三层 B/S 结构中 Web 服务器的部分应用功能进一步分解给应用服务器完成。

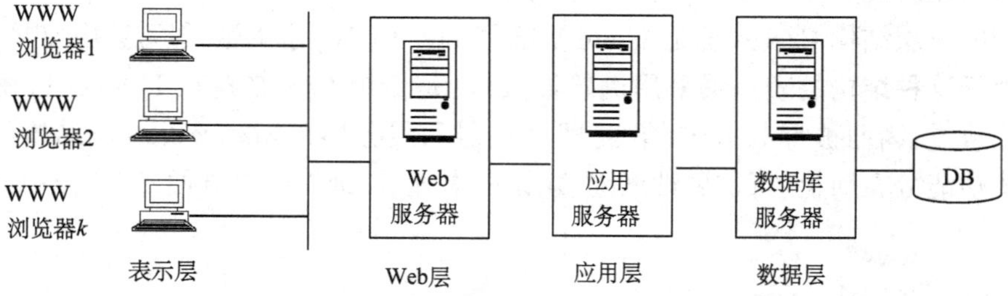

图 7－6　WWW 的一种四层 B/S 结构

多层计算结构变得越来越重要，是因为企业业务环境的变化速度在逐渐加快，而新技术不断出现在市场上，企业应用的开发者必须能够迅速地响应他们身边的快速变化。通过将应用逻辑集中到中间层，开发者可以迅速更新应用逻辑，而无须重新将应用递交到成千上万的桌面系统，即客户机上。

具有强大的事务处理逻辑和应用逻辑的应用服务器，不仅能对传统的业务应用提供很好的功能，而且也是那些在 Internet 上日渐流行的“自我服务”型应用所必需的。Internet 实际上是一个多层结构。社会各界对 Internet 和 Web 技术的迅速接纳，将极大地加快所有环境中的应用向多层体系结构转移。

在三层或 N 层结构中，中间件（middleware）是最重要的部件。所谓中间件就是一种处于操作系统和应用程序之间的软件，也泛指客户机和服务器之间的软件。在众多关于中间件的定义中，比较普遍被接受的是 IDC（international data corporation）公司的表述：

中间件是一种独立的系统软件或服务程序，分布式应用程序借助这种软件在不同的技术之间共享资源，中间件位于客户机/服务器的操作系统之上，管理计算资源和网络通信。

以上 IDC 对中间件的描述表明，中间件是一类软件，而非一种软件，如不仅有终端仿真/屏幕转换中间件、数据访问中间件、事物处理中间件，还有远程过程调用中间件、消息中间件、交易中间件、对象中间件。它们不仅实现互联，还要实现应用之间的互操作，最突出的特点是其网络通信功能，如公共网关接口（CGI），开放数据库连接（open database connectivity，ODBC），Java 数据库连接（java database connectivity，JDBC）则是几种常见的中间件。

中间件在整个分布式系统中起数据总线的作用，各种异构系统通过中间件有机地结合成一个整体。每个 C/S 环境，无论客户机何时给服务器发送请求，也无论它何时应用存取数据库文件，都有某种形式的中间件传递 C/S 链路，用以消除通信协议、数据库查询语言、应用逻辑与操作系统之间潜在的不兼容问题。因此，可以得到一个更简洁的定义：中间件是分布式环境中保证操作系统、通信协议、数据库等之间进行对话、互操作的软件系统。

中间件为多层应用的开发者解决了两个关键问题：

1）能处理所有客户机/中间层/服务器间的通信和传输。

2）能为驻留在服务器上的业务逻辑提供开发和执行环境，使开发者能够集中精力编写业务逻辑，而不是低层次的系统软件。

7.2　Microsoft SQL Server 2014

Microsoft SQL Server 2014(以后简称 SQL Server)是一个分布式的关系型数据库管理系统,具有客户机/服务器体系结构,采用了一种称为 Transact-SQL 的 SQL(Microsoft 开发的、支持标准 SQL 但做了大量扩展的 SQL)在客户机和服务器之间传递客户机的请求和服务器的处理结果。SQL Server 是一个应用广泛的数据库管理系统,具有许多显著的优点,如用户喜欢的易用性、适合分布式组织的可伸缩性、支持商业智能和 XML 等、与许多其他服务器软件紧密关联的集成性、良好的性能价格比等。本章将对 SQL Server 2014 的版本和特点、基本管理工具等作简单的介绍。

7.2.1　SQL Server 2014 简介

自从 SQL Server 于 1988 年诞生开始,Microsoft 公司不断对其进行升级,至今已推出 10 多个版本,目前最成熟的是 SQL Server 2014 版,其最新版是 2016 年 6 月发布的 SQL Server 2016 版。

由于本书以 SQL Server 2014 作为实验系统,因此,下面简单介绍一下它的主要特性,以及各种版本。

1. SQL Server 2014 的主要特性

SQL Server 2014 版本通过内置的内存驻留技术,可为数据库应用提供关键业务所需的性能。其新特性主要体现在以下几个方面:

(1) 内存驻留技术。新的内存功能内置于核心数据库的联机事务处理(OLTP)和数据仓库中,以补充现有内存数据仓库和 BI 功能,使性能提高 30 倍。

(2) 高可用性及安全性。通过 AlwaysOn 功能实现高可用性与灾难恢复,新增的复制向导确保事务记录不丢失,提供了新的灾难恢复、备份和混合架构解决方案。

(3) 关键业务性能。新增内存联机事务处理功能,在不修改应用程序的情况下就能提高系统性能;可更新的列存储索引、使用固态硬盘的缓冲池扩展以及 AlwaysOn 的增强功能等,为数据库应用提供了关键业务所需的性能。

(4) 可扩展性。通过灵活的部署选项,根据用户数据业务需求实现从服务器到云的扩展。计算扩展,可为计算机提供最多 640 个逻辑处理器,虚拟机最多 64 个虚拟处理器,虚拟机最多 1TB 内存,集群 64 个节点;网络扩展,采用网络虚拟化技术提升灵活性与隔离;存储扩展,将热数据保留在高性能存储位置,以提供更高的性能和服务。

(5) 更快地获得深刻信息。通过基于 Office 的 BI 工具,以及 Power View 和 PowerPivot 的改进,用户可以更方便地访问数据。另外,企业选项(如 parallel data warehouse with polybase)可利用 BI 工具,方便地搜索大数据。

(6) 混合云的平台。跨越客户端和云端,SQL Server 2014 为企业提供了云备份以及云灾难恢复等混合云应用场景,无缝迁移关键数据至 Microsoft Azure。企业可以通过一套熟悉的工具,跨越整个应用的生命周期,扩建、部署并管理混合云解决方案,实现企业内部系统与云端的自由切换。

2. SQL Server 2014 的版本

SQL Server 2014 为用户提供了企业版（Enterprise）、商业智能版（Business Intelligence）、标准版（Standard）、网络版（Web）、开发者版（Developer）、免费精简版（Express），供用户自由选择购买或免费下载使用。

（1）企业版：SQL Server 2014 企业版提供了全面的高端数据中心功能，性能极为快捷、虚拟化不受限制，还具有端到端的商业智能，可为关键任务工作负荷提供较高服务级别，支持最终用户访问深层数据。

（2）商业智能版：SQL Server 2014 商业智能版提供了综合性平台，可支持组织构建和部署安全、可扩展且易于管理的 BI 解决方案。同时提供了基于浏览器的数据浏览与可见性、强大的数据集成以及增强的集成管理。

（3）标准版：SQL Server 2014 标准版提供了基本数据管理和商业智能数据库，使部门和小型组织能够顺利运行其应用程序，并支持将常用开发工具用于内部部署和云部署，有助于以最少的 IT 资源获得高效的数据库管理。

（4）网络版：SQL Server 2014 网络版适用于为从小规模至大规模 Web 资产提供可伸缩性、经济性和可管理性功能的 Web 宿主和 Web VAP，选择此版本具有成本较低的优点。

（5）开发者版：SQL Server 2014 开发者版支持开发人员基于 SQL Server 构建任意类型的应用程序。此版本包括企业版的所有功能，适用于构建和测试应用程序，但有许可限制，只能用作开发和测试系统，而不能用作生产服务器。

（6）免费精简版：SQL Server 2014 Express 是 SQL Server 的一个免费精简版本。此版本旨在提供学习和创建桌面应用程序与小型服务器应用程序。如果需要使用更高级的数据库功能，则可以将 SQL Server Express 无缝升级到更高端的 SQL Server 版本。SQL Server Express LocalDB 是 Express 的一种轻型版本，该版本具备所有可编程性功能，并且具有快速的零配置安装和必备组件要求较少的特点。

7.2.2 SQL Server 的基本操作

SQL Server 系统提供了完整的数据库管理工具，数据库开发人员和 DBA 通过这些工具，可以简化对数据库系统的复杂操作，提高工作效率。在第 1 章中已经对 SQL Server 2014 Express 提供的开发环境和部分工具进行了介绍，本节再对其中重要的工具进行详细讲解。对 SQL Server 2014 的其他工具和有关知识感兴趣的读者，可阅读有关 SQL Server 2014 的专门书籍。

1. SSMS 概览

SQL Server Management Studio（SSMS）是一个高度集成的环境（图 7-7），包括用于访问、配置、管理和开发 SQL Server 的所有组件。SSMS 将早期版本 SQL Server 中所包含的企业管理器、查询分析器和 Analysis Manager 功能整合到单一的环境中。此外，SSMS 还可以和 SQL Server 的其他组件协同工作，如 Reporting Services、Integration Services 和 SQL Server Compact 3.5 SP1。SSMS 高度自定义和模块化的特性使得开发人员可以获得熟悉的体验，而数据库管理员可获得功能齐全的单一工具，其中包含易于使用的图形工具和丰富的脚本撰写功能。

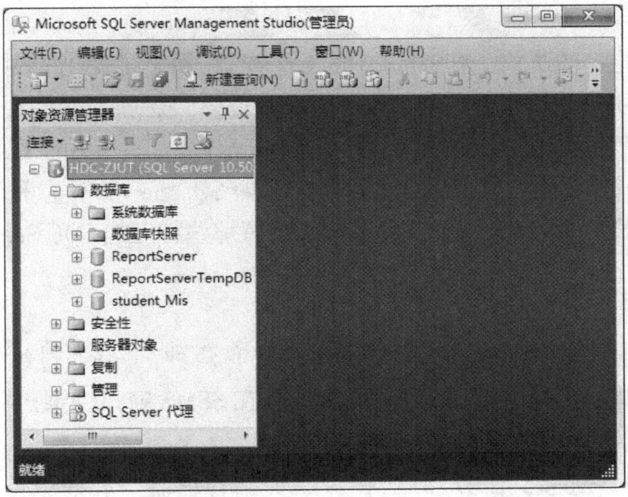

图 7-7　SSMS 窗口

2. 连接服务器

用户启动 SSMS 并尝试查看和管理 SQL Server 对象或组件时,需要连接到相应的服务器上。依次执行“开始”-“程序”-Microsoft SQL Server 2014-SQL Server Management Studio 命令会弹出“连接到服务器”对话框(图 7-8),或者在已经启动的 SSMS 窗口中依次执行“文件”-“连接对象资源管理器”命令。

图 7-8　“连接到服务器”对话框

在图 7-8 中有三个文本框需要选择,其中“服务器类型”和“服务器名称”默认值是选择上次连接的设置,这里分别选择数据库引擎和默认服务器名。值得特别注意的是,对于不同的计算机,“服务器名称”文本框中“HDC-ZJUT”是不同的,因为这个名称是安装 SQL Server 的计算机名称。在“身份验证”文本框中可以选择 Windows 身份验证或 SQL Server 身份验证。

3. 对象资源管理器

对象资源管理器(图 7－9)是 SSMS 中的一个窗口,用于可视化的浏览和管理构成 SQL Server 解决方案的所有数据库对象与 SQL Server 组件。“数据库”文件夹包含系统数据库和用户数据库,提供管理和开发数据库操作界面。“安全性”文件夹用于配置如登录名称和密码之类的全局安全对象属性。“管理”文件夹包含如 SQL Server 日志和活动监视器之类的重要信息。“服务器对象”和“复制”文件夹用于配置那些特定的 SQL Server 组件。

4. 可视化方法创建数据库

在 SQL Server 2014 中创建数据库的方法主要有两种:一是通过编写 Transact-SQL 语句创建,在 1.2.1 节中已经介绍了这种方法;二是在 SSMS 窗口中通过可视化的向导来创建。下面介绍创建数据库的可视化方法。

1) 启动 SSMS 并连接到服务器后,在对象资源管理器中展开服务器节点,右击数据库对象(图 7－10),从弹出的快捷菜单中选择“新建数据库”命令,就会弹出图 7－11 所示的“新建数据库”窗口。

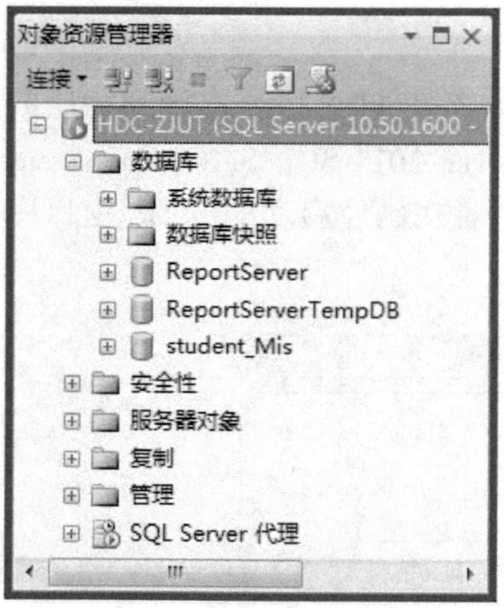

图 7－9　“对象资源管理器”窗口

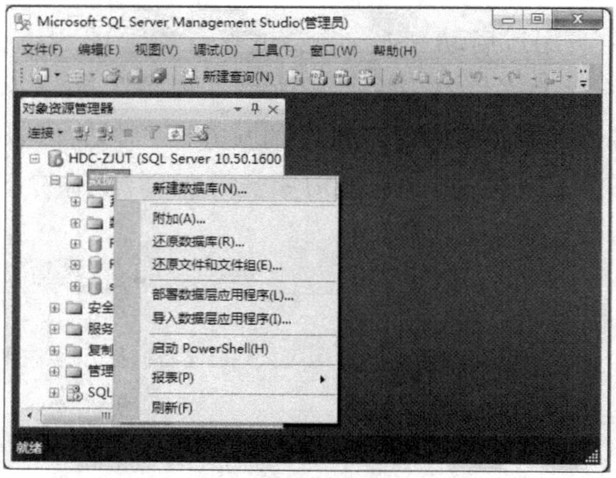

图 7－10　打开“新建数据库”窗口

2) 在“新建数据库”窗口(图 7－11)中,首先选择左边的“常规”页面,在该页右边的“数据库名称”文本框中输入要创建的数据库名称,如 student_Mis。在“数据库文件”列表中包含设置数据文件和日志文件两行,可设置文件逻辑名称和存放路径等,还可以根据需要添加或者删除相应的数据文件。此例中的“所有者”和“数据库文件”以及“选项”页和“文件组”页都采用默认值,读者可以根据需要自行设置。

3) 设置完成后,单击窗口底部的“确定”按钮,完成数据库的创建。这时图 7－9 所示的数据库节点下面就会显示出刚创建的数据库名称 student_Mis。

5. 查询编辑器

在对数据库的操作中,既会遇到图形界面和对象资源管理器提供的选项来创建对象、操作数据以及执行代码的情形,也会遇到使用查询编辑器书写 Transact-SQL 代码来实现的情

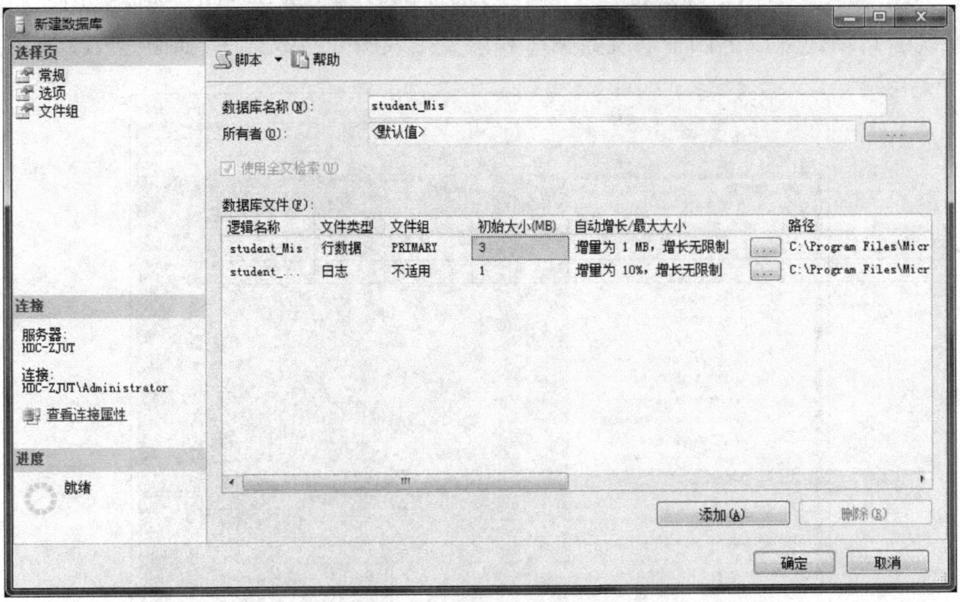

图 7－11　“新建数据库”窗口

形。启动 SSMS 并连接到服务器后，单击标准工具栏的“新建查询”按钮，或者执行“文件”-“新建”-“使用当前连接查询”命令即可启动查询编辑器，也称 SQL 编辑器。图 7－12展示了在查询编辑器中利用 SELECT 命令对数据库基本表 Students 进行查询的例子。

查询编辑器为用户提供了一个形式自由的文本编辑器，可以在其中方便地输入任何所需要的 SQL Server 命令并进行调试和执行。

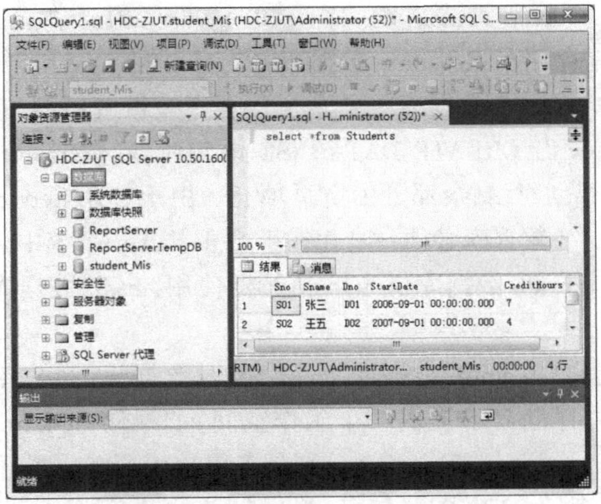

图 7－12　查询编辑器工具栏

6. 数据库

一个 SQL Server 数据库就是一些基本表（关系）及其相应的数据库对象的集合。这些对象用于存储和加工数据。SQL Server 的数据库分为两种类型：系统数据库和用户数据库。SQL Server 使用系统数据库来进行数据库的管理。安装 SQL Server 2014 Express 后,系统会自动建立以下四个系统数据库和两个报表服务器数据库,如图 7-13 所示。

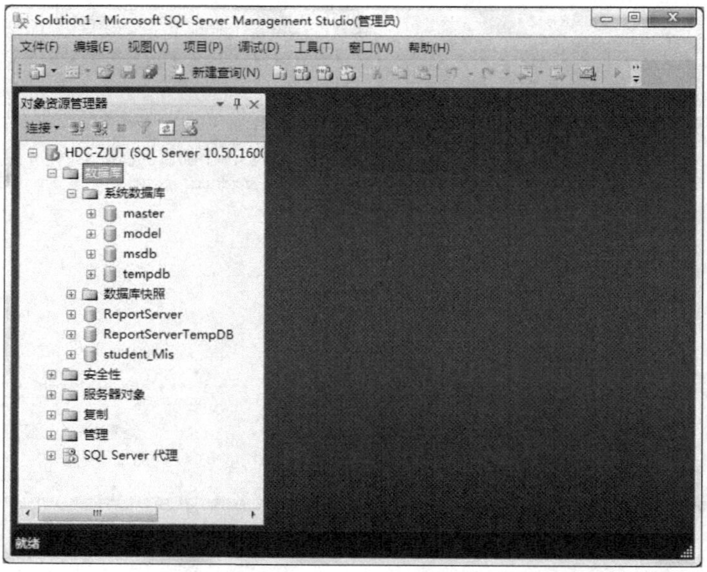

图 7-13　SQL Server 2014 Express 中的数据库

从图 7-13 可以看到,四个系统数据库分别是 master、model、msdb、tempdb。

1) master 数据库。master 数据库是 SQL Server 系统最重要的数据库,它记录了 SQL Server 系统的所有系统信息。这些系统信息包括所有的登录信息、系统设置信息、SQL Server 的初始化信息和其他系统数据库及用户数据库的相关信息。因此,如果 master 数据库不可用,则 SQL Server 无法启动。在 SQL Server 2014 中,系统对象不再存储在 master 数据库中,而是存储在 Resource 数据库中。

2) model 数据库。model 数据库只是一个数据库模板或原型,它包含属于每个用户数据库的系统表。当发出 CREATE DATABASE 语句时,新数据库的第一部分通过复制 model 数据库中的内容创建,剩余部分由空页填充。由于 SQL Server 每次启动时都要创建 tempdb 数据库,model 数据库必须一直存在于 SQL Server 系统中。

3) msdb 数据库。msdb 数据库供 SQL 执行器使用,msdb 数据库中的所有信息可通过 SSMS 来访问。

4) tempdb 数据库。tempdb 数据库是一个临时数据库,为 SQL Server 运行过程中的临时表和其他临时存储需求提供一个工作空间,如存储 SQL Server 生成的工作表。

ReportServer 和 ReportServerTempDB 分别是备份报表服务器数据库和报表服务器临时数据库。前者能够存储 SSRS 配置信息、报告定义、报告元数据、报告历史、缓存政策、快照、资源调度和提交数据等。后者负责存储中间处理结果,如缓冲的报告、会话和执行数据等。

7.2.3　SQL Server 的安全性管理

作为一个应用在网络上的大型数据库系统,能够保证系统的安全以防止某些居心叵测的“黑客”或者用户意外破坏重要数据是非常重要的。因此，了解 SQL Server 的安全机制，正确对 SQL Server 中的权限进行设置，才能做到让每个合法的用户拥有适当的权限来提取他们所需要的数据，确保特定的用户只能操作特定的数据，非法的用户不能操作数据或者根本不能进入系统。

1. SQL Server 2014 的安全验证模式

配置 SQL Server 时，可以选择 Windows 身份验证模式或混合身份验证模式管理安全。在混合身份验证模式下，用户可以通过 Windows 身份验证或 SQL Server 身份验证登录到服务器(图 7 - 14)。

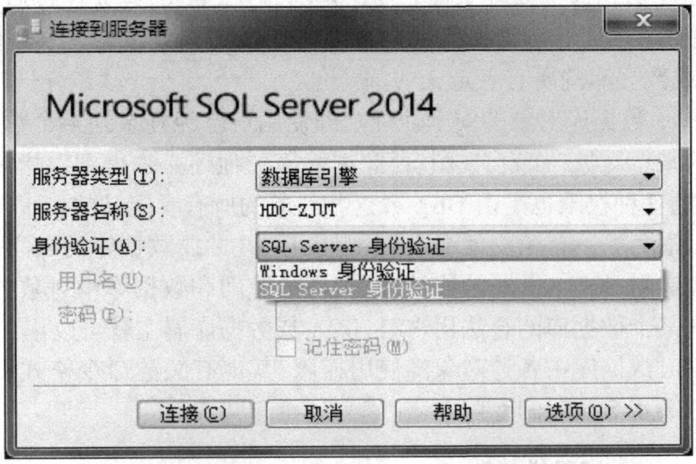

图 7 - 14　混合身份验证模式登录服务器

1) Windows 身份验证模式，也称集成登录验证模式。在这种模式下，SQL Server 的登录名和 Windows 登录安全性过程集成在一起。通过操作系统的身份验证后，访问 SQL Server 就不需要进一步的身份验证了。也就是说，计算机使用 Windows 的验证机制来检查用户对 SQL Server 连接的合法性。使用 Windows 登录名的主要优点是可以在企业范围内进行安全性的维护和监控，这种验证模式被认为是更安全的方法。当然，若要实现这种验证模式，必须由 SQL Server DBA 事先定义 Windows 的用户登录账号为有效的 SQL Server 登录账户。

2) 混合身份验证模式。在混合身份验证模式下，用户通过 Windows 身份验证或 SQL Server 身份验证访问 SQL Server。在这种验证模式下 SQL Server 验证来自不安全系统登录的方法是验证是否已经为该用户请求访问建立 SQL Server 登录账户。SQL Server 将试图连接到 SQL Server 的用户所提供的用户名和密码与存储在数据库中的登录账户信息进行比较，以此实行账户身份验证。如果尚未设置该用户的登录账户或者用户没有提供正确的用户名和密码，都会被拒绝访问 SQL Server。

2. SQL Server 2014 的安全体系结构

在一个企业的 Windows 网络上，若用户想要访问 SQL Server 数据库中的某个对象，必须通过 4 层安全防线的认证。

1) Windows 操作系统的安全认证。用户需要一个有效的 Windows 登录账号才能对网络系统资源进行访问。Windows 网络管理员将建立每个用户或用户组使用的账号,同时定义各个用户对系统中不同资源的不同访问级别。

2) 基于 Windows 的 SQL Server 安全认证。SQL Server 通过设置另一个登录账号来创建一个附加安全层。在有较高安全要求的访问系统中,这一附加的安全层能够避免潜在的非法侵入。虽然 SQL Server 支持 Windows 身份验证模式和混合模式,但无论哪一种身份验证模式都要把访问权给予 SQL Server 处理。一旦用户登录成功,该用户就与 SQL Server 建立了连接。

3) SQL Server 数据库的安全认证。当用户与 SQL Server 建立连接后,他还必须成为某个数据库的用户(并赋予一定的角色),才能有权限访问该数据库。当然,用户的这种权限是由 DBA 或数据库的所有者定义的。

4) SQL Server 数据库对象的安全认证。即使用户已经登录到某个数据库,如果想要使用数据库内的某个对象(如表、视图、存储过程等),他还必须得到对指定对象的使用权限。同样,用户的这种权限也是由 DBA 或这些对象的所有者定义的。

SQL Server 提供了一套相应的命令和工具,让 DBA 或数据库的属主(owner)来指定某个用户是否拥有对 SQL Server 的连接、数据库的访问和数据库中对象的使用权限。当一个用户已经是某个数据库的合法用户时,DBA 或数据库属主就可以用 1 . 6 节介绍的授权命令授予用户对数据库中各种对象的使用权限,其他有关的命令格式以及工具的使用方法请读者参考 SQL Server 的专门书籍。

7.2.4　SQL Server 的完整性策略

1. SQL Server 中的实体完整性

SQL Server 在 CREATE TABLE 语句中提供了 PRIMARY KEY 子句,供用户在建表时指定关系的主键列,即定义实体完整性。限于篇幅,SQL Server 中完整的 CREATE TABLE 命令格式这里不予介绍,请读者参考 SQL Server 的专门书籍。

例 7.1　在学生选课的数据库中,要定义 Students 表的 Sno 为主键,可使用如下语句:

```
CREATE TABLE Students
    (Sno CHAR(10) PRIMARY KEY,
    Sname   CHAR(16),
    Dname VARCHAR(20),
    )
```

其中,PRIMARY KEY 指定 Sno 是 Students 表的主键列。

2. SQL Server 中的参照完整性

SQL Server 的 CREATE TABLE 语句也可以定义参照完整性规则,即用 FOREIGN KEY 子句定义哪些列为外键列,用 CONSTRAINT … REFERENCES 子句指明这些外键相应于哪个表的主键。

例7.2　使用如下SQL语句建立表Reports。

```
CREATE TABLE Reports
(Sno CHAR(10),
Cname CHAR(20),
Grade  INT,
PRIMARY KEY(Sno,Cname),
CONSTRAINT Student_Report FOREIGN KEY(Sno) REFERENCES Students,
)
```

在这个语句中,表名Reports是参照表,Students为被参照表,Reports表中{Sno,Cname}为主键列,Sno为外键,它相应于Students表中的主键Sno。当删除或修改Students表中某个元组的主键时,DBMS自动检查Reports中是否存在元组的Sno值等于Students中要删除或修改元组的Sno值,如果没有,则接受此操作,否则系统拒绝这一更新操作。

3. SQL Server中用户定义的完整性

除实体完整性和参照完整性外,应用系统中往往还需要定义与应用有关的完整性约束条件。例如,要求某一列的值不能取空值,或要求某列的值在表中是唯一的,或要求某列的值在指定的取值范围内等。SQL Server允许用户在建表时定义下列用户自定义的完整性约束:

1) 列值非空(NOT NULL短语);
2) 列值唯一(UNIQUE短语);
3) 列默认值(DEFAULT短语);
4) 检查列值是否满足一个布尔表达式(CHECK短语)。

例7.3　使用如下SQL语句创建表Students。

```
CREATE TABLE Students
    (Sno CHAR(10) PRIMARY KEY,
    Sname CHAR(16) NOT NULL,
    Dname VARCHAR(20) DEFAULT '计算机',
    )
```

这里增加了约束:学生姓名Sname不能为空值且系名Dname的默认值为“计算机”。

例7.4　使用如下SQL语句创建表Reports。

```
CREATE TABLE Reports
    (Sno CHAR(10),
    Cname CHAR(20) ,
    Grade  INT  CHECK(Grade BETWEEN 0 AND 100),
    PRIMARY KEY(Sno,Cname),
    CONSTRAINT Student_Report FOREIGN KEY(Sno) REFERENCES Students,
    )
```

这里增加了约束:学习成绩Grade的值只能是0~100的整数。

在SQL Server中,除了列值非空、列值唯一、检查列值是否满足一个布尔表达式等用户自定义完整性约束外,用户还可以通过定义触发器(trigger)来实现其他完整性约束,具体定义方法将在 7.2.10 节介绍。

7.2.5 SQL Server 的恢复技术

1. 事务的类型

在 SQL Server 系统中,可以把事务分成两种类型:系统提供的事务和用户定义的事务。

系统提供的事务是指在执行某些 Transact-SQL 语句时,一条语句就是一个事务。这时要注意,一条语句操作的对象既可能是表中的一个元组,也可能是表中的多个元组,甚至是表中的全部元组。因此,只有一条语句构成的事务可能包含了多个元组的处理。下面的一条 SQL 语句:

```
UPDATE Reports SET Grade=Grade+5
```

就构成了一个事务。由于这条语句没有条件限制,因此就是修改 Reports 表中的全部元组的 Grade 值。如果 Reports 表中有 10000 个元组,那么对这 10000 个元组的修改要么全部成功,要么全部失败。

另外一种事务是用户明确定义的事务,用户可以使用 BEGIN TRANSACTION 语句来明确定义事务的开始,用 COMMIT 或 ROLLBACK 来明确定义事务的结束。如果不使用明确的结束语句来结束事务,则系统可能把从事务开始到用户关闭连接之间的全部操作都作为一个事务来对待。因此,读者应该养成一种良好的习惯,若在程序中用了 BEGIN TRANSACTION 语句明确定义事务的开始,一定要用 COMMIT 或 ROLLBACK 语句显示定义事务的结束。

2. 恢复技术

SQL Server 提供了登记日志文件和数据备份两种数据恢复技术。

1) 基于日志文件的恢复技术。在 SQL Server 系统中,事务可以确保数据的一致性和可恢复性。一个事务开始之后,事务所有的操作都陆续写到事务日志文件中。写到日志文件中的操作,一般有两种:一种是针对数据的操作,一种是针对任务的操作。针对数据的操作有插入、删除和修改等,这是典型的事务操作,这些操作的对象是大量的数据。有些操作是针对任务的,如创建索引,这些任务操作在事务日志中记录一个标志,用于表示执行了这种操作。当取消这个事务时,系统自动执行这种操作的反操作,保证系统的一致性。系统使用检查点机制,且检查点由系统周期地自动生成。检查点的周期是系统根据用户定义的时间间隔和系统活动的频度由系统自动计算出来的时间间隔。检查点程序周期性地在事务日志中设置检查点,对在检查点设置之前已经完成的事务,事务日志中做一个提交标记,表示这些事务对数据库的修改已经提交到数据库中。对在检查点设置时没有完成的事务,在事务日志做一个未提交的标记,表示这些事务对数据库的修改暂时不提交到数据库中。如果在该检查点设置后不久就出现系统故障,就回滚这些事务。这种利用事务的提交和回滚,以及检查点来保护系统的完整性和可恢复性的机制,可用图 7-15 示意说明。

图 7-15 中有五个事务 T_1、T_2、T_3、T_4 和 T_5。方框表示事务从开始到完成提交的时间

段。横坐标表示时间,纵坐标表示事务。检查点是系统按照检查机制在某一时刻设置的检查时间标记,系统失败表示在某一时刻由于断电、系统软件错误等原因而发生的系统失败。T_1 的完成时刻发生在检查点发生时刻之前,T_1 被提交到数据库中。T_2 和 T_4 的完成时刻发生在系统失败时刻之前,这两个事务可以被系统重作(REDO)后提交到数据库中。T_3 和 T_5 由于在系统失败时没有完成,于是这两个事务被回滚。

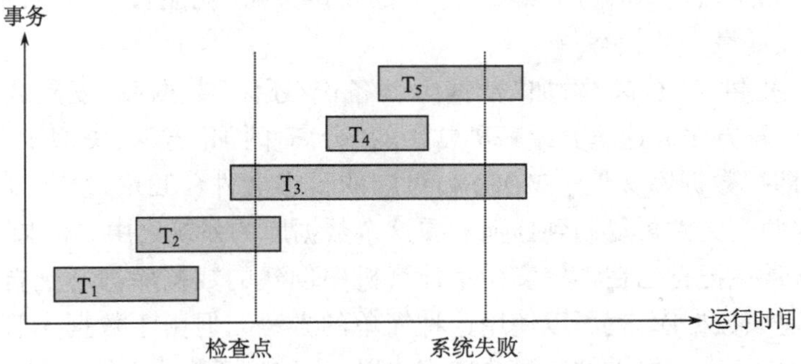

图 7-15　事务回滚和检查点机制

2）基于数据库后备副本的恢复技术。在 SQL Server 中,不能保证所有的数据都平安无事。如果一旦数据库由于某种原因引起了数据丢失或毁坏,需要通过恢复技术使数据库的损失程度最小,当然,要实现这个目标的前提是必须经常制作数据库的后备副本。所谓后备副本就是利用数据转储技术将当前的数据库和日志文件转存到一个专门的后备服务器、活动磁盘或者其他能长期存储数据的介质上,以便当系统发生错误的时候用来恢复数据并使数据库系统重新正常运行,减小数据的损失程度。SQL Server 提供了制作数据库后备副本和恢复数据库的相应命令与工具,7.2.7 节将给出操作的具体方法。

3. 死锁与死锁的解除

在 SQL Server 系统中,死锁也是一个非常重要的话题。在事务和锁的使用过程中,死锁是一个不可避免的现象。在以下两种情况下都可能发生死锁现象。第一种情况是,两个事务分别锁定了两个单独的粒度对象,这时每个事务又要求在对方已经锁定的对象上获得一个锁,因此每一个事务都必须等待另外一个事务释放占有的锁,这时就发生了死锁。这种死锁是最典型的死锁形式。

死锁的第二种情况是,在一个数据库中,有若干个长时间运行的事务执行并行的操作,当查询分析器处理一种非常复杂的连接查询时,由于不能控制处理的顺序,所以有可能发生死锁现象。

当发生死锁现象时,SQL Server 系统可以自动检测到,然后通过自动取消其中一个事务来结束死锁。在发生死锁的两个事务中,根据事务处理时间的长短作为规则来确定它们的优先级。处理时间长的事务具有较高的优先级,处理时间较短的事务具有较低的优先级。在发生死锁冲突时,保留优先级高的事务,取消优先级低的事务。

7.2.6 SQL Server 数据库的备份和恢复

大到自然灾害，小到病毒感染、电源故障乃至操作员操作失误等，都会影响数据库系统的正常运行和数据库的破坏，甚至造成系统完全瘫痪。数据库备份和恢复对于保证系统的可靠性具有重要的作用。经常备份可以有效防止数据丢失，能够把数据库从错误的状态恢复到正确的状态。如果用户采取适当的备份策略，就能够以最短的时间使数据库恢复到数据损失量最少的状态。

SQL Server 提供了“分离/附加”数据库、“备份/还原”数据库、复制数据库等多种数据库的备份和恢复方法。这里介绍一种常用的“分离/附加”方法，类似于大家熟悉的“文件复制”方法，即把数据库文件(.MDF)和对应的日志文件(.LDF)复制到其他磁盘上作备份，然后把这两个文件再复制到任何需要这个数据库的系统之中。例如，在实验教学过程中，同学们常常想把自己在学校实验室计算机中创建的数据库搬迁到自己的计算机中而不想重新创建该数据库，就可以使用这种简单的方法。但由于数据库管理系统的特殊性，需要利用 SQL Server 提供的工具才能完成以上工作，简单的文件复制导致数据库根本无法正常使用。

这个方法涉及 SQL Server 分离数据库和附加数据库这两个互逆操作工具。

1）分离数据库就是将某个数据库(如 student_Mis)从 SQL Server 数据库列表中删除，使其不再被 SQL Server 管理和使用，但该数据库的文件(.MDF)和对应的日志文件(.LDF)完好无损。分离成功后，就可以把该数据库文件(.MDF)和对应的日志文件(.LDF)复制到其他磁盘中作为备份保存。

2）附加数据库就是将一个备份磁盘中的数据库文件(.MDF)和对应的日志文件(.LDF)复制到需要的计算机，并将其添加到某个 SQL Server 数据库服务器中，由该服务器来管理和使用这个数据库。

SQL Server 2014 分离数据库和附加数据库操作的详细步骤，请见随书光盘“SQL Server 的数据库备份与恢复”文件夹。

7.2.7 SQL Server 的并发控制

SQL Server 采用封锁技术来保证并发操作的可串行性，封锁是有粒度的，本节介绍 SQL Server 封锁的粒度和锁的类型。

1. 封锁的粒度

在 SQL Server 系统中，最小的空间管理单位是页，一个页有 8KB，所有的数据、日志、索引都存放在这些页上(图 7-16)。另外，使用页有一个限制，这就是表中一行(记录、元组)的数据必须在同一个页上，不能跨页。页上面的空间管理单位是簇，一个簇是 8 个连续的页。表和索引的最小占用单位是簇。数据库是由一个或多个表或者索引组成的，即是由多个簇组成的。

在 SQL Server 系统中，锁是防止其他事务访问指定的资源，实现并发控制的一种主要手段。为了提高系统的性能，加快事务的处理速度，缩短事务的等待时间，就必须使锁定的资源最小化，为此，SQL Server 将封锁的粒度分为 5 级：行、页、簇、表和数据库，它们对

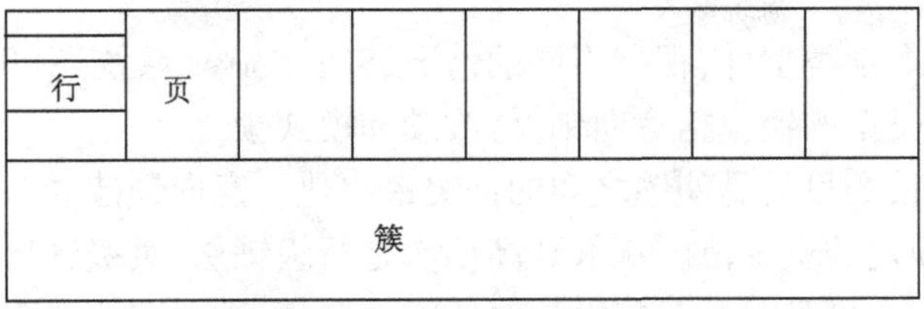

图 7－16　簇、页、行的结构示意图

应的锁分别是行级锁、页级锁、簇级锁、表级锁和数据库级锁。

在 SQL Server 可以锁定的资源中，行是可以锁定的最小粒度，且 SQL Server 实现了行级锁。行级锁就是指事务在操纵数据的过程中，锁定一行或者若干行数据，其他事务不能同时处理这些行的数据。行级锁占用的数据资源最少，所以在事务的处理过程中，允许其他事务继续操纵同一个表或者同一个页的其他数据，大大降低了其他事务等待处理的时间，提高了系统的并发性。

行级锁是一种最优锁，因为行级锁不可能出现数据既被占用又没有使用的浪费现象。行级锁也是 SQL Server 系统的重要特征。

页级锁是指在事务的操纵过程中，无论事务处理数据的多少，每一次都锁定一页，在这个页上的数据不能被其他事务操纵。SQL Server 系统以前的版本，使用的是页级锁。

页级锁锁定的资源比行级锁锁定的数据资源多。在页级锁中，即使一个事务只操纵页上的一行数据，那么该页上的其他数据行也不能被其他事务使用。因此，当使用页级锁时，会出现数据的浪费现象，也就是说，在同一个页上会出现数据被占用却没有使用的现象。在这种现象中，数据的浪费最多不超过一个页上的数据行。

簇级锁是一种特殊类型的锁，只能用在一些特殊的情况下。簇级锁就是指事务占用一个簇，这个簇不能同时被其他事务占用。例如，在创建数据库和创建表时，系统分配物理空间时使用这种类型的锁。系统是按照簇分配空间的。当系统分配空间时，使用簇级锁，防止其他事务同时使用同一个簇。当系统完成分配空间之后，就不再使用这种类型的簇级锁。特别是，当涉及对数据操作的事务时，不使用簇级锁。

表级锁也是一个非常重要的锁。表级锁是指事务在操纵某一个表的数据时，锁定了这个数据所在的整个表，其他事务不能访问该表中的任何数据。当事务处理的数据量比较大时，一般使用表级锁。表级锁的特点是使用比较少的系统资源，却占用比较多的数据资源。与行级锁和页级锁相比，表级锁占用的系统资源（内存）比较少，但是占用的数据资源却最大，这样可能会延长其他事务等待处理的时间，降低系统的并发操作性能。

数据库级锁是指锁定整个数据库，防止任何用户或事务对锁定的数据库进行访问。数据库级锁是一种非常特殊的锁，它只适用于数据库的恢复操作过程中。这种等级的锁是一种最高等级的锁，因为它控制整个数据库的操作。只要对数据库进行恢复操作，就需要设置数据库为单用户模式，这样系统就能防止其他用户对该数据库进行各种操作。

2. 锁的类型

在 SQL Server 中，锁定资源的方式有两种基本形式：一种是读操作要求的共享锁（share lock，S 锁），另一种是写操作要求的排他锁（exclusive lock，X 锁），其概念已在

5.4.5 节中做过介绍。

除了上面的基本锁类型外，根据不同的情况，SQL Server 系统还可以使用一些其他类型的锁。这些特殊类型的锁包括意向锁、修改锁和模式锁。

系统使用意向锁的目的是使锁之间的冲突最小化。意向锁建立一个锁机制的分层结构，这种结构依据锁定的资源范围从低到高依次是行级锁层、页级锁层和表级锁层。意向锁的含义是，如果一个事务对某个层次的对象加意向锁，则说明这个事务正在对该对象内低层次的对象加锁。例如，放置在表级上的意向锁表示一个事务正在对表中的页或者行上放置共享锁。意向锁可以提高性能，这是因为系统只需要在表级上检查意向锁，确定一个事务能否在那个表上安全地获取一个锁，而不需要检查表上的每一个行锁或者页锁来确定一个事务是否可以锁定整个表。意向锁有三种类型，即意向共享锁（intent share lock，IS 锁）、意向排他锁（intent exclusive lock，IX 锁）和共享意向排他锁（share intent exclusive lock，SIX 锁）。下面简单予以说明。

1）意向共享（IS）锁。若一个事务对一个数据对象加了 IS 锁，表示该事务将要对这个数据对象的低层次数据对象加 S 锁。例如，若要给一行（元组）加 S 锁，则首先要对包含这一行的页或关系或数据库加 IS 锁。

2）意向排他（IX）锁。若一个事务对一个数据对象加了 IX 锁，表示该事务将要对这个数据对象的低层次数据对象加 X 锁。例如，若要给一行（元组）加 X 锁，则首先要对包含这一行的页或关系或数据库加 IX 锁。

3）共享意向排他（SIX）锁。若一个事务对一个数据对象加了 SIX 锁，表示该事务对这个数据对象加 S 锁，再加 IX 锁。例如，若事务对一个表加 SIX 锁，则表示该事务要读整个表（所以对表加 S 锁），同时会更新某些元组（所以对表加 IX 锁）。

此外，还有一种修改锁（updating lock，U 锁）。当系统将要修改一个页时，使用 U 锁。在系统修改该页之前，系统自动把这个 U 锁上升到 X 锁，防止锁之间发生冲突。当第一次读取页时，在修改操作的开始阶段，获得 U 锁。

模式锁保证当表或者索引被另外一个事务参考时，不能被删除或者修改其结构模式。SQL Server 系统提供了两种类型的模式锁：模式稳定锁和模式修改锁。模式稳定锁确保锁定的资源不能被删除，模式修改锁确保其他事务不能参考正在修改的资源。

有些锁之间是兼容的，如共享锁和修改锁之间。有些锁之间是不兼容的，如排他锁与共享锁。表 7－1 给出了两个事务 T_1 和 T_2 所要求的锁之间的兼容性关系。其中“√”表示两种锁兼容，“×”表示两种锁不兼容。

表 7－1　SQL Server 系统提供的锁之间的兼容性

T_2 的锁 / T_1 的锁	IS	S	U	IX	SIX	X
意向共享锁（IS）	√	√	√	√	√	×
共享锁（S）	√	√	√	×	×	×
修改锁（U）	√	√	×	×	×	×
意向排他锁（IX）	√	×	×	√	×	×
共享意向排他锁（SIX）	√	×	×	×	×	×
排他锁（X）	×	×	×	×	×	×

7.2.8　数据库编程

数据库编程就是利用 RDBMS 提供的 SQL 编写直接存放在数据库服务器上某个数据库中的例行程序,这个程序可以由客户端的应用程序调用,其目的是提高数据处理效率或保证数据的完整性。最早的标准 SQL 是非过程化的语言,由于没有流程控制语句,无法实现程序功能。现在的商品化 RDBMS 中实现的 SQL 都对标准 SQL 作了扩充,增加了循环、分支控制语句和变量定义、赋值等语句,使其能够完成复杂的程序控制功能。

1. Tansact-SQL 简介

在 SQL Server 中使用的 SQL 是 Tansact-SQL,它是 Microsoft 实现的 SQL Server 的核心组件,是对标准 SQL 的扩充,如局部变量命名规则要求以@ 符号开头,而系统提供的全局变量则以两个@ 符号开头。此外,Tansact-SQL 增加了一些过程控制语句,如 BEGIN…END 语句、IF…ELSE 语句、WHILE 语句等,其可以将多条 SQL 语句组织成一个程序块(过程),完成更复杂的数据处理功能。而程序块中的 SQL 语句之间是通过 Transact-SQL 提供的变量和常量来传递数据,实现相互联系的。我们知道 SQL 语句查询的结果往往是若干记录的集合。Transact-SQL 引进了游标,可以逐条地处理记录集中的每一条记录。字符界面和图形界面下的开发工具均可以用 Transact-SQL 作为它的编程语言,这种对 SQL 的扩充带来了下列优点:

1) 过程化功能。Transact-SQL 是一种事务处理语言,可使用传统程序语言的许多程序结构(如循环、分支、赋值等),将多条 SQL 语句组织成一个程序块,完成更复杂的数据处理功能。

2) 改进性能。在没有 Transact-SQL 时,RDBMS 每次只处理一条 SQL 语句,每一条 SQL 语句引起对 RDBMS 调用,要花费更高的性能开销。在网络环境下,如果要发出许多 SQL 语句,上述开销是值得重视的。然而在 Transact-SQL 中,一次发送包含整个语句块到 RDBMS,减少了应用程序与 RDBMS 之间的通信时间。更重要的是,用户可以通过编写数据库的存储过程和触发器等来减轻网络传输压力,提高数据处理效率。

3) 可移植性。用 Transact-SQL 编写的应用程序可在任何计算机硬件和操作系统环境下的 SQL Server 上运行。

2. 存储过程

存储过程是一个 SQL 语句的集合,它们经预先编译后存储在数据库中,并能通过应用程序调用使其在数据库服务器上直接运行。存储过程能用于在表中插入新数据、修改数据、执行系统函数、管理任务和向用户返回数据等。

SQL Server 中的存储过程与其他编程语言中的过程和函数有些类似,接受输入参数并返回多个输出值;可以调用其他的过程;可以返回一个状态字,以指出调用是成功还是失败(如果是失败还将给出原因)。存储过程和函数的不同之处在于存储过程不能返回一个代替其名字的值并且不能直接在表达式中使用。

在 C/S 体系结构下,存储过程与在本地机上的 Transact-SQL 程序相比较,其优点在于:

1）它允许模块化编程。在数据库中可以建立一个存储过程，而后就可以在程序中任意调用。存储过程一般由专业开发人员来创建，它的修改可以独立于应用程序源码。

2）存储过程运行的速度更快，当运行需要大量的Transact-SQL语句或者要重复执行时，存储过程就能发挥其速度快的优势。

3）存储过程使执行一系列SQL命令的中间结果不必返回到客户端，从而使网络流量降低以及在加密状态下运行。

例7.5　存储过程实例。假设学生的学制为四年制，该存储过程根据传入的两个参数删除符合条件的学生记录。在SQL编辑器的查询语句区域中输入并运行如下Transact-SQL语句集，就在数据库student_Mis中建立了一个名为sp_delete_graduate的存储过程。如何调用这个存储过程将在7.3节介绍。

```
CREATE PROCEDURE sp_delete_graduate        /* 声明两个变量，接受调用参数 */
@end_date datetime,                        /* 毕业时间 */
@min_credit int                            /* 最小学分 */
AS
  DECLARE  @sno CHAR(10)                   /* 学号，过程内部赋值的变量 */
  DECLARE cur_row_cursor CURSOR FOR        /* 声明一个游标 */
  SELECT sno FROM Students WHERE startdate<=(@end_date-4) AND CreditHours>=@min_credit
  OPEN cur_row_cursor                      /* 打开游标 */
  FETCH cur_row_cursor INTO@sno            /* 读游标中第1条记录，并且把值赋给变量 sno */
  WHILE  @@fetch_status=0                  /* 循环开始，@@fetch_status 是系统变量 */
BEGIN
  DELETE FROM Reports WHERE sno=@sno
  DELETE FROM Students WHERE sno=@sno
  CLOSE cur_row_cursor                     /* 关闭游标 */
  OPEN cur_row_cursor                      /* 重新打开游标 */
  FETCH cur_row_cursor INTO  @sno          /* 重新赋值 */
END
  CLOSE cur_row_cursor                     /* 关闭游标 */
  DEALLOCATE cur_row_cursor                /* 删除游标的数据结构 */
```

3. 触发器

在5.3.3节已介绍了触发器的一般性概念，本节从存储过程和SQL Server应用的角度介绍触发器的作用和定义方法。

触发器是一种特殊的、附着在某个基本表上的存储过程，它可用来保证记录的插入、修改和删除时能够执行与该基本表有关的特定操作，一般用来维护数据的一致性。如果在触发器上还定义了其他条件，则在触发器执行前检查这些条件，如果违反了这些条件，触发器不被执行。因此，除了定义触发器的操作外，一般需要定义触发器的附加条件。若指定的表上创建了触发器，则当对该表有某种数据操作，如插入、更新或删除等操作发生时，DBMS就会立即激活触发器，即执行触发器中的所有SQL语句一次。触发器与激活它的语句是作为单个事务处理的，当系统检查到有严重错误时，整个事务就自动撤销。

例7.6　两个触发器实例。

1）当用户更新（UPDATE）或插入（INSERT）记录到基本表 Reports 中时，要求触发器自动更新基本表 Students 中对应记录的 CreditHours 属性列的值。与存储过程的创建相同，只要在 SQL 编辑器的查询语句区域中输入并运行如下 Transact-SQL 语句集，就能在基本表 Reports 上建立一个名为 upd_grade 的触发器。

```
CREATE TRIGGER upd_grade ON Reports
FOR UPDATE,INSERT      /*对 Reports 执行 UPDATE 或 INSERT 操作时激活触发器*/
AS                     /*以下是触发器激活后 UPDATE 基本表 Students 的操作*/
  UPDATE Students
  SET CreditHours=(SELECT SUM(CreditHour) FROM Courses WHERE Cno IN
  (SELECT Cno FROM Reports WHERE Reports.Grade>=60 AND Reports.Sno IN
  (SELECT Sno FROM INSERTED))) WHERE Students.Sno IN (SELECT Sno FROM INSERTED)
```

2）当用户从基本表 Reports 中删除记录时，要求触发器自动更新基本表 Students 中对应记录的 CreditHours 属性列的值。其 Transact- SQL 语句集如下：

```
CREATE TRIGGER del_grade ON Reports
FOR DELETE
AS
  UPDATE Students
  SET CreditHours=(SELECT SUM(CreditHour) FROM Courses WHERE Cno IN
  (SELECT Cno FROM Reports WHERE Reports.Grade>=60 AND Reports.Sno IN
  (SELECT Sno FROM DELETED))) WHERE Students.Sno IN (SELECT Sno FROM DELETED)
```

例7.5和例7.6介绍的存储过程和两个触发器，将在7.3节开发的数据库应用系统中应用。

7.3　数据库应用系统实例

虽然几乎所有的商品化 RDBMS 都支持标准 SQL，且还有许多功能扩充，但 SQL 始终是一种数据语言，主要有数据定义、数据存取和数据管理的功能，而绝大多数应用不限于数据的存取，通常还有许多复杂的计算，还要完成各种形式的输入，对查询结果数据又要求用各种不同的方式显示或报表输出，仅用标准 SQL 很难完成这些任务。所以，商品化 RDBMS 分别针对程序员用户和终端用户，提供了嵌入式和自含式 SQL，以及与图形化开发工具的接口。目前，几乎所有的大型数据库应用系统都是利用某种程序设计语言，如 PowerBuilder、Visual Basic 和 C#. NET 等，结合数据库管理系统平台而开发的，因此数据库应用程序开发成为程序员的必备技术。本节将介绍一个基于 C#. NET 和 SQL Server 开发的 C/S 结构的数据库应用系统。该系统虽然简单，程序设计中也没有使用什么技巧，显得比较幼稚，但它正好易于初学者理解，且功能比较完整，对初学者学习和理解数据库原理、RDBMS 与数据库应用开发工具之间的联系有很大的帮助，真正架起了理论与实际应用的桥梁。

7.3.1　常见的数据库访问技术

任何一个数据库应用程序都必须预先与数据库管理系统建立连接,才能访问指定的数据库。应用程序连接数据库的传统方法是使用数据库管理系统厂商提供的专门接口程序(application programming interface,API),如SQL Server,Oracle 和 Sybase 厂商提供的访问数据库的API不仅不相容,而且使用方法也有差异,导致同一个应用程序不能访问不同数据库服务器(如SQL Server 和 Sybase)上的数据。随着 RDBMS 产品的成熟和迅速普及,迫切需要为开发者提供一个公共的,与具体数据库管理系统无关的应用程序设计接口(也称数据存取引擎或数据库引擎),以使同一应用程序可以方便地访问不同数据库服务器上的数据。到目前为止,已出现了很多技术比较成熟的数据库公共访问技术,下面介绍几种常见的数据库访问技术。

1. ODBC

开放数据库连接(open database connectivity,ODBC)是微软公司1992年推出的一种应用程序和关系数据库之间进行连接与通信的标准接口。它以C/S结构为设计基础,实现了应用程序与RDBMS在逻辑上的分离,使应用程序与具体的数据库管理系统无关。因此,每一个应用程序利用相同的源代码就可以访问不同的关系数据库管理系统,如SQL Server、Oracle、Sybase、DB2、Access 等。ODBC 结构如图7-17所示。

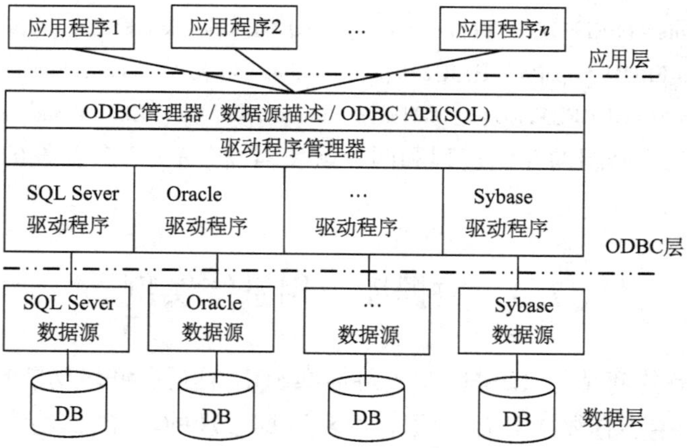

图7-17　ODBC结构示意

1) 应用程序。用高级语言,现在一般是可视化的编程工具,如PowerBuilder、Delphi、Visual C++、C#. Net 等开发的数据库应用程序。

2) ODBC 管理器。ODBC 管理器程序位于 Windows 控制面板(Contro1 Panel)的32位ODBC内。其主要任务是管理安装的ODBC驱动程序和管理数据源。

3) 驱动程序管理器。驱动程序管理器包含在ODBC32. DLL中,对用户是透明的。其任务是管理ODBC驱动程序,是ODBC中的最重要部件。

4) ODBC 驱动程序。ODBC 驱动程序是一些DLL(动态链接库)文件,提供了ODBC和数据库之间的接口。

5）数据源描述。数据源描述包含了数据源名称、数据库位置、数据库类型和 ODBC 驱动程序等数据连接的描述信息。

应用程序要访问一个数据库，首先必须用 ODBC 管理器注册一个数据源。ODBC 管理器根据数据源提供的数据库位置、数据库类型及 ODBC 驱动程序等信息，建立 ODBC 与具体数据库的联系。因此，只要应用程序将数据源名提供给 ODBC，ODBC 就能建立起与相应数据库的连接。

在 ODBC 中，ODBC API 不能直接访问数据库，必须通过驱动程序管理器与数据库交换信息。驱动程序管理器负责将应用程序对 ODBC API 的调用传送给恰当的驱动程序，而驱动程序在执行完相应的操作后，将结果通过驱动程序管理器返回给应用程序。

2. OLE DB

对象链接和嵌入数据库（object linking and embedding database，OLE DB）是微软公司继 ODBC 标准之后提出的基于 COM 思想和面向对象的一种数据库访问技术标准，目的是为应用程序提供一种统一的数据访问接口并方便地访问各种数据源，以弥补 ODBC 仅针对关系型数据库连接的不足。这里的"数据源"除了关系数据库之外，还包括邮件数据、Web 上的文本或图形、目录服务（directory services）、主机系统中的文件、地理数据以及自定义业务对象等。

OLE DB 定义了统一的 COM 接口作为存取各类异质数据源的标准，并且封装在一组 COM 对象之中。借助于 OLE DB，程序员就可以使用一致的方式来存取各种数据，而不用考虑数据的具体存储地点、格式或类型。

虽然 OLE DB 允许程序员存取各类数据，是一个非常良好的架构，但由于 OLE DB 太底层化，而且在使用上非常复杂，需要程序员拥有高超的技巧，因此只有少数的程序员才有办法使用 OLE DB，这使 OLE DB 难以推广和流行。

3. ADO

ActiveX 数据对象（activex data object，ADO）是微软公司于 1996 年推出的一种面向对象的、基于 COM 思想的数据库访问接口，也是目前在 Windows 环境中比较流行的客户端数据库编程技术。ADO 是建立在 OLE DB 底层技术之上的高级编程接口，它封装了 OLE DB 访问数据库的复杂性，只要求开发者掌握几个简单对象的属性和方法即可实现对数据库的连接访问。它不仅具有强大的数据处理功能（处理各种不同类型的数据源、分布式的数据处理等），而且是极其简单易用的编程接口，得到了广泛的应用。微软公司的意图是利用 ADO、OLE DB 和 ODBC 来建立一种一致的数据访问（universal data access）策略（图 7－18），其中的提供者指数据提供者，即按照 OLE DB 标准将数据提供出来供应用程序通过 OLE DB 方式访问的数据提供者。

4. JDBC

Java 数据库连接（Java database connectivity）是 Java 的开发者——Sun 公司属下的 Javasoft 公司专门为 Java 程序与各种常用关系数据库之间进行连接和通信的统一接口，其

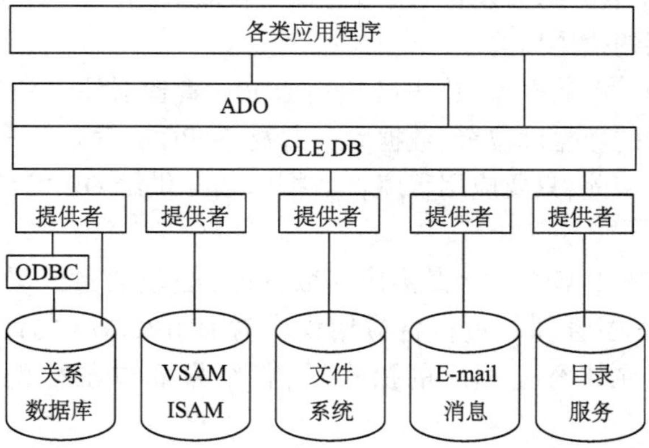

图 7－18　一致的数据访问策略结构

结构和工作方式与 ODBC 十分类似。JDBC 为 Java 编写的应用程序访问数据库提供了统一的标准方法，实现 Java 语言“编写一次，处处运行”的跨平台优势。

7.3.2　Microsoft Visual Studio 2010

1. Microsoft Visual Studio .NET 开发工具

微软公司于 2002 年推出的 Microsoft Visual Studio. NET 2002 是一个基于 . NET 框架的集成开发环境，它是一套完整的图形化客户端开发工具集，可用于 ASP. NET Web 应用程序、XML Web Services、桌面应用程序和移动应用程序的开发。与此同时，微软还引入了一门新的语言 C#（读作 C Sharp，意为 C++++），C#是一门建立在C++和 Java 基础上的编写 . NET 框架的现代语言。

Visual Studio. NET 发展至今共有多个阶段：Visual Studio. NET 2002，Visual Studio. NET 2003，Visual Studio 2005，Visual Studio 2008，Visual Studio 2010，Visual Studio 2012，Visual Studio 2013 和 Visual Studio 2015。本节介绍的内容是在 Visual Studio 2010 开发环境中完成的。

2. C#数据库编程

C#是微软公司针对 . NET 框架所设计的一种全新的面向对象的编程语言。在 . NET 环境下，数据库的访问主要通过 ADO. NET 实现。C#语言庞大的 API 库也提供对 ADO. NET 数据库访问技术的支持，程序设计人员可以在设计过程中调用其中的数据库访问对象来实现对数据库的连接和访问。C#中最重要的数据库访问对象是：

1）DataSet 对象。DataSet（数据集）对象是 ADO. NET 对象模型中最核心的对象。一个 DataSet 对象就是若干记录的集合，它相当于数据缓冲区。ADO. NET 框架提供了记录集的所有数据库功能：排序、分页、过滤视图、关系、索引和主键等。

2）Connection 对象。要访问数据源中的数据，首先就要建立与该数据源的连接，Connection 对象就是用来建立应用程序与数据库的连接的。Connection 对象提供了一些属性让程序员设置与数据源进行连接所需要的信息，如数据源所在的位置、数据库名称、连接的用户账号和密码等。

3）Command 对象。通过 Command 对象，可以使用各种 SQL 命令直接与数据源进行通信。当应用程序与数据库建立了连接后，就可以用 Command 对象类读取或修改数据源中的数据，如进行对数据库数据的增、删、改等数据操作，该操作命令也可以被存储过程调用。

4）DataReader 对象。DataReader 对象以只读且数据指针仅向前移动的方式为编程人员提供了一种快速读取数据库数据的方法。该对象与数据库建立了一个只读且指针向前移动的数据流，并在当前内存中每次存放一条记录，所以 DataReader 对象可用于只需读取数据集一次的操作，即一次性滚动读取数据库数据的操作。

5）DataAdapter 对象。DataAdapter 对象用于从数据源中检索数据并填充 DataSet 中的表，并且还会将 DataSet 作出的更改返回到数据源。DataAdapter 使用 Connection 对象连接到数据源，使用 Command 对象从数据源中检索数据并将更改解析回数据源。通常情况下，DataAdapter 和 DataSet 是一起使用的，DataAdapter 提供 Connection 和 Command 对象，而 DataSet 则为数据提供了位置。

3. Microsoft Visual Studio 2010 开发环境

Microsoft Visual Studio 2010 是一个集成化的开发环境，执行“开始”-“所有程序”-Microsoft Visual Studio 2010-Microsoft Visual Studio 2010 命令启动 Visual Studio 2010 开发环境（图 7－19）。下面就该开发环境中的常用窗口及对象给出较详细的说明，更多的介绍请参考相关书籍。

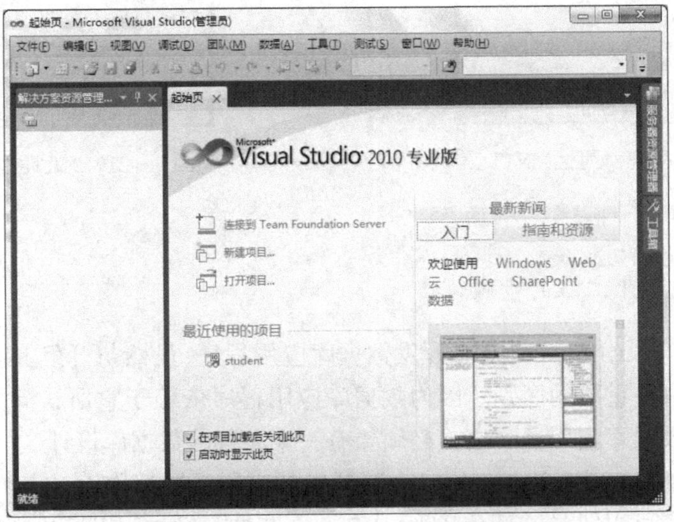

图 7－19　Microsoft Visual Studio 2010 起始页窗口

1）解决方案资源管理器。单击菜单栏的“视图”-“解决方案资源管理器”命令，将出现如图 7－19 左侧所示的解决方案资源管理器窗口。在该窗口中显示的是项目中创建的窗体和类等文件的列表，若要打开某个窗体或类文件可直接双击其在解决方案资源管理器中的名称。

2）起始页。起始页是打开 Visual Studio 2010 开发环境后的第一个窗口，且每次启动后都默认显示该页。在开发过程中打开不同的文件后,起始页区域将会变为一个多标签页窗口,程序员可以通过选择不同的标签页进入相应的编辑界面。

3) 属性窗口。单击菜单栏中“视图”-“其他窗口”-“属性窗口”命令,会出现属性窗口(图 7－20,控件 btnLogin 的属性窗口)。属性窗口用来显示窗体或控件的属性。当选中某个控件后就会在属性窗口显示该控件相应的属性。该窗口中的属性可以按照字母名称或者分类排序,以方便用户对属性进行查找,并设置和修改属性的值。

4) 工具箱。一般进入工作环境后,在其右侧就会自动出现工具箱(图 7－21),如果没有,可以通过单击菜单栏“视图”-“工具箱”命令来显示这个工具箱。工具箱中都是程序开发需要用到的控件,并按照功能特性进行了分类,以方便用户对不同类别的控件进行查找和选用,其中“所有 Windows 窗体”中包含了全部的控件。

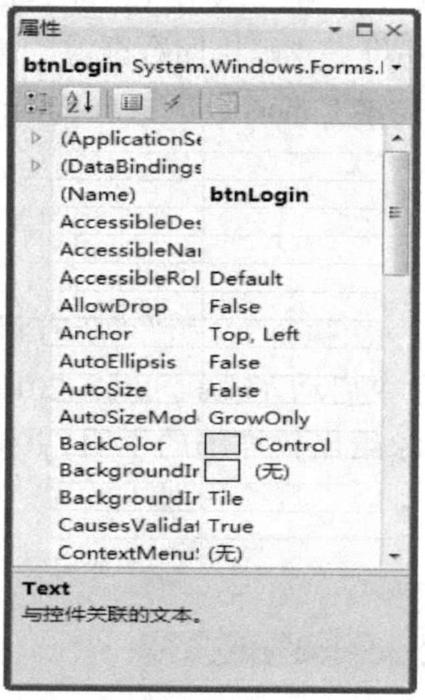

图 7－20　“属性”窗口

图 7－21　“工具箱”窗口

4. 创建 C#. NET 工程的步骤

用 Microsoft Visual Studio 2010 开发数据库应用程序,虽然与开发其他应用程序有相似之处,但也有一些重要的区别。因为数据库应用程序依赖于它所访问的数据库管理系统,所以在开发数据库应用程序之前必须要有一个完善的数据库设计。

在 Microsoft Visual Studio 中,每一个新开发的应用系统都称为一个工程,其一般开发步骤如下(初学者可以跳过这部分,等完成 7. 3. 3 节的开发过程以后再来阅读会有更大收获):

1) 依次在图 7－19 起始页窗口单击菜单栏“文件”-“新建”-“新项目”命令新建一个工程,开发环境自动为该工程新建了一个默认名称为 Form1 的窗体。

2) 从工具箱中选择所需要的控件或对象放入窗体中,并在“属性”窗口设置控件或对象的属性,设计其外观等。

3) 指定控件的事件响应过程。在 C#. NET 中,双击控件或对象就能自动生成程序过程框架,供程序员设计事件响应的程序代码。

4）单击主窗体菜单中的"文件"-"保存全部"命令或者使用快捷组合键 Ctrl+Shift+S,保存新建的整个工程。

5）单击主窗体菜单中的"调试"-"开始执行"命令后,进行编译调试,如果没有错误,则显示出可以在 Windows 下独立运行的 Form1 窗口。

7.3.3　一个数据库应用系统实例

1. 数据准备

本节实例需要的计算机软件环境为 Windows 7+SQL Server 2014,开发工具为Microsoft Visual Studio 2010。读者在上机开发这个实例之前,请按照以下步骤做好数据准备:

1）创建数据库。按照本书 1.2 节介绍的方法建立一个名为 student_Mis 的数据库,其数据库文件 student_Mis_Data. MDF 和日志文件 student_Mis_Log. LDF 的存放位置取系统默认位置。

2）创建用户。按照本书 1.6 节介绍的方法创建新的数据库登录用户,登录名为 AdminH,密码为 123456。

3）创建数据表。

① 系别信息表 Depts(Dno,Dname),其属性名分别表示系号和系名。

② 课程信息表 Courses(Cno,Cname,CreditHour),其属性名分别表示课程号、课程名和学分。

③ 学生信息表 Students(Sno,Sname,Dno,StartDate,CreditHours),其属性名分别表示学生的学号、姓名、系号、入学时间和总学分。

④ 成绩信息表 Reports(Sno,Cno,Grade),其属性名分别表示学生的学号、课程号和学习成绩。

创建以上 4 个基本表的 SQL 命令如下:

```
① CREATE TABLE Depts
   (
   Dno CHAR(4) PRIMARY KEY,
   Dname CHAR(20),
   )
② CREATE TABLE Courses
   (
   Cno CHAR(6) PRIMARY KEY,
   Cname CHAR(20),
   CreditHour INT,
   )
③ CREATE TABLE Students
   (
   Sno CHAR(10) PRIMARY KEY,
   Sname CHAR(16),
```

```
Dno CHAR(4),
StartDate DATETIME,
CreditHours INT,
CONSTRAINT Student_dept FOREIGN KEY(Dno) REFERENCES Depts,
)
```

④ CREATE TABLE Reports

```
(
Sno CHAR(10),
Cno CHAR(6),
Grade INT,
PRIMARY KEY(Sno,Cno),
CONSTRAINT Student_Report FOREIGN KEY(Sno) REFERENCES Students,
CONSTRAINT Report_Course FOREIGN KEY(Cno) REFERENCES Courses,
)
```

4）创建存储过程。在 SSMS 环境中用查询编辑器为数据库 student_Mis 创建例 7.5 给出的存储过程。

5）创建触发器。在 SSMS 环境中用查询编辑器为数据库 student_Mis 的基本表 Reports创建例 7.6 给出的两个触发器。

2. 利用 Microsoft Visual Studio 2010 开发应用程序

依次单击“开始”-“程序”-Microsoft Visual Studio 2010-Microsoft Visual Studio 2010 命令，打开 Visual Studio 应用程序开发环境，如图 7－19 所示。

（1）新建 C#工程

1）进入新建项目窗口。在图 7－19 所示的起始页窗口中依次单击“文件”-“新建”-“项目”命令（图 7－22），弹出“新建项目”窗口（图 7－23）。

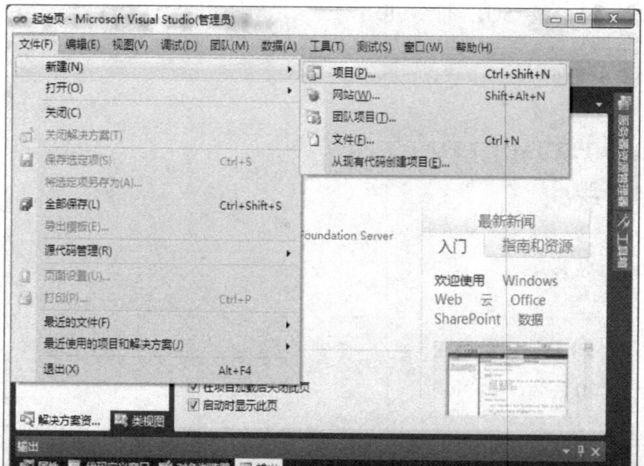

图 7－22　打开新建项目窗口的路径

2）新建项目。在“新建项目”窗口（图7－23）左边的“项目类型”中选择Visual C#，右边模板中选择Windows窗体应用程序，“名称”文本框中输入student作为项目名称，并单击“浏览”按钮选择该项目的存放目录。然后单击“确定”按钮则完成student项目的建立，并自动打开该项目的解决方案（图7－24）。

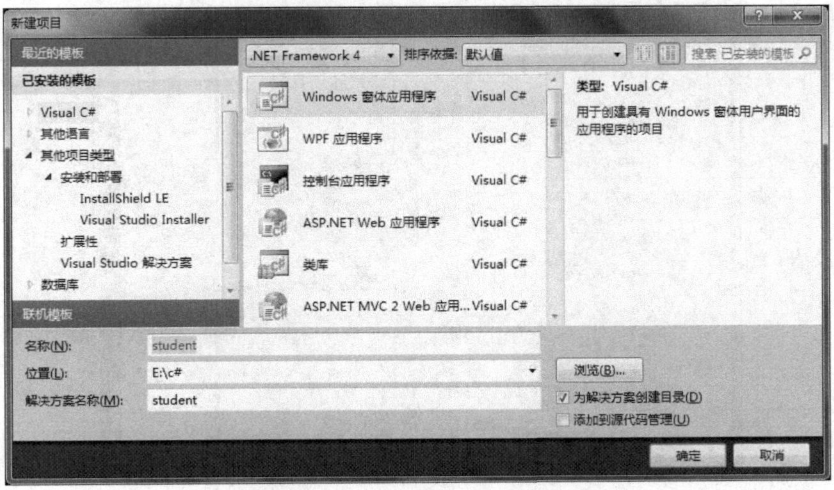

图7－23　“新建项目”窗口

3）删除Form1窗体。在“解决方案资源管理器”窗口（图7－24）中，右击Form1.cs文件，在快捷菜单中选择“删除”命令，并在随后出现的对话框中单击“确定”按钮将该窗体删除。这个窗体是新建项目操作完成后系统自行建立的，本节的例子中并不需要它。

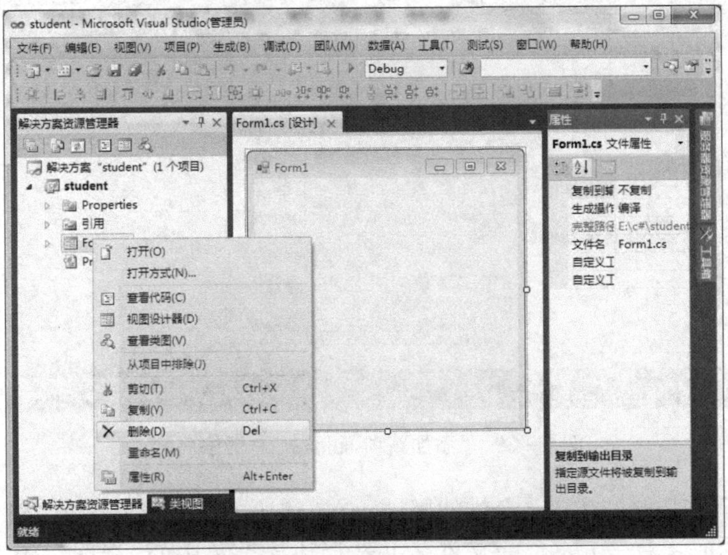

图7－24　删除Form1窗口

4）创建窗体。本实例包含八个窗体，这里仅以登录窗口为例详细讲解窗体的创建过程，其他窗体的创建步骤不再详细赘述。

① 在已经删除了 Form1 窗体的“解决方案资源管理器”窗口中右击 student 对象(图 7－25)，在快捷菜单中依次选择“添加”-“Windows 窗体”命令，弹出“添加新项-student”对话框(图 7－26)。

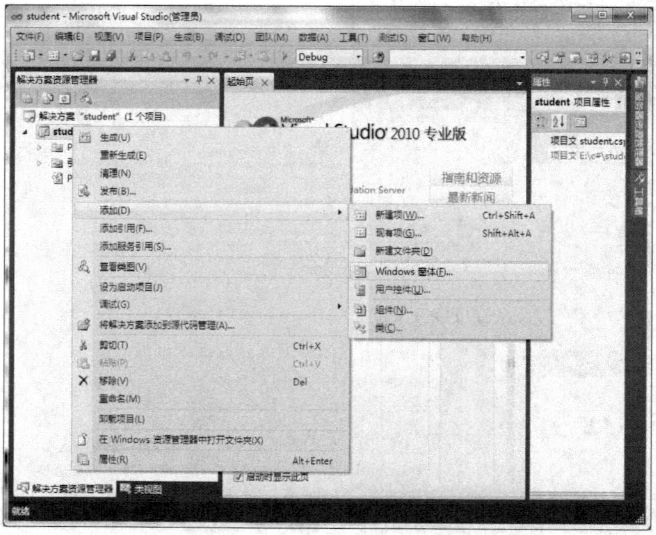

图 7－25　选择“Windows 窗体”命令

② 在“添加新项-student”对话框(图 7－26)下部的“名称”文本框中输入 frmLogin. cs 作为窗体名称，单击“确定”按钮。此时“解决方案资源管理器”窗口中出现新建的窗体对象 frmLogin. cs。

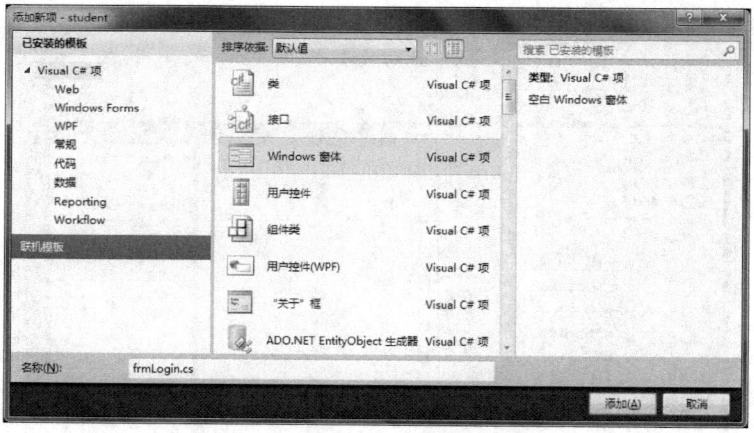

图 7－26　“添加新项-student”对话框(一)

③ 设置新创建的 frmLogin 窗体的属性。在“解决方案资源管理器”窗口中双击 frmLogin 窗体名称或者右击 frmLogin 文件名并选择快捷菜单中的“视图编辑器”命令，打开 frmLogin 窗体，此时属性窗口将显示该窗体的属性。在属性窗口中设置 frmLogin 窗体的 text 属性值为“欢迎登录”，StartPosition 属性的属性值为 CenterScreen。

根据以上步骤再新建实例中所需的窗体并设置属性值，各个窗体的主要属性设置，如表 7－2 所示。

表 7－2　各个窗体属性设置

序号	窗口名称	主要属性	属性值设置	用　途
1	frmLogin	Text StartPosition	欢迎登录 CenterScreen	登入窗口
2	frmMain	Text StartPosition	主窗口 CenterScreen	主窗口
3	frmStudent	Text StartPosition	学生信息输入窗口 CenterScreen	学生信息维护窗口
4	frmCourse	Text StartPosition	课程信息输入窗口 CenterScreen	课程信息维护窗口
5	frmDept	Text StartPosition	系别信息输入窗口 CenterScreen	系别信息维护窗口
6	frmReport	Text StartPosition	成绩信息输入窗口 CenterScreen	成绩信息维护窗口
7	frmDetail	Text StartPosition	主细表演示 CenterScreen	主细表信息维护窗口
8	frmProcdure	Text StartPosition	调用存储过程窗口 CenterScreen	批量删除学生信息窗口

(2) 创建数据库连接类

1) 新建类。在“解决方案资源管理器”窗口中右击 student 对象,依次选择快捷菜单中的“添加”-“类”命令(图 7－27),弹出“添加新项-student”窗口(图 7－28)。

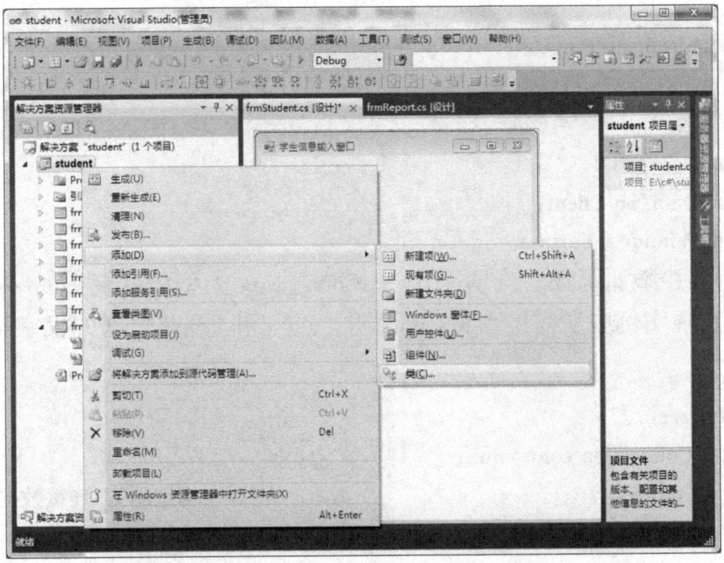

图 7－27　选择新建类

在“添加新项-student”对话框的“名称”文本框中输入 sqlConnect. cs(图 7－28),并单击“确定”按钮为该工程添加一个类。可以在“解决方案资源管理器”窗口中看到这个新创建的类文件。

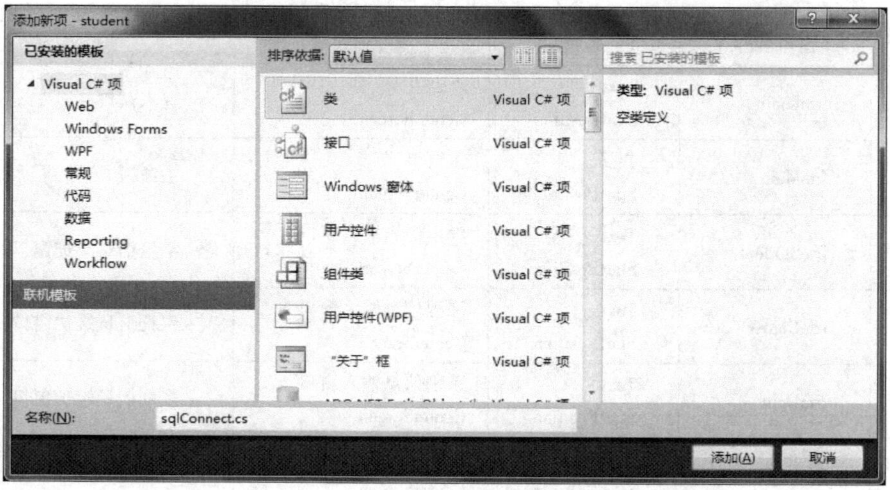

图 7－28 “添加新项-student”对话框(二)

2）添加类代码。双击 sqlConnect. cs 文件名，进入该类的代码编辑窗口（注意：C#是一种严格区分字母大小写的编程语言，相同字母的大小写分别代表不同的名称）。在该窗口中作如下操作：

① 添加命名空间。为该类添加三个命名空间。（注意：以下代码中粗斜体的字符串是控件的 Name 属性值，且它们与其后面的字符之间没有空格，粗体为在代码编辑器中需要读者输入的程序代码，其余代码是系统自动生成的）

```
using System;
using System. Collections. Generic;
using System. Linq;
using System. Text;
using System. Data;
using System. Data. SqlClient;
using System. Windows. Forms;
```

② 声明变量并添加函数。声明一个 SqlConnection 类型的变量 conn 来连接数据库，并添加函数以实现实例中所需的事件。（说明：“/＊”和“＊/”之间的汉字是注释文字）

```
namespace student{
  class sqlConnect{
    public SqlConnection conn=null;
    public sqlConnect()  {                          /＊构造函数，连接数据库＊/
      if(conn==null)  {
        conn=new SqlConnection("Data Source=(local);
            database=student_Mis;uid=Admin H;password=123456;");
        if(conn. State == ConnectionState. Closed) conn. Open();
        }
    }
    public void closeConnect(){                     /＊关闭连接函数＊/
```

```
        if (conn. State == ConnectionState. Open) conn. Close();
    }
    public DataSet Getds(string sql) {    /* 获取 DataSet 类型的数据库查询结果 */
        if (conn. State == ConnectionState. Closed) conn. Open();
            DataSet ds = new DataSet();                    /* DataSet 是表的集合 */
            SqlDataAdapter da = new SqlDataAdapter(sql,conn);  /* 从数据库中查询 */
            da. Fill(ds);                                  /* 将数据填充到 DataSet */
            conn. Close();                                 /* 关闭连接 */
        return ds;                                         /* 返回结果 */
    }
    public int OperateData(string sql){                    /* 修改数据库数据 */
        if (conn. State == ConnectionState. Closed) conn. Open();
            SqlCommand sqlcom = new SqlCommand();
            sqlcom. CommandText = sql;                     /* 设置命令的文本 */
            sqlcom. CommandType = CommandType. Text;       /* 设置命令的类型 */
            sqlcom. Connection = conn;                     /* 设置命令的连接 */
            int x = sqlcom. ExecuteNonQuery();             /* 执行 SQL 语句 */
            conn. Close();                                 /* 关闭连接 */
        return x;                                          /* 返回一个影响行数 */
    }
    public DataSet BindDataGridView(DataGridView dgv,string sql){
        if (conn. State == ConnectionState. Closed) conn. Open();
            SqlDataAdapter da = new SqlDataAdapter(sql,conn);
            DataSet ds = new DataSet();
            da. Fill(ds);
            dgv. DataSource = ds. Tables[0];
        return ds;
    }
  }
}
```

3）更改主程序启动入口。在“解决方案资源管理器”窗口中双击 Program. cs 文件名或右击 Program. cs 文件，选择快捷菜单中的“查看代码”命令打开相应的代码编辑窗口。在代码编辑窗口中作如下修改：（注意：粗体字部分为修改内容）

```
static class Program{
        [STAThread]
        static void Main(){
        Application. EnableVisualStyles();
        Application. SetCompatibleTextRenderingDefault(false);
        Application. Run(new frmLogin());
        }
}
```

4）实现欢迎登录窗口。

步骤1：窗体设计。在“解决方案资源管理器”窗口中双击 frmLogin. cs 文件，打开 frm-

Login 窗体。从工具箱中用鼠标拖放两个标签(Label)控件、两个文本(TextBox)控件和两个按钮(Botton)控件到窗体,并按照表 7-3 所示数据修改相应控件属性,完成后如图 7-29所示。(注意:对输入密码的文本框的 PasswordChar 属性值设置为"＊",这样在生成窗口后输入的字符会以＊显示,提高安全性)

表 7-3　欢迎登录窗体的控件属性

控件类型	控件名称	主要属性	属性值设置
TextBox	txtName	Name	txtName
	txtPwd	Text PasswordChar	txtPwd ＊
Label	laName	Name Text	laName 用户名
	laPwd	Name Text	laPwd 密码
Button	btnLogin	Name Text	btnLogin 确定
	btnExit	Name Text	btnExit 取消

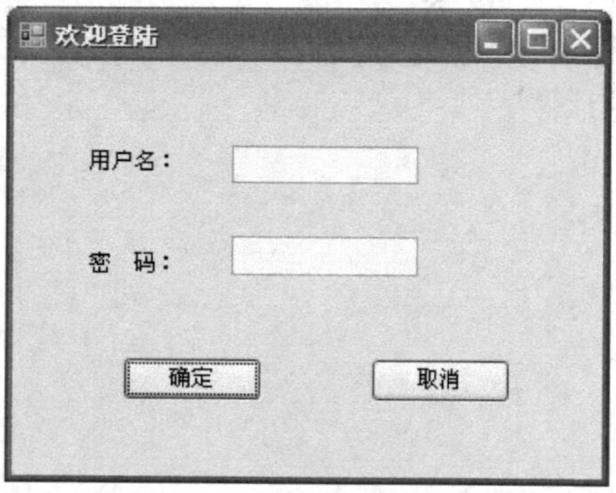

图 7-29　欢迎登录窗体

步骤 2:代码设计

① 添加确定按钮的 Click 事件。双击 frmLogin 窗口中的"确定"按钮,在代码编辑窗口中添加如下代码:

```
private void btnLogin_Click(object sender,EventArgs e){
  if (txtName.Text == "" || txtPwd.Text == "")
    MessageBox.Show("用户名或密码不能为空!",
    "提示",MessageBoxButtons.OK,
    MessageBoxIcon.Information);  /* 此行代码与
    前面一行为一个命令行 */
  else {
    frmMain fmain = new FrmMain();
    fmain.Show();
    this.Hide();
  }
}
```

② 退出按钮的 Click 事件。双击"退出"按钮,在代码编辑窗口中添加如下代码:

```
private void btnExit_Click(object sender,EventArgs e){
  this.Dispose();
}
```

步骤 3:代码调试。将以上代码准确无误地输入相应的代码编辑区域之后,执行"调试"-"启动调试"命令或者按快捷键 F5,运行结果窗口如图 7-29 所示,在"用户名"和"密码”后面的文本框中随便输入不为空的字符后单击“确定”按钮,将会弹出主窗口 frmMain。

5）实现主窗体。

步骤 1:窗体设计。

① 双击“解决方案资源管理器”窗口中的 frmMain. cs 文件,打开 frmMain 窗体。根据表 7－4 所示的内容从工具箱中拖动相应的控件到窗体中,并设置控件的属性。

表 7－4　主窗体的控件属性

控件类型	控件名称	主要属性	属性值设置
MenuScrip	MenuScrip	Name	menuScrip

② 单击 MenuScrip 控件,则在窗体中出现菜单项,单击菜单中的 Type Here 选项(图 7－30),并输入文字“文件”。按照同样的方法,设置如图 7－31 所示的各个菜单项。

图 7－30　菜单项编辑窗口

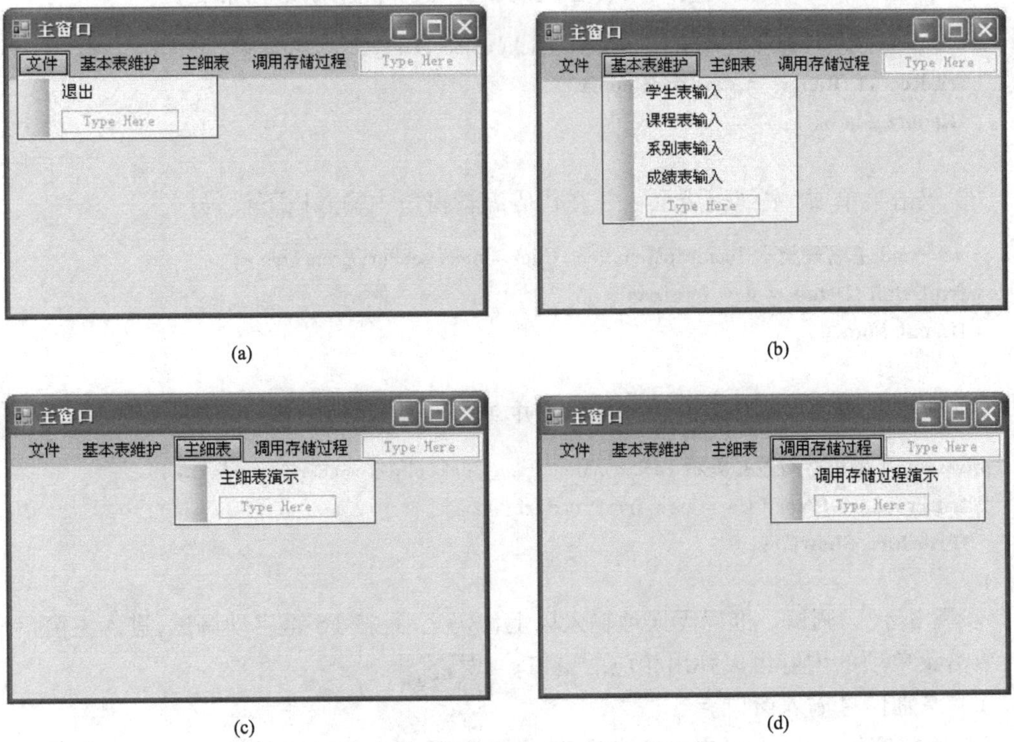

图 7－31　主窗口的菜单项

步骤 2:代码设计。

① 双击菜单项“退出”,并在代码编辑窗口中输入以下代码:

```
private void 退出ToolStripMenuItem_Click(object sender,EventArgs e){
    Application.Exit();
}
```

② 双击菜单项“学生表输入”,并在代码编辑窗口中输入以下代码:

```
private void 学生表输入ToolStripMenuItem_Click(object sender,EventArgs e){
    frmStudent fStudent = new frmStudent();
    fStudent.Show();
}
```

③ 双击菜单项“课程表输入”,并在代码编辑窗口中输入以下代码:

```
private void 课程表输入ToolStripMenuItem_Click(object sender,EventArgs e){
    frmCourse fCourse = new frmCourse();
    fCourse.Show();
}
```

④ 双击菜单项“系别表输入”,并在代码编辑窗口中输入以下代码:

```
private void 系别表输入ToolStripMenuItem_Click(object sender,EventArgs e){
    frmDept fDept = new frmDept();
    fDept.Show();
}
```

⑤ 双击菜单项“成绩表输入”,并在代码编辑窗口中输入以下代码:

```
private void 成绩表输入ToolStripMenuItem_Click(object sender,EventArgs e){
    frmReport fReport = new frmReport();
    fReport.Show();
}
```

⑥ 双击菜单项“主细表演示”,并在代码编辑窗口中输入以下代码:

```
private void 主细表演示ToolStripMenuItem_Click(object sender,EventArgs e){
    frmDetail fDetail = new frmDetail();
    fDetail.Show();
}
```

⑦ 双击菜单项“调用存储过程演示”,并在代码编辑窗口中输入以下代码:

```
private void 调用存储过程演示ToolStripMenuItem_Click(object sender,EventArgs e){
    frmProcdure fProcdure = new frmProcdure();
    fProcdure.Show();
}
```

步骤 3:代码调试。准确无误地输入以上代码之后,按 F5 键启动调试,进入主窗口后,单击菜单项的内容可以弹出相应的窗口。

6）系别信息输入窗口。

步骤 1:窗体设计。双击“解决方案资源管理器”窗口中的 frmDept. cs 文件打开

frmDept 窗体。根据表 7 - 5 所示的控件类型及属性设置,从工具栏中拖动相应的控件到窗体,并在属性窗口完成它们的属性设置,控件在窗体中的相对位置如图 7 - 32 所示。

表 7 - 5 系别信息输入窗体的控件属性

控件类型	控件名称	主要属性	属性值设置
GroupBox	Gbox	Name Text	Gbox
TextBox	txtDno	Name	txtDno
	txtName	Name	txtName
DataGrideView	dataGView	Name	dataGView
Label	laCno	Name Text	laSno 系号
	laName	Name Text	laName 系别
Button	btnDelete	Name Text	btnDelete 删除
	btnInsert	Name Text	btnInsert 插入
	btnChange	Name Text	btnChange 保存
	btnCancel	Name Text	Cancel 退出

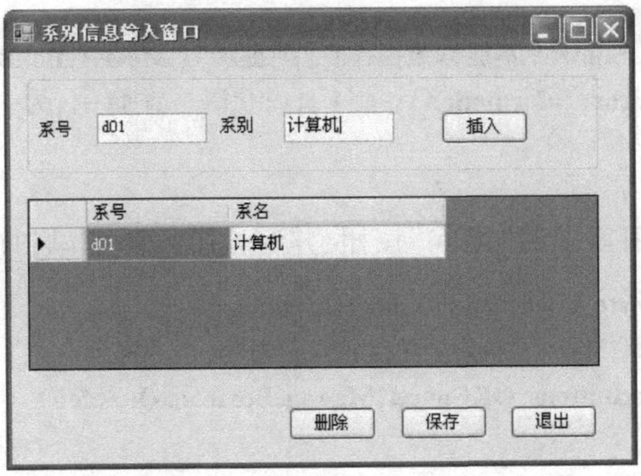

图 7 - 32 系别信息输入窗体

步骤 2:代码设计。右击“解决方案资源管理器”窗口中的 frmDept. cs 文件,在快捷菜单中选择“查看代码”命令打开代码编辑窗口,在该窗口中作如下操作:

① 在代码编辑窗口中添加变量声明代码和功能函数,其代码如下:

```
public partial class frmDept: Form {
  sqlConnect con = new sqlConnect();
  public DataSet ds = new DataSet();
  private string sql;
  protected void SetBind() {
     try {
```

```
            sql = "select Dno as 系号,Dname as 系名from Depts";
            con.BindDataGridView(dataGView,sql);
            dataGView.Columns[0].ReadOnly = true;
            dataGView.AllowUserToAddRows = false;
        }catch {
            MessageBox.Show("不能作该操作！","提示",MessageBoxButtons.OK,
            MessageBoxIcon.Information);  /*此行代码与前面一行为一个命令行*/
        }
    }
}
```

② 在代码编辑窗口中的构造函数 frmDept 中添加如下代码：

```
public frmDept(){
    InitializeComponent();
    SetBind();
}
```

③ 双击视图设计窗口中的"插入"按钮,并在代码编辑窗口中输入以下代码：

```
private void btnInsert_Click(object sender,EventArgs e) {
    try{
    sql = "insert into Depts values( '" + txtDno.Text + "','" +txtName.Text + "')";
    con.OperateData(sql);
    SetBind();
    }catch{
        MessageBox.Show("不能作该操作！","提示",MessageBoxButtons.OK,
        MessageBoxIcon.Information);  /*此行代码与前面一行为一个命令行*/
        }
}
```

④ 双击视图设计窗口中的"删除"按钮,并在代码编辑窗口中输入以下代码：

```
private void btnDelete_Click(object sender,EventArgs e){
    if (MessageBox.Show("确定要删除该条信息吗？","提示",
        MessageBoxButtons.OKCancel,MessageBoxIcon.Question) = = DialogResult.OK){
                                                    /*前面两行为一个命令行*/
    try {
        sql = "delete from Depts where Dno='"
    + dataGView.CurrentRow.Cells[0].Value.ToString() + "'";  /*此行代码与前面一行为
    一个命令行*/
        con.OperateData(sql);
        SetBind();
    }catch{
        MessageBox.Show("不能作该操作！","提示",MessageBoxButtons.OK,
        MessageBoxIcon.Information);  /*此行代码与前面一行为一个命令行*/
    }
    }
}
```

⑤ 双击视图设计窗口中的“保存”按钮,并在代码编辑窗口中输入以下代码:

```
private void btnChange_Click(object sender,EventArgs e) {
  try{
     sql = "update Depts set Dname='"
     + dataGView. CurrentRow. Cells[1]. Value. ToString() +"' where Dno='"
     + dataGView. CurrentRow. Cells[0]. Value. ToString() + "'";   /* 此行代码与前两
     行为一个命令行 */
     con. OperateData(sql);
     SetBind();
  } catch{
MessageBox. Show("不能作该操作! ","提示",MessageBoxButtons. OK,
MessageBoxIcon. Information);   /* 此行代码与前面一行为一个命令行 */
  }
}
```

⑥ 双击视图设计窗口中的“退出”按钮,并在代码编辑窗口中输入以下代码:

```
private void btnCancel_Click(object sender,EventArgs e) {
   this. Close();
}
```

步骤 3:代码调试。准确无误地输入以上代码之后,按 F5 键启动调试,进入系别信息输入窗口之后,分别在“系号”和“系别”中输入相应内容,单击“插入”按钮,则插入的内容会添加在下面的 DataGrideView 控件中(图 7-32),相应地也可以单击“删除”和“保存”按钮进行相应的操作,操作完成单击“退出”按钮。

7) 学生信息输入窗口。

步骤 1:窗体设计。双击“解决方案资源管理器”窗口中的 frmStudent. cs 文件打开 frmStudent 窗体。根据表 7-6 所示的控件类型及属性设置,从工具栏中拖动相应的控件到窗体,并在属性窗口完成它们的属性设置,控件在窗体中的相对位置如图 7-33 所示。

表 7-6　学生信息输入窗体的控件及其属性

控件类型	控件名称	主要属性	属性值设置
GroupBox	Gbox	Name Text	Gbox
TextBox	txtSno	Name	txtSno
	txtName	Name	txtName
Comobox	cmbDept	Name	cmbDept
DataGrideView	dataGView	Name	dataGView
DatatimePicker	dtTime	Name	dtTime
Label	laSno	Name Text	laSno 学号
	laName	Name Text	laName 姓名
	laDept	Name Text	laDept 系别
	laTime	Name Text	laTime 入学时间

续表

控件类型	控件名称	主要属性	属性值设置
Button	btnDelete	Name	btnDelete
		Text	删除
	btnInsert	Name	btnInsert
		Text	插入
	btnChange	Name	btnChange
		Text	保存
	btnCancel	Name	Cancel
		Text	退出

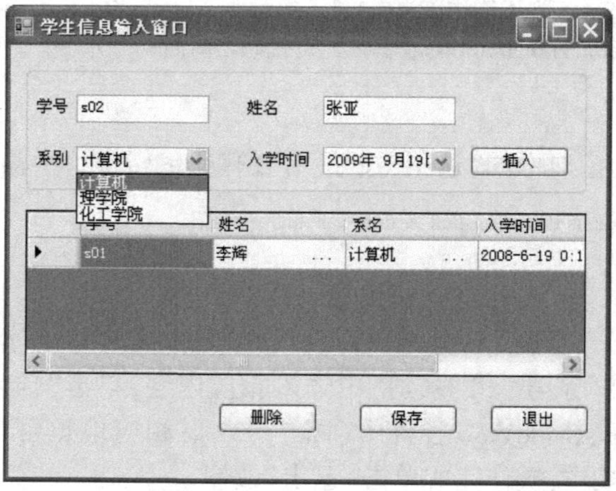

图 7－33　学生信息输入窗体

步骤 2:代码设计。右击“解决方案资源管理器”窗口中的 frmStudent. cs 文件,在快捷菜单中选择“查看代码”命令打开代码编辑窗口,在该窗口中作如下操作:

① 在代码编辑器中添加变量声明代码,变量声明代码如下:

```
public partial class frmStudent : Form {
  sqlConnect con = new sqlConnect();
  public DataSet ds = new DataSet();
  private string sql;
}
```

② 在代码编辑器中的变量声明代码之后添加功能窗体的功能函数,代码如下:

```
protected void SetBind() {
  try{
  sql = "select Sno as 学号,Sname as 姓名,Dname as 系名,StartDate as 入学时间,
  CreditHours as 学分from Students,Depts where Students. Dno=Depts. Dno";
                                              /* 前面两行为一个命令行 */
    ds =con. BindDataGridView(dataGView,sql);
    dataGView. Columns[0]. ReadOnly = true;
    dataGView. Columns[4]. ReadOnly = true;
    dataGView. AllowUserToAddRows = false;
```

```
    }catch{
      MessageBox.Show("不能作该操作！","提示",MessageBoxButtons.OK,
      MessageBoxIcon.Information); /*此行代码与前面一行为一个命令行*/
    }
  }
protected void ComBoxBind(){
  try{  /*对下拉框绑定学院信息*/
        cmbDept.DropDownStyle = ComboBoxStyle.DropDownList;
        cmbDept.Items.Clear();
        ds = con.Getds("select  Dno,Dname from Depts");
        cmbDept.DisplayMember = "Dname";
        cmbDept.ValueMember = "Dno";
        cmbDept.DataSource = ds.Tables[0];
        cmbDept.SelectedIndex = 0;
   }catch (Exception){
        MessageBox.Show("不能作该操作！","提示",MessageBoxButtons.OK,
        MessageBoxIcon.Information); /*此行代码与前面一行为一个命令行*/
        }
   }
```

③ 在代码编辑窗口中的构造函数 frmStudent 中添加如下代码：

```
public frmStudent(){
  InitializeComponent();
  ComBoxBind();
  SetBind();
}
```

④ 双击视图设计窗口中的“插入”按钮，并在代码编辑器中输入以下代码：

```
private void btnInsert_Click(object sender,EventArgs e){   /*----插入数据项*/
  try {                                                      /*----插入学生数据*/
    sql = "insert into Students values('" + txtSno.Text + "','" + txtName.Text + "','"
    + cmbDept.SelectedValue.ToString() + "','" + dtTime.Value.ToString() + "',0)";
                                                             /*前面两行为一个命令行*/
    con.OperateData(sql);
    SetBind();                                               /*刷新显示*/
  }catch {
         MessageBox.Show("不能作该操作！","提示",MessageBoxButtons.OK,
         MessageBoxIcon.Information); /*此行代码与前面一行为一个命令行*/
  }
}
```

⑤ 双击视图设计窗口中的“删除”按钮，并在代码编辑器中输入以下代码：

```
private void btnDelete_Click(object sender,EventArgs e){
  if (MessageBox.Show("确定要删除该条信息吗？","提示",MessageBoxButtons.OKCancel,
```

```
        MessageBoxIcon. Question) = = DialogResult. OK) {/ * 此行代码与前面一行为一个命令行 * /
        try {
            string Sno = dataGView. CurrentRow. Cells[0]. Value. ToString();
            sql = "delete from Students where Sno= '" + Sno + "'";
            con. OperateData(sql);
            SetBind();
            MessageBox. Show("删除成功!","提示",MessageBoxButtons. OK,
            MessageBoxIcon. Information);  / * 此行代码与前面一行为一个命令行 * /
        } catch {
            MessageBox. Show("不能作该操作!","提示",MessageBoxButtons. OK,
            MessageBoxIcon. Information);  / * 此行代码与前面一行为一个命令行 * /
        }
      }
    }
```

⑥ 双击视图设计窗口中的“保存”按钮,并在代码编辑器中输入以下代码:

```
private void btnChange_Click(object sender,EventArgs e) { / * ----修改当前行 * /
    string Sno = dataGView. CurrentRow. Cells[0]. Value. ToString();
    string Time = dataGView. CurrentRow. Cells[3]. Value. ToString();
    try{
        sql = "select Dno from Depts where Dname='"
        + dataGView. CurrentRow. Cells[2]. Value. ToString() + "'";  / * 此行代码与前面一行
        为一个命令行 * /
        ds = con. Getds(sql);
        string Dno = ds. Tables[0]. Rows[0][0]. ToString();
        sql = "update Students set Sname='"
        + dataGView. CurrentRow. Cells[1]. Value. ToString()+ "',Dno='" + Dno
        + "',StartDate='" + dataGView. CurrentRow. Cells[3]. Value. ToString()
        +"' where Sno='" + Sno + "'";  / * 此行代码与前面三行为一个命令行 * /
        con. OperateData(sql);
        SetBind();
    } catch{
        MessageBox. Show("不能作该操作!","提示",MessageBoxButtons. OK,
        MessageBoxIcon. Information);  / * 此行代码与前面一行为一个命令行 * /
            }
}
```

⑦ 双击视图设计窗口中的“退出”按钮,并在代码编辑器中输入以下代码:

```
private void btnCancel_Click(object sender,EventArgs e){
    this. Close();
}
```

步骤3:代码调试。准确无误地输入以上代码之后,按F5键启动调试,进入学生信息输入窗口之后,分别在“学号”和“姓名”中输入相应内容,系别可以通过下拉列表选择。这里值得注意的是,如果系别信息表中没有系别信息,则无法完成学生信息输入。单击

"插入"按钮,则插入的内容会添加在下面的 DataGrideView 控件中(图7-33),相应地也可以单击"删除"和"保存"按钮进行相应的操作,操作完成单击"退出"按钮退出该窗口。

8）课程信息输入窗口。

步骤1:窗体设计。双击"解决方案资源管理器"窗口中的 frmCourse. cs 文件打开 frmCourse 窗体。根据表7-7所示的控件类型及属性设置,从工具栏中拖动相应的控件到窗体,并在属性窗口完成它们的属性设置,控件在窗体中的相对位置如图7-34所示。

表7-7　课程信息输入窗体的控件属性

控件类型	控件名称	主要属性	属性值设置
GroupBox	Gbox	Name Text	Gbox
TextBox	txtCno	Name	txtCno
	txtCredit	Name	txtCredit
	txtName	Name	txtName
DataGrideView	dataGView	Name	dataGView
Label	laCno	Name Text	laSno 课程号
	laName	Name Text	laName 课程名
	laCredit	Name Text	laDept 学分
Button	btnDelete	Name Text	btnDelete 删除
	btnInsert	Name Text	btnInsert 插入
	btnChange	Name Text	btnChange 保存
	btnCancel	Name Text	Cancel 退出

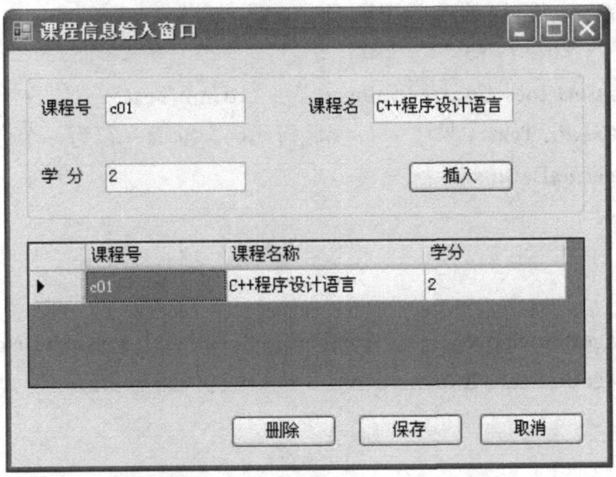

图7-34　课程信息输入窗口

步骤 2:代码设计。右击“解决方案资源管理器”窗口中的 frmCourse. cs 文件,在快捷菜单中选择“查看代码”命令打开代码编辑窗口,在该窗口中作如下操作:

① 在代码编辑窗口中添加变量声明代码,变量声明代码如下:

```
public partial class frmCourse: Form {
    sqlConnect con = new sqlConnect();
    public DataSet ds = new DataSet();
    private string sql;
}
```

② 在代码编辑窗口中的变量声明代码之后添加功能窗体的功能函数,代码如下:

```
protected void SetBind(){  /* 绑定 DataGivdView 数据 */
   try {
         sql = "select Cno as 课程号,Cname as 课程名称,CreditHour as 学分 from Courses";
         con. BindDataGridView(dataGView,sql);
         dataGView. Columns[0]. ReadOnly = true;
         dataGView. AllowUserToAddRows = false;
         }
   catch{
         MessageBox. Show("不能作该操作! ","提示 ",MessageBoxBut tons. OK,
         MessageBoxIcon. Information);  /* 此行代码与前面一行为一个命令行 */
         }
   }
```

③ 在代码编辑窗口中的构造函数 frmCourse 中添加如下代码:

```
public frmCourse(){
    InitializeComponent();
    SetBind();
}
```

④ 双击视图设计窗口中的“插入”按钮,并在代码编辑窗口中输入以下代码:

```
private void btnInsert_Click(object sender,EventArgs e) {
    try{
        sql = "insert into Courses values( '" + txtCno. Text + "','" + txtName. Text + "',
        '' +txtCredit. Text + "')" ;  /* 此行代码与前面一行为一个命令行 */
        con. OperateData(sql);
        SetBind();
        }
   catch {
         MessageBox. Show(" 不能作该操作! "," 提示 ",MessageBoxBut tons. OK,
         MessageBoxIcon. Information);  /* 此行代码与前面一行为一个命令行 */
         }
}
```

⑤ 双击视图设计窗口中的“删除”按钮，并在代码编辑窗口中输入以下代码：

```
private void btnDelete_Click(object sender,EventArgs e) {
    if (MessageBox.Show("确定要删除该条信息吗？","提示",MessageBoxButtons.OKCancel,
    MessageBoxIcon.Question) == DialogResult.OK)  /*此行代码与前面一行为一个命令行*/
    {
      try {
            sql = "delete from Courses where Cno='"
            + dataGView.CurrentRow.Cells[0].Value.ToString() + "'";  /*此行代码与前面一
            行为一个命令行*/
            con.OperateData(sql);
            SetBind();
            MessageBox.Show("删除成功！","提示",MessageBoxButtons.OK,
            MessageBoxIcon.Information);  /*此行代码与前面一行为一个命令行*/
            }catch{
             MessageBox.Show("不能作该操作！","提示",MessageBoxButtons.OK,
             MessageBoxIcon.Information);  /*此行代码与前面一行为一个命令行*/
             }
      }
}
```

⑥ 双击视图设计窗口中的“保存”按钮，并在代码编辑窗口中输入以下代码：

```
  private void btnChange_Click(object sender,EventArgs e) {
      try{
        sql = "update Courses set Cname='" + dataGView.CurrentRow.Cells[1].Value.ToString()+
                    "',CreditHour='"+ dataGView.CurrentRow.Cells[2].Value.ToString() +
                    "'where Cno='" + dataGView.CurrentRow.Cells[0].Value.ToString() + "'";
                                                                /*前面三行为一个命令行*/
        con.OperateData(sql);
        SetBind();
        }
 catch{
              MessageBox.Show("不能作该操作！","提示",MessageBoxBut tons.OK,
              MessageBoxIcon.Information);  /*此行代码与前面一行为一个命令行*/
        }
}
```

⑦ 双击视图设计窗口中的“退出”按钮，并在代码编辑窗口中输入以下代码：

```
private void btnCancel_Click(object sender,EventArgs e) {
    this.Close();
}
```

步骤3：代码调试。准确无误地输入以上代码之后，按F5键启动调试，进入课程信息输入窗口之后，分别在“课程号”、“课程名”和“学分”中输入相应内容。输入完成后单击“插入”按钮，则插入的内容会添加在下面的DataGrideView控件中（图7－34），也可以单击“删除”和“保存”按钮进行相应的操作，操作完成单击“退出”按钮退出该窗口。

9）成绩信息录入窗口。

步骤 1：窗体设计。双击“解决方案资源管理器”窗口中的 frmReport. cs 文件打开 frmReport 窗体。根据表 7－8 所示的控件类型及属性设置，从工具栏中拖动相应的控件到窗体，并在属性窗口完成它们的属性设置，控件在窗体中的相对位置如图 7－35 所示。

表 7－8　成绩信息录入窗体的控件属性

控件类型	控件名称	主要属性	属性值设置
GroupBox	Gbox	Name Text	Gbox
Comobox	cmbS	Name	cmbS
	cmbC	Name	cmbC
TextBox	txtGrade	Name	Txtgrad
DataGrideView	dataGView	Name	dataGView
Label	laC	Name Text	laC 课程：
	laR	Name Text	laR 成绩：
	laS	Name Text	laS 姓名：
Button	btnDelete	Name Text	btnDelete 删除
	btnInsert	Name Text	btnInsert 插入
	btnChange	Name Text	btnChange 保存
	btnCancel	Name Text	Cancel 退出

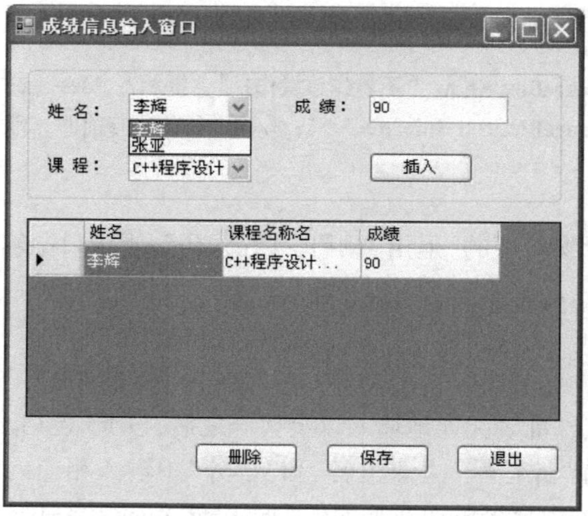

图 7－35　成绩信息输入窗口

步骤2:代码设计。右击“解决方案资源管理器”窗口中的frmReport.cs文件,在快捷菜单中选择“查看代码”命令打开代码编辑窗口,在该窗口中作如下操作:

① 在代码编辑窗口中添加变量声明代码,变量声明代码如下:

```
public partial class frmReport: Form {
  sqlConnect con = new sqlConnect();
  public DataSet ds = new DataSet();
  private string sql;
}
```

② 在代码编辑窗口中的变量声明代码之后添加功能窗体的功能函数,代码如下:

```
protected void SetBind(){   /*----绑定 DataGivdView 数据*/
  try{
      sql = "select Sname as 姓名,Cname as 课程名称名,Grade as 成绩 ,Students.Sno,
      Courses.Cno from Students,Courses,Reports where Students.Sno=Reports.Sno and
      Reports.Cno=Courses.Cno";  /*此行代码与前面两行为一个命令行*/
      con.BindDataGridView(dataGView,sql);
      dataGView.Columns[0].ReadOnly = true;
      dataGView.Columns[1].ReadOnly = true;
      dataGView.Columns[3].Visible = false;
      dataGView.Columns[4].Visible = false;
      dataGView.AllowUserToAddRows = false;
    } catch {
      MessageBox.Show("不能作该操作!","提示",MessageBoxButtons.OK,
      MessageBoxIcon.Information);  /*此行代码与前面一行为一个命令行*/
      }
  }
protected void CmbSBind(){
  try {
      cmbS.DropDownStyle = ComboBoxStyle.DropDownList;
      ds = con.Getds("select Sno,Sname from Students");
      cmbS.ValueMember = "Sno";
      cmbS.DisplayMember = "Sname";
      cmbS.DataSource = ds.Tables[0];
    }catch (Exception)  {
      MessageBox.Show("不能作该操作!","提示",MessageBoxButtons.OK,
      MessageBoxIcon.Information);  /*此行代码与前面一行为一个命令行*/
    }
  }
protected void CmbCBind(){
  try{
      cmbC.DropDownStyle = ComboBoxStyle.DropDownList;
      ds = con.Getds("select  Cno ,Cname from Courses");
      cmbC.DisplayMember = "Cname";
```

```
            cmbC. ValueMember = "Cno";
            cmbC. DataSource = ds. Tables[0];
        } catch {
            MessageBox. Show("不能作该操作! ","提示 ",MessageBoxBut tons. OK,
            MessageBoxIcon. Information);  /*此行代码与前面一行为一个命令行*/
        }
    }
```

③ 在代码编辑窗口中的构造函数 frmCourse 中添加如下代码:

```
public frmDept() {
    InitializeComponent();
    SetBind();
    CmbSBind();
    CmbCBind();
}
```

④ 双击视图设计窗口中的“插入”按钮,并在代码编辑窗口中输入以下代码:

```
private void btnInsert_Click(object sender,EventArgs e) {
  try{
    sql = "insert into Reports values( '" + cmbS. SelectedValue. ToString() + "','"
    + cmbC. SelectedValue. ToString() + "','" + txtgrad. Text + "')";  /*此行代码与前面一
    行为一个命令行*/
    con. OperateData(sql);
    SetBind();
    }catch{
            MessageBox. Show("不能作该操作! ","提示 ",MessageBoxButtons. OK,
            MessageBoxIcon. Information);  /*此行代码与前面一行为一个命令行*/
        }
}
```

⑤ 双击视图设计窗口中的“删除”按钮,并在代码编辑窗口中输入以下代码:

```
private void btnDelete_Click(object sender,EventArgs e) {
    if (MessageBox. Show("确定要删除该条信息吗? ","提示 ",
      MessageBoxButtons. OKCancel,MessageBoxIcon. Question) = = DialogResult. OK)
                                                    /*前面两行为一个命令行*/
    {
     try{
          sql = "delete from Reports where Sno='"
          + dataGView. CurrentRow. Cells[3]. Value. ToString()+ "'and Cno='"
          + dataGView. CurrentRow. Cells[4]. Value. ToString() + "'";  /*此行代码与前
          面两行为一个命令行*/
          con. OperateData(sql);
          SetBind();
       } catch{
            MessageBox. Show("不能作该操作! ","提示 ",MessageBoxButtons. OK,
```

```
                MessageBoxIcon. Information);  /*此行代码与前面一行为一个命令行*/
            }
        }
    }
```

⑥ 双击视图设计窗口中的“保存”按钮,并在代码编辑窗口中输入以下代码:

```
private void btnChange_Click(object sender,EventArgs e) {
    try{
        sql = "update Reports set Grade='"
        + dataGView. CurrentRow. Cells[2]. Value. ToString() + "' where Sno='"
        + dataGView. CurrentRow. Cells[3]. Value. ToString()+ "' and Cno='"
        + dataGView. CurrentRow. Cells[4]. Value. ToString()+ "'";  /*此行代码与前面三行
        为一个命令行*/
          con. OperateData(sql);
          SetBind();
      }catch {
                MessageBox. Show("不能作该操作!","提示",MessageBoxButtons. OK,
                MessageBoxIcon. Information);  /*此行代码与前面一行为一个命令行*/
        }
    }
```

⑦ 双击视图设计窗口中的“退出”按钮,并在代码编辑窗口中输入以下代码:

```
private void btnCancel_Click(object sender,EventArgs e) {
    this. Close();
}
```

步骤 3:代码调试。准确无误地输入以上代码之后,按 F5 键启动调试,进入成绩信息输入窗口之后,分别在“姓名”和“课程”对应的下拉列表中通过下拉列表选择,并在“成绩”文本框中输入相应的成绩。输入完成后单击“插入”按钮,则插入的内容会添加在下面的 DataGrideView 控件中(图 7-35),相应地也可以单击“删除”和“保存”按钮进行相应的操作,操作完成单击“退出”按钮退出该窗口。

10) 主细表信息维护窗体。

步骤 1:窗体设计。双击“解决方案资源管理器”窗口中的 frmDetail. cs 文件打开 frmDetail 窗体。根据表 7-9 所示的控件类型及属性设置,从工具栏中拖动相应的控件到窗体,并在属性窗口完成它们的属性设置,控件在窗体中的相对位置如图 7-36 所示。

表 7-9　主细表演示窗体的控件属性

控件类型	控件名称	主要属性	属性值设置
DataGrideView	dgvS	Name	dgvS
	DgvP	Name	DgvP
Button	btnDelete	Name Text	btnDelete 删除
	btnCancel	Name Text	Cancel 退出

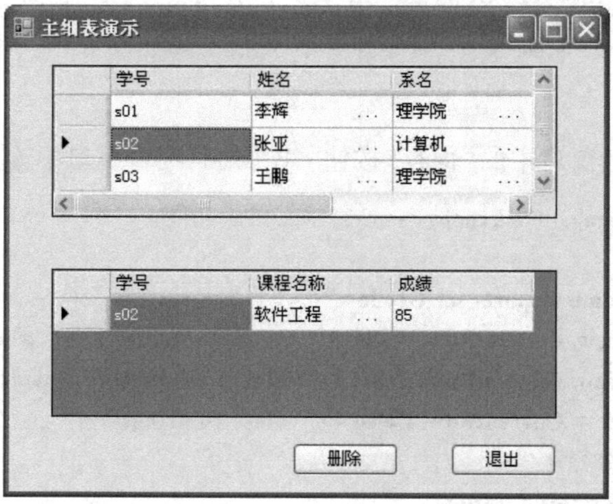

图 7－36　主细表演示窗口

步骤 2:代码设计。右击“解决方案资源管理器”窗口中的 frmDetail. cs 文件,在快捷菜单中选择“查看代码”命令打开代码编辑窗口,在该窗口中作如下操作:

① 在代码编辑窗口中添加变量声明代码,变量声明代码如下:

```
public partial class frmDetail: Form {
      sqlConnect con = new sqlConnect();
      public DataSet ds = new DataSet();
      private static DataTable dt = new DataTable();
      private string sql;
      private string SelSno="";
      private int selNo = 0;
  }
```

② 在代码编辑窗口中的变量声明代码之后添加功能窗体的功能函数,代码如下:

```
  protected void BindS(){
      try{
          sql = "select Sno as 学号,Sname as 姓名,Dname as 系名,StartDate as 入学时间,
          CreditHours 学分from Students,Depts where Students. Dno=Depts. Dno";
                                                          /*前面两行为一个命令行*/
          ds = con. BindDataGridView(dgvS,sql);
          if(ds. Tables[0]. Rows. Count! =0){
              dgvS. Columns[0]. ReadOnly = true;
              dgvS. AllowUserToAddRows = false;
              SelSno = dgvS. Rows[0]. Cells[0]. Value. ToString();
          }
      }catch{
          MessageBox. Show("不能作该操作!","提示",MessageBoxButtons. OK,
          MessageBoxIcon. Information);  /*此行代码与前面一行为一个命令行*/
      }
```

```
    }
  protected void BindP(){
      try{
          sql = "select Sno as 学号,Cname as 课程名称,Grade as 成绩,
          Courses.Cno from Courses,Reports where Reports.Cno=Courses.Cno and Sno
          ='"+SelSno+"'";  /*此行代码与前面两行为一个命令行*/
            ds = con.BindDataGridView(DgvP,sql);
            DgvP.Columns[0].ReadOnly = true;
            DgvP.Columns[1].ReadOnly = true;
            DgvP.Columns[3].Visible = false;
            DgvP.AllowUserToAddRows = false;
        }catch{
              MessageBox.Show("不能作该操作! ","提示",MessageBoxButtons.OK,
              MessageBoxIcon.Information);  /*此行代码与前面一行为一个命令行*/
        }
    }
  private void delS(){          //删除学生
     try{
        sql = "delete from Reports where Sno='"
        + dgvS.CurrentRow.Cells[0].Value.ToString() + "'";con.OperateData(sql);
        sql = "delete from Students where Sno='"
        + dgvS.CurrentRow.Cells[0].Value.ToString() + "'";  /*此行代码与前面一行为一
        个命令行*/
        con.OperateData(sql);
        BindS();
        BindP();
        }catch {
              MessageBox.Show("不能作该操作! ","提示",MessageBoxBut tons.OK,
              MessageBoxIcon.Information);  /*此行代码与前面一行为一个命令行*/
        }
     }
  private void delP(){ //删除成绩
      try {
          int rowIndex = dgvS.CurrentCell.RowIndex;
          string Sno = DgvP.CurrentRow.Cells[0].Value.ToString();
          string Cno = DgvP.CurrentRow.Cells[3].Value.ToString();
          sql = "delete from Reports where Sno='" + Sno + "' and Cno='"+Cno+"'";
          con.OperateData(sql);
          BindS();
          dgvS.CurrentCell = this.dgvS[0,rowIndex];
          SelSno = Sno;
          BindP();
        } catch{
```

```
                MessageBox. Show("不能作该操作！","提示",MessageBoxButtons. OK,
                MessageBoxIcon. Information);  /*此行代码与前面一行为一个命令行*/
            }
        }
```

③ 在代码编辑窗口中的构造函数 frmDetail 中添加如下代码：

```
public frmDept() {
    InitializeComponent();
    BindS();
    BindP();
}
```

④ 双击视图设计窗口中的"删除"按钮，并在代码编辑窗口中输入以下代码：

```
private void btnDelete_Click(object sender,EventArgs e) {
  if (MessageBox. Show("确定要删除该条信息吗？","提示",
  MessageBoxButtons. OKCancel,MessageBoxIcon. Question) = = DialogResult. OK) {
                                                   /*前面两行为一个命令行*/
        if (selNo= = 0) delS();
        else delP();
    }
  }
```

⑤ 双击视图设计窗口中的"退出"按钮，并在代码编辑窗口中输入以下代码：

```
private void btnCancel_Click(object sender,EventArgs e) {
    this. Close();
}
```

⑥ 单击视图设计窗口中的 dgvP 控件，此时工作界面的右下部分"属性"区域将显示 DgvP 控件的属性。单击"属性"区域的按钮，在所列的事件列表中找到 CellClick 事件。双击 CellClick 事件右边的空格，此时工作界面的中间窗口将显示代码编辑窗口，在 DgvP_CellClick 函数中输入以下代码：

```
private void DgvP_CellClick(object sender,DataGridViewCellEventArgs e) {
        selNo = 1;  /*选择变化时改变标识*/
    }
```

⑦ 单击视图设计窗口中的 dgvS 控件，此时工作界面的右下部分"属性"区域将显示 dgvS 控件的属性。单击"属性"区域的按钮，在所列的事件列表中找到 SelectionChanged 事件。双击 SelectionChanged 事件右边的空格，此时工作界面的中间窗口将显示代码编辑窗口，在 dgvS_SelectionChanged 函数中输入以下代码：

```
private void dgvS_SelectionChanged(object sender,EventArgs e) {
        selNo = 0;
        SelSno = dgvS. CurrentRow. Cells[0]. Value. ToString();
        BindP();
    }
```

步骤 3：代码调试。将以上代码准确无误地输入之后，按 F5 键启动调试，如果学生信息表和成绩信息表中有数据，其显示内容如图 7 - 36 所示，在窗口的上面选中不同的学生就会在下面的控件中看到该学生相应的成绩。

11）批量删除学生信息窗口。

步骤 1：窗体设计。双击“解决方案资源管理器”窗口中的 frmProcdure. cs 文件打开 frmProcdure 窗体。根据表 7 - 10 所示的控件类型及属性设置，从工具栏中拖动相应的控件到窗体，并在属性窗口完成它们的属性设置，控件在窗体中的相对位置如图 7 - 37 所示。

表 7 - 10　调用存储过程窗体的控件属性

控件类型	控件名称	主要属性	属性值设置
Label	laT	Name	laT
		Text	日期：
	laCredit	Name	laCredit
		Text	最小学分：
DatatimePicker	datT	Name	datT
TextBox	txtCredit	Name	txtCredit
Button	btnDelete	Name	btnDelete
		Text	删除
	btnCancel	Name	Cancel
		Text	退出

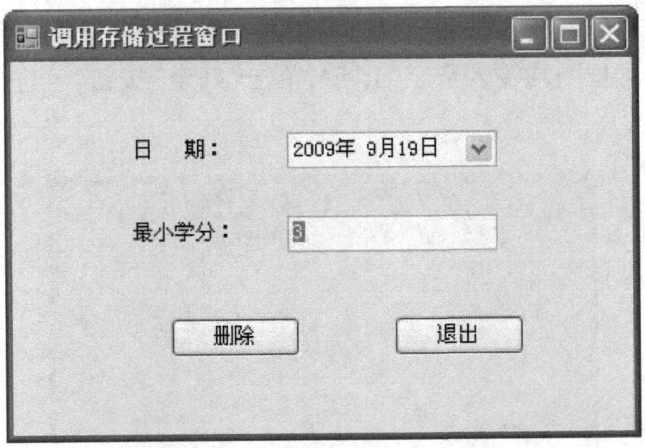

图 7 - 37　调用存储过程窗口

步骤 2：代码设计。右击“解决方案资源管理器”窗口中的 frmProcdure. cs 文件，在快捷菜单中选择“查看代码”命令打开代码编辑窗口，在该窗口中作如下操作：

① 双击视图设计窗口中的“删除”按钮，并在代码编辑窗口中输入以下代码：

```
private void btnDelete_Click(object sender,EventArgs e) {
  try {
  string sql = "exec sp_delete_graduate'" + datT. Value. ToString( ) + "'," + txtCredit. Text;
sqlConnect conn = new sqlConnect( );
```

```
        int i=conn. OperateData(sql) ;
            if (i> 0)
                    MessageBox. Show("已删除相关记录! ","提示 ",MessageBoxButtons. OK,
                    MessageBoxIcon. Information); /* 此行代码与前面一行为一个命令行 */
            else
                    MessageBox. Show("没有可删除的记录! ","提示 ",MessageBoxButtons. OK,
                    MessageBoxIcon. Information); /* 此行代码与前面一行为一个命令行 */
          }catch {
            MessageBox. Show (" 不 能 作 该 操 作! ", " 提 示 ", MessageBoxButtons. OK,
            MessageBoxIcon. Information); /* 此行代码与前面一行为一个命令行 */
                }
    }
```

② 双击视图设计窗口中的“退出”按钮,并在代码编辑窗口中输入以下代码:

```
private void btnCancel_Click(object sender,EventArgs e) {
    this. Close();
}
```

步骤 3:代码调试。将以上代码准确无误地输入之后,按 F5 键启动调试。在“日期”下拉列表框和“最小学分”文本框中分别输入要批量删除的学生信息后,单击“确定”按钮即可删除学生信息和相应的成绩信息。

12) 运行应用系统。

① 单击图 7-27 中的“调试”-“开始调试”命令,编译源程序代码。

② 编译结束后,即开始运行建立的应用程序,并出现登录窗口(图 7-29),在“用户名”和“密码”文本框中均输入数字“1”后,单击“确定”按钮,就进入学生信息系统的主窗口(图 7-38)。

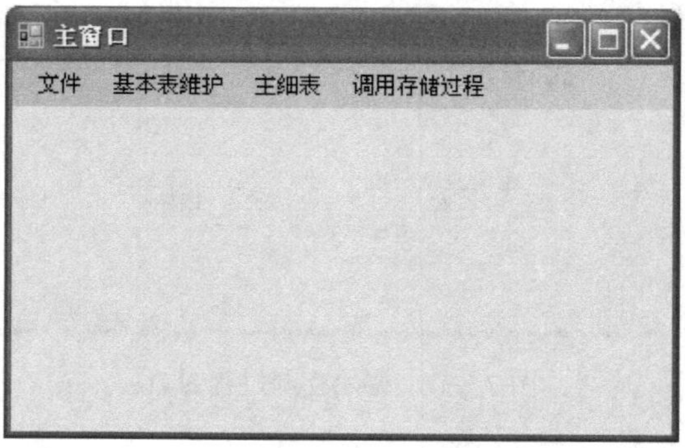

图 7-38 学生信息系统主窗口

在主窗口中,只要选择相应的菜单命令,就可以完成对 Depts、Courses、Students 和 Reports等基本表的数据输入、查询、修改和删除等操作。例如,执行主窗口中的“基本表维护”-“系别表输入”命令,就会出现如图 7-32 所示的窗口,只要在该窗口上部的各个文本框中输入相应的数据,然后单击“插入”按钮,即可完成向基本表 Depts 添加记录的操作。

若要删除某条记录,则将光标定位到窗口下部的指定记录上,然后单击“删除”按钮将当前记录删除。

同理,只要在图 7－38 中分别执行“基本表维护”-“学生表输入”命令、“基本表维护”-“课程表输入”命令和“基本表维护”-“成绩表输入”命令,则可以分别打开“学生信息输入窗口”(图 7－33)、“课程信息输入窗口”(图 7－34)和“成绩信息输入窗口”(图 7－35),用户可以在这些窗口中输入并保存相应的信息。

成绩信息表(Reports)中的学生姓名和课程名分别来自学生信息表(Students)和课程信息表(Courses)。学生信息表(Students)中的系别来自系别信息表(Depts),且每个学生的总学分(CreditHours)由基本表 Reports 上的触发器根据该生每门课程考试成绩是否及格的具体情况自动计算,不需要用户输入。这就是触发器维护用户自定义完整性约束条件的例子。

单击图 7－38 中的“主细表”-“主细表演示”命令,则打开“主细表数据演示”窗口(图 7－36)。在该窗口中,上半部分的数据来自基本表 Students,下半部分来自基本表 Reports,上面的每条记录对应下面的一条或多条记录。若要删除某条记录,只需将光标定位到该条记录后单击“删除”按钮即可。

如果想成批删除指定入学日期且总学分超过指定值的学生信息,则可以调用前面建立在数据库中的存储过程来删除这些学生的名单和选课信息。单击图 7－38 中的“调用存储过程”-“调用存储过程窗口”命令,出现调用存储过程的对话框(图 7－37)。只要在窗口中输入相应的日期和最小学分并单击“删除”按钮,则存储过程就自动将满足条件的学生数据全部删除。

主细表方式和存储过程调用都可以将学生信息删除,但这两个操作执行过程是有区别的。前者的执行过程是通过网络传输,从数据库服务器端将数据库中的学生及其选课信息全部读到客户端的缓冲区中,由应用程序删除指定记录后,再通过网络传输将结果保存在数据库中。当数据库中的数据比较多时,这种方法会加重网络的传输负担,不仅速度慢,而且容易造成操作失败。而后者是把调用存储过程的命令和参数,通过网络传输到服务器端,DBMS 接到命令后,直接在服务器上运行存储过程,将满足条件的学生信息和选课信息删除,操作完成后将成功标记返回给应用程序即可。显然,这种方式减轻了网络传输数据的负担,并且执行速度快,可靠性好。

习　　题

7.1　简述数据库应用系统的二层 C/S 结构概念及其优缺点。

7.2　简述数据库应用系统的三层 C/S 结构概念及其特点。

7.3　SQL Server 的安全认证模式有几种?

7.4　SQL Server 中死锁在哪种情况下容易发生? SQL Server 是如何处理死锁的?

7.5　SQL Server 的封锁粒度有哪些?

7.6　SQL Server 的锁有哪几种?

7.7　什么是存储过程?

7.8　什么是触发器?

7.9　比较存储过程和触发器的相同和不同之处。

7.10　在 Windows 7+. NET+SQL Server 2014 的计算机环境中实现并运行 7.3 节给出的数据库应用系统,并写出实验体会。

第 8 章　数据库技术新发展

通过前面几章的学习，我们不仅掌握了关系数据库系统的基本理论和应用开发方法，也了解到数据库是计算机科学技术中发展最快，应用最广泛的一个重要分支，它已成为各种计算机信息系统和计算机应用系统的重要技术基础与支柱。然而，随着计算机应用领域的不断扩大，特别是互联网技术的发展和普及应用，传统的数据库系统，包括层次数据库、网状数据库和关系数据库系统，已不能完全适应一系列新的应用需要。因此，从 20 世纪 80 年代以来，数据库技术与多种技术的结合，形成了多种数据库新技术，使数据库从传统数据库发展成为一个庞大的数据库家族。

本章将介绍数据库家族概况以及这个家族中面向对象数据库、分布式数据库、NoSQL 和 NewSQL 数据库、数据仓库和 XML 等数据库技术涉及的基本概念和方法。

8.1　数据库家族概述

数据库技术自从 20 世纪 60 年代末产生以来，在理论和应用方面一直是热门课题。数据库管理系统在不断更替、发展和完善。人们通常把 20 世纪 70 年代广泛流行的层次、网状数据库管理系统称为第一代 DBMS，而把在 70 年代处于实验阶段，但从 80 年代起广泛流行的关系数据库管理系统称为第二代 DBMS。虽然层次数据库、网状数据库和关系数据库在模型和技术上有较大差别，但这两代 DBMS 的主要应用领域都集中在商务领域，它们都是支持商业和事务处理的数据库系统，也称为面向联机事务处理的数据库系统。其特点是所处理的事务比较小且处理时间较短，如存款取款、购票订票、财务管理、仓库管理、人事管理等。

但是，关系模型模式过于简单，只能满足一般事务处理的要求。由于计算机在包括很多复杂结构数据的非事务处理领域的应用不断扩展，这两代 DBMS 已不能适应下列新的应用需要：

1）多媒体数据。现有 DBMS 只能处理结构格式化数据，不能处理大量非格式化数据，如图形、图像、声音等多媒体数据。

2）空间数据。现有关系模型中表格是二维（平面）的，较难表现和处理多维表格的数据。

3）时态数据。现有数据库中数据的实时性较差，数据值的修改要通过数据操纵实现，而不能随时态的变化自动修改。

4）复合对象。现有数据库的数据结构比较简单，不能支持新的数据类型和嵌套、递归的数据结构。

5）大数据管理。现有数据库过度集中的数据存储引擎无法支持大数据的实时高并发读写和横向高可扩展性需求。

因此，单一的 RDBMS 很难满足计算机辅助设计与制造（CAD /CAM）、计算机集成制造(CIM)、计算机辅助软件工程(CASE)、地理信息系统(GIS)、人工智能(AI)等应用,特别是大数据管理的需要。面对这些新的应用领域,必须提出一种更为通用、表达能力更强的数据模型,并结合计算机、网络通信和人工智能的最新技术成果,开发新一代数据库管理系统,以满足各种新的数据库应用,特别是大数据管理和分析挖掘的迫切需求。

新一代 DBMS 有三个显著的特征:一是支持面向对象数据模型;二是继承第二代数据库系统技术;三是数据库技术与其他科学技术内容紧密结合。正是这些特点,使得新一代数据库系统已不单纯地是一个或一种数据库系统,而是形成了一个数据库系统家族。例如,数据库技术与面向对象技术结合产生了面向对象数据库(8.2 节);数据库技术与数据的分布处理和并行处理技术结合,就分别产生了分布式数据库(8.3 节)和并行数据库;数据库技术与多媒体技术和模糊理论结合,就分别产生了多媒体数据库和模糊数据库;数据库技术与人工智能技术结合就产生了知识数据库和演绎数据库等。数据库技术与可扩展标记语言(extensible markup language,XML)结合,就产生了 XML 数据库(8.4 节介绍);数据库技术与互联网应用和管理决策理论结合,就分别产生了 NoSQL 和 NewSQL 数据库(8.5 节介绍),以及数据仓库(8.6 节介绍)等。此外,数据库技术与特定应用领域结合,也产生出新的数据库技术,如生物数据库、工程数据库、统计数据库、空间数据库、科学数据库和文献数据库等专用数据库。

总之,随着计算机技术的发展以及计算机应用需求的拓广,数据库技术与多种应用技术的结合,数据库的整体概念、技术内容、应用领域,甚至基本原理都有了重大的发展和变化,数据库已形成了一个庞大的家族。虽然它们都继承了传统数据库的理论和技术,但又与传统的数据库有较大的差别,已经不是传统的数据库了。

8.2　面向对象数据库

面向对象数据库(object-oriented database,OODB)是面向对象方法和数据库技术结合的产物,它是以新的面向对象数据模型而建立的数据库。OODB 无论在理论上还是在实践上都越来越引起人们的注目,已成为数据库的发展方向之一。本节主要介绍面向对象方法和面向对象数据模型,然后简单介绍面向对象数据库管理系统及其产品。需要了解面向对象分析与设计、面向对象编程和数据库开发方面的知识,请读者阅读参考文献。

8.2.1　面向对象方法学简介

1. 面向对象方法学的起源

长久以来,计算机领域一直存在着这样一种不合理的现象:人们认识一个客观系统的过程和方法同人们为在计算机中实现这个系统而使用的分析设计方法和实现过程很不一致。

人们为在计算机中实现一个系统所使用的分析设计方法以及实现过程大部分都是“瀑布”型的生命周期方法,即后一步实现前一步所提出的需求,或者后一步是前一步发展所得的结果。因此,越接近系统设计和实现的后期,对前期工作进行修改就越困难,修改的代价也越高,这就要求前期设计必须准确无误。但在实践中,很难做到这一点。通常人们只有在系统设计和实现的后期才能发现前期设计所形成的一些错误。当系统越庞大、问题越复杂时，这种前期错误造成的困难就越大，有时甚至导致整个系统开发的失败。

为了消除这种不合理的现象，就应该让我们的系统分析、设计方法和实现过程尽可能地接近我们认识客观系统的方法和过程。换句话说，应该使描述问题的问题空间和解决问题的方法空间在结构上尽可能地一致。这就是面向对象(object-oriented，OO)方法的出发点和所追求的目标。

2. 面向对象方法的思想基础

抽象思维是以抽象的概念为基础的，形象思维是以具体的形象为基础的。但无论是抽象思维还是形象思维，主要是通过一般到特殊的演绎方法和从特殊到一般的归纳方法来进行的。在形象思维中，其演绎或归纳都是在事物间的“相似”关系上进行的。当人们利用形象思维去认识客观事物和改造客观事物时，首先是按照相似原理和关系，把所要研究的问题分成各种相似的类别，然后分别对每一类事物进行详细的解剖和分析，最后再进行综合优化，并在事物的运动中和相互关系中考察客观事物的静态相似和动态相似的关系、宏观相似和微观相似的关系、纵向相似和横向相似的关系。人们认识世界的这种方法就是面向对象方法的思想基础。

3. 面向对象的方法学

面向对象技术就是遵循上述认知方法学的基本概念而建立的方法学。面向对象方法学的基本观点是：客观世界是由各种“对象”所组成的，任何事物都是对象，每一个对象都有自己的运动规律和内部状态，不同对象之间的相互作用和联系就构成了各种不同的系统，构成了我们所面对的客观世界。每一个对象都属于某个对象“类”，都是该对象类的一个元素(实例)。复杂的对象可以由相对简单的对象以某种方式构成。不同对象的组合及相互作用就构成了我们要研究、分析和构造的客观系统。因此，如果我们能在满足需求的条件下把系统设计成由一些相对固定的对象所组成的最小集合，则这个设计就是优秀的，这种分析设计方法和实现系统的过程就与人们认识客观系统的方法和过程基本一致。

面向对象方法还认为：通过类比，发现对象间的相似性，即对象间的共同属性，是构成对象类的根据。在按“类”“子类”“父类”(或“超类”)的概念构成对象类的层次关系时，如果不加特殊说明，则处在下一层次的对象可自然地继承上一层次对象的属性。此外，对于已分成类的各个对象，可以通过定义一组“方法”来说明该对象的功能，即允许定义作用于该对象上的各种操作。对象间的相互联系是通过传递“消息”来完成的，消息就是通知对象去执行一个允许作用于该对象的操作。至于该对象将如何完成这个操作的细节，则是封装在相应的对象中的，它对外界是隐蔽的。

综上所述，由于面向对象方法具有很强的类的概念，因此它能很直接地模拟人类在认识过程中由一般到特殊的演绎功能或由特殊到一般的归纳功能，类的概念既反映出对象的本质属性又提供了实现对象共享机制的理论根据。

8.2.2　面向对象数据模型

8.2.1 节介绍的对象、类等概念是面向对象数据模型(object-oriented data model)中的基本概念,下面仅对其作出比较详细的定义与说明。

1. 对象与对象结构

对象(object)是由一组数据结构和在这组数据结构上的方法(程序代码)封装起来的基本单位,是现实世界中实体的一种数据抽象表示。一个对象由属性集合、方法集合和消息集合三部分组成。这三部分通常称为对象结构。

(1) 属性集合

对象通常具有若干特征,每个特征称为对象的一个属性(attribute)。对象的属性全体构成了对象的数据结构。对象的某一属性值可以是单值的或值的集合。进一步地,一个对象的属性也可以是一个对象,即对象可以嵌套。这种嵌套可以继续,从而组成各种复杂对象。因此,对象是相对的,复杂的对象由比较简单的对象组成。

例 8.1　一种笔画,一个字,一张纸,一本书,一套书,一箱书等都分别是对象。若干笔画对象组成一个字对象,若干字对象和若干纸对象组成一本书对象,若干书对象组成一套书对象。

(2) 方法集合

一个方法(method)是对象行为特性的描述,它定义了允许作用于该对象上的一种操作。因此,方法也称为操作。每个对象都有若干方法。方法的定义包括两部分:一是方法的接口;二是方法的实现。方法的接口用以说明方法的名称、参数和结果返回值的类型,也称为调用说明。方法的实现是用程序设计语言编写的一段程序代码,用以实现方法的具体功能,即对象操作的具体算法。

(3) 消息集合

消息(message)是对象与对象之间的联系信息。每个对象都可以发送和接收若干消息。面向对象数据模型中的“消息”与计算机网络中传输的消息的含义不同。前者是指对象之间的操作请求的传递,而不考虑操作实现细节。

例 8.2　设一个对象 A 要求对象 B 完成其中的某种操作,则只需向对象 B 发送一个消息即可。B 接收这个消息后,根据消息模式找到与之匹配的方法,执行该方法后将执行结果又以消息的形式回送给对象 A(图 8-1)。

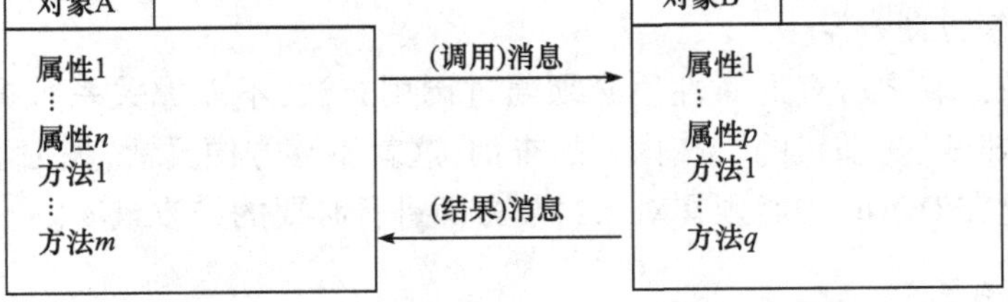

图 8-1　对象与对象之间通过发送消息进行联系

由此可知，程序的执行是靠在对象之间传递消息来完成的，消息统一了数据流和控制流。发送消息的对象称为发送者，接收消息的对象称为接收者。消息中仅包含发送者的要求，它只告诉接收者需要完成哪些处理，并不指示接收者应如何完成这些处理。消息完全由接收者解释，并选择所需的操作。一个对象可以接收不同形式、不同内容的多个消息；相同形式的消息可以发往不同的对象。不同的对象对形式相同的消息可以有不同的解释，因而可以完成不同的操作。

消息的格式用消息模式（message pattern）来刻画。一个消息模式定义了一类形式相同，但其内容可以不同的消息。例如，定义"+AnInteger"为一个消息模式，那么"+3"和"+5"都是消息。对应于同一个消息模式的消息，同一个对象所做的操作是相同的，只是操作结果的内容可能不同而已。消息模式定义了对象的操作方式，也定义了对象的唯一信息接口，使用对象时只需了解它的消息模式即可。

2. 对象标识

在面向对象数据模型中，每个对象都在系统内有一个唯一且不变的标识符，称为对象标识（object ID，OID），它是一个对象区别于其他对象的唯一标识符号。OID 一般由系统产生，用户不得修改。对象标识符不依赖于对象的值。即使对象的属性值修改了，只要其标识符不变，也认为是同一个对象。例如，一个名叫张三的人（标识为身份证号，身高是属性之一），虽然他比去年长高了许多，但他还是原来那个张三。同样的道理，如果两个对象的属性值和方法都一样，但若 OID 不同，也认为是不同的对象。这就好比两张币值 100 元的纸币，虽然其大小、重量、币值和花色都一样，但它们不是同一张纸币。

3. 封装

封装（encapsulation）是使对象的外部界面与内部实现之间实行清晰隔离的一种技术，是 OO 模型的主要特征之一。封装使用户只能看到对象封装后的界面信息（如规格说明等），而看不到对象的内部信息（如方法实现细节），即对象的内部信息对用户是隐蔽的。

封装的目的是使对象的使用者与对象的设计者分开，从而允许设计者对对象的操作算法和数据结构进行修改，而不影响对象接口和使用对象的应用，这有利于提高数据独立性。由于封装，用户对对象内部方法实现的具体细节是不可见的，用户只需按设计者的要求来访问对象即可。此外对象封装后成为一个自含的单元（模块），对象只接受已定义好的操作，其他程序不能直接访问对象中的属性，从而可以提高程序的可靠性，也为系统的维护和修改带来方便。

但是，对象封装之后查询属性值必须通过调用方法，不能像关系数据库系统那样用 SQL 语句进行即席的（随机的）、按内容的查询，这就不够方便灵活，失去了关系数据库的重要优点，因此在 OODB 中必须在对象封装方面进行必要的修改或妥协。

4. 类和抽象类

类（class）是对具有共同属性和方法的对象全体的抽象与概括描述，它相当于关系模型中的关系模式。类的实例（instance）是对象。例如，学生是一个类，张华就是学生这个类的一个实例。面向对象数据模型与关系模型类似，首先抽象描述具有共同属性的对象的类，按照类来定义属性和方法。这样就不必对每个对象一一重复定义。查询操作等方法也定义在类上，方法也是对类中所有对象定义的。

面向对象数据模型可以直接表示 is-a 联系。例如，实体集合 A is-a B 表示 A 的实体也是 B 的实体，但 A 的实体有某些特殊的属性或方法，且这些属性或方法是 B 中其他实体所没有的。在面向对象模型中，称类 A 是类 B 的子类，称类 B 是类 A 的超类。

一个类的上层可以有一个或多个超类（superclass），下层可以有一个或多个子类（subclass），这样形成了类与类之间的层次结构，如图 8 - 2 所示。

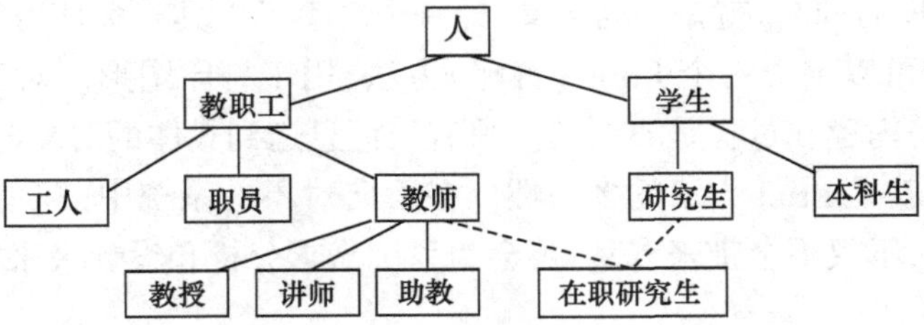

图 8 - 2　类的层次结构

在图 8 - 2 中，人、教职工、学生、教师等都是类。人和教职工都是教师、职员和工人这三个类的超类，但教职工称为教师、职员和工人这三个类的直接超类。一个类可以有多个直接超类。图 8 - 2 中的在职研究生就有两个直接超类，即教师和研究生。反过来，教师、职员和工人这三个类都是教职工和人的子类。一名在职研究生既是教师类的实例，又是研究生类的实例，还是在职研究生类的实例。

抽象类（abstract class）是一种不能建立实例的类。抽象类将有关的类组织在一起，抽象出一个公共的超类，其他一些子类都从这个超类派生出来。通常一个抽象类只描述了与这个类有关的操作接口，或者操作的部分实现；具体的实现则在一个或几个子类中定义。抽象类一般用于定义一种协议或概念。

5. 继承性

类与子类之间的层次结构有一个重要特点，那就是继承（inheritance）。继承是指一个子类能够自动地继承它的所有超类具有的属性和方法。这是面向对象数据模型中避免重复定义的机制。继承性比较自然地体现了对象间的 is-a 联系。

如果一个类仅有一个超类，则该类仅从这一个超类中继承属性和方法，称为单继承（single inheritance）；如果一个类有多个直接超类，则该类从多个直接超类中继承属性和方法，称为多继承（multiple inheritance）。子类除能继承超类中的属性和方法外，还可用增加和取代的方法，定义子类所具有的特殊属性和方法。所谓增加就是在子类中定义新的属性和方法；所谓取代就是在子类中重新定义超类中已有的属性和方法。子类在继承、增加、取代属性和方法时，可能发生同名冲突问题，一种冲突发生在超类之间，另一种冲突发生在子类与超类之间。一般按下列规则解决冲突问题。

1) 超类之间的冲突。如果在一个子类的几个直接超类中，有同名的属性和方法，这时子类究竟继承谁的属性和方法呢？解决这种同名冲突的问题，一般是在子类中规定超类的优先次序。例如，以 Superclass 子句中超类出现的先后为序，首先继承优先级别高的那个超类。在有些对象数据模型中，可以通过用户指定的方法，使子类继承用户指定的某个超类中的属性和方法。

2）子类与超类之间的冲突。如果子类与其超类发生同名冲突，是继承超类的，还是承认子类自己定义的属性和方法呢？在此情况下，几乎在所有对象数据模型都以子类定义的为准，也就是子类的定义取代（override）超类中的同名定义。

6. 多态性

所谓多态（polymorphic）就是一名多义，即一个名字可以具有多种语义。例如，在“图形”这个类中，我们可以定义一个 Print（打印）方法，用于打印图形。对于图形这个类的不同实例，其打印的内容和过程是不同的。只有当消息送到具体的对象时，才能确定采用什么打印过程。这就是 Print 方法的多态性。在面向对象的系统中，利用这种多态性，即一名多义的命名法，不仅不会带来混乱，还会为系统需求分析和设计带来好处。

7. 动态聚束

聚束（binding），有时称为绑定或联编，并不是一个新概念。一个程序经编译到连接成为可运行的目标代码，就是将可执行代码聚束在一起的过程。用传统语言写的程序在运行之前即可聚束，故称为静态聚束或静态联编（static binding）。而面向对象语言则在程序运行时也可发生聚束，故称为动态聚束或动态联编（dynamic binding）。

动态聚束增加了程序的简单性和可扩充性，使程序增删自如，不易出错，但效率略低于静态聚束。应该指出，虽然静态聚束运行效率高，但修改和维护工作量大。

综上可知，在面向对象数据模型中，对象和消息传递分别表示了事物及事物间相互联系的概念。类和继承是符合人们一般思维过程的描述方式。方法是允许作用在该类上的某种操作。这种基于对象、类、消息和方法的数据库建模和程序设计方法的基本点在于对象的封装性和继承性。通过封装能将对象的定义和对象的实现分开，通过继承能体现类与类之间的联系，以及由此带来的动态连接和实体的多态性，从而构成了面向对象数据模型的基本要素。

8.2.3 基于对象的数据库管理系统

显然，基于对象的数据库应该支持对象、类、继承、封装等概念。但如何建立基于对象的数据库管理系统却存在着两种不同的具体途径。

1. 面向对象数据库管理系统

面向对象数据库管理系统（object-oriented database management system，OODBMS 或 ODBMS），由一批专门研究面向对象技术的学者提出，基本思想是在面向对象程序设计语言中引入数据库技术或直接按照 OODBMS 的客观需求独立构建全新的面向对象数据库管理系统。

OODBMS 不仅具有面向对象的概念与方法，还具有传统数据库管理系统的所有功能，因此，它是面向对象技术与数据库管理的结合体。面向对象技术学者在 1989 年发表的《面向对象的数据库系统宣言》中提出了 OODBMS 所需满足的条件,并将这些条件分为三类,其中第一类是一个 OODBMS 所必须具备的 15 个基本条件;第二类是希望达到的 5 个附加条件;而第三类则是 4 个供 OODBMS 开发商参考选择的条件。

下面仅简单介绍第一、二类条件和 OODBMS 发展情况。

(1) OODBMS 必备的第一类条件

1) 对象:OODBMS 中必须引入对象概念,包括对象的属性与方法。

2) 对象标识符 OID:OODBMS 中除对象外还需引入 OID 以取代传统的关键字。

3) 封装性:OODBMS 中对象应该是封装的,外界只能见到对象的界面而其内部是不可见的,封装性还隐含着消息,即外界与对象的交互只能通过消息实现。

4) 类:OODBMS 中必须引入类的概念,类在 OODBMS 中占重要地位。

5)类与类层次结构:通过类与类的层次结构来组成面向对象的数据模型。

6)重定义:OODBMS 中必须具有重定义功能,以使类具有较大灵活性。

7)重载:OODBMS 中方法与消息必须有重载功能,它是多态的基本实现手段,重载还隐含着迟联编。

8) 完整性约束:OODBMS 必须提供基本的完整性约束条件。

9) 计算完备性:OODBMS 中除了有与数据库定义、操作的相应功能外,还需有与数据库无直接关系的计算、统计等功能。

10)可扩充性:OODBMS 具有一定的扩充性,这包括模式的扩充性、操作的扩充性等。

11) 持久性:OODBMS 中必须引入持久性,包括对象持久性与类持久性,持久性是区别数据库管理系统与传统程序设计的关键。持久性的具体实现即是引入数据库与次级存储器(包括磁盘)的管理。

12) 次级存储器管理:OODBMS 必须具有传统数据库的管理磁盘等次级存储器的功能。

13)并发控制功能:OODBMS 必须具有传统数据库的并发控制功能并隐含有事务处理能力。

14)故障恢复功能:OODBMS 必须具有传统数据库的故障恢复功能。

15)即席查询功能:OODBMS 必须具有传统数据库的交互终端查询语言,能进行即席查询。

从以上 15 个必须满足的条件可以看出,前面的 1~7 个条件是为支持面向对象概念和原理而设置的,后面的 8~15 个条件则是为支持传统数据库管理系统的思想和方法而设置的。因此,这 15 个必备要求构成了 OODBMS 的基本功能要求。

(2) OODBMS 可选择的第二类附加条件

1) 多继承:OODBMS 的继承功能中希望除有单继承功能外还能有多继承功能。

2) 扩充的完整性约束:OODBMS 中希望有较强的完整性约束功能。

3) 分布式功能:OODBMS 能在网络环境中使用并具有 C/S、B/S 等分布式数据库的功能。

4) 较强的事务处理能力:这些事务处理能力包括长事务及嵌套事务等功能,能适应工程领域中的工程设计需要。

5) 版本管理能力:OODBMS 中希望具有版本管理能力以适应工程领域中工程设计

的需要。

以上20个条件构成了一个OODBMS的较全面的功能要求,其内容主要包括两个方面:一是支持面向对象数据模型的内核;二是支持传统数据库管理系统的所有成分与内容。因此,这样所构成的OODBMS既有传统数据库系统的全部功能又能支持面向对象数据模型,是一个比传统数据库管理系统功能更为强大的系统。

(3) OODBMS的发展阶段

自20世纪80年代中期以来,OODBMS的发展主要经历了三个阶段。

1) 实验室原型阶段。

自20世纪80年代中期至80年代末期是OODBMS的初创阶段。此阶段有很多在实验室完成的原型产品,它们大都具有较新的思路与大胆的设计,但是缺乏实际应用的考验,它们虽没有投入应用但它们的有关面向对象数据库的结构体系、技术路线为后期商业化产品提供了基础。这个时期的代表产品有工业界的原型产品如Vbase、ORIEN等,还有学术界的原型产品如POSTGRES和GEMSTONE等。

2) 初期商业化产品。

自20世纪80年代末期至90年代初期陆续推出一些商业化的产品。这些商业化的产品具有面向对象数据库管理系统的基本特色与实际应用能力,它为OODBMS占领市场起了重大作用,但由于产品均属初创,在功能完整性、配套工具的开发以及系统稳定性方面均有一些缺陷,有待进一步提高。

3) 产品逐渐成熟阶段。

自20世纪90年代中期至今,OODBMS的商业化趋向成熟,并且已有不少比较成熟的产品, 如ObjectStore、ONTOS及O2等,并在一些CAD、CIM作为核心竞争力的特殊企业应用。但OODBMS产品在整个DBMS市场上所占的比例仍然很小,甚至不足1%。

2. 对象关系数据库管理系统

对象关系数据库管理系统(object-relational database management system, ORDBMS),由一批长期从事关系数据库研究的学者提出,其基本思想从传统的RDBMS加以扩展,增加面向对象的特性,把面向对象技术与关系数据库相结合,其所建立的ORDBMS既支持关系模型和SQL,具有良好的通用性,又支持复杂对象和复杂对象的复杂行为,具有面向对象特性,是对象技术和传统关系数据库技术的有机融合,主流数据库商家如IBM、Oracle、Sybase等都推出了比较成熟的ORDBMS,并得到大量关系数据库老用户的支持和欢迎,因为这些用户的大量数据都是关系型的,而ORDBMS恰好能够兼容并保护他们先前的投资和宝贵的历史数据。

8.3 分布式数据库

随着传统的数据库技术日趋成熟、计算机网络技术的飞速发展和应用范围的扩大,以数据分布存储和分布处理为主要特征的数据库系统的研究与开发受到人们的关注。分布式数据库是数据库技术与网络技术结合的产物,在数据库领域已形成一个分支。至20世纪80年代,分布式数据库成为数据库技术的核心,IBM、Informix、Oracle等数据库厂商均推出以计算机网络及多任务操作系统为核心的支持分布式数据库的产品。进入 20 世纪 90 年代以来,分布式数据库逐渐向客户机/服务器模式发展。

本节将从分布式数据库系统产生开始,分别介绍分布式数据库定义、分布式数据库系统的主要特点、分布式数据库系统模式结构和分布式数据库管理系统分类等内容。

8.3.1　分布式数据库系统的产生

分布式主要指数据的分布存储和处理,它是与集中式存储和处理对应的概念。前面几章提到的数据库系统都属于集中式数据库系统,在这种系统里,数据库中所有数据的处理工作都由一台计算机(主机或数据库服务器)完成。这种集中式数据库系统可以是一个大型主机带多个终端机的结构,也可以是一个数据库服务器带多个客户机的结构(图8－3)。这类结构有很多优点,例如,数据的集中管理,减少了数据冗余,应用程序和数据之间有较高的独立性。此外,在大型计算机配置大容量数据库时,实现和管理容易,价格比较合算且能完成大型任务。

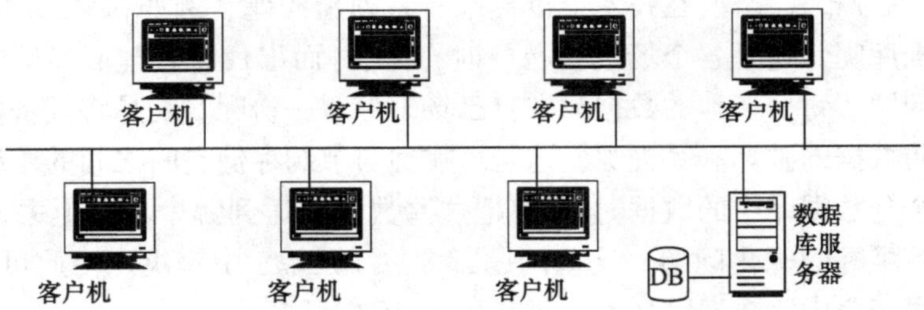

图 8－3　一种集中式数据库系统的体系结构

随着数据库应用的不断发展,规模的不断扩大,人们逐渐感觉到集中式数据库系统也有不便之处,如大型 DBMS 的设计和操作都比较复杂,系统显得不灵活且安全性较差。因此,人们根据各个部门的实际应用需要,采用分散存储的办法,把数据库分成各个部门需要的多个部分,分别建立各部门自己的集中式数据库系统,这种系统称为分散式系统。在这种系统中,数据库的管理、应用程序的研制等都是各自分开且相互独立的。各部门之间不存在数据通信联系。

但是,这些分散的数据库本身在逻辑上却是一个整体,例如,浙江各地市工商银行的数据在浙江省工商银行的眼里就是一个逻辑整体。由于其数据已按照实际需要在各个场地(各地市分行)上分布存储,虽然可以通过网络来对浙江省全部工商银行的数据实现完全集中式管理,但不仅数据重新集中的工程浩大,且实现后的通信开销也将十分巨大,甚至会因为通信堵塞而导致系统瘫痪。因此,是否有其他方法把分布在许多不同地点上的数据库系统通过网络互联起来,协同工作,构成一个统一的数据库系统呢?回答是肯定的,这就是分布式数据库系统(distributed database system,DDBS)。图 8－4 给出了分布式数据库系统的一种结构。

DDBS 兼有集中式和分散式的优点。这种系统由多个集中式数据库系统组成,各集中式数据库系统之间由通信网络相互联系着,并由分布式数据库管理系统(distributed database management system,DDBMS)进行协调控制与管理,使之构成一个逻辑的整体。

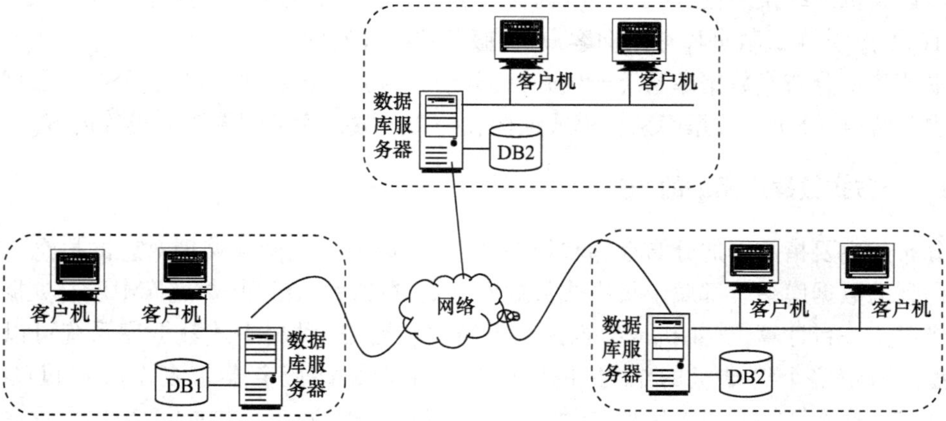

图 8-4　分布式数据库系统的一种体系结构

当然,数据库的分布式管理,在技术上也带来一系列新问题。例如,是由某场地来统一管理各个分数据库呢？还是各个场地在必要时,都挺身而出代行管理职能呢？这是集中与分散管理的问题。每个场地的数据只在自己场地保留一份呢？还是将其备份存储于其他各个场地以防数据的破坏和丢失呢？这是可靠性与节约存储空间之间的矛盾。当数据库操作涉及多个分数据库中的数据时,应该把这些数据搬送到哪个场地上去进行操作最佳呢？这是运筹帷幄的优化问题。这些问题都要在 DDBMS 中解决。由此可见,分布式数据库技术较之于集中式数据库技术要复杂得多、困难得多。

8.3.2　分布式数据库系统的定义

关于分布式数据库的概念,目前还没有一个大家公认的精确定义。但许多定义都强调了数据的"分布性"和"逻辑整体性"这两点。下面通过一个例子的分析和研究,介绍一个比较常用且较为确切的定义。

例 8.3　图 8-4 是一个分布式数据库系统的示意图,每个虚线的圆矩形部分从网络角度称为"节点"(node),在数据库技术中称为"场地"(site)。图中三个场地之间的距离通常可能相距甚远,如几十公里甚至几百公里以上,但由通信网络联系。在每个场地,通常是一个局域网的集中式数据库系统。图 8-4 这种结构体现了分布式数据库的"分布性"特点,即数据库中的数据不是存储在同一场地,而是分布存储在多个场地。

表面上看,分布式数据库的数据分散在各个场地,但实际上这些数据在逻辑上却是一个整体,如同一个集中式数据库。因此,在分布式数据库中就有局部数据库和全局数据库的概念。局部数据库是指各个场地的数据库,全局数据库指整个系统的数据库全体,它是从系统整体的角度出发研究和处理问题。"逻辑整体性"是分布式数据库的特点。

假设如图 8-4 所示的三个场地代表某家银行的三个支行所在地。在一般情况下,一个支行的用户所提出的各种应用需求(存款、取款等),只要通过访问该支行的局部数据库(储户账户数据库)即可实现。也就是说,这些应用完全由该支行的计算机系统进行处理。这些应用称为"局部应用"。局部应用的典型例子就是银行的借贷(取款、存款)业务,它只需要访问某一支行的局部数据库就可以完成。

如果分布式数据库只限于局部应用,那么它仅仅是起了分散数据库的作用。在银行中并非只有借贷业务,有时在场地 1 存款的用户出差到场地 2 去取款,这是银行提供的通兑业务。更复杂的是转账业务,如甲用户是在场地 1 开的账户,乙用户是在场地 2 开的账户,甲用户因购买了乙用户生产的货物,要求将购货款从一个支行(场地 1)的账户直接转入乙用户所在的另一个支行(场地 2)的账户中去,此时要同时更新两个支行(场地)的数据库。我们把这些应用称为全局应用。它是涉及两个或两个以上场地中数据库的应用。区分一个系统是分散式还是分布式的关键点,就是判断系统是否支持全局应用。

根据以上分析,可以得出分布式数据库系统的一个定义。

分布式数据库系统是分布在计算机网络中不同计算机上的数据库系统的集合。网络上的每个节点(场地)都具有自主处理能力,即能执行局部应用,并通过网络通信系统,至少可以参加一种全局应用。

由以上定义不难发现,分布式数据库系统包含两个重要组成部分:分布式数据库(DDB)和分布式数据库管理系统。分布式数据库是计算机网络环境中各场地上数据库的逻辑集合。换言之,分布式数据库是一组结构化的数据集合,逻辑上属于同一系统,而物理上分布在计算机网络的各个不同场地上,其要点是数据的分布性和逻辑整体性。

分布式数据库管理系统是分布式数据库系统中的一组数据管理软件,它的模式结构、组成和功能等将在后面介绍。

8.3.3　分布式数据库系统的主要特点

分布式数据库系统是在集中式数据库系统技术的基础上发展起来的,但不是简单地把若干集中式数据库用网络连接起来实现的,而是消除了集中式数据库的许多缺点,更加适应环境,且具有自己许多新特点的系统。集中式数据库的许多概念和技术,如数据独立性、数据共享和减少冗余度、并发控制、完整性、安全性和数据恢复等问题,在分布式数据库系统中都有了不同且更加丰富的内容。

1. 数据独立性

数据独立性是数据库方法追求的主要目标之一。在集中式数据库系统中,数据独立性包括数据的逻辑独立性与数据的物理独立性两个方面。其含义是用户程序与数据的全局逻辑结构及数据的存储结构无关。数据独立性意味着数据的实际结构对应用程序来讲是透明的,应用程序员只需要利用数据的外模式结构来编写程序,使应用不受数据存储的物理结构变化的影响。

在分布式数据库系统中,数据独立性这一特性更加重要,并具有更多的内容。除了数据的逻辑独立性与物理独立性外,还有数据分布独立性亦称分布透明性(distribution transparency)。所谓分布透明性,是指在编写程序时就好像数据没有被分布一样。也就是,无论把数据存储在甲地或乙地,或者把数据从一个场地移到另一个场地,都不会影响程序执行的正确性和有效性。因为数据分布的信息由系统存储在数据字典中。用户对非本地数据的访问请求由系统根据数据字典予以解释、转换和传送。但必须指出,应用程序执行速度或者效率一般会因数据的分布方式而受到影响。在分布式数据库中,独立性这个名词常常被透明性代替。

在集中式数据库系统中,数据独立性是通过系统的三级模式(外模式、模式、内模式)和它们之间的二级映像实现的。在分布式数据库中,局部应用的数据独立性与集中式数据库系统一样,全局应用的分布透明性则是通过引入新的模式(全局外模式、全局模式、分片模式、分布模式)和它们之间的映像来实现的(8.3.4 节)。

2. 集中与自治相结合的控制结构

数据库是多个用户共享的信息资源,故大多数企业或单位都有对数据进行集中管理的要求。在集中式数据库系统中,为了保证数据库的安全性和完整性,对共享数据库的控制是集中的,并设有 DBA 负责监督和维护系统的正常运行。

在分布式数据库系统中,一般不再强调集中控制,而是强调集中与自治相结合的控制方法,这是由分布式数据库系统中数据共享方式所决定的。

分布式数据库系统中的数据共享概念有局部共享和全局共享两个层次。所谓局部共享,是指在局部数据库中存储局部场地上各个用户的共享数据,这些是本场地用户常用的数据。而全局共享,是指在分布式数据库系统的各个场地也存储供其他场地的用户共享的数据,支持系统的全局应用。

因此,分布式数据库系统的控制机制也常常采用集中和自治相结合的两层控制机制。各局部的 DBMS 可以独立地管理局部数据库,具有自治的功能。同时,系统又设有集中控制机制,协调各局部 DBMS 的工作,执行全局应用。对于不同的分布式数据库系统,其集中和自治的程度可以不尽相同。例如,有些系统场地自治程度高,集中控制程度低甚至不要集中控制,而有些系统则集中控制程度高,场地自治功能较弱。当然,在分布式数据库中,不同场地的自治程度一般也可以是有差别的。

3. 适当增加数据冗余度

在集中式数据库系统中,尽量减少数据冗余度是系统设计的目标之一。其原因是,冗余数据不仅浪费存储空间,而且容易造成各数据副本之间的不一致性,且为了保证数据的一致性,系统就要付出一定的维护代价。集中式数据库是通过数据的共享,即允许几个应用程序访问同一文件和记录的方式来达到减少冗余度的。

然而,在分布式数据库中,适当增加数据的冗余却被认为是系统实现所需要的特性。在不同的场地存储同一数据的多个副本,可以带来如下好处:

1) 提高系统的可靠性、可用性。当某一场地出现故障时,系统可以对另一场地上的相同副本进行操作,不会因一处的故障而造成整个系统的瘫痪。

2) 提高系统性能。系统可以选择用户最近的数据副本进行操作,减少通信代价,改善整个系统的性能。

当然,数据冗余同样会带来和集中式数据库系统同样的数据一致性问题。冗余副本数据之间的一致性问题在分布式数据库系统中表现得比集中式系统更复杂和困难,但又是分布式数据库系统必须着力解决的关键问题。

一般来讲,增加数据冗余度方便了检索,提高了系统的查询速度、可用性和可靠性,但不便于更新,增加了系统维护的代价。因此,在分布式环境中仍要注意数据的冗余度问题,只是对数据冗余度的评价标准,要在数据副本复制、数据存取和更新代价与效率等指标之间找到一个折中方案,不能一概而论。

4. 全局一致性、可串行性和可恢复性

在数据库理论中,尽管数据的一致性、并发事务的可串行性和可恢复性等所涉及的问题不同,但它们之间的相互联系却是很紧密的。一般来说,一致性、可串行性和可恢复性等问题的解决,在很大程度上取决于系统所提供的事务处理方式。事务是一个不可分割的执行单位,具有原子性。一个事务就是一个工作单元,它包括应用程序所规定的一个操作序列。事务处理规则是:要么完全执行这个操作序列,要么完全不执行这个操作序列。这个规则可以保证或者执行把数据库从某个一致状态转换到另一个一致状态的所有动作,或者使初始状态保持原样不变。

在分布式数据库系统中,除首先保证各局部数据库满足集中式数据库的一致性、并发事务的可串行性和可恢复性以外,还应保证数据库的全局一致性、全局并发事务的可串行性和系统的全局可恢复性。这是因为在分布式数据库系统中全局应用要涉及两个或两个以上场地的数据,全局事务还可能由不同场地上的多个操作组成。例如,前面介绍的银行转账事务,它就包括两个场地上的更新操作。由于事务处理涉及两个场地,为保证事务的原子性就有许多新问题需要解决。例如,当需要资金转账时,如果“借方”场地上的计算机正常工作,而“贷方”场地上的计算机出现故障,那么分布式系统应该作何处理呢?如果两个场地工作不同步,就立即异常中止事务吗(即取消在场地发生故障之前已经完成的所有工作)?这些问题的解决要比集中式数据库系统复杂和困难得多。但用户总希望不论在什么情况下都能保证转账事务的正确完成,所以分布式数据库管理系统必须解决这些问题。

5. 保密性和安全性

在集中式控制数据库系统中,数据库管理员能保证只执行那些授权的数据访问。但应当指出,集中式数据库已经比过去处理单独文件的旧方法更难以实现数据的保密性和安全性。

在分布式数据库系统中,安全性问题比集中式数据库更难控制,这是分布式数据库系统的固有难题。因为分布式系统是由通信网络来实现分布式控制的,而通信网络本身就在保护数据的安全性和保密性方面存在着弱点。如何避免数据在网络中传输时被黑客窃取、偷看、乱改等问题,更增加了分布式数据库系统安全与保密的难度。

8.3.4　分布式数据库系统的模式结构

我们知道,集中式数据库系统的三级模式结构和二级映像功能保证了应用程序与数据的逻辑独立性和物理独立性。同样,在分布式数据库系统中,数据独立性这一特性更加重要,且除了数据的逻辑独立性与物理独立性外,还有数据分布透明性(distribution transparency)要求。分布式数据库系统的模式结构和多级映像就能实现这些要求。图 8 - 5 就是分布式数据库系统的一种模式结构示意图。称它为示意图,是因为实际的系统并非全部都具有这种结构,此外,集中式数据库的局部外模式等也没有在其中画出来。但这个结构中的各级模式层次清晰,可以概括和说明分布式数据库系统的模式结构。下面对其予以详细说明。

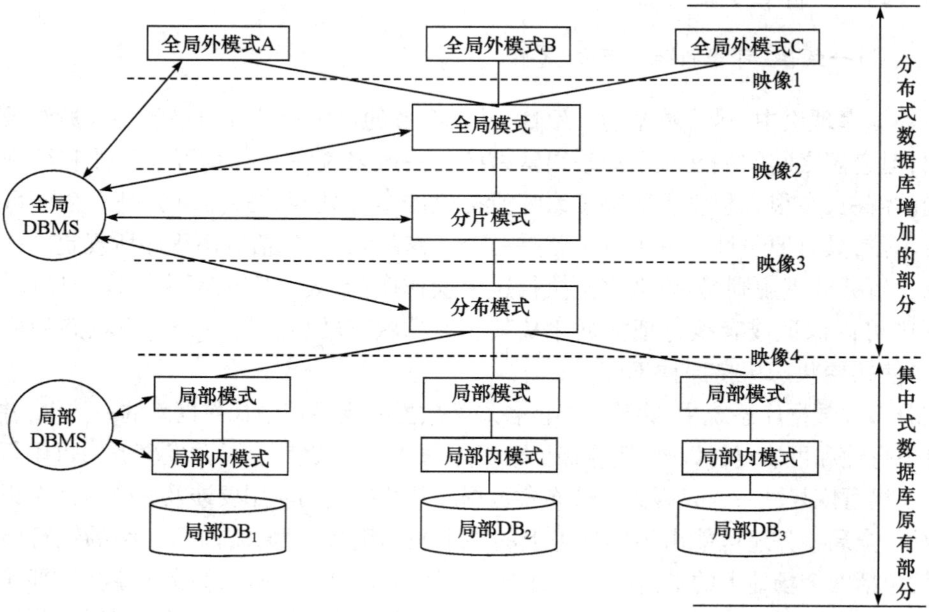

图 8－5　分布式数据库系统的模式结构

图 8－5 的模式结构从整体上可以分为两大部分:下半部分是集中式数据库系统原有的模式结构,代表了各局部场地上局部数据库系统的基本结构;上半部分是分布式数据库系统增加的模式级别和相应的映射。从上到下分别是:

1) 全局外模式 (global external schema)。它们是全局应用的用户视图,是全局模式的子集。

2) 全局模式 (global schema)。它定义分布式数据库中数据的整体逻辑结构,使得数据如同没有分布一样。全局模式中所用的数据模型应该易于向其他模式映像,通常选用关系模型。当选择关系模型时,则全局模式为一组全局关系的定义。

3) 分片模式 (fragmentation schema)。每一个全局关系可以分为若干不相交的部分,每一部分就称为一个片段。分片模式定义片段以及全局关系到片段的映像。这种映像是一对多的,一个全局关系可对应多个片段,而一个片段只来自一个全局关系。

4) 分布模式 (allocation schema)。片段是全局关系的逻辑部分,一个片段在物理上可以分配到网络的不同场地上。分布模式定义片段的存放节点。分布模式的映像类型确定了分布式数据库是冗余的还是非冗余的。若映像是一对多的,即一个片段被分配到多个场地上存放,则是冗余的分布数据库,若映像是一对一的,则是非冗余的分布数据库。

根据分布模式提供的信息,一个全局查询可分解为若干个子查询,每一个子查询要访问的数据属于某一场地的局部数据库。由分布模式到各局部数据库的映像(映像 4)把存储在局部场地的全局关系或全局关系的片段映像为各局部模式(local schema),局部模式采用局部场地的 DBMS 所支持的数据模型。

分片模式和分布模式均是全局的，分布式数据库系统中增加的这些模式和相应的映像使分布式数据库系统具有了分布透明性。

8.3.5　分布式数据库管理系统及其分类

1. 分布式数据库管理系统

分布式数据库管理系统（DDBMS）是建立、管理和维护分布式数据库的一组软件，主要由 LDBMS、GDBMS、GDD 和 CMS 四部分软件组成。

1）LDBMS（local DBMS）。LDBMS 是局部场地上的数据库管理系统，其功能是建立和管理局部数据库，提供场地自治能力，执行局部应用及全局查询的子查询。

2）GDBMS（global DBMS）。GDBMS 是全局数据库管理系统，主要是提供 DDBMS 的全局控制功能，包括分布透明性（独立性）、完整性、并发控制等。协调全局事务的执行和各局部 DBMS 的关系以完成全局应用，保证数据库的全局一致性，执行并发控制，实现更新同步，提供全局恢复功能等。

3）GDD（global data dictionary）。GDD 是全局数据字典，它存放全局模式、分片模式、分布模式的定义以及各模式之间映像的定义，存放有关用户存取权限的定义，以保证全局用户的合法权限和数据库的安全性，存放数据完整性约束条件的定义，其功能与集中式数据库的数据字典类似。

4）CMS（communication management system）。CMS 是通信管理系统，它在分布数据库各场地之间传送消息和数据，完成通信功能。

图 8－6 是分布式数据库管理系统结构示意图。

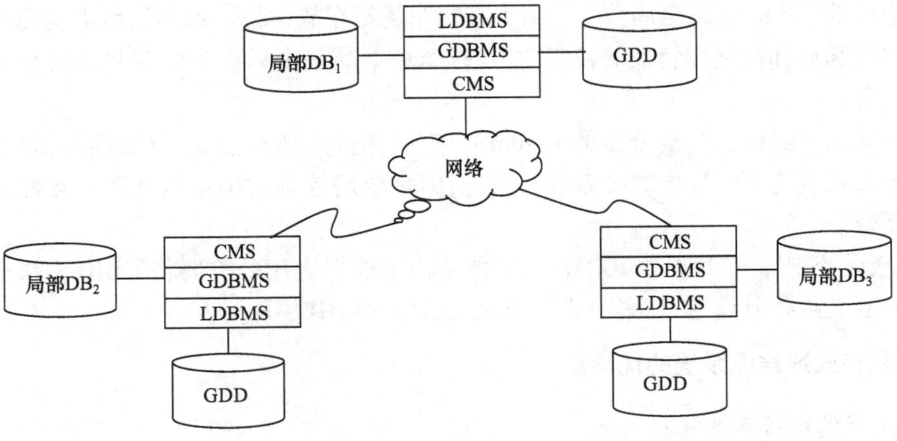

图 8－6　分布式数据库管理系统结构示意图

2. DDBMS 的分类

DDBMS 中各个场地的 LDBMS 种类、数据分布方式以及 DDBMS 功能在各个场地的分配策略导致了各种不同种类的 DDBMS 结构。在这里，我们只介绍 DDBMS 两种常见分类方法，以便对 DDBMS 的分类有粗略的了解。学习 DDBMS 分类的目的是在给定分布式环境和用户需求的情况下，知道如何设计和选择一种较好的 DDBMS 及其实现方案。

（1）从 LDBMS 的构成方式分

1）同构同质型 DDBMS。所谓同构同质型，是指在分布环境中所有场地的 LDBMS 都支持同一种数据模型，如都是关系型，并且是同一型号的数据库管理系统，如都是 SQL Server。

2）同构异质型 DDBMS。所谓同构异质型，是指在分布环境中各个节点采用的 LDBMS 都支持同一种数据模型，如都是关系型，但数据库管理系统是不同型号的，如分别有 SQL Server、DB2、Sybase、Oracle 等。

3）异构型 DDBMS。所谓异构型，是指在分布环境中各个场地的 LDBMS 所支持的数据模型不同，如有关系模型、网状模型、对象模型等。异构型系统的实现比同构型要困难一些。

解决异构数据模型的同种化问题，是研究异构型 DDBMS 的关键问题。所谓同种化就是寻找合适的公共数据模型，并利用这个公共数据模型实现各个局部的异构数据模型之间的转换。现在的 DDBMS 产品大都提供了集成异构数据库的功能。

（2）从 GDBMS 的全局控制方式分

1）全局控制集中式 DDBMS。这种结构的特点是全局控制成分 GDBMS 集中在某一场地，由该场地完成全局事务的协调和局部数据库转换等一切控制功能。全局数据字典只有一个，也存放在该场地，它是 GDBMS 执行控制的主要依据。

这种结构的优点是控制简单，容易实现更新一致性，但由于控制集中在某一特定的场地，不仅容易形成通信“瓶颈”而且系统较脆弱，一旦该场地出现故障，整个系统就将瘫痪。

2）全局控制分散式 DDBMS。这种结构的特点是全局控制成分 GDBMS 分散在网络的每一个场地（图 8－6），全局数据字典也在每个场地存放一份。每个场地都能完成全局事务的协调和局部数据库转换的控制功能，每个场地既是全局事务的参与者又是全局事务的协调者。

这类结构一般称为完全分布的 DDBMS。它的优点是场地独立，自治性强，单个场地退出或进入系统均不会影响整个系统的运行，但是全局控制的协调机制和一致性的维护都比较复杂。

3）全局控制部分分散式 DDBMS。这种结构是根据应用的需要将 GDBMS 和全局数据字典分散在某些节点上，是集中式和分散式结构的折中方案。

8.3.6 分布式数据库系统的优缺点

1. 分布式数据库系统的优点

与集中式数据库系统相比，分布式数据库系统具有下列优点：

1）具有灵活的体系结构。集中式数据库系统中数据库存放在一个场地，由一个 DBMS 集中管理。多个用户只可以通过终端计算机或客户机在多用户操作系统支持下运行 DBMS 共享集中式数据库中的数据，这里强调的是集中式控制。在分布式数据库系统中更多地强调各个场地局部 DBMS 的自治性。也就是说，大部分的局部事务管理和控制就地解决，只有涉及其他场地的数据时才通过网络作为全局事务处理。分布式 DBMS 可以设计成具有不同程度的自治性，从具有充分的场地自治性到几乎是完全的集中式控制。

2）适应分布式的管理和控制机构。使用数据库的企业（如银行）在组织上常常是分布的（分为省行、市行、分理处、储蓄所等），在地理上也是分布的（杭州、宁波、绍兴等）。分布式数据库系统的结构符合企业分布的组织结构，允许各个部门对其自身数据实行局部控制，在本地录入、查询和维护。由于计算机资源靠近用户，因此可以降低通信代价，提高响应速度。而涉及其他场地数据库中的数据只是少量的，从而可以减少网络上的信息传输量。

3）经济性能优越。由于大规模集成电路技术的迅速进展，超级微型机和超级小型机的价格大幅度下降，性能已可满足各种局部数据库的需要。这样，与一个大型计算机支持一个大型集中式数据库再加一些近程、远程终端相比，由超级微型机或超级小型机支持的分布式数据库系统的性能价格比往往要高得多。

4）系统的可靠性高、可用性好。分布式系统比集中式系统有更高的可靠性和更好的可用性。由于同一种数据有许多数据副本分布在多个场地，即使在个别场地或个别通信链路上发生故障，也不会引起整个系统的崩溃。一个场地的故障将会使网络分成故障和非故障两个区，非故障区照常运行，而把故障区的操作暂存起来。当故障排除后，再弥补丢失的信息。这样，系统的局部故障不至于引起全局失控。

5）局部应用的响应速度快。局部应用只访问本地数据库，可以由用户所在地的计算机执行，速度就快。

6）可扩展性好，易于集成现有的系统。当一个企业或组织分散建立若干数据库系统之后，为了充分利用数据资源，开发全局应用，就要研制分布式数据库系统。这时只要对原有的局部数据库系统作某些改动，就可形成分布式系统。这比新建一个大型集中式系统要简单，既省时间，又省财力和物力。另外，只要增加组成分布式数据库的场地数，就能扩充数据库。

由于分布式数据库系统有着上述优点，故在 20 世纪 80 年代发展较快，现已在许多领域（如银行业务、飞机订票、企业管理等方面）得到应用。

2. 分布式数据库系统的缺点

分布式数据库系统的缺点主要有：

1）系统开销较大，主要花在通信部分。在远程网络情况下，只要传输速度稍微降低，响应就会显著变慢。系统本身较复杂，部件比较多，因而系统的并发控制和恢复技术也复杂，系统的可靠性还有待进一步提高。

2）复杂的存取结构（如辅助索引、文件的链接技术）在集中式系统中是有效存取数据的重要技术，但在分布式系统中不一定有效。分布式系统中访问数据的开销主要由通信开销决定。

3）数据的安全性和保密性较难处理。在具有高度场地自治的分布式数据库中，局部数据库管理员可以认为他管辖的数据比较安全，但是还不能保证全局的数据是安全的。安全性问题是分布式系统的固有问题。因为分布式系统是通过网络实现分布控制的，而通信网络本身在保护数据方面存在着弱点，数据很容易被黑客窃取。

8.4　XML 数据库

不同于前面章节介绍的许多数据库技术,XML 最初并不是作为一种数据库技术而设计的。XML 的根源是文档管理。与其他标记语言(如 HTML 和 SGML)不同,XML 不仅能够表示机构化的数据库数据,而且还能表示许多其他类型的半结构化数据。在一个应用程序必须和另一个应用程序进行数据交换,或者与一些其他应用程序整合信息时,XML 作为一种数据交换格式特别有用。当 XML 在上述情形中使用时,会出现一系列与数据库相关的技术问题,包括 XML 数据的存储、更新和查询等。本节将在介绍 XML 概述、XML 基础知识及 SQL Server 2014 环境下的 XML 应用基础上,同时简单介绍基于 XML 的数据库技术。

8.4.1　XML 概述

1. XML 简史

在 20 世纪 60 年代,各种计算机系统由于各自使用不同的命令,相互之间无法通信,彼此之间也无法读取对方的文件。1969 年,IBM 一个研究小组开发了一种通用标记语言(generalized markup language,而 GML 正好是开发者 Goldfarb、Mosher、Lorie 三人名字的首字母缩写)来解决这个问题。1986 年,GML 正式成为 ISO 国际标准,被称为标准通用标记语言(standard generalized markup language,SGML)。然而,SGML 虽然功能强大,但是过于庞大复杂。1989 年,欧洲原子能研究机构的研究员 Tim Berners-Lee 和他的同事基于 SGML 开发出了一种简单易用的超文本标记语言(hypertext markup language,HTML),并将基于 HTML 的超文本系统命名为万维网(world wide web,WWW)。HTML 以其简单易学、灵活通用的特性在互联网上广泛应用,它使人们发布、检索和交流信息变得非常简单,从而使万维网成为世界上最大的信息资源库。

表 8－1 中列出了 HTML 的基础标记,主要由定义 HTML 文档、定义文档的主体、定义 1 号标题到 6 号标题、定义段落和插入换行等标记构成。

表 8－1　HTML 的基础标记

标　记	描　述
<html>	定义 HTML 文档
<body>	定义文档的主体
<h1> to <h6>	定义 1 号标题到 6 号标题
<p>	定义段落
 	插入换行
<hr>	定义水平分隔线
<! -->	定义注释

图 8－7 是使用表 8－1 中部分标记书写的一个简单的 HTML 文档，它主要由开始标记和结束标记及它们之间的文本组成。例如，图中“<h1>这是第 1 种格式的标题</h1>”这一行的<h1>和</h1>分别为开始标记和结束标记，而“这是第 1 种格式的标题”就是它们所标记或作用的文本。

```
<html>
    <body>
      <h1> 这是第 1 种格式的标题</h1>
      <h2> 这是第 2 种格式的标题</h2>
      <h3> 这是第 3 种格式的标题</h3>
      <h4> 这是第 4 种格式的标题</h4>
      <p> 请把标题标签仅用于标题文本，不要为得到粗体文本而使用它们。</p>
     </body>
    </html>
```

图 8－7　简单的 HTML 文档

以上 HTML 文档经过浏览器解析后在屏幕上的显示结果，如图 8－8 所示。

这是第1种格式的标题

这是第2种格式的标题

这是第3种格式的标题

这是第4种格式的标题

请把标题标签仅用于标题文本,不要为得到粗体文本而使用它们。

图 8－8　简单的 HTML 显示结果

但是，HTML 在应用中很快暴露出其局限性，主要表现在以下几个方面：

1）缺乏可扩展性。在 HTML 的使用过程中，人们不能根据特有的应用来设计自己的标签集。

2）缺乏灵活性。HTML 把数据和数据的表现形式（字体、大小等）混在一起，使两者的分开变得非常困难，且标记的数据只有一种显示方式，如果想换一种显示就需要重写 HTML 代码，如前面介绍的标记 <h1> 和</h1>等。

3）数据交换困难。HTML 的标签只用来控制文档的显示，却不能标识出数据的域，难以实现数据的自动处理和交换。

4）标记不够严格。在 HTML 标记的使用中，有的需要开始标记和结束标记，如<body></body>，而有的却可以没有结束标签，任由浏览器解释。

直到 1998 年，W3C（the world wide web consortium）发布了一种新的标准，XML 便应运而生。XML 是 SGML 的一个子集，它将 SGML 的严格定义、丰富功能与 HTML 的易用性合二为一，以一种开放的、自我描述的方式定义数据结构，使 XML 成为当今互联网上数据表示与交换的标准。此外，由于 XML 能够对数据内容进行描述，使系统能够根据标记对数据进行有效管理，因此就产生了相应的 XML 数据管理和数据库技术。

2. XML 与标记语言

XML 是在文本处理系统背景上发展起来的一种标记语言。标记(markup)是指文档中任何不想用于打印或印刷输出的部分。例如,作者向排版员提交了一份手稿以备出版,他可能想在手稿中添加一些关于如何排版的说明性文字或注解(如说明某段文字采用"4号楷体"字排版等)。因此,采用一种恰当的方式书写这些注解,使得排版员能够将注解和实际内容区分开来就显得非常重要。如果有了这种方法,手稿中像"4 号楷体"这样的说明性文字就不会被打印或印刷出来,即注释传达了关于文档中的额外信息。在电子文档的处理中,标记语言(markup language)就是对文档中哪些内容是实际数据、哪些内容是标记(注解)以及这些标记(注解)的具体含义是什么的一种描述。

数据库系统从文件管理系统中演化发展而来,而标记语言则是为了指定文档中某段文字的功能或者打印显示方式,从说明如何打印文档各个部分内容的指令演化发展而来。例如,前面的例子<h1>这是第 1 种格式的标题</h1>,就表示"这是第 1 种格式的标题"这段文本应该按照标记<h1>规定的字体和字号显示为标题格式。功能标记还有助于对一个大文档的不同内容或者一个大型网站的不同页面以统一的方式格式化。更重要的是,功能化标记帮助记录文档的每一个部分在语义上分别表示什么,并有助于自动抽取文档的关键部分。对于包括 HTML、SGML 以及 XML 在内的标记语言家族,标记是尖括号加上封闭在尖括号(<>)中的标签(通常为一个单词或词组)来表示的。标记都要成对使用,以开始标记<tag>和结束标记</tag>来确定该标记所作用的文本范围。每一组成对的标记及其所标记的文本就称为 XML 中的一个元素(element)或子元素。例如,一个文档的标题可以使用如下元素来描述:

<title>数据库原理及其应用教程</title>

这里的 title 就是标签,<title>是开始标记,</title>是结束标记,它们共同说明"数据库原理及其应用教程"这个字符串是该文档的标题。与 HTML 不同,XML 没有指定的标签集。每个应用都可以根据实际需要定义自己的标签集。这项特性是 XML 具有可扩展性,并能用于数据表示和交换的关键所在。

例如,在第 1 章介绍的学生成绩管理系统中,学生的信息也可以表示为如表 8-2 所示的 XML 文档。在这个例子中,学生数据用 XML 表示并不比用传统关系数据库的表示有明显的优势,甚至有点笨拙。但它却是一种可扩展的、自我描述的数据结构,并使 XML 在互联网数据的表示和交换中显得非常方便和重要。

表 8-2　学生数据的 XML 文档

行号	XML 文档
1	<Students>
2	<Student>
3	<Sno>S01</Sno>
4	<Sname>王建平</Sname>
5	<Ssex>男</Ssex>
6	<Sage>21</Sage>

续表

行号	XML 文档
7	<Sdept>自动化</Sdept>
8	</Student>
9	<Student>
10	<Sno>S02</Sno>
11	<Sname>刘华</Sname>
12	<Ssex>女</Ssex>
13	<Sage>19</Sage>
14	<Sdept>自动化</Sdept>
15	</Student>
16	……
17	</Students>

表 8－3 展示了学生的成绩信息在 XML 中是如何表达的，是一个更加接近实际应用的 XML 文档。传统情况下，这些成绩由任课教师写在纸上，并提交发给教务处，教务处的老师人工地将数据重新输入学生成绩管理系统中。这个缓慢的过程可以通过让任课教师发送 XML 电子文档给教务处而得到大幅度提高。嵌套的表达方式允许成绩单的所有信息被自然地表示在单个文档中。当然，真实的成绩单会比这个简单的例子更加复杂。XML 提供了一个给数据加标签的标准方法，任课教师和教务处只要就成绩单出现什么标签以及这些标签的意义达成一致就能方便地交流和传递数据。

表 8－3　学生成绩数据的 XML 文档

行号	XML 文档
1	<reports>
2	<report>
3	<Student>
4	<Sno>S01</Sno>
5	<Sname>王建平</Sname>
6	<Ssex>男</Ssex>
7	<Sage>21</Sage>
8	<Sdept>自动化</Sdept>
9	</Student>
10	<Course>
11	<Cno>C01</Cno>
12	<Cname>英语</Cname>
13	<Credits>4</Credits>
14	</Course>
15	<Grade>92</Grade>

续表

行号	XML 文档
16	</report>
17	<report>
18	<Student>
19	<Sno>S01</Sno>
20	<Sname>王建平</Sname>
21	<Ssex>男</Ssex>
22	<Sage>21</Sage>
23	<Sdept>自动化</Sdept>
24	</Student>
25	<Course>
26	<Cno>C03</Cno>
27	<Cname>数据库</Cname>
28	<Textbook>数据库原理及其应用</Textbook>
29	<Pre_Cno>C02</Pre_Cno>
30	<Credits>2</Credits>
31	</Course>
32	<Grade>84</Grade>
33	</report>
34	……
35	</reports>

3. XML 的优势

与关系数据库技术相比,XML 的数据表示方式可能效率不高,因为标签名称在整个文档中被反复使用。但尽管有这些不利之处,XML 的数据表示方式在用于不同系统之间的数据交换以及在文件中存储结构化信息时有相当大的优势。

1）自定义的标签使文本内容是自我描述的(self-documenting),即不需要参考某个外部的文档来理解文本内容的含义。如表 8－2 所示的学生数据 XML 文档,正是由于<Student>、<Sno>、<Sname>、<Ssex>等这些有意义的标签,即使预先对学生信息一无所知的读者,仍可以很容易地理解文档中<Student>表示的学生信息,<Sno>表示学号,<Sname>表示姓名,<Ssex>表示性别等。

2）文档可增加附加信息。例如,一个 XML 文档的发送者在文档中增加了一些附加信息,XML 文档的接收者既可以简单地忽略这个标签,也可以根据需要使用这个标签。在表 8－3 所示的学生成绩数据的 XML 文档中,课程号为 C03 的课程有一个指定的标签<Textbook>所标记的内容就是附加信息,而课程号为 C01 的课程中并没有这个标签。当需要知道这门课的专用教材时可以使用这个标签,而当只是简单地输出课程名字和学分时,可以忽略这个标签。

3）XML 允许嵌套结构。表 8－3 所示的学生成绩 XML 文档中显示了拥有嵌套结构的好处。每条成绩单记录都有一个学生和一个课程作为它的两个嵌套结构。每个学生中都嵌套依次包含学号、姓名、性别、年龄和专业,而课程嵌套包含课程号、课程名和学分。

这样的学生成绩数据在关系数据库中被拆分为多个关系。学生数据存储在一个关系中，课程信息存储在另一个关系中，而学生与课程之间的联系以及考试成绩会被存储在第三个关系中，详见第 1 章的例子。这种关系模式的数据表示是为了避免数据冗余。例如，在规范化的关系模式中，每个课程名称只被存储一次。但在表 8 - 3所示的学生成绩 XML 文档中，如果有多个学生选择了一门课程，课程名称就会重复出现。虽然 XML 的表示有冗余数据存在，但它能将与成绩相关的所有信息都集中到一个单一的嵌套结构中，这在不同系统之间进行数据交换时仍然具有很大的吸引力。

此外，由于 XML 格式被广泛接受，有各种各样的工具来辅助对它进行处理，包括创建和读取 XML 数据的 API、浏览器和一些数据库工具。

8.4.2　XML 基础知识

1. XML 文档格式

XML 的语法规则既很简单，又很严格。这些规则很容易学习，也很容易使用，但只要文档中稍有违反 XML 规则的地方，XML 解析器就会报错。下面通过图 8 - 9 所示的学生数据的 XML 文档来解释 XML 文档的基本格式和主要成分。

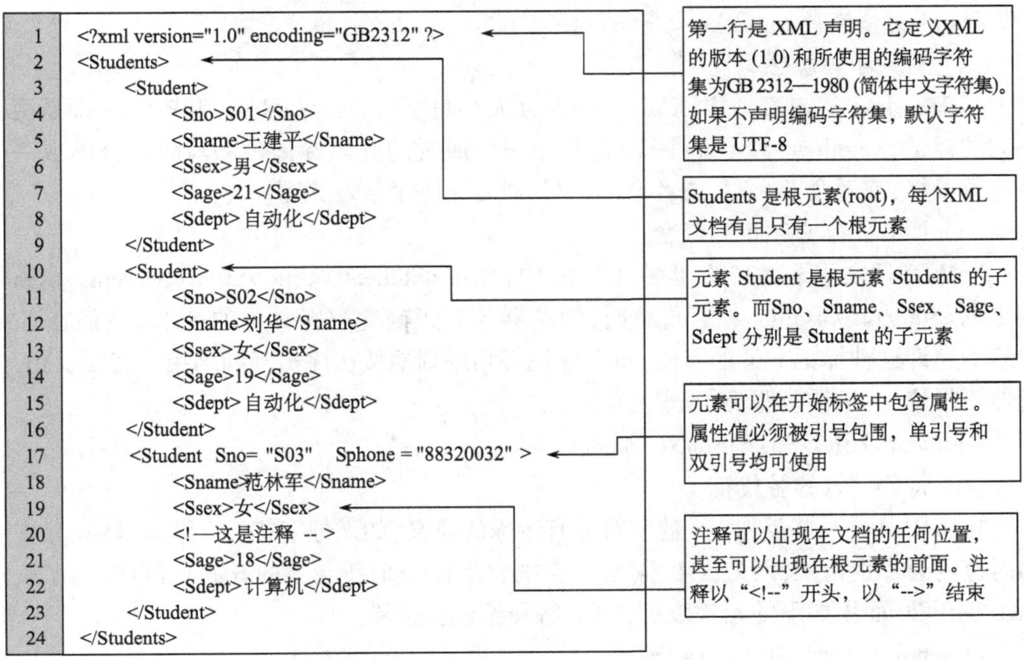

图 8 - 9　学生数据 XML 文档的基本格式和成分

XML 文档可以分为两个部分:序言(prolog)和文档元素。序言可以包含一个 XML 声明和一个注释,也可以包含其他的元素,如文档类型定义(document type definition,DTD),稍后将详细介绍。

XML 文档是以元素为基本单位进行描述和管理的,即以<标签>开始,以</标签>结束。每组成对的标记及其标记的文档就称为 XML 中的元素。

一个格式良好的 XML 文档需要具备以下条件。

(1) 必须以 XML 声明开头

声明中包含了 XML 的版本、编码、是否为独立声明等信息。其中版本是必须出现的,其他是可选的。

(2) 有且只有一个根元素

良好格式的 XML 文档中有且只有一个根元素。文档中所有其他元素都是根元素的子元素。根元素的开始要放在所有标记之前,根元素的结束要放在所有元素之后。

(3) 开始标记与结束标记必须成对出现

XML 中的标记有开就一定有闭,如<Student>是开始标记,</Student>是结束标记,它们两个必须成对出现,否则 XML 解析器将会报错。

在很多 HTML 网页中,标记可以不关闭,不成对出现。对于这些错误的标记,浏览器会随机解释,而且不同的浏览器解释不同。然而在 XML 中所有元素都必须关闭,即使是空标记也要关闭。空标记就是指标记对之间没有标记内容。有以下两种办法表示空标记。

<Student/>或者<Student></Student>

(4) 对大小写敏感

与C++、Java 等语言一样,XML 严格区分大小写字母,如<Student>和<student>是两个不同的标记,<Student>和</student>也不是一个成对的开闭标记。书写时应该养成一个良好的习惯,或者全部大写,或者全部小写,或者第一个字母大写。

(5) 所有元素必须正确嵌套

XML 标记之间不得交叉,但在 HTML 中,标记<Student><Sno>S01</Student></Sno>中出现<Student>和<Sno>相互重叠时,浏览器却能正确地解释其中的 S01。然而在 XML 中绝不允许这种标记交叉的写法,所有标记必须规则地按次序出现和结束。若要 XML 解析器不报错,就必须按照 XML 规范写成:

<Student><Sno>S01</Sno></Student>

(6) 特殊字符的替代符

在 XML 中,一些类似"<"的字符拥有特殊的意义,如果把字符"<"作为 XML 元素中的内容就会发生错误,因为 XML 解析器会把它当作一个新元素的开始。例如,为了表达 Sage 小于 20 而用如下的元素表示,XML 解释器就会报错。

<example> Sage<20 </example>

为了避免这个错误,就需要用一个替代符"<"来代替"<"字符:

<example> Sage < 20 </example>

在 XML 中,有 5 个特殊字符的替代符号,如表 8－4 所示。

表 8－4　XML 中 5 个特殊字符的替代符号

替代符号	特殊字符	特殊字符解释
<	<	小于
>	>	大于
&	&	and
'	'	单引号
"	"	双引号

注释:在 XML 中,只有字符“<”和“&”确实是非法的。大于号(>)虽然是合法的,但学会用替代符号来代替这些特殊字符是一个好习惯,能避免不必要的麻烦。

(7) 属性的使用

在 XML 文档中,元素可以包含属性,一般放在开始标签中。属性既可以是元素的另一种描述,也可以是关于元素的额外信息。例如,在图 8－9 中的第 17 行就是属性,包含了学生的学号(Sno)和电话号码(Sphone)。其中 Sno 也可以像第 4 行一样用元素的方式提供相同的学号信息;而属性 Sphone 提供的是额外的信息。需要注意的是,属性的值必须被引号包围,单引号和双引号均可使用。

由于 XML 属性不能进行嵌套,也不能重复,所以建议尽量使用元素来描述数据,而仅仅使用属性来提供与数据以外的辅助信息。

2. 类型定义和模式

数据库有模式,它用来限制数据库中所存储数据的内容和数据类型。与此不同,默认情况下,XML 文档在被创建时没有任何模式限制。这样一来,一个元素可以拥有任意的子元素和属性,而且子元素的顺序也可以任意组织。虽然在有些情况下,这样的自由是可以接受的,但是当 XML 文档必须作为应用程序的一部分进行自动处理,或者当大量数据需要在 XML 中进行自动处理时,这种自由通常是无益甚至有害的。因此,就需要一种规范来限制 XML 中子元素和属性出现的顺序,这就是 XML 模式定义语言。

这里,主要介绍作为 XML 标准组成部分的第一种模式定义语言——文档类型定义。另一个经常被使用的称为 XML 模式(XML Schema),并且成为 DTD 的替代者。XML Schema 比 DTD 拥有更加强大的功能,但也更为复杂,本书只对其进行简单介绍。

(1) 文档类型定义

文档类型定义是 XML 文档的一个可选部分。DTD 的主要目的是限制并归类文档中的子元素和属性等的组织方式。DTD 并不限制编程语言和数据库意义上的基本类型(如整数和字符串),它只限制元素中的子元素和属性的出现顺序。表 8－5 展示了学生数据 XML 文档的 DTD,表 8－2 中的学生数据 XML 文档就是按照这个 DTD 规定的模式进行组织的。

表 8 – 5　学生数据 XML 文档的 DTD

行号	DTD 描述
1	<! DOCTYPE Students[
2	<! ELEMENT Students(Student+)>
3	<! ELEMENT Student(Sno Sname Ssex Sage Sdept)>
4	<! ELEMENT Sno(#PCDATA)>
5	<! ELEMENT Sname(#PCDATA)>
6	<! ELEMENT Ssex(#PCDATA)>
7	<! ELEMENT Sage(#PCDATA)>
8	<! ELEMENT Sdept(#PCDATA)>
9	]>

下面通过表 8 – 5 来简单介绍 DTD 的成分和构成。

第 1 行是一个 DTD 文档声明,它定义了此文档是 Students 类型的文档,且 Students 为其根元素。这个声明需要满足下面这个语法结构:

<! DOCTYPE 根元素 [元素声明]>

第 2 行定义 Students 元素由一个或多个子元素 Student 构成,其中的"+"号为操作符,表示子元素 Student 的个数为"一个或多个"。

此外,还可以有其他三个操作符:操作符"|"表示"或",操作符"＊"表示"零个或多个",而操作符"?"用来指定一个可选的元素,即"零个或一个"。

第 3 行定义 Student 元素由 5 个子元素 Sno、Sname、Ssex、Sage 和 Sdept 组成,且规定了它们在 XML 文档中出现的顺序。

第 4~8 行定义元素 Sno、Sname、Ssex、Sa(ge 和 Sdept 等为#PCDATA 数据类型,即文本数据。关键字#PCDATA 历史上源于被解析的字符数据(parsed character data)。

因为 DTD 出现较早,所以大量的数据交换格式都是以 DTD 来定义的。然而将 DTD 作为数据处理应用中的 XML 类型结构来使用时,在很多方面就不太合适。以 DTD 作为模式定义的局限性如下:

1) 数据类型不够丰富,通常无法满足文档的可理解性和数据交换的需要。例如,元素 Sage 不能被定义为一个正整数。缺乏这样的限制在数据处理和交换应用程序中有时会出问题,将导致这些应用程序必须包含一些人工编写的代码来验证这些元素和属性的类型,这就增加了开发人员的工作量。

2) DTD 限定了子元素的顺序。例如,表 8 – 5 第 3 行规定了 Student 元素这 5 个子元素的先后顺序,却没有提供对无序情况的描述。如果用 DTD 来描述元素的无顺序出现情况,它必须采用穷举元素各种可能出现的排列顺序的方式来实现,这种方法不仅烦琐,有时甚至不现实。

3) DTD 不遵守 XML 语法,即写 XML 文档实例时用一种语法,写 DTD 时用另外一种语法,这就加重了开发者的学习负担。

4) DTD 不支持命名空间,进一步限制了 XML DTD 的适用范围,而下面介绍的 XML Schema 则很好地满足了这一缺点。在 XML 中引入命名空间的目的是能够在一个 XML 文档中使用其他 XML 文档的一些具有通用性的定义,如一些元素或数据类型的定义等,并保证不产生语义上的冲突。

（2）文档模式

为了弥补 DTD 的缺陷，人们提出了更加完善的模式语言——XML Schema。下面在介绍其基本概念的基础上，介绍它比 DTD 更先进的地方。

XML Schema 定义了很多数据类型，如 string、integer、decimal、data、boolean。不仅如此，它还允许用户自定义类型，这些用户自定义的类型可以是增加了限制的简单类型，也可以是复杂类型。

表 8－6 展现了表 8－5 所示的学生数据 XML 文档的 DTD 转换成 XML Schema 后是如何表示的。

表 8－6　学生数据 XML 文档的 Schema

行号	XML Schema
1	<xs:schema xmlns:xs=“http://www. hdc. com /XMLSchema”>
2	<xs:element name=“Students” type=“StudentsType”/>
3	<xs:element name=“Student”>
4	<xs:complexType>
5	<xs:sequence>
6	<xs:element name=“Sno” type=“xs:string”/>
7	<xs:element name=“Sname” type=“xs:string”/>
8	<xs:element name=“Ssex” type=“xs:string”/>
9	<xs:element name=“Sage” type=“xs:integer”/>
10	<xs:element name=“Sdept” type=“xs:string”/>
11	</xs:sequence>
12	</xs:complexType>
13	</xs:element>
14	<xs:complexType name=“StudentsType”>
15	<xs:sequence>
16	<xs:element ref=“Student” minOccurs=“0”
17	maxOccurs=“unbounded”/>
18	</xs:sequence>
19	</xs:complexType>
20	</xs:schema>

在第 1~20 行描述了元素<schema>，它是整个 XML Schema 的根元素，这个根元素可以包含属性。不同用户可能因为不同的用途而使用同一个标签，为了避免这些冲突，用到了命名空间。关键字 xmlns 是专门用来声明命名空间的保留字，也是 XML 命名空间（XML name space）的首字母缩写；xs 是命名空间的前缀；“http://www. hdc. com/XMLSchema”则是这个命名空间的唯一标识符，或者说是唯一网络的地址引用，就像门牌号一样。命名空间的声明就是将一个前缀和一个唯一的标识符联系起来。本例 schema 中用到的元素和数据类型来自命名空间“http://www. hdc. com/XMLSchema”，同时它还规定了来自这个命名空间的元素和数据类型应该使用前缀“xs:”。

第 2 行声明 XML 文档第 1 个元素（根元素）的名称是 Students，它的类型被指定为后面声明的 StudentsType，是用户自己定义的类型，不是 XML Schema 内建的数据类型。注意：<xs:element>表示它所标记的是一个元素，属性 name 表示这个元素的名称，属性 type 表示这个元素的类型；这行的括号末尾有一个斜杠，表示开始和结束标记合二为一，用一个标记来实现。

第 3～13 行，定义了子元素 Student。

第 4～12 行，complexType 表示前面的 Student 元素是一个复杂类型。任何既有属性又包含子元素的类型必须被指定为复杂类型。

第 5～11 行，sequence 表示前面的 complexType，即 Student 元素是一个序列。

第 6～10 行，将这个序列，即 Student 元素进一步定义为由子元素 Sno、Sname、Ssex、Sage 和 Sdept 构成的序列。其中 Sno、Sname、Ssex 和 Sdept 的类型都是 xs：string，这个是 XML Schema 内建的数据类型，表示字符串类型。Sage 的类型是 xs：integer，也是内建的数据类型表示整型。XML Schema 内建的其他常用数据类型还有：xs：decimal 表示十进制数，是精确度较高的浮点数；xs：boolean 表示布尔类型；xs：date 表示日期类型；xs：time 表示时间类型。

第 14～19 行，定义了一个复杂类型，名字叫 StudentsType。从第 2 行可以知道元素 Students 的类型就是 StudentsType。

第 15～17 行，将 StudentsType 定义为一个序列。

第 16 行，表示 StudentsType 包括一个或多个 Student。ref 指明 Student 是一个引用（reference），也就是说 Student 这个元素在前面出现并且被定义过。minOccurs 和 maxOccurs表示某个子元素可以出现的最少次数和最多次数，最少次数和最多次数的默认值为 1。Unbounded 表示没有上限。

虽然 XML Schema 比 XML DTD 具有更强的表现能力，能够更好地满足不同领域应用的需求，并在大多数的应用领域都有替代 XML DTD 的趋势，但是 XML DTD 仍然有它的适用范围，在短时间内并不可能被 XML Schema 完全替代，因为 DTD 是作为 XML 标准的一部分发布的，W3C 似乎没有准备将其从 XML 标准中废除掉，对于 XML DTD 的支持还将持续。此外，在一些相对要求简单的处理环境中，XML DTD 仍然会占有它的一席之地。

3. 查询和转换

考虑到越来越多的应用都使用 XML 存储数据，并作为数据交换的中介，有效管理 XML 数据的工具就显得越来越重要。XML 数据的查询和转换工具对于从体积庞大的 XML 文档中提取信息，以及数据在 XML 中不同表示之间转换来说尤为重要。鉴于篇幅所限，这里只作简单的介绍。

（1） XQuery

XQuery 是一种用于从 XML 文档中获取数据的查询语言，它的前身是 Quilt。XQuery 被设计用来查询 XML 数据，这不仅仅限于 XML 文档，还包括任何可以用 XML 呈现的数据，如数据库、Web 页面等。XQuery 与 XML 文档的联系，就如同 SQL 相对于数据库的基本表一样。

XQuery 起源于 1998 年由 W3C 发起的 XML 查询语言研讨会。来自工业界、学术界和研究团体的代表聚集到美国波士顿，提出了 XML 查询语句中他们认为重要的特征和需求。1999 年，W3C 成立了 XML 查询工作组，开始了 XQuery 规范的制定。经过漫长的 8 年讨论和修订，XQuery 推荐标准于 2007 年正式发布。SQL Sever 2008 也支持 XQuery 中的 FLWR 表达式。

(2) XSLT

XSLT(extensible stylesheet language transformation,可扩展样式表语言转换),是 W3C 提供的,用于显示 XML 数据的样式表规范。XML 将数据与显示分离,XML 文档用于表示数据,而要显示文档中的数据,就要给 XML 文档添加样式信息。使用 XSLT 可以根据现实的需要将一份 XML 文档转换成多种类型的文档。例如,要在个人计算机的浏览器中浏览数据,可以将 XML 文档转换成 HTML 文档;要在手机、PDA 等手持设备中浏览数据,可以将 XML 文档转换成符合手持设备显示的文档。利用 XSLT 转换 XML 文档,可以向输出文档中添加新的元素,或者删除一些元素,重新安排元素并对元素进行分类,测试并确定显示哪些元素等。其中 SQL Server 2008 支持 XSLT 中的 XPath 语言作为其路径表达式语言。

XPath 是 XSLT 的重要组成部分,是一种专门在 XML 文档中通过元素和属性进行导航式查找信息的语言。如果将 XML 文档看成操作系统的树形目录结构,XPath 就相当于 CD、DIR 等目录操作命令的集合。

8.4.3　XML 数据库

1. 基本概念

随着电子政务和电子商务的快速发展,政府和企业的信息化水平不断提高,各种信息化系统纷纷投入使用。在 XML 诞生之前,因为系统环境和数据格式之间千差万别而导致异构系统之间的数据很难进行交换。XML 作为 W3C 推出的标准,为异构系统之间数据交换的自动化提供了一系列技术手段。此外,由于 XML 具有自描述性、支持层次和半结构化数据格式等优点,用 XML 表示的半结构化数据越来越普遍。面对呈指数型增长的 XML 数据,必然要求能够对 XML 数据进行科学组织和管理,并能更快速、更精确地进行查询处理,这就是所谓的 XML 数据库和 XML 数据库管理系统。

众所周知,数据库其实是一组相互之间有关联的数据集合,因而 XML 数据库可定义为相互之间有关联的一个 XML 文档的集合,这些文档是持久的并且是可操作的。目前 XML 数据库有三种类型。

1)能处理 XML 的数据库(XML enabled database,XEDB)。其特点是在传统数据库系统上扩充对 XML 数据的处理功能,使之能够适应 XML 数据存储和查询的需要。一般的做法是在传统的关系数据库系统之上增加 XML 映射层,这种映射层可以由数据库管理系统供应商提供,也可以由第三方厂家提供。映射层管理 XML 数据的存储和检索,并把 XML 查询要求转换为数据库的查询表达,如 SQL 就用数据库的查询引擎优化查询表达,产生查询执行计划并执行,最后再将查询的结果转换为 XML 数据。但这种映射可能会导致原始 XML 元数据和结构信息丢失,而且数据检索的结果不能保证是原始的 XML 形式。此外,XEDB 的基本存储单位还与具体的映射实现方法紧密相关。

2)纯 XML 数据库(native XML database,NXDB)。其特点是以 XML 文档作为基本的逻辑存储单位,以自然的方式处理 XML 数据,并针对 XML 的数据存储和查询特点专门设计适用的数据模型和处理方法,是一种完全独立于任何传统数据库管理系统的 XML 数据库。

3)混合 XML 数据库(hybrid XML database,HXDB)。根据实际应用的需求,可以将其视为 XEDB 或 NXDB 的数据库,比较典型的例子是 Ozone。这是一个 Java 实现的面向对象的数据库管理系统,可以存储 XML 数据,并可使用任何 XML 工具来访问这些数据。

2. 纯 XML 数据库

虽然 XEDB 在一定程度上解决了 XML 数据查询复杂性的要求,但是多次转换带来的问题是查询效率的降低和查询语义的混淆。此外,XEDB 不支持层次和半结构化的数据形式,只有经过转换处理才能把嵌套的 XML 数据放到简单的关系表中。因此,不少学者认为,XML 数据库就应该是纯 XML 数据库(NXDB),应该以最自然的方式处理 XML 数据,而不会因为数据模型的转换带来信息丢失和性能下降。NXDB 与 XEDB 的主要区别在于:

1)有效地支持 XML 数据的自描述性、半结构化和有序性。

2)系统直接存储 XML 数据,而不是把 XML 数据转换成关系模型或者面向对象模型,再由关系数据库或面向对象数据库来存储。

3)直接支持 XML 查询语言,如 XQuery、XPath,而不是将其转换成 SQL 或 OQL(对象查询语言)来实现对 XML 数据的查询。

由于 XML 文本不仅包含了数据内容而且涵盖了结构信息,而 NXDB 直接存放 XML 文本,只要是式良好(well-formed)的 XML 文本都可以随时添加到数据库中去,这就是 NXDB 可以存取半结构化数据的优势所在。因此,有学者指出,纯 XML 数据库兼有关系数据库和面向对象数据库两者的优势。

3. 典型的 NXDB

虽然学术界还有相当多的人在争论 XEDB(如基于关系库的 XML 数据库)和 NXDB 孰优孰劣的问题。但 NXDB 已经在这种争论中悄然进步,并在技术上有了长足的发展,出现了许多纯 XML 数据库管理系统(NXDBMS)原型。除了受到学术界广泛关注的 XML 数据库管理系统(如密歇根大学安阿伯分校的 Timber、西雅图华盛顿大学的 Tukwila 和威斯康星大学麦迪逊分校的 Niagara)以外,中国人民大学信息学院开发完成的 OrientX,也是一个在学术界有广泛影响的纯 XML 数据库管理系统。

OrientX 最初于 2002 年开发完成,到 2010 年已先后发布了六个版本,是国内唯一被 W3C 网站收录的 XML 数据库管理系统,有 20 多万用户访问,其最新版为 OrientX 3.5。

OrientX 支持多种粒度的存储方式,支持 W3C 推荐的 XML 标准查询语言 XQuery 和 XPath,并且提出一整套查询代数 OrientXA,实现了 XML 查询优化,提高了查询效率。此外,OrientX 3.5 还增加了对 XQuery/Update transform 操作的支持。

总的来说,XML 数据库管理系统的研究已经从基于传统的 RDBMS 转向 NXDBMS,这将是 XML 数据库研究的发展方向之一。XML 数据库的事业才刚刚开始,还有很多问题等待着我们去解决,如 XML 的节点编码、X-代数、XML 的数据更新、XML 的查询优化和支持查询优化的有效索引等。同时,NXDBMS 研究中面临的问题也为我国在数据库研究方面赶超世界先进水平提供了良好的机遇。

8.5　NoSQL 与 NewSQL 数据库

8.5.1　大数据的概念

1. 大数据的起源

从计算机作为数据管理工具开始，计算机数据管理及其数据处理技术就成为计算系统中最为核心的内容之一。与文件系统相比，由于数据库管理系统具有数据独立性高、整体结构化、冗余度小，共享性好、并发控制功能完整等诸多优点，使其迅速成为企事业单位数据管理的主要工具。由于关系数据模型具有严格的数学理论基础，加之关系数据的结构化语言 SQL 早已成为国际标准，关系数据库管理系统从 20 世纪 80 年代开始，便迅速取代了层次数据库和网状数据库管理系统，并成为全世界数据管理的中流砥柱。关系数据模型与关系代数理论成为数据库管理员、数据库技术研究人员的思维习惯，而 RDBMS 则成为结构化数据管理的利器，至今仍然主导着数据库的商业市场，并积累了海量（massive）的结构化数据。

然而，随着互联网技术的快速发展和普及应用，在科学研究、互联网应用、电子商务等诸多领域，音频、文字、图片、视频等半结构化、非结构化的数据大量涌现，其数据种类，特别是数据规模正在以极快的速度增长，人们将其统称为大数据（big data）。而 RDBMS 对大数据的管理却显得力不从心，传统的结构化数据管理、数据分析和数据处理技术也面临巨大的挑战。随着大数据概念的深入人心，与之相关的大数据科学、大数据工程、大数据分析处理和大数据应用技术等也迅速成为信息科学领域乃至全社会的热点问题，同时也引起许多国家的政府部门以及社会各个领域有关专家的广泛关注。2012 年 3 月 22 日，奥巴马宣布美国政府五大部门投资 2 亿美元启动大数据研究和发展计划，我国也在 2012 年正式提出大数据产业化政策，并于 2015 年 8 月 19 日通过了《关于促进大数据发展的行动纲要》，2016 年底启动了建设全国一体化的国家大数据中心工程，并在“十三五”规划纲要中将大数据上升为国家战略。那么，什么是大数据？什么是大数据管理呢？

2. 大数据的定义

大数据是信息技术和管理决策领域的一个新概念，其内涵仍在不断发展和完善之中，至今还没有一个被世人普遍接受的精确定义。许多国际机构或国际组织都从不同的角度分别给出了大数据的概念性描述。

1）维基百科从现有数据分析和处理能力的角度指出，大数据是指利用常用软件工具来获取、管理和处理数据所耗时间超过可容忍时间的数据集。简单地说，大数据是一个用现有技术很难进行管理和分析利用的数据集。

2）国际数据公司 IDC 从数据的形式、容量和变化的角度指出，大数据一般会涉及两种或两种以上数据形式。它要收集超过 100TB 的数据，并且是高速、实时数据流；或者是从小数据开始，但数据每年会增长 60%以上。这就是说，大数据是形式多样、容量很大，或者开始时不大但增长迅速的数据集。

3）美国专门从事信息技术研究和分析的高德纳咨询公司（Gartner Group）从决策支持的角度指出，大数据是需要新处理模式才能具有更强的决策力、洞察发现力和流程优化能力的海量、高增长率和多样化的信息资产。即大数据是需要新处理技术,使其更好地进行决策支持的数据集。

4）麦肯锡全球研究所(McKinsey Global Institute ,MGI)从存储管理和数据特点的角度指出,大数据是一种规模大到在获取、存储、管理和分析方面都大大超出了传统数据库软件工具能力范围的数据集合,具有海量的数据规模、快速的数据流转、多样的数据类型和价值密度低四大特征。

从以上大数据的描述性定义可以看出,大数据仍然是一个数据集,它只是比传统的数据库增加了一些新的特征。综上所述,我们可以给出一个较为简洁且应用比较广泛的定义:大数据是一个具有数据规模大(volume),数据类型多（variety),处理速度（velocity)快,价值(value)密度低等 4 个特征,且能够更好地进行决策支持的数据集,即大数据是一个具有 4V 特征,有利于更好决策的数据集。

3. 大数据的 4V 特征

1）数据规模大是大数据的基本特征,大数据一般是 PB 级别,甚至是 EB 级别数据集。

随着物联网的普及以及各种传感器数据获取能力的大幅提高,人们获取的数据越来越接近原始事物本身,导致描述同一个事物的数据维度越来越高,数据量呈几何级数增长之势。

现在家用计算机硬盘的存储容量一般是 TB(trillionbyte,太字节)级,1TB = 1024GB(gigabyte,吉字节),比 TB 级更高,并以 1024 倍增加的存储容量分别是 PB(petabyte,拍字节),EB(exabyte,艾字节),ZB（zettabyte,泽字节),YB（yottabyte,尧字节)和 BB（brontobyte,布字节)等。因此,我们容易想象得到,达到 PB 甚至 EB 以上级别的数据集,其数据量是多么巨大。

2）数据类型多是大数据区别于传统海量数据的重要特征。以往的数据库尽管数据量也十分庞大,并汇聚成为海量数据集,但都是事先定义的单一结构化数据。

由于互联网络与传感器的普及应用,半结构、非结构化数据大量涌现,如网络日志、音频视频、图形图像、地理位置信息等,其数据量已占到世界数据总量的 75%以上,且非结构化数据的增长速度比结构化数据快 10 倍到 50 倍。在数据量激增的同时,新的数据类型也层出不穷,已经很难用传统的二维表格或几种固定的模式来表示日趋复杂且多样的非结构化数据形式。

3）处理速度快是大数据区别于传统海量数据处理的重要特性之一。

随着互联网普及,各种监控网络和传感器网络的应用,使数据呈爆炸式快速增长。在许多应用中,不仅数据的产生是实时的,而且数据的处理也必须是实时的。以在线交互的电子商务应用(如淘宝“双 11”节)为例,其数据的产生和处理就具有很强的时效性,因为用户对于数据的响应时间通常非常敏感。心理学实验证实,从用户体验的角度,瞬间(moment,3s)是可以容忍的最大极限。对于大数据应用而言,很多情况下都必须要在 1 秒钟或者瞬间内得到处理结果,否则处理结果就是过时或无效的。此外,许多在互联网络中不断流动的数据,其价值会随着时间的推移而迅速降低。因此,大数据要求快速、持续的在线实时处理。

4）价值密度低也是大数据的重要特征之一。在大数据环境，为了保证数据信息的完整性，计算机系统常常将一个事物有关的所有细节数据都进行整体存储，导致很多价值不高的信息被纳入处理范围，直接降低了数据的平均价值，造成数据信息的价值密度降低。

以监控视频为例，在连续不断的监控视频中，真正有用的数据可能仅仅是其中 1～2s 的视频，而传统的结构化数据一般具备特定的事务处理用途，因此，每条数据记录都有确切的价值，如学生的课程考试成绩或储户的存取记录等。

正是大数据的 4V 特性，使传统的数据管理系统无法满足大数据的存储管理和分析处理需求。

此外，一些学者还从大数据处理的复杂性和实际应用的角度，提出大数据还应增加如下 4 个新的 V 特点，共同构成大数据的 8V 特性。

1）变化性（variable），即在不同的应用场景以及不同的研究目标下，数据的结构和意义可能会发生变化，因此，在实际研究中要考虑具体的上下文场景。

2）真实性（veracity），获取真实、可靠的数据是保证分析结果准确、有效的前提。只有真实而准确的数据才能获取真正有意义的结果。

3）波动性（volatility），由于数据本身含有噪声及分析流程的不规则性，导致采用不同的算法或不同分析过程与手段会得到不稳定的分析结果。

4）可视化（visualization），在大数据环境下，通过数据可视化可以更加直观地阐释数据的意义，帮助我们理解数据，解释结果。

但在大多数文献和教材中都重点强调大数据定义中的 4V 特征，而并不特别关注新增加的 4 个特征。因为数据的真实性强调数据的质量，可视化用于直观展示数据使其易于理解，但它们并不是大数据独有的特性，而变化性和波动性主要说明大数据管理和处理的难度，因此，其主要内涵已经蕴函在类型多样和处理快速等特性之中。

4. 大数据的意义

如果依据行业来划分，一个国家就有许多种类的大数据，如互联网大数据、工业大数据、农业大数据、教育大数据、交通大数据、卫生大数据、食品大数据、治安大数据、企业大数据、商务大数据等，因此，对大数据管理及其应用技术的研究有着十分重要的意义。

（1）国家战略数据资源

大数据是与自然资源、人力资源一样重要的战略资源，是一个国家数字主权的体现。大数据时代，国家层面的竞争力将部分体现为一个国家所拥有大数据的规模、活性以及对数据的解释、运用能力。大数据将直接影响国家和社会稳定，是关系国家安全的战略性问题。因此，我国已经研究并制定了国家大数据发展战略。2015 年 9 月 5 日，《国务院关于印发促进大数据发展行动纲要的通知》正式发布，并明确提出，大数据已成为推动经济转型发展的新动力、重塑国家竞争优势的新机遇、提升政府治理能力的新途径。这进一步凸显了大数据对于国家信息化发展的战略意义。

（2）支持政府企业决策

大数据暗藏着很多在小数据量时不具备的深度知识和应用价值，其意义不仅在于掌握庞大的数据信息，更在于将大数据与其他具体的应用领域或行业相结合，对大数据进行有效的分析处理或深度挖掘，实现各种高附加值的增值服务，为国家治理和社会各行各业提供有效的决策支持，提高管理决策水平和社会经济效益。

(3) 升级旧企催生新业

大数据的生命周期主要包括数据采集、数据存储、数据处理和数据应用等几个环节，它不仅促进了数据采集技术、存储技术、处理技术和应用技术的进步，还促进了相关企业的转型升级，并催生了一些新型产业群。

例如，等大数据将促进云计算企业从计算服务为主转变为以云存储和数据服务为主。伴随着国家或省级各类大数据中心以及大数据交易所等新兴企业的诞生，不仅可以带动大数据清洗、大数据挖掘和大数据应用等一系列战略性新兴产业的发展，还能够面向全国或全省提供数据存储、数据分析和数据交易服务，促进数据流通、数据交易和数据应用的规范化、标准化。

5. 大数据的挑战

正是大数据的4V特征，即数量巨大、类型多样、处理快速以及价值密度低等，给传统的数据获取、数据存储、数据分析、数据处理、数据检索和数据分析技术带来了极大的挑战，但最重要的挑战体现在数据库系统对实时高并发读写和横向高可扩展性的支持两个方面。

(1) 支持实时高并发读写

对于具有实时性、动态性的社交网站或电子商务服务器来说，往往需要应付每秒几万甚至几十万次的并发读写量，这种极端高频的实时并发性对数据库的并发负载压力之大，已远远超出了传统关系数据库的并发支持能力。

(2) 支持横向高可扩展性

简单地说，数据库系统的可扩展性是指其适应业务数据规模增加或处理规模增加的能力。在大数据环境下，不管是数据量的增长，还是数据读写量的增长都十分迅速，因此，它要求大数据库管理系统比传统数据库管理系统具有更高的横向可扩展性，即可以简单地通过增加服务器数量来满足系统数据规模或处理规模不断增加的需求，而且部署系统的运维费不会明显增加甚至有所下降。

数据库系统的扩展一般分为纵向扩展和横向扩展两种方式。

(1) 纵向扩展(scale vertically / up)

将数据库系统迁移到性能更高更强(CPU更快、内存更多、外存更大，但价格昂贵)的计算机服务器上运行，使其满足业务数据增加的存储和处理需求。

由于传统的关系型数据库是单一节点数据存储方案，只能适应纵向扩展方式，其主要优点是，几乎不需要对应用程序进行修改，但缺点是时间和经济代价高昂，其原因如下：

1) 把数据迁移到高性能计算环境的迁移和扩展必须停机才能进行，这对一个需要永远在线，24小时提供实时服务的网站是非常困难，也是不可取的。

2) 因为大数据环境的业务规模和数据量增加非常快，可能刚完成扩展不久，其数据规模又超过了系统存储和处理能力的上限，马上又需要进行新一轮的扩展了。

(2) 横向扩展(scale horizontally /out，也称水平扩展)

通过不断地在线增加性能一般的廉价服务器来构成一个服务器群，使其满足业务数据不断增加的存储和处理需求。其优点是花费相对便宜，并能很好地满足业务数据不断增加的存储和处理需求。

横向扩展为系统提供了更多的灵活性，且价格相对便宜，但却显著地增加了系统扩展的复杂性和难度，因为每一次横向扩展都可能导致相关应用程序的较大修改。

一个具有高可扩展性的数据库系统必须满足以下三个条件：

(1) 可以进行水平扩展

即通过增加更多的数据库服务器就可扩展系统的存储容量，并提高数据处理能力。

(2) 扩展对于应用透明

即应用系统的业务逻辑和处理功能不受数据库扩展的影响。

(3) 没有单点失效问题

不会因为某台数据库服务器的宕机而导致整个系统的崩溃。

6. 大数据管理系统

大数据管理是指对大数据进行收集、整理、组织、编码、传输、存储、检索和维护等一系列操作的总称，它是大数据分析处理的前提和中心问题。能够对大数据进行有效管理的软件称为大数据管理系统（big data management system，BDMS）。

大数据管理系统不仅要具备存储 4V 特征数据的能力，而且要具备支持实时高效并发读写数据的能力，同时还必须具有很高的可扩展性（expandibility）或可伸缩性（scalability）。

传统的关系数据库（RDBMS，因支持 SQL，在其后叙述中简称为 OldSQL）在过去 40 多年中一直是商业应用系统的主导产品，并具有如下主要优点：

(1) 容易理解

关系数据模型的二维表结构非常贴近逻辑世界，相对于网状、层次等其他数据模型来说更让人容易理解。

(2) 使用方便

早已成为国际标准的 SQL，使得关系数据库的操作变得简单方便。我们只要用 SOL 描述查询需求即可由 RDBMS 获得查询结果，而无须理解数据库的底层实现。

(3) 易于维护

事务的 ACID 特性控制策略和数据的完整性控制方法，使用户对数据库的维护变得非常轻松，并可保证数据的一致性。

但是，面对大数据应用需求的许多功能特性，如分布式高并发存取、业务规模快速增加、数据容量指数增长、数据模式多样性和易变性等的支持，OldSQL 不仅显得十分笨拙，而且越来越力不从心，即使采用 8.3 节介绍的传统分布式数据库系统（每个节点为集中式服务器），也已无法满足其数据存储和管理的需求。

为了解决 OldSQL 在大数据管理方面的能力缺陷，人们迫切需要具有实时高并发读写和横向高可扩展性的数据库管理系统，还期望这种横向可扩展性具备自如、自动和高效这 3 个性能要求。

1) 自如可扩展性：允许系统随着数据规模的不断增长，仅通过增加系统节点数目就能满足应用需求。

2) 自动可扩展性：系统能够自动地在各节点间平衡数据访问以适应新增加的节点。

3）高效可扩展性：随着硬件性能的提升，部署该系统的平均运维费不增加甚至下降。

NoSQL 和 NewSQL 就是两类较好地体现了以上可扩展性的 3 个性能要求的新型数据管理系统。

8.5.2 NoSQL 的原理

1. NoSQL 的两种含义

1998 年 Carlo Strozzi 开发出一个轻量、开源且不提供 SQL 查询功能的关系数据库，并将其命名为 NoSQL，1991 年发布的开源 Key-Value（键-值）数据库 Berkeley DB 第 1 版是一款真正意义上的 NoSQL 数据库。直到 2009 年，NoSQL 的内涵被来自 Rackspace 公司的 Eric Evans 重新描述。他在该年关于分布式开源数据库的讨论会上指出，NoSQL 是指非关系型、分布式、不支持 ACID 特性的数据库管理系统。

其实，NoSQL 的内涵仍然在不断丰富和发展进化之中，但它主要有 NoSQL（狭义）和 NewSQL（广义 NoSQL）两种含义。

（1）NoSQL

一般泛指非关系数据库管理系统，即不使用 SQL 作为查询语言，不支持事务的 ACID 特性，但支持实时高并发读写，并具有横向高可扩展性的数据库管理系统，且大多数 NoSQL 都是社区支持的开源产品，缺乏商品化数据库公司的正式支持。

从字面上可以看出，NoSQL 意为 Non-SQL，它是 SQL 的对立面，即 NoSQL 不支持关系模型和 SQL，因此，$NoSQL \neq OldSQL$，$OldSQL \not\subset NoSQL$，但 $NoSQL \cap OldSQL \neq \varnothing$。

在本节后面的叙述中所提到的 NoSQL，其内涵都是这里所述的狭义 NoSQL。

（2）NewSQL

有许多学者将 NoSQL 解释为 Not-Only SQL，它也是近些年从早期 NoSQL 概念中分离出来的一种新类型，被认为是未来大数据管理的一种通用解决方案，并得到传统关系数据库巨头 Oracle、IBM、Microsoft 等公司的广泛支持。

NewSQL 试图在保持 OldSQL 特点的基础上，支持 NoSQL 的横向可扩展、分布式高并发等优点，为用户提供一种管理结构化和非结构化数据的统一环境。因此，NewSQL 不仅是对 OldSQL 的某种扩展，也是对 NoSQL 的扩充，即 $OldSQL \subset NewSQL$，$NoSQL \subset NewSQL$。

有关 NewSQL 的发展情况，将在 8.5.5 节进行进一步介绍。

2. NoSQL 的三大基石

为了准确理解 NoSQL 的概念，我们应该首先了解支持 NoSQL 概念的三大基石：CAP 理论、BASE 原则和最终一致性。它们是推动 NoSQL 产生和发展的源动力。

（1）CAP 理论

针对分布式数据库管理系统将数据逻辑地分布在不同的节点上的读写问题，Eric Brewer 于 2002 年在 ACM 的 PODC（Principles Of Distributed Computing）论坛中，发表了题名为《关于 Robust 分散式系统》的文章，对大数据的管理问题提出了著名的 CAP 理论，即不存在同时满足一致性（consistency）、可用性（availability）和分区容忍性（partition Tolerance）这 3 个性质的分布式数据管理系统，但存在同时满足其中任意两个性质的系统。

1)一致性:用户对数据的写操作在所有节点上保持同步更新,即当数据的更新操作完成时,其余的读取操作都能及时看到该数据的更新。在分布式系统中又称为强一致性。

2) 可用性:用户的任何读写请求在有限时间内都能得到回应,不会一直等待。

3)分区容错性:分区是指分布式系统的节点因某种原因被分成两个以上相互无法通信的区域。分区容错性,即使分布式系统被分成若干个区域,用户的读写请求也能得到回应。

(2)BASE 原则

BASE (basically available, soft-state, eventually consistent)原则由 Gilbert 于 2002 年提出,它是 OldSQL 中 ACID 特性的一个变种,也是 CAP 理论中 AP 特性的某种延伸。BASE 原则具有基本可用、软状态、最终一致性等 3 个性质,是一个支持局部故障,并保证系统连续“基本”可用的数据控制模型。

1) 基本可用:分布式系统在任意时刻,即使在网络出现局部故障时也能完成最基本的工作。

2) 软状态:分布式数据库在一定时间内可以处于不一致状态,即允许数据库的一致性在一定时间内处于某种动荡不定的状态。

3) 最终一致性:如果在较长一段时间内没有新的数据更新提交,则分布式系统中所有的访问都将获得最近的更新数据,即更新数据在分布式系统的所有节点上都可用。

虽然最终一致性的概念已经包括在 BASE 原则中,但学术界还是将其作为 NoSQL 原理中一块独立的基石。其原因涉及以下两个方面。

对于一个数据管理系统,可以从客户端和服务器这两个不同的角度来看待数据的一致性。客户端关心在什么时候,以什么方式可以观察到系统对数据库中数据对象所进行的更新。服务器端则关心数据更新在系统中的流动方式以及对于数据更新系统可提供什么样的保证。

一致性也可以分为强一致性和弱一致性两种。强一致性要求所有的读取操作都必须读到最新写入操作的数据,而忽略读写操作的路径,它实际上是要求数据的写入和读取操作只能在同一节点上进行,否则,强一致性就会受到分布式事务传输协议的影响而遭到破坏。

根据 CAP 理论,强一致性、可用性和分区容忍性无法在分布式系统中同时实现。弱一致性也要求读取操作能够见到写入操作的数据,但仅限于距离当前时间之前某段时间的新数据而不是全部新数据。当然,这可能导致客户端出现非一致性的数据,但无须恐慌,因为解决这种非一致性的方法有很多。例如,在一个多数据副本的数据库中,将更新操作集中于一个节点,则这个节点上的数据就一定是最新的。弱一致性的系统能够提供更加多元化和有针对性的操作方案。

弱一致性通常有四种不同的实现方案。

1) RYOWC(read your own writes consistency,读己方写一致性)方案,即一个客户端能够及时看到己方的实时数据更新,但其他方则不需要立即看到这类更新。

2) SC (session consistency,会话一致性)方案,即在一定范围内(通常为同一服务器内),客户端能看到同一范围内的实时更新。

3) CC(casual consistency,偶然一致性)方案,即一个客户端读取了 X 版本的数据,然后写入了版本 Y，那么每个读取 Y 版本的客户端也能看到 X 版本的数据。

4）MRC（monotonic read consistency，单调读一致性）方案，即提供时间单一性，保证每个当同一片区的数据同时发生不同的更新，而客户端并不需要读取这些数据的即时更新时，弱一致性方案就是一个很好的选择。实际系统中如何选择弱一致性方案，需要综合考虑客户端的数据请求方式和处理副本更新的方式。

最终一致性属于弱一致性方案的一种，即分布式数据管理系统保证，如果没有新的数据更新提交，最终所有的访问都将获得最后的更新数据。

实现最终一致性的最常见系统是 DNS（domain name system，域名系统），它根据 Name 更新的传播、配置模式以及时间控制的缓存，最终使所有节点都会看到更新。

3. 三大基石的意义

三大基石垫定了 NoSQL 系统的理论基础，它在传统 RDBMS 的理论架构上，针对分布式数据存储需求进行了理论上的革新。

CAP 理论指出了 RDBMS 的要求在分布式系统中很难实现，因此，在 NoSQL 的基础架构中，不仅要考虑一致性、可用性和分区容忍性的要求，而且要根据系统产品的应用方向进行合理的取舍。

根据 CAP 理论提出的 BASE 原则是传统事务 ACID 特性的一个变形体，它弱化了传统 ACID 特性对事务管理的严格要求，提出了保证系统的基本可用、软状态和最终一致性要求，即通过适当放宽对一致性的要求来保证系统的高可用性和分区容忍性。

数据的一致性在任何数据管理系统中都是必须考虑的，放松数据的一致性控制并非不要求数据的一致性。最终一致性就是一种放松一致性控制获得系统高可用性的折中方法，也是 NoSQL 与 RDBMS 的最大不同点之一。最终一致性是对传统一致性理论的再定义，并衍生出了很多新的处理方法。

由于 NoSQL 的开发应用尚未进入完全成熟的阶段，CAP 理论和 BASE 原则的内涵细节也在不断变革中。与 RDBMS 理论的普遍适用性相比，NoSQL 的理论体系发展更加强调个体适应性。因此，针对具体的 NoSQL 产品，需要有严格的考核与权衡过程，明确系统需要什么、可以放宽什么，才能进行合理的设计。

总的来说，为了满足实时高并发读写和横向高可扩展性的要求，NoSQL 放弃了 OldSQL 对事务 ACID 特性的控制以及数据强一致性条件。因此，NoSQL 可以看作 OldSQL 的一种简化，当然它也增加了横向可扩展性等一些新的要求。

8.5.3　NoSQL 的分类

数据模型决定了数据的逻辑组织形式，因此，数据库一般是按其所使用的数据模型进行分类的，如第 2 章介绍的层次数据库、网状数据库和关系数据库，还有 8.3 节的面向对象数据库、8.4 节的 XML 数据库等。

美国著名数据库科学家迈克尔·斯通布雷克（Michael Stonebraker，获得 2015 年图灵奖）在一篇论文中指出，大数据的发展使一种数据库架构支持所有应用的局面，转变为多种数据库架构支持多类应用的新局面。

根据 DB 引擎的差别，可以将目前世界上超过 260 多个数据库管理系统产品分为 13

个类别，但其中 OldSQL(RDBMS)、NoSQL 和 NewSQL(8.5.5 节)三个大的种类，几乎代表了整个数据库产品市场。

OldSQL 分为支持 OLTP 的关系型行导向系统和支持 OLAP 的关系型列导向系统两个子类。大多数 OldSQL 都是传统数据库巨头，如 Oracle、IBM、Microsoft 公司的商品化产品，且它们都已成功将两个子类集成在一个系统之中。

NoSQL 通常分为 6 个子类，键-值数据库、列族数据库、文档数据库、图形数据库、对象(面向对象数据库)以及 XML 数据库，后者也叫纯 XML，即 Native XML 数据库。

由于对象型数据库和纯 XML 数据库已在 8.2 节和 8.4 节介绍，因此，下面主要简介 NoSQL 的其余 4 个子类。

1. 键-值数据库

键-值(key-value)数据库是最简单的一类 NoSQL 系统，它按照键-值对的形式组织、索引和存储数据。即用一种算法把“键”映射到相应的“值”(数据)上，使“键”与“数据”联系起来，但并不关心数据的内容。因此，“值”可以是任何结构化或非结构化的二进制数据集，被视为不透明的二进制数据。应用系统的开发者需要自己定义“值”的数据格式并进行解析。因此，键-值数据库只支持“键”的查询。

键-值数据库具有横向可扩展性强、可靠性高和可用性高等优点，非常适合不涉及过多业务联系的大数据，能有效减少读写磁盘的次数。因此，适用于实时处理大数据的高访问负载，也常用于一些日志系统。它与应用程序的紧密配合可以实现毫秒级的响应时间以及依靠基于密钥的主查询机制。常用于社交娱乐媒体、移动平台、网络游戏，以及多渠道零售和电子商务等领域。

截至 2016 年底的资料显示，市场上有 50 余种键-值数据库可用，其中以 Redis、Memcached、Riak 和 BerkeleyDB 最为流行。

Redis(http://www.redis.cn)是意大利一家创业公司 Merzia 于 2009 年发布的开源 Key-value 数据库，并在键-值数据库的流行度排行榜中蝉联第一。该公司在 2008 年曾推出了一款基于 MySQL 的网站实时统计系统 LLOOGG，但因 MySQL 的性能较低，公司创始人 Salvatore Sanfilippo 于 2009 年开发并发布了内存数据库 Redis。从 2010 年 3 月 15 日起，Redis 的开发工作由威睿(VMware)公司主持。2015 年 4 月 2 日，Redis 发布了 3.0.0 的正式版本，2016 年最新的稳定版本是 V3.2.6。

Redis 使用 ANSI C 语言编写，是一款高性能的键-值数据库，在一定程度上弥补了其他键-值产品的不足。相较于其他的键-值产品，Redis 支持数据的持久化，可以将内存中的数据保存在磁盘中，重启的时候可以再次加载进行使用；Redis 不仅支持简单的键-值数据，同时还提供 list、set、zset、hash 等数据结构的存储；Redis 支持数据的“主-从(master-slave)”数据同步，即数据可以从主服务器向任意数量的从服务器同步复制。

Redis 在部分场合可以对关系数据库起到很好的补充作用，并提供了 Java、C/C++、C#、PHP、Python 等多种程序语言的 API，使用非常方便。

与许多其他键-值数据库相比，Redis 具有运行异常快速、数据类型丰富、操作具有原子性、实用工具多样等优点。常用于构建高性能、可扩展的 Web 应用系统。

中国阿里集团为客户提供了基于 Redis 的云数据库服务，并可选择主从版和集群版的高可用架构，新浪微博和知乎网，国外的 GitHub、Stack Overflow 等公司也都是 Redis 的用户。

2. 列族数据库

列族(column families)数据库，也称为列式数据库或列式存储数据库，它将一组相关的列数据(若干个经常一起查询的列)作为一个列族存储在一起，而传统的关系数据库是行存储的，故可称为行式数据库。

以包括学生编号(Sno)、姓名(Sname)和分数(score)的表 8-7 为例。

表 8-7　简化的成绩表

Sno	Sname	score
S01	王建平	91
S02	刘华	88
S03	范林军	76
S04	李伟	65
S05	黄河	85

传统数据库先把第一行中的数据值串联起来存储，然后再存储下一行的数据，以此类推。其数据的存储顺序如下：

S01，王建平，91；S02，刘华，88；S03，范林军，76；S04，李伟，65；S05，黄河，85；

列式数据库则把第一列的数据值串联起来存储，然后再存储下一列的数据，以此类推。其数据的存储顺序如下：

S01，S02，S03，S04，S05；王建平，刘华，范林军，李伟，黄河；91，88，76，65，85；

列族数据库让每一列都成为某个列族的一部分，而且访问数据的单位也是列，它的每个列族是一个键-值对，且允许一个键同时指向多个列值。故也可以将列族数据库看作一种嵌套的键-值数据库。

列族数据库优点在于查找速度快、可扩展性强、易于分布式扩展，并方便存储结构化和半结构化数据，方便进行数据压缩以及高效的聚集计算，对于某一列或者某几列的查询有非常强大的 I/O 优势，特别适合分布式的文件管理系统。

截至 2016 年底，市场上也有数十种列族数据库，其中 Cassandra(Facebook)、HBase 和 Hypertable 是 3 款使用最为广泛的列族数据库，而 Google 公司使用的 BigTable 因为没有向社会公开，故一般社会机构或公司都无法使用。

HBase(Hadoop Database，http://hbase.apache.org)是模仿 BigTable 的开源版本，它是建立在 Hadoop 分布式文件系统(HDFS)之上，能提供高可靠性、高性能、列存储、可伸缩、实时读写的数据库系统，主要用来存储非结构化和半结构化的松散数据。

HBase 最初是 2007 年发布的 Hadoop 的一个子项目，2010 年成为独立的 Apache 顶级项目。在经过了 3 个 0.99.x 系列的“开发者预览版”以及 6 个 Apache HBase 1.0.0 候选版本的发布之后，2015 年 HBase 1.0.0 正式发布，至 2016 年的最新版本是 V1.2.4。

HBase 具备开源、分布式、可扩展性以及面向列的存储特点，使得 HBase 可以部署在廉价的 PC 服务器集群上处理大规模的海量数据，目前 Facebook、Yahoo、百度和阿里巴巴等很多大公司都是 HBase 的用户。

HBase 有多种访问接口，如 Native Java API、HBase Shell、Thrift Gateway、REST Gateway、Pig、Hive，可以支持 C++、PHP、Python 等多种程序设计语言。

3. 文档数据库

文档(document)数据库将“键”映射到包含一定格式信息的“值”(文档)之中，且文档数据库本身能够了解值的内容。因此，文档数据库可以看作一种特殊的键-值数据库，其不同之处在于，键-值数据库中的值作为不透明的二进制对象被存储，而文档数据库中的值作为 JSON 文档，即 Java Script Object Notation 文档来存储。JSON 文档是半结构化的，其中的格式是自由的，甚至可以存储列表和递归嵌套。

文档数据库的优点是将半结构化的文档以特定格式存储，其文档内的结构可嵌套，对于需要灵活架构的应用程序是非常理想的数据库，如记录实例之间的数量和类型差异很大(如衍生证券和医疗记录)，如对应于相同的属性但具有不同数据类型的记录实例，涉及深度嵌套域的文档以及在跨文档集合中的聚合计算查询等。

截至 2016 年，已有超过 40 种文档数据库，其中以 MongoDB、CouchDB 和 DynamoDB 最为流行。

MongoDB(https://www.mongodb.com)是一个基于分布式文件存储的数据库，用 C++ 语言编写，主要解决的是海量数据的访问效率问题，并为 Web 应用提供可扩展的高性能数据存储解决方案。当数据量达到 50GB 以上的时候，MongoDB 的数据库访问速度是 MySQL 的 10 倍以上。MongoDB 的并发读写效率不是特别出色，根据官方提供的性能测试表明，大约每秒可以处理 0.5 万~1.5 万次读写请求。MongoDB 还自带了一个出色的分布式文件系统 GridFS，可以支持海量的数据存储。

MongoDB 是一个介于关系数据库和非关系数据库之间的开源产品，是非关系数据库当中功能最丰富、最像关系数据库的产品。它支持的数据结构非常松散，是类似 JSON 的 BSON 格式，因此可以存储比较复杂的数据类型。MongoDB 的最大特点是它支持的查询语言非常强大，其语法有点类似于面向对象的查询语言，几乎可以实现类似关系数据库单表查询的绝大部分功能，而且还支持对数据建立索引。

MongoDB 支持 Ruby、Python、Java、C++、PHP、C#等多种语言，其特点是高性能、易部署、易使用，存储数据非常方便。中国的淘宝公司、大众点评和视觉中国，以及国外的 Foursquare、Craiglist、迪士尼和 SAP 等公司都是 MongoDB 的用户。

4. 图形数据库

图形(graph)数据库使用图的结构，即节点、边和属性来表示和存储信息。节点代表类似于人、商业、账户或者其他任意的实体，边则表示节点与节点之间的联系。节点和边都可以拥有属性，分别用来存储节点和边相关的最重要信息。

图形数据库适用于专注构建关系图谱的社交网络、推荐系统等场景，并可利用图形结构相关算法实现查找，如最短路径寻址等。因此，在航空、运输、医疗保健、零售、游戏、石油和天然气行业也经常使用。

截至 2016 年底的资料显示，已有超过 20 种图形数据库，其中以 Neo4j、DEX、OrientDB 和 InfoGrid 最为流行。

Neo4j（https://neo4j.com）可能是当下人气最高的开源图形数据库，它在设计上主要考虑到 Java 应用程序的实际需求，但它同时也支持 Python。Neo4j 共有 GPLv3 社区版、高级版、企业版三种版本；后两者都以 AGPLv3 商业许可为基础，2016 年发布了 Neo4j 3.0。

大多数的 NoSQL 数据库只是存储键和值的一个灵活的捆绑。不过 Neo4j 存储的是对象之间的关系，或者说这种结构就是数学中的“图”。我们也可以把 Neo4j 看作一个高性能的图引擎，并具有成熟和健壮的数据库的所有特性。该工具包括很多有关搜索和分析的算法，它能够帮助寻找谁是我的朋友，或者寻找朋友的朋友。这些“图的遍历”算法，可以节省很多指针查询的麻烦。

Neo4j 是一个嵌入式、基于磁盘的、支持完整事务的 Java 持久化引擎，它在图形中而不是表中存储数据。Neo4j 重点解决了拥有大量连接的传统 RDBMS 在查询时出现的性能衰退问题。通过围绕图形进行数据建模，Neo4j 就以相同的速度遍历节点与边，其遍历速度与构成图形的数据量没有任何关系。此外，Neo4j 还提供了非常快的图形算法、推荐系统和 OLAP 风格的分析，而这一切在目前的 RDBMS 系统中都是无法实现的。

8.5.4 NoSQL 的优缺点

NoSQL 是键-值数据库、列族数据库、文档数据库和图型数据库等一系列非关系数据库的统称，它们分别在不同的特定领域得到应用。NoSQL 通常对数据之间的联系没有过多要求，即数据之间基本上不进行复杂的连接处理，故其数据库的结构比较简单。

1. NoSQL 的主要优点

NoSQL 与传统关系数据库 OldSQL 相比主要有以下 3 个优点。

（1）横向扩展性强

通过不断增加性能一般的廉价服务器来构成一个服务器群，就可以不停机地满足业务数据不断增加的存储和处理需求。此外，NoSQL 数据库由于去掉了关系模型的 ACID 限制，摒弃了数据之间的强制性联系，使数据库的横向扩展变得非常容易，并具有更高的容错性。

（2）成本低性能高

由于 NoSQL 系统的易扩展性，一方面用廉价服务器扩展代替高性能服务器更新降低了硬件成本，另一方面，几乎所有 NoSQL 数据库都是开源软件，相对于 OldSQL 需要按并发数支付高额的许可费用来说，其基础软件成本也是比较低廉的。

（3）数据模型灵活

OldSQL 的数据存储格式由关系模型，即基本表的字段确定，若要对其增删字段就要降低服务水平甚至停机维护才能完成。而 NoSQL 数据库有列族存储、文档存储、键-值存储、图形存储、对象存储、XML 存储等多种数据模式，并不需要事先为存储的数据建立字段，不需要固定的基本表结构，还可以随时存储自定义的数据格式。

因此，NoSQL 数据库一般适用于数据模型比较简单、数据一致性要求弱，而横向扩展性要求高、并发读写处理要求高的场景。

2. NoSQL 的主要缺点

NoSQL 数据库虽然有诸多优点,但在实际应用中仍然存在自身的缺点,并有使用的局限性。

(1) 缺乏专业厂商支持

大部分的 NoSQL 数据库都是社区开源项目,没有世界级的数据库专业厂商提供完善的技术服务支持,如果在应用中出现故障,只能靠使用单位自己解决。

(2) 标准化程度不够高

NoSQL 的数据模型有键-值、列族、文档、图形、对象和 XML 等多种类型,不仅没有经过严格的数学论证,而且没有像 SQL 那样的数据查询标准语言,不同的 NoSQL 产品通常提供不同的查询语言,有的甚至不提供数据查询语言,即使支持相同数据模型的 NoSQL 产品也缺乏统一标准架构,给用户选择和使用 NoSQL 产品带来了困难。

(3) 应用开发门槛较高

基于 NoSQL 的应用系统开发,企业需要足够且多样性的高端 IT 人才,完成复杂查询、数据完整性和一致性检测,以及事务的原子性保障等程序的开发任务,否则其应用开发风险较大。这也是 NoSQL 产品目前仅在小范围的大型 IT 企业中应用,却很难在非 IT 企业中普及应用的原因。

正是针对 NoSQL 存在的缺点,人们才提出既保持 OldSQL 特点,又支持 NoSQL 横向可扩展和分布式高并发特点的 NewSQL,以期为用户提供一种管理结构化和非结构化数据的统一环境。

8.5.5 NewSQL 的发展

1. NewSQL 名称的由来

随着 NoSQL 在大型互联网公司的应用成功,传统数据库厂商,如 Oracle、IBM 和 Microsoft 等公司受到了巨大的挑战。美国卡内基 · 梅隆大学 451 研究所的 Matthew Aslett 教授在 2011 年关于数据库的商业分析报告中提出了 NewSQL 这个名称,其实,初创公司 Clustrix 在 2006 年就发布了一款 NewSQL 系统,只不过当时大家仅将其看作一款 NoSQL 产品。

NewSQL 数据库不仅保持了 OldSQL 对事务 ACID 特性和 SQL 的支持,还具有 NoSQL 的横向可扩展性和高并发读写能力。因此,NewSQL 的很多理念和特征既不新颖也非唯一,但其主要创新点在于将 OldSQL 和 NoSQL 中各个功能特性进行有机集成,并形成易于部署和扩展的数据管理产品。因此,NewSQL 特别适合那些严重依赖 OldSQL 功能,但又需要支持 NoSQL 特性的大数据应用场景。

2. NewSQL 的分类

虽然 NewSQL 的目标是为用户提供既支持事务 ACID 特性和 SQL,又具有横向可扩展性和高并发读写能力,能够管理结构化和非结构化数据的统一环境。但由于分布式应用的特殊性,不同厂商的 NewSQL 在内部体系结构和实现方法上的差别变化仍然很大,如采用主-主或主-从结构,采用不同的数据复制方法等。但它们有两个显著的共同特点:①它们都支持关系数据模型;② 它们都使用 SQL 作为其主要的数据接口。

从宏观上说,目前 NewSQL 系统大致可分为两个大类。

(1) 扩展 OldSQL 的 NewSQL

就是在 OldSQL 原有结构基础之上,对其进行某种扩展使其具有横向可扩展性和高并发读写能力,并能管理结构化和非结构化数据。

早期的扩展方法,就是采用高度优化的 SQL 存储引擎代替 OldSQL 中原有的单点存储引擎从而获得 NewSQL。不过,业界也有许多同仁认为,这种对 OldSQL 单节点存储引擎进行替换的扩展所得并不代表 NewSQL 系统。

另一种扩展 OldSQL 的方法是增加数据库中间件,并对 OldSQL 原有的单节点数据库进行数据分片,通过中间件把数据存放到由廉价服务器组成的分布式集群里。

对于应用程序来说,数据库中间件是一个逻辑上的单节点数据库,但实际上它的存储横跨了多台物理上的服务器。当应用程序要向数据库发起读写命令时,首先将读写命令发给中间件,中间件根据数据分片情况将命令发送到系统中的一个或多个节点去执行。每个节点执行命令之后将各自结果首先返回给中间件,再经中间件合并后反馈给应用程序。故称为透明的数据分片中间件扩展方法。

eBay 的 Oracle 的集群和 Google 的 MySQL 集群,都是比较著名的采用"OldSQL+中间件"构造的 NewSQL。Facebook 后来也采用了这种方法,建立了自己的 MySQL 集群并应用至今。

(2) 全新结构的 NewSQL

全新结构的 NewSQL 完全不受 OldSQL 原有结构的束缚,直接从事务的 ACID 特性、SQL、横向可扩展性和高并发读写能力等大数据通用管理的需求出发,采用分布式架构重新设计而得。这种全新结构的 NewSQL,其系统的每个功能,如分布式查询、节点间通信协议和数据传输等,都针对分布式环境的特点进行优化设计。例如,这类 NewSQL 可以在节点之间直接发送内部查询数据,而不用像采用中间件的系统那样,需要通过某个中心节点进行转发。

采用全新结构的 NewSQL 产品主要有 Google Spanner、NuoDB、SAP HANA、VoltDB 等。

全新结构 NewSQL 的应用情况目前还不够理想,其用户数量似乎还有下降的态势。这主要有 3 个方面的原因:一是这种 NewSQL 的技术太新,没有大规模的实际安装应用基础,更没有更多的实际应用验证;其次是数据库社区群中有 NewSQL 经验的用户数量远比流行的 OldSQL 少许多,用户害怕遇到困难时得不到帮助;最后是 NewSQL 用户可能无法使用早已熟悉的管理和报表生成工具,致使普通的潜在用户不敢选用。当然,许多 NewSQL 公司都认识到这些问题,并努力通过各种途径试图改变这种情况。

3. 两个典型的 NewSQL 产品

(1) NuoDB

NuoDB(http://www.nuodb.com)既是一家数据库公司的名称又是其数据库的产品名称。公司成立于 2008 年,其产品为 NimbusDB,2011 年更名为 NuoDB,并有开源和商业两个不同的版本。

NuoDB 的创始人兼 CEO Barry Morris 认为云计算和地理分布的数据管理是数据库未来发展的方向。他说"无论 Oracle,DB2 还是 MongoDB 或者 CouchDB,它们的核心架构其实都一样,也就是说都在一块硬盘上来管理数据,这势必会造成并发访问和扩展性的限制,而 NuoDB 是从零开始设计的,我们摒弃了集中控制的概念。"

NuoDB 重新定义了关系型数据库技术,是一款具有如下 6 个特点的全新结构 NewSQL 产品。

① 支持关系模型和 SQL;

② 遵从事务的 ACID 特性;

③ 具有分布式动态可扩展伸缩性;

④ 以内存计算为中心,具有高性能;

⑤ 支持廉价服务器集群;

⑥ 系统故障和灾害自动恢复技术。

简单地说,NuoDB 是一款支持 OldSQL,横向可扩展性强、成本低性能高的 NewSQL 产品。

(2) VoltDB

VoltDB(https://www.voltdb.com)也是一家数据库公司的名称及其数据库产品名称,是在 Postgres 和 Ingres 的联合创始人,美国著名数据库科学家迈克尔·斯通布雷克(Mike Stonebraker)领导下开发的 NewSQL 数据库管理系统。它不仅能使用 SQL 进行数据存取,支持事务的 ACID 特性,而且具有横向可扩展性。现有开源社区版 H-Store 和商业付费版 VoltDB 两个版本,并具有一般 NewSQL 必需的特点,如支持 SQL,具有 ACID 特性、横向可扩展性,支持廉价服务器群等。

商业付费版除了包含开源社区版的所有功能外,还具有以下新增功能。

① 计算机集群管理控制台;

② 系统性能监视仪表盘;

③ 数据库宕机后的恢复机制;

④ 在线数据库 Schema 修改;

⑤ 在线数据库节点重新加入;

⑥ 支持 JDBC 和 OLAP 导出。

4. NoSQL、NewSQL 与 OldSQL

NoSQL 作为 OldSQL 以外的补充,具有简单和灵活的数据模型、高并发读写能力、良好的可扩展性和可用性等优点,弥补了 OldSQL 的不足,主要满足了非结构化大数据的存储、管理和访问需求并在 Google、Amazon、Facebook、阿里巴巴等大型互联网应用中占据主导地位。

NewSQL 则强调在支持 OldSQL 的基础上,尽量满足大数据存储管理的新需求,包括 NoSQL 具有的横向扩展性、高并发性和分布处理能力等,并对存储结构、计算架构和内存使用等核心技术进行了创新。由于 NewSQL 对全数据格式的支持日渐成熟,且在实时性、复杂分析、即时查询和可开发性等方面比 NoSQL 更具优势。因此,NewSQL 具有更普遍的商业价值,必将成为一个主流的数据库产品类别。

不管是 NoSQL 还是 NewSQL,在网络应用的开发商眼里,它们都是一种打破 OldSQL 局限性的改革运动和革新方向,并改变了 OldSQL 使用一种架构服务于所有应用的局面,因此,在未来可以预见的时间里,OldSQL、NoSQL 和 NewSQL 三类产品都将拥有各自适用的领域和客户群,并形成三足鼎立的市场格局。

8.6　数据仓库与数据挖掘

随着计算机技术的飞速发展和数据库技术的广泛普及应用,企业界对数据处理提出了更高的要求,即如何充分利用现有的数据资源,提取管理决策所需要的信息(决策支持),促进了数据仓库技术的产生和发展。本章将从数据库与数据仓库的联系和区别入手,介绍数据仓库技术涉及的有关概念和方法,然后介绍基于数据仓库的决策支持工具和数据挖掘技术。

8.6.1　数据的事务处理与分析处理

要回答什么是数据仓库(data warehouse,DW),它与数据库有什么区别和联系这些问题,首先应该弄清楚数据处理的方式与应用目的的关系。人们经过多年的实践发现,当前的数据处理方式大致可以分为两类:操作型处理和分析型处理。操作型处理也叫事务处理,是指对数据库联机的日常操作,通常是对一个或一组记录的查询和修改,主要是为企业的特定数据管理应用,如出入库登记、凭证录入、生产管理等服务的,人们关心的是响应时间、数据的安全性和完整性。分析型处理则用于管理人员的决策分析,如决策支持系统(decision support system,DSS)和多维分析等,经常要访问大量的历史数据,其目的是通过对这些历史数据的分析,从中提取管理决策所需要的重要信息。

数据库系统作为数据管理手段,主要用于事务处理,在这些数据库中已经保存了大量的日常业务数据。传统的 DSS 一般也直接建立在这种事务处理环境上。数据库技术一直力图使自己能胜任从事务处理、批处理到分析处理的各种类型的数据处理任务。但实际上,尽管数据库系统在事务处理方面的应用获得了巨大的成功,而它对分析处理的支持却一直不能令人满意,尤其是当以事务处理为主的联机事务处理(on line transaction processing,OLTP)应用与以分析处理为主的 DSS 应用共存于同一个数据库系统时,这两种类型的处理发生了明显的冲突。人们逐渐认识到事务处理和分析处理具有极不相同的性质,直接使用事务处理环境来支持 DSS 是行不通的。

概括地说,面向事务处理的数据库环境不适宜 DSS 应用的原因主要有如下几个方面:

1) 事务处理和分析处理的性能特点不同。在事务处理环境中,用户的行为特点是数据的存取操作频率高,而每次操作处理的时间短,因此,系统可以允许多个用户按分时方式使用系统资源,同时保持较短的响应时间,OLTP 是在这种环境下的典型应用。

在分析处理环境中,用户的行为模式与此完全不同,某个 DSS 应用程序由于需要涉及大量的历史数据,可能需要连续运行几个小时甚至更多时间,从而消耗大量的系统资源。将具有如此不同处理性能特点的两种应用放在同一个数据环境中运行显然是不适当的。

2）数据集成困难。DSS 需要按决策分析主题集成的数据。全面而正确的数据是有效分析和决策的首要前提，相关数据收集得越完整，得到的结果就越可靠。因此，DSS 不仅需要整个企业内部各部门的相关数据，还需要企业外部竞争对手的相关数据。

而事务处理的目的在于使企业内部的业务处理自动化，一般只需要与本部门业务有关的当前数据，对整个企业范围内的集成应用考虑很少。当前绝大部分企业内部数据的真正状况是按部门业务分散组织而不是按照决策分析主题集成的，尽管每个单独的事务处理应用可能是高效的，能产生丰富的细节数据，但这些数据却不能成为一个统一的整体。对于需要集成数据的 DSS 应用来说，就必须自己在应用程序中对这些纷杂的数据进行集成。然而，数据集成是一项十分繁杂的工作，都交给应用程序完成会大大增加程序员的负担和数据集成的难度。此外，如果每进行一次分析，都要进行一次这样的数据集成，必然导致分析处理效率的低下。DSS 对数据集成的迫切需要是数据仓库技术出现的最重要动因之一。

3）没有动态集成能力。从前面介绍可知，由于每次分析都重新对数据库数据按照决策主题进行集成的开销太大，一些 DSS 应用仅在开始时对所需的数据进行了集成，以后就一直以这部分集成的数据作为分析的基础，不再与数据源发生联系，我们称这种方式的集成为静态集成。静态集成的最大缺点在于如果在数据集成后数据源中数据发生了改变，这些变化将不能反映给决策者，导致决策者使用的是过时的数据。对于决策者来说，虽然并不要求随时准确地探知系统内的任何数据变化，但也不希望所分析的是几个月以前的情况。因此，集成数据必须以一定的时间周期（如每 24 小时）刷新一次，我们称其为动态集成。显然，事务处理系统自身没有数据的动态集成能力。

4）历史数据不足。事务处理一般只需要当前数据，在数据库中一般也只存储短期数据，且不同数据的保存期限也不一样，即使有一些历史数据保存下来了，也被束之高阁，未得到充分利用。但对于决策分析而言，历史数据是相当重要的，许多分析方法必须以大量的历史数据为依托。没有对历史数据的详细分析，是难以把握企业的发展趋势的。

5）综合数据少。在事务处理系统中积累了大量的细节数据，例如，下午 3 点钟销售水泥 20 吨，4 点钟销售水泥 15 吨等。DSS 并不对这些细节数据进行分析，这主要有两个原因：一是细节数据数量太大，会严重影响分析的效率；二是太多的细节数据不利于分析人员将注意力集中于有用的宏观信息上。因此，在分析前，往往需要对细节数据进行不同程度的综合，如 1 月 1 日销售水泥 560 吨，一月上旬销售水泥 6000 吨等。而事务处理系统不具备这种综合能力，根据规范化理论，这种综合数据还往往因为是冗余数据而加以限制。因此，事务处理系统中综合数据少。

通过以上分析可以看出，DSS 对数据在空间和时间的广度上都有了更高的要求，而事务处理环境难以满足这些要求，因此，在操作型环境中直接构建分析型应用是一种失败的尝试。数据仓库本质上是这些问题的一个解决方案。当然，数据仓库的主要驱动力并不是过去事务处理环境的缺点，而是市场商业经营行为的改变，市场竞争要求捕获和分析事务处理环境中的业务数据。要提高分析和决策的效率与有效性，分析型处理及其所需数据必须与操作型处理和数据相分离。必须把分析数据从事务处理环境中提取出来，按照 DSS 处理的需要进行重新组织，建立单独的分析处理环境，数据仓库正是为了构建这种新的分析处理环境而出现的一种数据存储和组织技术。

8.6.2　数据仓库的概念

社会的需求极大地推动了数据处理技术的发展。人们逐渐尝试对数据库中的数据进行再加工,形成一个综合的、面向决策分析应用的环境,以更好地支持决策分析。数据仓库的思想逐渐开始形成,传统的数据库系统面向以事务处理为主的 OLTP 应用,已不能满足 DSS 的分析要求。事务处理和分析处理具有极不相同的性质,因而两者对数据也有着不同的要求。被誉为数据仓库之父的 Inmon 在其《建立数据仓库》一书中,列出了操作型数据与分析型数据之间的区别(表 8－8),它实际上说明了数据的事务处理与分析处理的本质差异。

表 8－8　操作型数据与分析型数据之间的区别

操作型数据(原始的)	分析型数据(导出的)
细节的	综合的,或提炼的
在存取瞬间是准确的	代表过去的数据
可更新	不可更新
操作需求事先可知道	操作需求事先不可知道
生命周期符合 SDLC	完全不同的生命周期
对性能要求高	对性能要求宽松
事务驱动	分析驱动
面向应用	面向分析
一次操作数据量小	一次操作数据量大
支持日常操作	支持管理需求

数据仓库是一个专门用于支持企业或部门的管理决策分析的、面向主题的、集成的、不可更新的、随时间不断变化的数据集合。

通俗地说,数据仓库是一个专门用于支持管理决策的数据库,它的数据是按照决策分析需要的主题方式组织的。这样做的一切都是为了让用户更快更方便地对数据进行分析并提供决策支持。数据仓库中的数据有两种来源。最常见的是从企业内部的、面向 OLTP 应用的数据库中定期转送过来的数据;另一种是外部购买或收集的数据(类似股民从证券公司买来的股票数据)。

8.6.3　数据仓库数据的基本特征

根据操作型数据与分析型数据的区别(表 8－7)和数据仓库的定义,可以将分析型数据的特点概括为四点,也就是数据仓库数据的四个基本特征:数据仓库数据是面向主题的、集成的、不可更新和随时间不断变化的。下面分别讨论数据仓库数据的这四个基本特征。

1) 数据仓库的数据是面向主题的。它是与传统数据库面向应用相对应的一种数据组织方式。面向主题是一个在较高层次上对数据进行归类与组织的标准。每一个主题基本对应一个宏观的决策分析领域。例如,一家采用“会员制”的大型商场,为了管理商场的业务,建立了一个面向 OLTP 应用的管理信息系统(MIS),该系统由采购管理、销售管理、库存管理和人事管理等子系统组成。但为了进行决策分析,该商场就要建立数据仓库,其数据从商场的 MIS 定期转送过来,但数据必须按照主题重新组织。该商场的决策分析主题可能是：商品、供应商、客户和会员等。由此可以看出，基于主题组织的数据被划分为各自独立的领域，每个领域有自己的逻辑内涵而不相交叉。而基于应用的数据组织方法则完全不同，它的数据只是为各个部门具体应用方便而组织在一起的。

值得注意的是，按照“主题”组织的数据仓库目前仍然是利用关系数据库技术来实现的，如 SQL Server 2008 支持数据仓库，且每个“主题”在数据仓库中对应一个或几个基本表。

2）数据仓库的数据是集成的。前面已经讲到，操作型数据与适合 DSS 分析的数据之间差别甚大。因此数据在进入数据仓库之前，必然要经过加工与综合集成。这一步实际是数据仓库建设中最关键、最复杂的一步。首先，要统一原始数据中所有矛盾之处，如字段的同名异义、异名同义、单位不统一、字长不一致等，还要将面向 OLTP 应用组织的原始数据转变为面向主题方式组织的决策分析数据。

3）数据仓库的数据是不可更新的。数据仓库的数据是企业相当一段时间内的历史数据，它主要供企业决策分析之用，所涉及的操作主要是数据查询，一般没有修改等更新操作。当然，超过存储期限的历史数据将从当前数据仓库中删除。

4）数据仓库的数据是随时间变化的。数据仓库的数据是不可更新的，是指用户对数据进行分析处理时不对数据进行修改等更新操作，但并不是说，数据仓库数据从数据集成输入数据仓库之后就永远不变。

数据仓库的数据随时间变化而不断变化的特征表现在以下三方面：

1）数据仓库随时间变化不断增加新的数据内容。数据仓库系统必须不断监视 OLTP 数据库中变化的数据，并追加到数据仓库中（图 8－10）。即要不断地生成 OLTP 数据库的快照，经统一集成后增加到数据仓库中；当捕捉到新的变化数据时，又生成一个数据库的快照并集成后增加到 DW 中，而不会对前一次的数据库快照进行修改。

2）数据仓库随时间变化不断删去旧的数据内容。数据仓库的数据也有存储期限，一旦超过了这一期限，过期数据就要被删除。只是数据仓库内的数据时限要远远长于操作型环境中的数据时限。在操作型环境中一般只保存有 60～90 天的数据，而在数据仓库中则需要保存较长时限的数据（如 5～10 年），以适应 DSS 进行趋势分析的要求。

3）数据仓库中包含大量的综合数据，这些综合数据中很多跟时间有关，如数据经常按照时间段进行综合，或隔一定的时间段进行抽样等。这些数据要随着时间的变化不断地进行新的或更高级别的综合。

8.6.4　数据仓库系统的组成

数据仓库系统（data warehouse system，DWS）是多种技术的综合体，它由数据抽取工具、数据仓库、数据仓库管理系统（DWMS）和数据仓库访问工具，如图 8－10 所示虚线矩形框部分所示。图中的 DB_1，DB_2，…，DB_k 称为数据源，它是为数据仓库提供原始数据的 OLTP 数据库或外部数据源。

1）数据抽取工具。它能够将面向 OLTP 应用的数据库中已有的数据抽取出来，并按照主题组织成决策分析所需的综合数据的工具，一般由监视器和集成器两部分组成。监视器负责感知数据源中数据所发生的变化，并对变化的数据按数据仓库的主题需求抽取数据。集成器将从 OLTP 数据库中提取的数据经过转换、计算、综合等操作，集成后追加到数据仓库中去。

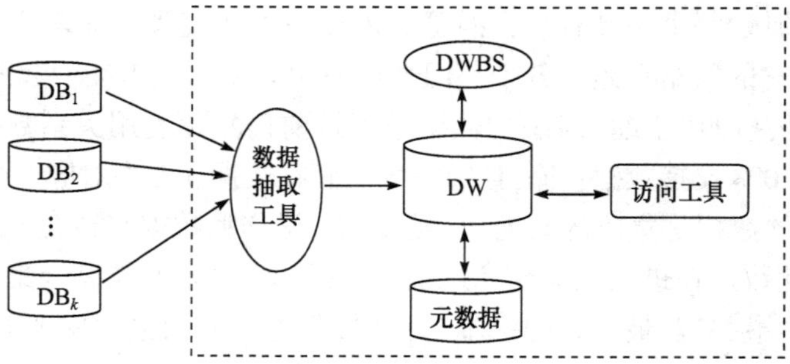

图 8-10　数据仓库系统的组成

2) 数据仓库。它存储已经按主题组织的数据,供决策分析处理之用。在整个数据仓库系统中,数据仓库居于核心地位,是信息分析和挖掘的基础。根据不同的分析要求,数据一般按不同的综合程度(级别)存储(8.5.5 节)。

3) 元数据。元数据(metadata)是描述数据仓库内数据的结构和建立方法的数据,是数据仓库的重要组成部分。这里将其单独介绍是为了说明它的重要性。元数据的作用相当于数据库系统中的数据字典。在数据仓库环境中,主要有两种元数据:第一种是为了从操作型环境向数据仓库环境转换而建立的元数据,它包含了所有源数据项目名、属性及其在数据仓库中的转换;第二种元数据在数据仓库中是用来与终端用户的多维商业模型/前端工具之间建立映射,这种元数据称为 DSS 元数据,常用来支持开发更先进的决策支持工具。

元数据为访问数据仓库提供了一个信息目录(information directory),该目录全面描述了数据仓库中都有什么数据,这些数据怎么得到的,以及怎么访问这些数据的信息。它是数据仓库运行和维护的中心,数据仓库服务器利用它来存储和更新数据,用户通过它来了解和访问数据。

4) DWMS 是整个数据仓库系统的运转管理引擎,它提供数据定义、数据操纵和系统运行管理等功能。目前的 DWMS 大都是在 RDBMS 中增加一些 DW 管理所需要的组件来实现的,如 MS SQL Server 2014 就是一个 DWMS 与 RDBMS 共存的集成解决方案。

5) 访问工具。它为用户访问数据仓库提供手段,是整个系统发挥作用的关键和重要组成部分。只有通过高效的访问工具,数据仓库才能真正发挥出数据宝库的作用。访问工具主要包括数据查询和报表(forms)工具、应用开发工具、领导信息系统(executive information system,EIS)工具、联机分析处理(on line analytic processing,OLAP)工具、数据挖掘(data mining,DM)工具等(8.5.6 节)。

8.6.5　数据仓库数据的组织

1. *数据仓库的数据组织结构*

一个典型的数据仓库的数据组织结构如图 8-11 所示。

在数据仓库中的数据一般分为四个级别:早期细节级、当前细节级、轻度综合级和高度综合级。源数据经过综合后,首先进入当前细节级,并根据具体需要进行进一步的综

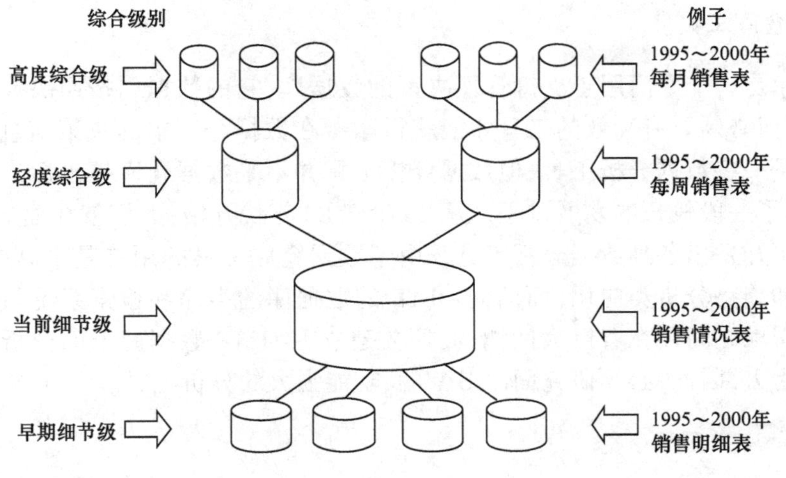

图 8-11 数据仓库的数据组织结构及其例子

合，从而进入轻度综合级乃至高度综合级。从图 8-11 中可以看出，数据仓库中存在着不同的综合级别，一般称为“粒度”。粒度越大，表示细节程度越低，综合程度越高。因此，级别的划分是根据粒度进行的。

2. 数据仓库的数据组织形式

这里简单介绍数据仓库中两种常见的数据组织形式。

1）简单堆积文件。它将每日从 OLTP 数据库中提取和加工得到的数据逐天积累地存储起来形成一个数据文件（图 8-12(a)）。

2）轮转综合文件。数据存储单位被分为日、周、月、年等几个级别（图 8-12(b)）。在一星期的七天中，数据被逐一记录在每日数据集中；然后，七天的数据被综合，记录在周数据集中；接下来的一个星期，日数据集被重新覆盖，以记录新数据。同理，周数据集达到 4 或 5 个记录后，数据再一次被综合并记入月数据集，以此类推；轮转综合结构十分简捷，数据量比简单堆积结构大大减少。当然，它是以损失数据细节为代价的，越久远的数据，细节损失越多。

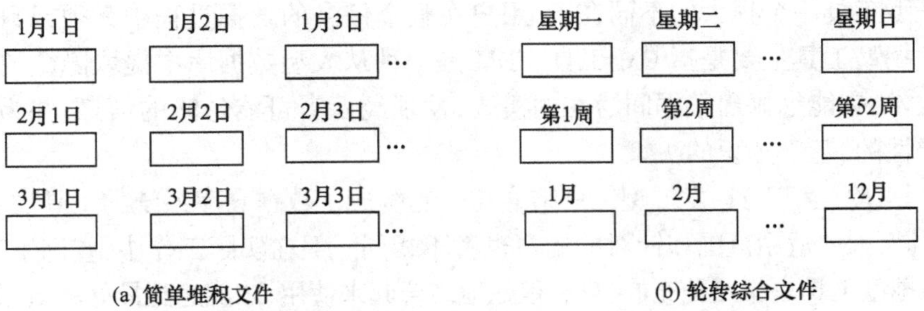

图 8-12 数据仓库的数据组织形式

8.6.6 数据仓库工具

数据仓库是一个专门用于支持管理决策的数据库,它的数据已按照决策分析的主题需要组织,但必须要有高效的工具才能获得蕴藏在数据仓库中的决策信息。数据仓库工具主要是一些数据分析工具,但数据分析工具并不是数据仓库提出后产生的新事物,而是经历了一段较长的发展过程。从 20 世纪 80 年代开始,人们就在面向 OLTP 的数据库系统中开发出各种数据分析工具。由于数据仓库工具的用户是中高层领导,主要执行决策和趋势分析类应用,而面向 OLTP 的数据库的存储和检索系统与用户对高层次信息的需求之间存在着巨大的鸿沟,原先建立在 OLTP 数据库上的分析工具对此问题已无能为力,因此,必须研究面向 DW 的、功能强大的分析工具。

1. 数据仓库工具的分类

用户从数据仓库查询和挖掘信息时可能有多种不同的方式,但其工具大体可以分成三类,即查询(query)工具、验证(verification)型工具和发掘(discovery)型工具。

1) 查询工具。数据仓库中的工具虽然以分析工具为主,仍然包含查询工具。当然,这里的查询与建立在 OLTP 数据库上的查询不同,一般不是指对记录级数据的查询(这种查询在 DW 应用中很少),而是指对数据分析结果(发展趋势或模式总结)的查询。查询结果通常以可视化的图形和报表的形式展示给用户。

2) 验证型工具。用户首先提出自己的假设,然后利用各种工具通过反复的、递归的检索查询 DW 以验证或否定用户的假设。

从用户的观点来看,验证型工具是从 DW 中发现事实。这方面的工具主要是 OLAP (on-line analytical processing)。它提供的多维分析工具,能从多种可能的观察角度对数据进行快速、一致和交互性的存取,从而使分析员、经理和行政人员能够对数据进行深入分析和多角度观察。多维数据的每一个维代表着对数据的一个特定观察视角,如日期、地域、销售品种等,其数值通常是平均值和汇总值等。

验证型工具的特点是需要用户"指导"数据分析的全过程。

3) 发掘型工具。发掘型的应用主要负责从大量数据中发现数据模式,预测趋势和行为。

与验证型工具一个很大的不同在于,用户在整个信息的发掘过程中无须或只需很少的指导。发掘型工具主要是指 DM 工具。DM 是一种从大型数据库中提取隐藏的预测性信息的新技术,它能挖掘出数据间潜在的模式,发现经营者可能忽略的信息,并为企业作出具有前瞻性的、基于知识的决策。

查询工具、验证型工具、发掘型工具结合在一起构成了数据仓库系统的工具层,它们各自侧重点不同,因此适用范围和针对的用户也各不相同。但在实际工作中,查询工具、验证型工具和发掘型工具是相互补充的,只有很好地结合起来使用,才能达到最好的效果。建立三者合而为一的数据仓库工具层是数据仓库系统真正发挥其数据宝库作用的重要环节。

2. OLAP 分析工具

下面较详细地介绍一种验证型工具——OLAP。

(1) OLAP 的概念

OLAP 是一个得到广泛应用的数据仓库使用技术,它的概念最早是由关系数据库之父 Codd 于 1993 年提出的。Codd 当时就注意到,OLTP 已不能满足终端用户对数据库查询分析的需要,SQL 对大数据库进行的简单查询也不能满足用户分析的需求,而用户的决策分析需要对关系数据库进行大量计算才能得到结果。因此,Codd 提出了多维数据库、多维分析和联机分析处理(OLAP)的概念。

随着人们对 OLAP 理解的不断深入,有人提出了 OLAP 的更为简洁的定义——共享多维信息快速分析(fast analysis of shared multidimensional information, FASMI),它同时刻画了 OLAP 的如下处理特性:

1) 快速性(fast)。用户对 OLAP 的快速反应能力有很高的要求。系统应能在 5 秒钟内对用户的大部分分析要求作出反应。如果终端用户在 30 秒钟内没有得到系统响应就会变得不耐烦,因而可能失去分析主线索,影响分析质量。对于大量的数据分析要达到这个速度并不容易,因此就更需要一些技术上的支持,如专门的数据存储格式、大量的事先运算、特别的硬件设计等。

2) 可分析性(analysis)。OLAP 系统应能处理与应用有关的任何逻辑分析和统计分析。尽管系统需要事先编程,但并不意味着系统已定义好了所有的应用。用户无须编程就可以定义新的专门计算,将其作为分析的一部分,并以用户理想的方式给出报告。用户可以在 OLAP 平台上进行数据分析,也可以连接到其他外部分析工具上,如时间序列分析工具、成本分配工具、意外报警、数据挖掘等。

3) 多维性 (multidimensional)。多维性是 OLAP 的关键属性。系统必须提供对数据分析的多维视图和分析,包括对层次维和多重层次维的完全支持。事实上,多维分析是分析企业数据最有效的方法,是 OLAP 的灵魂。

4) 信息性 (information)。不论数据量有多大,也不管数据存储在何处,OLAP 系统应能及时获得信息,并且管理大容量信息。这里有许多因素需要考虑,如数据的可复制性、可利用的磁盘空间、OLAP 产品的性能及与数据仓库的结合度等。

由此可知,FASMI 更确切地刻画了 OLAP 的实质,即 OLAP 是专门用于支持复杂的决策分析、支持信息管理和业务管理人员决策活动的一种决策分析工具。它可以根据分析人员的要求,迅速、灵活地对大量数据进行复杂的查询处理,并且以直观的、容易理解的形式将查询结果提供给各种决策人员,使他们迅速、准确地掌握企业的运营情况,了解市场的需求信息,从而作出正确的决策。

(2) 多维数据概念

多维数据结构是决策支持的支柱,也是 OLAP 的核心,OLAP 展现在用户面前的是一幅幅多维视图。因此,要认识 OLAP,就需要了解 OLAP 涉及的一些基本概念,如变量、维、粒度、维成员、多维数组(超立方体)、数据单元(单元格)等。下面简要介绍这些概念。

1) 变量。变量是对数据实际意义的描述,即描述数据"是什么"。一般情况下,变量总是一个数值度量指标。例如,"人数""销售量""收入"等都是变量。

2) 维。维是人们观察数据的特定角度。例如,企业常常关心产品销售数据随着时间推移而产生的变化情况,这时他是从时间的角度来观察产品的销售量,所以时间就是一个维(时间维)。同样企业也关心不同地区的销售数据,即从地理分布角度观察产品的销售量,因此地理分布也是一个维(地理维)。

3) 维的层次。人们在某个维上观察数据还可以有细节程度的多层次描述,这种多层次描述称为这个维的层次,也称为维的粒度。例如,日、月、年就是时间维上的三个层次。

4) 维成员。维的一个取值称为该维上的一个维成员。例如,2006 年 1 月 28 日就是时间维上的一个成员。

5) 多维数组 (超立方体)。一个多维数组可以表示为:(维 1, 维 2, …, 维 n;变量)。例如,一个企业的销售数据是按照时间、销售地区、产品组织起来的三维立方体,再加上变量“销售数量”,就组成了一个三维数组:(时间, 销售地区, 产品;销售数量)。如果在以上数组中再扩展一个销售方式,则得到一个四维数组:(时间, 销售地区, 产品,销售方式;销售数量)。由于四维及其以上的数组难以在平面上展示,一般可通过切片的方式将其降维后展示出来。例如,一个三维数组(图 8-13)在产品维的维成员-服装上的切片就是一个二维数组(时间, 销售地区;销售数量) (图 8-14)。

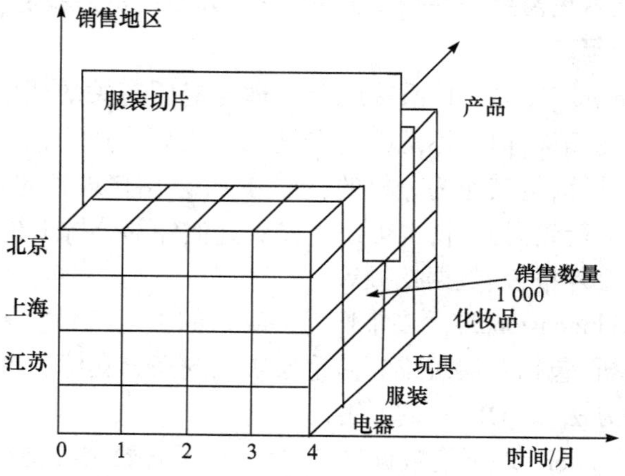

图 8-13　以时间、销售地区、产品为维度的三维数组

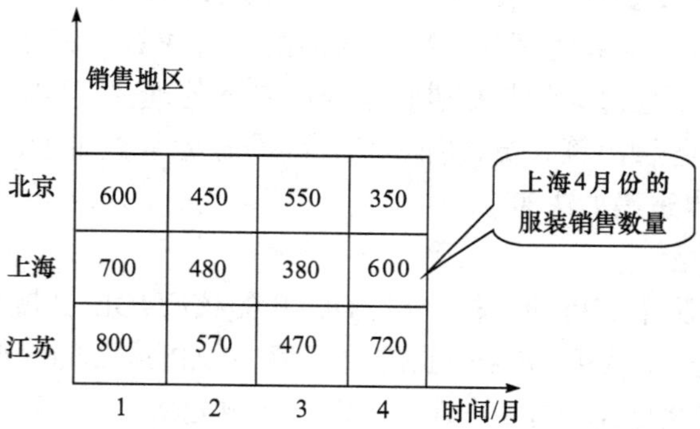

图 8-14　在产品维“服装”维成员的切片

6)数据单元 (单元格)。多维数组的取值称为数据单元。当多维数组的各个维都选中一个维成员时,这些维成员的组合就唯一确定了一个变量的值。例如,(4 月份,上海,服装, 1000)就是一个数据单元。

(3) 多维数据结构

1) 超立方结构。超立方结构(hypercube)指用三维(图 8-13)或更多的维数来描述一个数据对象,每个维彼此垂直。数据的量值发生在维的交叉点-单元格上。

这种结构可应用在多维数据库和面向关系数据库的 OLAP 系统中,其主要特点是简化终端用户的操作。

2) 多立方结构。在多立方结构(multicube)中,将大的超立方结构分成多个小的多维结构,即将超立方结构变为子立方结构。这样做具有很强的灵活性,它提高了数据(特别是稀疏数据)的分析效率。

一般来说,多立方结构灵活性较大,且更易于理解。终端用户更容易接近超立方结构,它可以提供高水平的报告和多维视图。但具有多维分析经验的 MIS 专家更喜欢多立方结构,因为它具有良好的视图翻转性和灵活性。多立方结构是存储稀疏矩阵的一个更有效的方法,并能减少计算量。因此,复杂的系统及预先建立的通用应用倾向于使用多立方结构,以使数据结构能更好地得到调整,满足常见的应用需求。

现在,许多 OLAP 产品都结合了上述两种结构,它们的数据物理结构是多立方结构,但却利用超立方结构来进行计算,结合了超立方结构的简化性和多立方结构的旋转存储特性。

(4) 多维数据库

多维数据库(multi dimensional database,MDD)可以简单地理解为:将数据存放在一个 n 维数组中,而不是像关系数据库那样以记录的形式存放。人们可以通过多维视图来观察数据。多维数据库增加了一个时间维,与关系数据库相比,它的优势在于可以提高数据处理速度,加快反应时间,提高查询效率。

多维数据库可以在 OLAP 系统中直观地表达现实世界中的多对多关系。例如,要在系统中存放两个产品(电器,服装)与不同地区(江苏、上海、北京)的销售情况,用关系数据库来存储这些数据(表 8-9),若用多维数据来(表 8-10)存储表示就更加直观。

表 8-9　关系数据库存储数据的方式

产品名称	销售地区	销售数量
电器	江苏	940
电器	上海	450
电器	北京	340
服装	江苏	830
服装	上海	350
服装	北京	270

表 8-10　多维数据库存储数据的方式

产品名称	江苏	上海	北京
电器	940	450	340
服装	830	350	270

在关系数据库中,对"上海地区的电器销售情况"这样的查询比较容易处理,但对"电器销售总额""上海地区的销售总额"这样的查询,其效率就比较低。而多维数据库的存

储方式只需按行或按列汇总即可，效率远优于关系数据库，且多维数据库的存储方式易于理解。

此外，为了提高查询效率，通常需要对那些庞大的历史数据进行事先汇总并存储起来。这时，利用关系数据库来存储数据的方式就可能破坏关系模式中数据列的定义（表 8 - 11），用户在查询时就必须了解“汇总，江苏，1770”这些例外情况的记录。

表 8 - 11　关系数据库存储数据的方式

产品名称	销售地区	销售数量
电器	江苏	940
电器	上海	450
电器	北京	340
服装	江苏	830
服装	上海	350
服装	北京	270
汇总 1	江苏	1770
汇总 2	上海	800
汇总 3	北京	610
汇总 4	电器	1730
汇总 5	服装	1450
汇总 6	总汇总	3180

用多维数据库的存储方式则只需按行或按列汇总并在原先的多维数据集中增加一行、一列即可（表 8 - 12），且实现简单，结构清晰明了，查询速度快捷。

表 8 - 12　多维数据库存储数据的方式

产品名称	江苏	上海	北京	汇总
电器	940	450	340	1730
服装	830	350	270	1450
汇总	1770	800	610	3180

（5）OLAP 实现方式

OLAP 有多种实现方法，根据存储数据的方式不同可以分为 ROLAP、MOLAP、HOLAP。

1）ROLAP 表示基于关系数据库的 OLAP 实现（relational OLAP），其数据存储以关系数据库为核心，以关系型结构进行多维数据的表示和存储。ROLAP 将多维数据库的多维结构划分为两类表：一类是事实表，用来存储数据和维关键字；另一类是维表，即对每个维至少使用一个表来存放维的层次、成员类别等维的描述信息。维表和事实表通过主关键字和外关键字联系在一起，形成了“星型模式”。对于层次复杂的维，为避免冗余数据占用过大的存储空间，可以使用多个表来描述，这种星型模式的扩展称为“雪花模式”。

2）MOLAP 表示基于多维数据库的 OLAP 实现（multidimensional OLAP），其数据存储以多维数据组织方式为核心，即 MOLAP 使用多维数组存储数据。多维数据在存储中将形成“超级立方体”的结构，在 MOLAP 中对“立方体”的“旋转”“切块”“切片”是产生多维数据报表的主要技术。

3）HOLAP 表示基于混合数据组织的 OLAP 实现（hybrid OLAP）。例如，低层是关系型的，高层是多维矩阵型的。这种方式具有更好的灵活性。

8.6.7　数据挖掘工具

随着计算机、网络和通信等信息技术的高速发展，商务贸易电子化、企业和政府事务电子化得到迅速普及，并由此产生出海量的数据。毫无疑问，这些庞大的海量数据就像一座蕴藏丰富的巨大矿场，是极其宝贵的信息源。虽然日益成熟的数据库技术为这些海量数据的存储和管理提供了技术保证，但信息提取及其相关处理技术却相对地大大落后，因此出现了数据丰富但知识相对贫乏的现象。正当人们面对浩瀚的海量数据感到束手无策之时，一门新兴的自动信息提取技术：数据挖掘和知识发现应运而生并得到迅速发展。它的出现为自动和智能地把海量数据转化成有用的信息和知识提供了手段。数据挖掘和知识发现作为一门新兴的研究领域，涉及如机器学习、模式识别、统计学、数据库和人工智能等众多学科。

所谓知识发现（knowledge discovery in database，KDD），就是采用有效算法从大量的数据中识别出潜在的、有效的、新颖的、具有潜在价值的乃至最终可理解的模式（patterns）的非平凡过程，这个过程一般包括数据采集、数据预处理、数据挖掘和知识评价等主要步骤。数据挖掘则是这个过程中一个特定的关键步骤，但现今的文献大多对这两个术语不加区分地使用，本书也是这样。此外，数据挖掘的对象除传统数据库和数据仓库以外，现在还扩展到 Internet 环境下的 Web 数据挖掘等许多方面。

为了理解什么是非平凡过程，先看看什么是平凡过程。像 OLAP 等一般的数据查询、分析和报表工具，它们获取信息的过程就是平凡的，因为所用方法通常是简单的求平均值、求总和或计数等。

下面通过一个啤酒与尿布的例子来说明，数据挖掘过程是一个非平凡过程。它所获得的信息的确是潜在的、新颖的（先前未知的），而且为企业带来效益，因而是有价值的。

例 8.4　美国加州某超级连锁店通过数据挖掘，从记录着每天销售和顾客基本情况的数据库中发现，下班后来购买婴儿尿布的顾客多数是男性，他们往往也同时购买啤酒。于是这个连锁店的经理决定，立即重新布置了商场货架，把啤酒类商品布置在婴儿尿布货架附近，并在二者之间放上土豆片之类的佐酒小食品，同时把男士需要的日常生活用品也就近布置。这样一来，上述几种商品的销量几乎马上成倍增长。

通过上面的例子可以看出，DM 是一种决策支持过程，它主要基于 AI、机器学习等技术，高度自动化地分析企业原有的数据，作出归纳性的推理，从中挖掘出潜在的模式，预测客户的行为，帮助企业的决策者调整市场策略，减少风险，作出正确的决策。因此，虽然 DM 的产品目前还不成熟，但其市场份额却正日益扩大，越来越多的大中型企业开始利用 DM 来分析公司的数据，以辅助决策，DM 正逐渐成为他们在市场竞争中立于不败之地的法宝。

1. DM 的技术基础

DM 的技术基础是人工智能。人工智能是以自动机为手段,通过模拟人类宏观外显的思维行为,从而高效率地解决现实世界问题的科学和技术。可以看出,人工智能的目标非常高,除了需要复杂的算法外还需要特定的系统,甚至还需要特定的机器。但 DM 仅仅利用了人工智能中一些已经成熟的技术方法,如人工神经网络(artificial neural networks)、遗传算法(genetic algorithms)、决策树(decision trees)、邻近搜索方法(nearest neighbor method)、规则推理(rule induction)、模糊逻辑(fuzzy logic)等,其问题的复杂度和难度比人工智能降低了许多,但 DM 所处理的数据量有时更大。例如,在人工智能中,模式识别是一个重要的分支,而在 DM 中模式识别也有极其重要的意义。在 AI 中,模式识别大致可以分为模拟信号数、预处理、特征抽取与分类、解释环节等四步。但对于 DM 来说,所需要分析的数据已存在于数据库或数据仓库之中,并且其复杂度也比 AI 低许多,所以 DM 中的模式识别问题比起 AI 来说是简化了许多。

下面介绍数据挖掘常用的几种技术方法。

(1) 人工神经网络

人工神经网络是对人类大脑的一种物理结构上的模拟,即以计算机仿真的方法,从物理结构上模拟人脑,以使系统具有人脑的某些智能。主要有三种神经网络模型:

1) 前馈式网络。它以感知机、反向传播模型、函数型网络为代表,可用于预测、模式识别等方面。

2) 反馈式网络。它以 Hopfield 的离散模型和连续模型为代表,可分别用于联想记忆和优化计算。

3) 自组织网络。它以 ART 模型、Koholon 模型为代表,用于聚类分析等方面。

神经网络的知识体现在网络连接的权值上,是一个分布式矩阵结构;神经网络的学习过程体现在神经网络权值的逐步计算上(包括反复迭代或累加计算)。

(2) 遗传算法

遗传算法以生物进化过程为背景,模拟生物进化的步骤,将繁殖、杂交、变异、竞争和选择等概念引入算法中。它通过维持一组可行解,并通过对可行解的重新组合,改进可行解在多维空间内的移动轨迹或趋向,最终求得最优解。该算法由如下几步构成:

1) 遗传编码。根据约束条件,将每一个可行解用一个向量 X 来编码,称为一条染色体,向量的分量代表基因,它对应可行解的某一决策变量。

2) 适应函数。构造一个适应(目标)函数,用于计算和评价各个个体的优劣。

3) 交叉与变异。交叉又称为杂交,是指选择两个不同的个体(染色体)的部分基因进行交换,形成新个体的过程。变异是指对某些个体的某些基因进行变异(0 变 1,或 1 变 0 等),形成新个体的过程。

4) 繁殖(选择)。对一个旧种群(可行解的集合),根据适应函数选出生命力强的个体,形成新的种群(后代)。

5) 对后代种群重复步骤 3) ~ 4) 的操作,进行新一轮遗传进化过程,直到迭代收敛(适应值趋稳定),即找到了最优解或准最优解。

(3) 决策树方法

决策树方法利用信息论中的互信息(信息增益)寻找数据库中具有最大信息量的属性字段,建立决策树的一个节点,再根据该属性字段的不同取值建立树的分支;在每个分支子集中重复建立树的下层节点和分支来构造决策树,并根据决策树来获得知识–决策规则。国际上最早也是最有影响力的决策树方法是 Quiulan 研究的 ID3 方法,它在数据量很大时往往能发挥更好的效果。

(4) 粗糙集方法

粗糙集(rough set)理论是波兰数学家 Pawlak 在 1982 年提出的一种分析数据的数学理论,该理论在分类的意义下定义了模糊性和不确定性的概念,是一种处理不确定和不精确问题的新型数学工具。粗糙集理论从新的视角对知识进行了定义,它把知识看作关于论域的划分,认为知识是有粒度的,它主要用于知识的简化及知识依赖性的分拆。粗糙集理论的最大特点是:不需要提供问题所需处理的数据集合之外的任何先验信息,如统计中要求的先验概率和模糊集中要求的隶属度,且算法简单、易于操作。经过 20 多年的研究和发展粗糙集理论已经在信息系统分析、人工智能、决策支持系统、数据挖掘、模式识别与分类、故障检测等方面取得了较为成功的应用。

在数据挖掘和知识发现中应用的人工智能技术还有邻近搜索方法、规则推理、模糊逻辑和公式发现等。

2. DM 的分析方法

DM 系统利用的技术越多,得出的结果精确性就越高。原因很简单,对于某一种技术不适用的问题,其他方法却可能奏效。这主要取决于问题的类型以及数据的类型和规模。数据挖掘方法有多种,其中比较常见的有关联(associations)分析、序列模式(sequential patterns)分析、分类(classifiers)分析和聚类(clustering)分析等。

(1) 关联分析

顾名思义,关联分析就是试图挖掘出隐藏在数据之间的相互联系,关联分析所得结果是关联规则。关联分析对给定的一组项目(item)和一个记录集合,通过分析这个记录集合,推导出项目间的相关性。例如,“72%包含项目 A、B、C 的记录同时也包含项目 D 和 E”就是一个关联规则。其中百分比 72 称为规则“包含项目 A、B、C 的记录同时也包含项目 D 和 E”的可信度。

例 8.5　现在,用一个市场营销方面的例子来说明关联分析有关的概念和问题。以会员制开展零售业务的商家保存着每一笔交易的详细记录(原始数据),其中包括交易号、顾客号和商品号等,每一个商品号代表一种商品,称为一个项目。下面对顾客购买商品的行为进行关联分析。显然,一个顾客同时购买了多种商品就构成了一笔交易,其中商品号就称为项目集,它们是关联分析的对象。零售商保存的交易记录就构成了关联分析的一个记录集合,其中的每一条记录都由交易号、顾客号、商品号、数量和日期等属性值组成(表 8–13)。

在进行关联分析时,用户需要输入两个参数:

1) 最小支持度(support),以表示这种规则发生的概率。在本例中,假设最小支持度为 0.3。

表 8 - 13　零售交易记录

交易号	顾客号	商品号	数　量	日　期
T_1	00	A	14	2010.3.4
		B	3	2010.3.4
T_2	11	B	2	2010.5.6
		C	3	2010.5.6
		D	13	2010.5.6
T_3	11	B	10	2010.7.6
		D	12	2010.7.6

2）最小置信度(confidence)，以滤掉可能性过小的规则。在本例中，假设最小置信度为 0.6。

在数据挖掘过程中，支持度低于最小支持度或置信度低于最小置信度的所有关联规则都不需列出，而仅仅列出那些支持度高于最小支持度且置信度高于最小置信度的关联规则，供决策者参考。

在本例中，假设关联规则 X→Y，即"购买了商品 X 的顾客同时也购买商品 Y"的支持度为 Supp，置信度为 Conf，则其计算公式为

$$\text{Supp}=\frac{\text{同时购买商品 X 和 Y 的交易数}}{\text{总交易数}}$$

$$\text{Conf}=\frac{\text{同时购买商品 X 和 Y 的交易数}}{\text{同时购买商品 X 的交易数}}$$

应用著名的 Apriori 算法对表 8 - 12 中交易数据进行关联分析，可以得出一组关于"同时购买商品"的最简单规则(表 8 - 13)，且支持度不低于设定值 0.3，置信度不低于 0.6。如果我们将最小支持度也设定为 0.6，则表 8 - 14 中只有第 3 和第 4 条规则被列出。表 8 - 13的第 6 条规则表示，所有购买了商品 B、C 的顾客必定同时购买商品 D，其支持度为 0.33，置信度为 1。

表 8 - 14　零售交易关联分析结果

序号	频繁集	关联规则	支持度	置信度
1	AB	A→B	0.33	1
2	BC	C→B	0.33	1
3	BD	B→D	0.67	0.67
4	BD	D→B	0.67	1
5	CD	C→D	0.33	1
6	BCD	BC→D	0.33	1
7	BCD	C→BD	0.33	1
8	BCD	CD→B	0.33	1

这个例子只是一个最简单的示例，用于说明关联分析的工作过程和方式。因为例子中选取的交易记录数太少(仅有 3 条)，所以分析出来的关联规则结果几乎是毫无意义

的。除了用于零售业外，关联分析还可以广泛用于医疗保险业等。例如，在医疗保险业中，每一位客户的申请单上包括了一系列的医疗过程，将这些医疗过程作为一组项目，每一张申请单作为一条记录，通过关联分析，保险公司就可以分析出这些医疗过程间的相互关系。

例 8.6 还是以零售交易数据为例，如果 DM 系统在分析时将交易数据按照顾客号而不是交易号分组，并进一步将每组按时间排序，就得到表 8-15。为使计算结果便于说明问题，我们对 00 顾客增加了一笔交易，同时增加了 22 顾客的交易记录。序列模式 X⇒Y，也称时序关联规则表示"先购买了商品 X 的顾客再购买商品 Y"。其支持度和置信度的计算方法如下：

$$\text{Supp}=\frac{\text{先购买商品 X 再购买商品 Y 的顾客数}}{\text{顾客总数}}$$

$$\text{Conf}=\frac{\text{先购买商品 X 再购买商品 Y 的顾客数}}{\text{先购买了商品 X 的顾客数}}$$

表 8-15 按顾客号分组的零售交易记录

顾客号	日 期	商品号	数 量
00	2010.3.4 2010.3.4	A B	14 3
	2010.4.4	C	11
11	2010.5.6 2010.5.6 2010.5.6	B C D	2 3 13
	2010.7.6 2010.7.6	B D	10 12
22	2010.5.5 2010.5.5	A B	11 2
	2010.6.6	C	7

假设我们要求最小支持度为 0.5，最小置信度为 0.6，则应用时序关联规则挖掘算法，可以得出一个满足最小支持度和最小置信度的时序关联规则（表 8-16）。表 8-16 中的第 3 行数据就表示：顾客在购买了商品 A、B 之后不久，必定购买商品 C，其支持度为 0.67，置信度为 1，是满足最小支持度和最小置信度要求的序列模式。

表 8-16 零售交易序列模式分析结果

序号	频繁集	时序规则	支持度	置信度
1	A，C	A ⇒C	0.67	1
3	B，C	B ⇒C	0.67	0.67
9	A，B，C	{A，B} ⇒C	0.67	1

从此例可以看出，运用序列模式分析这些记录，零售商则可以发现客户潜在的购物模式。例如，客户在购买微波炉以后最可能购买哪些商品。如果将序列模式分析法用于股市分析，则可能发现如下的规律：在 5 天的交易日中，如果 X 股最多只上涨 10%，Y 股的涨幅在 10%~20%，那么 Z 股在下星期上涨的概率为 68%。在医疗保险行业，该方法也同样具有非常好的效果。保险公司利用序列模式分析法可以预测用户投保后最常采取的医疗措施，从而识别可能的欺诈行为。

（2）分类分析

分类分析对给定的集合，根据给定的类别标记将其分成若干类，并抽取出各类的特征描述的方法。设给定一个记录集合和一组标记，所谓标记（tag）是一组预先设定的具有不同特征的类别标识符号。分类分析时首先对给定集合内的每一个记录赋予一个标记，然后检查这些标定的记录，即按标记对记录进行分类，然后对每一类记录的特征进行描述。其描述方法可以是显式的，如一组规则定义，也可以是隐式的，如一个数学公式等。利用每一类记录的特征描述就可以对新记录进行分类。因此，每一类记录的特征描述实际上是一种模式。目前，已有很多分类分析模型得到应用，其中比较典型的模型是线性回归模型、决策树模型、基于规则的模型和神经网络模型。

例 8.7 信用卡公司的数据库中保存着各持卡人的记录，并根据信誉程度（标记），将持卡人分为三类：良好、普通、较差。这一过程实际就是将持卡人记录标定为三类。分类分析法检查这些记录，然后给出一个对信誉等级的显式描述，如“信誉良好的用户是那些年收入在 35 000 元以上，年龄在 45~55 岁，居住在 XYZ 等地区附近的人士”。此后，如果有一个新用户来公司申请领取信用卡，且从用户的申请表中可知该用户年收入 42 000 元，年龄 49 岁，居住在 XYZ 地区，因此信用卡公司就可以得出这位新用户将来会是一个信誉良好的用户的结论。

（3）聚类分析

与分类分析法不同，聚类分析法的输入集是一组没有标定的记录，也就是说此时输入的记录还没有进行任何分类。其目标是根据一定的规则，合理地将其划分为若干类，并用显式或隐式的方法描述不同的类别。聚类分析法所依据的这些规则是由聚类分析工具定义的。聚类分析的方法有很多，其中包括系统聚类法、动态聚类法、模糊聚类法和统计聚类法等。由于聚类分析可以采用不同的算法，所以对于相同的记录集合可能有不同的划分结果。

其实，分类分析法和聚类分析法是一个互逆的过程。例如，在最初的分析中，分析人员根据以往的经验将要分析的数据记录进行标定、划分类别，然后，该分析人员用分类分析法分析该数据集合，得到每个类别的特征描述，接着，把这些描述作为新的分类规则重新对这个集合（抛弃原来的划分结果）进行划分，以此获得更好的分类结果。这样分析人员可以循环使用这两种分析法直到获得满意的结果。

以上四种 DM 分析方法虽然有着不同的适用范围，但在一个真正的 DM 系统中经常是综合地利用这些方法的。还是零售商的例子，在为某种商品进行市场定位时（如微波炉），DM 可能会协同使用这四种分析方法：

1）运用关联分析法发现最常被一个顾客同时购买的商品。

2）运用序列模式分析方法找出几类重要的用户群，他们具有如下的购物模式：在购买了某些商品以后购买微波炉。

3）基于2)的分析结果,运用分类分析法定义出2)的分类标准,即购物模式。

4）将上述的购物模式作为分析规则,运用聚类分析法就可以找出具有该购物模式并且尚未购买微波炉的用户,他们就是市场销售人员所要争取的对象。

3. 数据挖掘的步骤

如上所述,DM的核心技术是人工智能、机器学习、统计等,但一个DM系统不是多项技术的简单组合,而是一个有机的整体,它还需要其他辅助技术的支持,才能完成数据采集、预处理、数据分析、结果表述这一系列任务,最后将分析结果呈现在用户面前。根据功能,DM的数据分析过程的步骤如下。

（1）数据准备

数据准备(data preparation)一般又细分为两步:数据集成;数据选择和预分析。

1）数据集成。在数据集成(integration)这一步中,将从操作型环境中提取并集成数据,解决语义二义性问题,消除脏数据等。很明显,数据集成的目的和所利用的技术与数据仓库的数据集成完全一致,都是为了建立统一的数据视图。数据挖掘并非一定要建立在数据仓库的基础上,但如果数据挖掘与数据仓库能协同工作,则必将大大提高数据挖掘的工作效率,并且因为数据仓库的数据来源于整个企业,从而保证了数据挖掘中数据来源的广泛性和完整性要求,才不会漏掉任何与主题相关的信息。另外,为了保证结果的正确性,DM需要大量的基础数据,数据仓库可以很好地满足这个要求。

2）数据选择和预分析。数据选择和预分析(data selection and pre-analysis)这一步主要是为了缩小数据的范围,提高数据挖掘的质量,前面提到的验证型工具擅长对数据进行细致、深入的观察和表述,在这一步中可以发挥相当的作用。

（2）数据挖掘

数据挖掘器(data mining processor)综合利用前面提到的各种数据挖掘方法分析数据库中的数据,并从大量的数据中识别出潜在的、有效的、新颖的、具有潜在价值的乃至最终可理解的模式。

（3）表述

表述(presentation)就是将数据挖掘所获取的信息(模式)以便于用户理解和观察的方式呈现给用户。与验证型工具一样,一般用可视化工具实现。根据用户要求的不同,DM分析的数据范围也会有所不同,如是分析一年内还是三个月内的销售情况,是分析东部地区还是西部地区的销售情况,DM系统会因为挖掘的数据范围不同而得出不同的结论。这些基于不同数据集合的分析结果除了通过可视化工具提供给用户外,还可以存储在知识库中,供日后进一步分析和比较。

（4）评价

评价(assess)就是根据最终用户的决策目的,对所提取的信息或发现的模式进行分析,如用已知的可信知识检查和解决模式中可能的矛盾,把最有价值信息或模式区分出来提交给决策者。当然,如果分析人员或决策人员对所提取的信息或模式不满意,需要重复以上数据挖掘的过程。

4. 数据挖掘的应用领域

某些特定的应用问题和具有特定应用背景的领域，是最能体现数据挖掘作用的应用领域。例如，在金融业和保险业，人们已经认识到了数据挖掘技术带来的有利可图的应用前景。同时，数据挖掘工具也可以扩展到其他一些潜在的应用领域，如在零售业、医疗保健、运输业、行政司法等社会部门，甚至在科学和工程研究单位也具有广阔的应用前景。

下面简单列出数据挖掘技术在一些行业内的应用问题，理解这些问题将会有助于人们对数据挖掘技术的理解。

(1) DM 在金融业的应用

金融业主要在以下几个方面应用 DM 技术：

1) 对账户进行信用等级的评估。金融业风险与效益并存，分析账户的信用等级对于降低风险、增加收益是非常重要的。利用数据挖掘工具进行信用评估的最终目的(也就是其输出)是：从已有的数据中分析得到信用评估的规则或标准，即得到"满足什么样条件的账户属于哪一类信用等级"，并将得到的规则或评估标准应用到对新账户的信用评估，这是一个获取知识并应用知识的过程。

OLAP 也可以用来进行账户信用分析，但其目的不同于数据挖掘工具。应用 OLAP 工具进行账户的信用分析，其输入是信用评估的规则或标准，其输出是账户的信用评估的结果，即得到"某账户的信用等级是……""不同信用等级的账户的比例分布是……"等对分析问题的回答。如果将 OLAP 工具再深入一层，还可以对不同的信用等级的账户进行特征归纳。

因此，数据挖掘得到的规则可以作为 OLAP 工具的输入，反过来 OLAP 工具分析得到的答案又检验规则的有效性、可信度，OLAP 工具分析得到的特征归纳还可以用来完善规则。

2) 对庞大的数据进行主成分分析，剔除无关的甚至是错误的、相互矛盾的数据"杂质"，以更有效地进行金融市场分析和预测。

3) 分析信用卡的使用模式。通过数据挖掘，人们可以得到这样的规则："什么样的人使用信用卡属于什么样的模式"，而且一个人在相当长的一段时间内，其使用信用卡的习惯往往较为固定。因此，一方面，通过判别信用卡的使用模式，可以监测到信用卡的恶性透支行为；另一方面，根据信用卡的使用模式，可以识别"合法"用户。

4) 从股票交易的历史数据中得到股票交易的规则或规律。

5) 发现隐藏在数据后面的不同的财政金融指数之间的联系。

6) 探测金融政策与金融业行情的相互影响的关联关系。数据挖掘可以从大量的历史记录中发现或挖掘出这种关联关系的更深层次的、更详尽的一面。

(2) DM 在保险业的应用

保险业主要在以下几个方面应用 DM 技术：

1) 保险金额度的确定。对受险人员的分类将有助于确定适当的保险金额度。通过数据挖掘可以得到，对不同行业的人、不同年龄段的人、处于不同社会层次的人，他们的保险金额度应该如何确定。

2) 险种关联分析。分析购买了某种保险的人是否又同时购买另一种保险。

3）预测什么样的顾客将会购买什么样的新险种。

（3）DM 在零售业的应用

零售业主要在以下几个方面应用 DM 技术：

1）分析顾客的购买行为和习惯。如“男性顾客在购买尿布的同时购买啤酒”“顾客一般购买了睡袋和背包后，过了一定的时间就会购买野营帐篷”“顾客的品牌爱好”等，这些看似很小、微不足道的信息，对商家却是非常有价值的。

2）分析商场的销售商品的构成。将商品分成“畅销且单位赢利高”“畅销但单位赢利低”“畅销但无赢利”“不畅销但单位赢利高”“不畅销且单位赢利低”“滞销”等多个类别（当然这种类别可以划分得更详尽些），然后看看属于同一类别的商品都有什么共同的特征，即“满足什么条件的商品属于哪一类情况”，这就是规则。这些规则将有助于商场的市场定位、商品定价等决策问题。而且在确定“要不要采购某一新商品”这样的决策问题时，这些规则将显得非常有意义。同样，也可以对商场的顾客进行划分。

3）数据挖掘工具还可以用于进行商品销售预测、商品价格分析、零售点的选择等。

（4）DM 在科学研究中的应用

DM 最有可能在以下两个领域的科学研究中得到应用。

1）高科技研究领域。因为高科技研究的特点就是探索人类未知的秘密，而这正是数据挖掘的特长所在。从大量的、漫无头绪而且真伪难辨的科学数据和资料中提炼出对人类科学研究方向和方法有用的信息，不借助于数据挖掘技术是非常困难的。当然，科学工作者的思想在科学研究中是最重要的。因为人类思想的灵活性比起数据挖掘工具所采用的固定的原理和算法又不知要高强多少倍。数据挖掘工具在科研工作中的作用往往表现为处理大批量的数据，得出一些信息来激发或点燃科研工作者的思路。

2）社会科学研究领域。社会科学的特点是从历史看未来，如从社会发展的历史进程中得出社会发展的规律，预测社会发展的趋势；或从人类发展的进程和人类的社会行为的变化中寻求对人类行为规律的答案，从而应用于对各种各样的社会问题的研究。数据挖掘在从历史数据中进行规律的发现方面，也有其独到的作用。

（5）DM 在其他一些领域的应用

DM 在其他一些领域的应用主要有：

1）医疗数据挖掘可用于病例、患者行为特征的分析，以及用于药方管理等，以安排治疗方案、判断药方的有效性等。

2）司法数据挖掘可用于案件调查、案例分析、犯罪监控等。此外，还可用于犯罪行为特征的分析。

3）工业部门可用数据挖掘技术进行故障诊断、生产过程优化等。

5. 基于数据库技术的 DSS 解决方案

从前面的学习可以知道，传统的 DSS 一般直接建立在基于事务处理的数据库环境上，但这种环境对 DSS 的支持却一直不能令人满意，人们逐渐认识到事务处理和分析处理具有极不相同的性质，直接使用事务处理环境来支持 DSS 是行不通的。随着 DW 技术、OLAP 技术和 DM 技术的兴起与发展，人们终于找到了基于数据库技术的 DSS 的解决方案，这就是

DW+OLAP+DM⇒DSS 的可行方案

DW、OLAP 和 DM 最初是作为三种独立的数据处理技术出现的。DW 用于数据的存储和组织,OLAP 集中于数据的分析,DM 则致力于知识的自动发现。它们都可以分别应用到信息系统的设计和实现中,以提高相应部分的处理能力。但是,由于这三种技术内在的联系性和互补性,将它们结合起来即是一种新的 DSS 解决方案,其特点如下:

1) 在底层的数据库中保存了大量的事务级细节数据。这些数据是整个 DSS 系统的数据来源。

2) DW 对底层数据库中的事务级数据进行集成、转换、综合,重新组织成面向全局的数据视图,为 DSS 提供数据存储和组织的基础。

3) OLAP 从数据仓库中的集成数据出发,构建面向分析的多维数据模型,再使用多维分析方法从多个不同的视角对多维数据进行分析、比较。分析活动从以前的方法驱动转向了数据驱动,使分析方法和数据结构实现了分离,从而大大提高了分析的效率。

4) DM 以数据仓库和多维数据库中的大量数据为基础,自动地发现数据中的潜在而有价值的模式,并以这些模式为基础自动地作出预测。数据挖掘表明知识就隐藏在日常积累下来的大量数据之中,仅靠复杂的算法和推理并不能发现知识,数据才是知识的真正源泉。

从 DSS 的这一解决方案中,也可以清晰地看出数据库、数据仓库和分析工具之间的紧密联系。Microsoft SQL Server 2008 可以说是这一解决方案的实践者之一。大约在 1993 年,Microsoft 认识到,要真正成为企业级数据库管理系统的玩家,需要为跨入 21 世纪建立一个坚固的基础。为此,Microsoft 招聘了一些数据库行业中最优秀的专家并组成一个小组,该小组历经 5 年,即在 1998 年完成了 SQL Server 7 的开发任务,其中的一个重点就是数据仓库。Microsoft 此后发布的 SQL Server 2000,SQL Server 2005,SQL Server 2008,特别是 SQL Server 2014(7.2 节有较详细介绍),不仅推动了数据仓库技术和 OLAP 工具应用的普及,而且提供了完整的商业智能开发平台(business intelligence development studio, BIDS)。该平台提供了 Analysis Services 和 Reporting Services 开发环境来帮助企业建立全面完整、安全可靠的商业智能解决方案。例如,SQL Server Analysis Services (SSAS)提供强大的联机分析处理和丰富的数据挖掘功能。SQL Server Reporting Services (SSRS)为企业级报表开发工具,可以用多种格式设置、提交报表,并且能够将报表以 Web 方式发布到企业内部和外部网站中。

商业智能是个深刻而广泛的课题,有力地支持商业智能开发是 SQL Server 2014 版本的突出特点。

习　　题

8.1　继第 2 代关系数据库系统之后,新一代数据库系统的显著特征是什么?

8.2　在对象模型中,对象由哪些部分组成?

8.3　在对象模型中,什么是对象标识?对象标识与关系模型中的主键有什么异同?

8.4　解释对象模型的以下术语:方法、消息、类、子类、继承、多态。

8.5　什么是 ORDBMS?什么是 OODBMS?它们之间有什么相同点与不同点?

8.6　OODBMS 至今仍未取代 RDBMS 的原因有哪些?

8.7　什么是分布式数据库系统？

8.8　分布式数据库系统与集中式数据库系统的区别在哪里？

8.9　在 DDBS 中，数据分布透明性的含义是什么？

8.10　DDBS 是如何实现数据分布透明的？

8.11　在 DDBS 中，分片模式与分布模式的区别是什么？

8.12　从 LDBMS 的构成方式如何对 DDBMS 分类？

8.13　从 GDBMS 的全局控制方式如何对 DDBMS 分类？

8.14　DDBS 有哪些优缺点？

8.15　试述数据的操作型处理与分析型处理的区别。

8.16　什么是数据仓库？它与传统数据库有哪些联系与区别？

8.17　为什么说事务处理环境不适宜 DSS 应用？

8.18　试述数据仓库的四个基本特征。

8.19　试述数据仓库系统的组成。

8.20　试述数据仓库中数据组织的四个级别。

8.21　数据仓库的访问工具主要有几大类？

8.22　试述 OLAP 工具中的如下概念，并举例说明：变量、维、维的层次、维成员、多维数组 、数据单元。

8.23　试举一个简单例子，说明超立方结构中数据的稀疏性。

8.24　简述关系数据库和多维数据库的区别与联系。

8.25　如何理解数据挖掘过程的非平凡性？

8.26　DM 涉及哪些技术方法？

8.27　DM 主要有哪些分析方法？

8.28　举例说明最小置信度和最小支持度的物理含义。

8.29　试述关联分析与序列模式分析的区别和联系。

8.30　试述大数据的定义和 4V 特征。

8.31　试述 NoSQL 的 CAP 理论和 BASE 原则。

8.32　NoSQL 主要有哪些优缺点？

8.33　NewSQL 有哪些优势？

参考文献

丁宝康．2000. 数据库原理．北京:经济科学出版社.

杜军平．2001. SQL Server 2000 数据库开发．北京: 机械工业出版社.

冯建华,钱乾,廖雨果,等．2006. 纯 XML 数据库研究综述．计算机应用研究,1:1-7.

冯玉才,孙碧容,桂浩．2004. SQL200n 和商用(对象-)关系 DBMS 中的触发器．计算机工程与应用,26(52):166-167.

黄德才,许芸,王文娟. 2010. 数据库原理及其应用教程. 3 版. 北京:科学出版社.

黄德才,陈庆章,古辉,等．2008. 以教材建设为中心的“数据库原理及其应用”课程改革与实践．计算机教育,08:139-140.

黄德才,龚卫华．2007. “数据库原理及其应用”课程知识模块组织与教学实践．中国科教创新导刊,471:57-60.

黄德才,龚卫华．2009. “数据库原理及应用”实验模块的组织原则与教学实践．计算机教育,10:169-171.

黄上腾,王绍英．1996. 数据库原理．上海:上海交通大学出版社.

黄维通,汤荷美．1999. SQL Server 实用简明教程．北京:清华大学出版社.

黄义弘,黄文钰．2005. 数据库系统原理与设计．北京:清华大学出版社.

李爱中,何宇夫．2000. 数据库系统原理．北京:机械工业出版社.

李春葆．2001. 数据库原理与应用——习题解析．北京:清华大学出版社.

李嘉权．2001. 数据库系统教程．北京:清华大学出版社.

李建中,王珊．2004. 数据库系统原理．2 版．北京:电子工业出版社.

马应章．2003. SQL 标准发展概述．计算机应用与软件,20(11):28-31.

牛允鹏．1994. 数据库及其应用．南京:南京大学出版社.

萨师煊,王珊．2000. 数据库系统原理．北京:高等教育出版社.

闪四清．2000. Microsoft SQL Server 2000 实用教程．北京:人民邮电出版社.

闪四清．2001. 数据库系统原理与应用教程．北京:清华大学出版社.

孙昌言．2002. BC 范式的判定定理及关系的规范化方法．同济大学学报,30(6):745-748.

王能斌．2000. 数据库系统原理．北京:电子工业出版社.

王珊．1998. 数据仓库技术及其应用．北京:科学出版社.

王珊,陈红．1998. 数据库系统原理教程．北京:清华大学出版社.

熊居然．1999. PowerBuilder 6. 0/6. 5 教程．北京:电子工业出版社.

徐洁磐．1999. 数据库系统原理．上海:上海科学技术文献出版社.

叶小平,汤庸,汤娜,等．2007. 数据库系统基础教程．北京:清华大学出版社.

余金山,等．2001. SQL Server 2000 编程指南．北京:北京希望电子出版社.

张海藩．1998. 软件工程导论．3 版．北京:清华大学出版社.

周志逵．1998. 数据库原理与技术．北京:科学出版社.

庄成三,洪玫,杨秋辉．2000. 数据库系统原理及其应用．北京:电子工业出版社.

Booch G. 2003. 面向对象分析与设计(原书第 2 版). 冯博琴,等译．北京:机械工业出版社.

Budd T A. 2003. 面向对象编程导论．黄明军,等译．北京:机械工业出版社.

Corey M, Abbey M. 2001. 数据仓库．希望图书创作室,译．北京: 北京希望电子出版社.

Fortier P J. 1999. 数据库技术大全．林瑶,范建华,赵刚,译．北京:电子工业出版社.

Price J. 2005. Oracle Database 10g SQL 开发指南．冯锐,由渊霞,译．北京:清华大学出版社.

Shapiro J R. 2002. SQL Server 2000 参考大全．周之,黄玫,等译．北京:清华大学出版社.

Silberschatz A, Korth H F, Sudarshan S. 2008. 数据库系统概念．杨冬青,马秀莉,唐世渭,等译．北京:机械工业出版社.

Ullman J D, Widom J. 1998. A First Course in Database System(影印版). Prentice-Hall International, Inc. 北京:清华大学出版社.